国家科学技术学术著作出版基金资助出版

硅基异质结太阳电池
物理与器件

PHYSICS AND DEVICES OF SILICON
HETEROJUNCTION SOLAR CELLS

沈文忠 李正平 编著

科学出版社
北京

内 容 简 介

本书在分析当今高效晶体硅太阳电池技术的基础上引出硅基异质结太阳电池,是一本全面反映硅基异质结太阳电池研究和技术进展的著作。全书首先简要介绍了半导体异质结基本知识和异质结太阳电池的表征与测试手段,然后系统阐述了非晶硅/晶体硅异质结太阳电池的制造工艺与技术、涉及的基本物理问题和模拟研究情况,最后综述了新型无机物硅基异质结太阳电池的研究进展。

本书可作为高等院校半导体材料与器件、光电子、光学工程和光伏科学与技术等相关专业师生的参考用书,也可供太阳能光伏及相关技术领域的研发和工程技术人员学习参考。

图书在版编目(CIP)数据

硅基异质结太阳电池物理与器件/沈文忠, 李正平编著. —北京: 科学出版社, 2014.8

ISBN 978-7-03-041514-1

Ⅰ. ①硅… Ⅱ. ①沈… ②李… Ⅲ. ①硅基材料-异质结-太阳能电池-研究 Ⅳ. ①TM914.4

中国版本图书馆 CIP 数据核字 (2014) 第 176760 号

责任编辑: 周 涵/责任校对: 张小霞
责任印制: 赵 博/封面设计: 铭轩堂

科学出版社 出版
北京东黄城根北街 16 号
邮政编码: 100717
http://www.sciencep.com
北京虎彩文化传播有限公司印刷
科学出版社发行 各地新华书店经销
*
2014 年 8 月第 一 版 开本: 720 × 1000 1/16
2024 年 4 月第六次印刷 印张: 20 1/2
字数: 396 000
定价: 118.00 元
(如有印装质量问题, 我社负责调换)

序

太阳及其提供的能量是人类社会得以产生、存在和延续的最基本要素。近几十年来，以太阳能光伏发电为代表的可再生能源发展迅速，并正在逐步替代传统的化石能源。更高效、更经济并且更环境友好地利用太阳能，尤其是太阳能光伏发电，无疑是相关科技界乃至全人类面临的重大课题。

迄今为止，受益于硅为代表的半导体材料科学与技术的蓬勃发展，最广泛的应用和相对低廉的成本使得已经较大规模产业化的太阳能光伏发电技术仍是以硅基 p-n 结为基本电池结构。虽然多种其他材料结构，包括多种半导体薄膜乃至有机材料，正在与硅基光伏结构竞争，但在看得见的未来，硅基材料和结构仍会占主导地位。

近年来，以晶体硅为代表的太阳能光伏产业高速发展，我国在 2007 年以 1088 MW$_p$① 的太阳电池产量一举跃居世界第一光伏生产国，2013 年又以超过 12 GW$_p$ 的新增光伏发电装机容量成为世界第一光伏应用国，不到十年时间我国实现了从光伏生产大国到应用大国的转变，太阳能光伏产业目前已经成为我国为数不多的具有国际竞争优势的战略性新兴产业。2014 年我国新增光伏发电装机容量目标为 14 GW$_p$，其中分布式发电占 8 GW$_p$。而目前应用最为广泛的分布式光伏发电系统是建在建筑物屋顶的光伏发电项目，由于屋面资源有限，一般需要转换效率较高的光伏电池组件。

该书重点讲述的非晶硅/晶体硅异质结太阳电池是将半导体能带工程应用于硅基材料和结构实现高效电池的典型成功范例。不同于目前传统的硅基 p-n 同质结，它由于使用非晶硅薄膜和单晶硅形成 p-n 异质结，从能带结构上保证了电池具有获得较高开路电压的可能，而本征非晶硅薄膜的化学钝化作用又使高开路电压的特性得以成功实现，同时结合其他技术提高电池的短路电流和填充因子，最终实现了非晶硅/晶体硅异质结太阳电池的高转换效率。

着眼于此，作者基于对太阳电池长远应用前景的估价，参与相关重大研究课题的实践和经验，或许还有个人偏爱，在全面系统梳理各种太阳电池结构的基础上，在该书中着重论述了非晶硅/晶体硅异质结太阳电池的基本原理、结构特点、制造工艺、相关物理问题和计算模拟优化研究，并详细探讨这类电池结构的科学技术问

---

① W$_p$ 代表峰值功率，为太阳电池或组件在标准测试条件下最大功率点所对应的功率。

题和实现大规模量产应克服的、目前已可预见的困难。该书具有科学的深度又兼顾实际研发应用，同时指明了该种电池可能的完善途径和技术问题。

　　该书作者长期潜心于半导体光电过程和光伏电池研究，学有成就，为著作该书付出诸多辛劳。我初读该书后，深感是相关领域的一本好书，一定能使从事太阳能光伏能量转换和相关半导体光电物理基础研究、产品研发、教育乃至推广的学者、工程师和学生获益。

沈学础

2014 年 4 月

前　言

化石燃料能源的使用促进了人类社会的进步,但是化石燃料的过度消耗也引起了全球气候变暖和生态环境的恶化,给人类的生存带来了巨大的威胁。改变能源消费结构,大力发展可再生能源,已成为世界各国的共识。在众多的可再生能源中,太阳能因其具有取之不尽、用之不竭、清洁安全无污染、应用地域广阔等特点,因此特别受到人们的重视。太阳能的利用主要包括光热转换和光电转换。光热转换是指将太阳散发的能量聚集起来,转换成热能,如太阳能热水器等,也包括将太阳能转换成热能,再利用热能发电的光热发电。光电转换是指利用半导体的光生伏特效应,通过太阳电池器件将太阳光转换成电能,即光伏发电,如太阳能光伏电站和发电系统。

世界太阳能光伏发电科技和应用发展迅猛,到 2012 年年底全世界光伏累计装机容量已突破 100 GW_p 的里程碑节点,仅 2013 年单年全球光伏发电系统新增装机容量超过 37 GW_p,预计光伏发电将在 2030 年占到世界能源供给的 10%,对世界的能源供给和能源结构调整做出实质性的贡献。光伏发电需要通过太阳电池组件实现能量转换,目前仍以第一代的晶体硅太阳电池组件为主,其市场份额超过 80%,未来 10~20 年内仍将是市场主流,因此提高晶体硅太阳电池的转换效率对于确保其优势地位特别重要。

随着技术的进步,晶体硅太阳电池的转换效率逐年提高。在当前光伏工业界,单晶硅太阳电池的转换效率已达到 20% 以上,多晶硅太阳电池的转换效率已达 18%以上。然而大规模生产的、转换效率达 21% 以上的硅基太阳电池有美国 SunPower公司的背接触太阳电池和日本松下公司的带本征薄层的非晶硅/晶体硅异质结太阳电池。其中,非晶硅/晶体硅异质结太阳电池是以晶体硅为衬底,在其上沉积非晶硅薄膜形成 p-n 异质结,其电池结构和工艺与常规晶体硅太阳电池有很大的区别,但是非晶硅/晶体硅异质结太阳电池结合了晶体硅电池和硅基薄膜电池的优点,具有制造流程短、工艺温度低、适合使用薄型硅片、转换效率高和发电量多等特点。

在当今众多的高效晶体硅太阳电池方案中,非晶硅/晶体硅异质结太阳电池无疑是关注度很高的一种。在非晶硅/晶体硅异质结太阳电池的研发和生产领域,日本松下公司可谓一枝独秀,2013 年其报道的最高电池效率达 24.7%,电池面积 ~100 cm^2,

达到商用规格大小。随着松下公司关于带本征薄层的非晶硅/晶体硅异质结太阳电池的主体专利在 2010 年到期，国内外诸多研究机构和企业都加大了对非晶硅/晶体硅异质结太阳电池的研发与投入，然而所得电池效率与松下公司都存在较大的差距。

　　除了关注太阳电池转换效率的提高，其低成本制造更显重要，这是关系到太阳能光伏发电能否与其他能源技术相竞争的关键问题。我国为实现高效率、低成本的硅基异质结太阳电池，在"十二五"期间启动了两个"MW 级薄膜硅/晶体硅异质结太阳电池产业化关键技术" 863 计划课题，力图能够深入理解薄膜硅/晶体硅异质结太阳电池高效机理，开发出高性能薄膜硅/晶体硅异质结太阳电池成套制备技术，实现薄膜硅/晶体硅异质结太阳电池中试，建成 MW 级产能的中试示范线，使我国具有高效薄膜硅/晶体硅异质结太阳电池产业化的能力。

　　本书作者有幸参加上述 863 计划课题之一，在非晶硅/晶体硅异质结太阳电池的理论研究和实际研发方面做了大量的工作，总结课题研究成果，得以形成本书。我们旨在深入论述非晶硅/晶体硅异质结太阳电池的结构特征、制造工艺与技术、涉及的基本物理问题和相关模拟研究的情况，同时还涉及其他新型无机物硅基异质结太阳电池的研究进展。本书是国内第一部全面介绍硅基异质结太阳电池研究和技术进展的学术专著，在编著本书时作者希望尽可能反映当前硅基异质结太阳电池的科研和生产最先进水平和技术，同时力求写成一本既具有基础理论阐述，又具有实际指导意义和实用价值的参考用书。

　　全书共 7 章，从内容上可以分为三个层面：①高效晶体硅太阳电池、异质结基本知识和相关表征测试技术的介绍(第 1、2、3 章)；②非晶硅/晶体硅异质结太阳电池的制造工艺与技术、涉及的物理问题和模拟研究(第 4、5、6 章)；③新型无机物硅基异质结太阳电池的介绍(第 7 章)。其中，第 1 章为绪论，全面介绍了当今高效晶体硅太阳电池技术，并引出非晶硅/晶体硅异质结太阳电池，阐述了硅基异质结太阳电池的历史、结构与特点、效率进展情况等，通过本章的介绍，读者能基本了解当今晶体硅电池的前沿技术和硅基异质结太阳电池的进展。第 2 章概括了半导体异质结的基本知识，为读者能够理解非晶硅/晶体硅异质结太阳电池作必要的铺垫。第 3 章介绍了与异质结太阳电池相关的表征与测试。第 4 章则按照非晶硅/晶体硅异质结太阳电池的制作工序，逐一叙述每一步工艺过程中的科学与技术问题，并简单介绍了异质结太阳电池组件的应用。第 5 章论述了非晶硅/晶体硅异质结太阳电池中涉及的物理问题，力图从理论上描述异质结太阳电池。第 6 章对硅基异质结太阳电池的计算机模拟研究进行介绍。第 7 章介绍新型无机物硅基异质结太阳电池的研究状况。

　　本书的出版得到了国家科学技术学术著作出版基金的资助，特别感谢我国半导体物理和半导体器件物理专家、中国科学院上海技术物理研究所沈学础院士欣然为本书作序。作者同时感谢国家 863 计划项目组(2011AA050502)成员的帮助和鼓励；感谢项目承担单位协鑫集成科技股份有限公司的大力支持；感谢上海交通大学太阳能研究所曾洋、华夏、钟思华等博士生帮助收集资料，并在本书成稿后仔细阅读和校核。

　　虽然作者在写作过程中精益求精，力求介绍全面、表述清晰、叙述流畅，但是限于作者学识和水平，加之时间仓促、收集的资料有限，因此本书错误和遗漏在所难免，恳请读者和同行批评指正。

作　者
2014 年 4 月
于上海交通大学

目　　录

第1章　绪论——高效晶体硅和异质结太阳电池

能源是人类社会赖以生存和发展的重要物质基础,也是经济社会发展的重要制约因素,能源安全事关经济安全和国家安全[1]。目前,世界能源供应主要依赖石油、煤炭、天然气等化石燃料。随着社会的进步和经济的发展,全球能源消费不断增长,而可供人类利用的这类化石能源的储量却越来越少。另一方面,这些传统的化石能源在使用过程中所产生的废弃物,如 CO_2、SO_2、NO_x、尘埃等,对环境的污染和排放温室气体引起的气候变化,给人类社会的生存和发展带来越来越严重的危害。为应对化石能源的不可再生性和对环境的严重污染,必须逐步改变能源消费结构,限制化石能源消费,推动节能和替代能源发展,大力开发可再生的、对环境友好的新能源。世界各国把水能、风能、太阳能、生物质能、潮汐能等各种低碳和无碳的新能源作为今后的发展方向[1]。其中太阳能无处不有、应用地域广阔,清洁安全无污染,是十分理想的可再生能源,因此特别受到人们的重视,世界各国都在加大对太阳能的开发利用。

1.1　太阳和太阳能

太阳是太阳系的中心天体,是距离地球最近的恒星。太阳的直径约为 1.39×10^6 km,是地球直径的 109 倍;太阳的体积约为 1.412×10^{18} km³,是地球体积的 130 万倍;太阳的质量约为 1.989×10^{27} t,是地球质量的 33 万倍。从化学组成来看,太阳质量的 80%是氢,19%是氦。太阳的表面温度约为 5700 K,而中心温度约为 1.5×10^7 K,压强约为 2000 多亿个大气压。

太阳内部处于高温、高压状态,不断地进行由氢聚变成氦的热核反应,因而每时每刻都在稳定地向宇宙空间辐射能量,太阳的总辐射功率约为 3.8×10^{26} J·s⁻¹。在地球大气层之外,地球—太阳平均距离处(约为 1.5 亿千米),垂直于太阳光方向的单位面积上的辐射功率基本为一个常数。这个辐射强度称为太阳常数(solar constant),相当于大气质量为零(AM0)时的辐射,世界气象组织 1981 年推荐的太阳常数值为(1367±7) W·m⁻²。太阳能到达地球的总辐射能量应该是太阳常数与地球表面投影面积的乘积,经推算约为 1.73×10^{17} J·s⁻¹,约为太阳辐射能量的 22 亿分之一。

阳光穿过大气层时至少衰减了 30%,只有约 70%的光线能透过大气层,以直射光或散射光到达地球表面。到达地球表面的太阳光一部分被表面物体所吸收，另一部分又被反射回大气层。由于地球表面大部分被海洋覆盖，到达陆地表面的太阳能仅占到达地球范围内太阳辐射能的约 10%，即达到陆地表面的能量大约只有 $1.7×10^{16}$ J·s^{-1}，即使是这个能量也相当于全球一年内消耗总能量的 3.5 万倍。因此太阳提供给地球的能量是巨大无比的。

太阳能是极具潜力的新能源，与石油、煤及核能相比，它具有独特的优点：①太阳能取之不尽，用之不竭，属可再生能源；②太阳能发电不使用燃料，不会产生废弃物，对环境无不良影响，属清洁能源；③太阳能没有地域和资源的限制，有阳光的地方就有太阳能，使用方便安全。因此，太阳能的研究和利用是人类未来能源发展的主要方向之一。

太阳能能量的转化方式主要分为光化学转化、太阳能光热转化和太阳能发电三种。光化学转化是指在阳光的照射下，物质发生化学、生物反应，从而将太阳能转化成其他形式的能量。最常见的植物光合作用，是在植物叶绿素的作用下，二氧化碳和水在光照下发生反应，生成碳水化合物和氧气，从而完成太阳能的转换。太阳能光热转化是指通过反射、吸收等收集太阳能辐射能，使之转化成热能，如在生活中广泛应用的太阳能热水器、太阳能水泵、太阳能温室、太阳能灶等。太阳能发电主要包括光热发电(solar thermal power，STP)和光伏发电(photovoltaic，PV)两种。太阳能光热发电，也叫聚焦型太阳能热发电(concentrating solar power，CSP)，它是通过大量反射镜以聚焦的方式将太阳直射光聚集起来，加热工质，产生高温高压的蒸气，蒸气驱动汽轮机发电。光热发电只有接受较高的直接辐射，太阳能才会有价值，受地域限制。而光伏发电是利用光电转换器件将太阳能直接转化成电能，它可用在地球上任何有阳光的地方，不受地域的限制。

1.2 太阳电池

用于光电转换的器件是太阳电池及其组件等光伏产品。太阳电池的工作原理是基于光生伏特效应。1839 年法国的 Becquerel 首先发现了液体电解液中的光电效应。之后人们发现金属-半导体结和半导体 p-n 结上也存在光伏效应。直到 1954 年美国贝尔实验室的 Chapin 等[2]研制出世界上第一块真正意义上的硅 p-n 结太阳电池，效率为 6%，经过改进后达到 10%，从而拉开了现代太阳能光伏的研发和利用的序幕。20 世纪 70 年代以前，太阳电池主要用于太空卫星和航天器上，至今人类发射的航天器绝大多数是用光伏发电作为动力的，光伏电源为航天事业做出了重要的贡献。20 世纪 70 年代以后，由于技术的进步，太阳电池的材料、结构、制造工艺等方面不断改进，生产成本不断降低，开始在地面应用，光伏发电逐步推广到很多领域。

20 世纪 90 年代，由于太阳电池成本的持续降低，太阳电池实行并网发电，建立太阳能电站成为可能并在全世界范围内逐渐发展。美国、欧洲、日本等先后制定了各种太阳能发展计划和产业扶持政策，促进了太阳能光伏产业的发展。进入 21 世纪，全球光伏发电迅猛发展，中国在 2007 年成为全球最大的太阳电池和组件生产国。到 2012 年全球光伏累计装机容量达到 100 GW$_p$[3]，2013 年中国安装光伏组件达 12 GW$_p$ 以上，成为全球最大的安装应用市场。

　　迄今为止，人们已研制了 100 多种太阳电池，分无机太阳电池和有机太阳电池。而无机太阳电池按基体材料分类，一般分为晶体硅(c-Si)太阳电池和薄膜太阳电池。晶体硅太阳电池包括单晶硅太阳电池和多晶硅太阳电池，薄膜太阳电池可分为硅基薄膜太阳电池、化合物薄膜太阳电池等。图 1-1 为无机太阳电池的分类图。

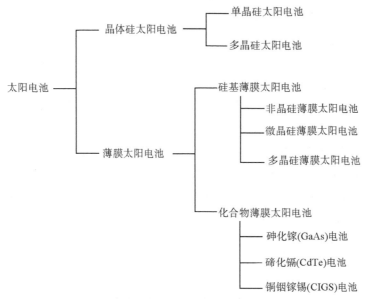

图 1-1　无机太阳电池的分类

　　到目前为止，太阳能光伏工业仍然是建立在硅材料的基础上，晶体硅太阳电池已经成为当今光伏工业的主流，市场上 80%以上的太阳电池是晶体硅太阳电池。尽管被称为"第二代光伏器件"的薄膜太阳电池也取得了长足的进展，但在短期内仍然无法替代晶体硅太阳电池。在晶体硅太阳电池中，单晶硅太阳电池是最早被研究和使用的，至今它仍然是太阳电池的主要品种。多晶硅太阳电池的制造成本相比单晶硅太阳电池而言更具优势，因此其所占市场份额反而超过了单晶硅太阳电池。目前，在实验室中，单晶硅太阳电池的最高转换效率是 24.7%(后修正为 25%，电池面积 4 cm^2)[4]，多晶硅太阳电池的最高转换效率是 20.3%(电池面积 1 cm^2)[5]。在工业化生产中，单晶硅太阳电池的转换效率普遍比多晶硅太阳电池高出 1.5%～2%，因此基于晶体硅的高效太阳电池技术主要还是以单晶硅太阳电池为主。

1.3　晶体硅太阳电池的结构

为方便后面的讨论,首先分析晶体硅太阳电池的结构和制造工艺。

以 p 型晶体硅太阳电池为例,常规晶体硅太阳电池的结构示意图如图 1-2 所示。它是以 p 型硅片为基体,在上表面形成一个 n$^+$层,构成一个 n$^+$/p 型结构,然后在上表面覆盖一层减反射膜,再在顶区引入前电极;在背面制作背场和背电极。

常规晶体硅太阳电池的制作工序包括:

(1) 清洗制绒。通过腐蚀去除表面损伤层,并在表面进行制绒,以形成绒面结构达到陷光效果,减少反射损失。

(2) 扩散制结。通过热扩散等方法在硅片上形成不同导电类型的扩散层,以形成 p-n 结。

(3) 刻蚀去边。去除扩散后硅片周边的边缘结。

(4) 去磷硅玻璃。扩散过程中,硅片表面会形成一层含磷的氧化硅,称为磷硅玻璃(PSG),需要用氢氟酸腐蚀掉。

(5) 镀减反射膜。为进一步提高对光的吸收,在硅片表面覆盖一层减反射膜。目前工业上用等离子体增强化学气相沉积(plasma enhanced chemical vapor deposition, PECVD)方法在硅片上沉积一层 SiN$_x$薄膜,这层薄膜同时起到钝化层的作用。

(6) 制作电极。在电池的正面丝网印刷栅线电极,在背面印刷背场(back surface field,BSF)和背电极,并进行干燥和烧结。

(7) 电池测试及分选。

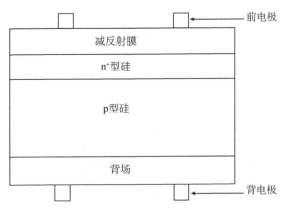

图 1-2　常规晶体硅太阳电池结构示意图

1.4 晶体硅太阳电池的效率分析

Shockley 等[6]最先计算得到单结晶体硅太阳电池的转换效率极限值是 31%。而目前晶体硅电池的最高效率是 24.7%，与理论极限仍有一定差距。图 1-3 是电池受光照后，光生载流子的产生、能量变化及其输运过程示意图。

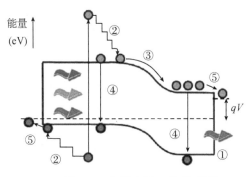

图 1-3 太阳电池工作示意图

在图 1-3 中将光照射太阳电池后的能量损失分解成如下几部分：

① 太阳电池受光照后，能量小于禁带宽度的光子不能被吸收，直接穿过电池而透射出去。

② 能量大于禁带宽度的光子被吸收后产生电子–空穴对，电子和空穴分别被激发到导带和价带的高能态，处于高能态的光生载流子很快与晶格相互作用，将能量交给声子而回落到导带底和价带顶。这一过程称为热化过程(thermalization)，热化过程使高能光子的能量损失一部分。

③ 光生载流子的电荷分离和输运，在 p-n 结内的损失。

④ 光生载流子输运过程中的复合损失。

⑤ 电压的输出又有一压降，引起接触电压损失。

以上的各种能量损失分析表明，太阳电池效率受材料、器件结构及制备工艺的影响，包括电池的光损失、材料的有限迁移率、复合损失、串联电阻和并联电阻损失等。一般分为光学损失和电学损失，迄今为止提高电池效率的所有努力都集中在把光学损失和电学损失降低到最小。因此，晶体硅电池的结构与工艺改进对提高效率是至关重要的。

为减少光学损失以提高电池效率，发展了各种陷光理论及技术，包括硅片的表面织构化技术以减少反射、前表面减反射涂层技术、后表面反射涂层技术和最小的栅线遮挡面积等技术。硅表面反射率~35%，减少光的反射损失是提高电池效率的最重要措施之一。

为减少电学损失以提高电池效率，从以下方面着手：①选用良好晶体结构(高纯度、少缺陷)的硅片和类型(如 n 型)；②发展理想的 p-n 结形成技术(如离子注入)；③开发理想的钝化技术，使器件表面或体内晶界的光生载流子复合中心失去复合活性，如 SiO_2、SiN_x、SiC、非晶硅(a-Si)和 H_2 钝化等技术；④采用合理的金属接触技术，以使电池的串联电阻最小，并联电阻最大；⑤最佳的前场和背场技术。

归纳高效太阳电池主要技术因素，可以用图 1-4 表示。

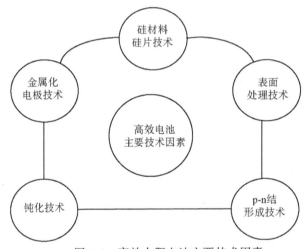

图 1-4　高效太阳电池主要技术因素

太阳电池的主要技术参数有短路电流(I_{sc})、开路电压(V_{oc})和填充因子(FF)，这三个参数与电池材料、几何结构和制备工艺密切相关。所有的高效晶体硅太阳电池技术，都是围绕如何获得较高的 I_{sc}、V_{oc} 和 FF 而展开的。

1.5　高效晶体硅太阳电池介绍

正如前面所述，目前开展的高效晶体硅太阳电池技术主要是针对单晶硅电池，下面介绍一些有产业化前景或工业上已经量产的高效太阳电池技术。

1.5.1　钝化发射极太阳电池

近年来，晶体硅太阳电池的一个重要进展来自于表面钝化技术水平的提高。澳大利亚新南威尔士大学采用钝化技术，在高效太阳电池的研究方面取得了卓越的成就。

1.5.1.1 PESC 电池[7]

钝化发射极太阳电池(passivated emitter solar cell，PESC)的结构示意图如图 1-5 所示。通过热氧化技术在硅片表面生长一层<10 nm 的 SiO_2 层，在此厚度下，载流子隧穿几率很小，从而起到钝化发射极表面的作用；在背面沉积一定厚度的铝层，铝和硅形成合金可吸除体内杂质和缺陷，因此开路电压得到提高。SiO_2 层并不是覆盖整个表面，而是在栅线电极下面光刻出 5 μm 的细槽，使金属栅线电极在这些细槽内直接与硅片接触，通过缩小电极区域面积来增强电极区钝化效果，降低表面态，从而减少表面复合、提高开路电压。PESC 电池还涉及双层减反射膜的运用和上电极的设计，金属电极由 Ti-Pd 接触，然后电镀 Ag 构成，镀 Ag 的工艺使得电极的导电能力增强以提高电流性能。

采用光刻工艺，在电池表面制作"微槽"，可以获得比通常金字塔织构化技术更优的效果。"微槽"结构 PESC 电池结构示意图如图 1-6 所示。此"微槽"结构可以减少电池表面反射，使垂直光线在槽表面折射后以 41° 角进入硅片，增加了硅片的有效厚度，使光生载流子更接近发射极，提高了收集效率，降低了发射极横向电阻。把表面制绒技术的优点和 PESC 方法结合，早在 1986 年就报道了第一个效率超过 20%的硅太阳电池[8]，而且 PESC 工序已经被证明是非常可靠与可重复的。

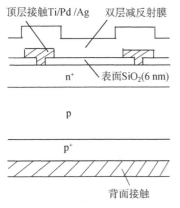

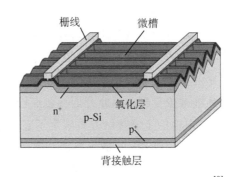

图 1-5 PESC 电池结构示意图[7]　　图 1-6 "微槽"PESC 电池结构示意图[8]

1.5.1.2 PERC 电池

在 PESC 电池中 Al 背场覆盖了整个背表面，起到了很好的吸杂作用，同时起到了 p^+ 层的作用，阻止了少数载流子向背表面的迁移，减少背表面的复合，因此铝背面吸杂是 PESC 电池的一项关键技术。然而由于硅片背表面的高复合和低反射，硅片厚度变薄后全 Al 背场会带来电池片翘曲度增大、长波光子吸收下降、背面复合速率加快等一系列问题。钝化发射极和背面电池(passivated emitter and rear cell, PERC)能较好地解决这些问题。图 1-7 是 PERC 电池的结构示意图。

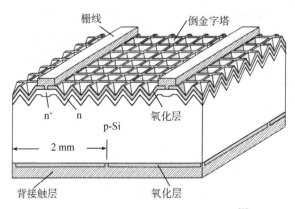

图 1-7　PERC 电池结构示意图[9]

　　PERC 电池的正面采用倒金字塔结构,并用氯乙烷(TCA)为原料生长 110 nm 厚的氧化层来钝化电池正表面和背表面。TCA 氧化使表面非晶化而产生极低的表面态密度,同时还能排除金属杂质和减少表面层错,从而能保持衬底原有的少子寿命,大大降低表面复合速率,而且介质膜钝化层位于金属层和硅基体之间,避免了两者直接接触,可以有效地降低电池片的翘曲。同时钝化层的背反射作用,增加了长波长光子的吸收。PERC 电池用背面点接触来代替 PESC 电池的整个全铝背场,背电极是通过一些分离很远的小孔贯穿钝化层与衬底接触。因此背面电极图形的设计是实现 PERC 电池的关键步骤。电极面积在背表面所占比例越小,则背表面复合越小。由于衬底的少子寿命很长及背面金属接触点处的高复合,接触点间距需大于少子扩散长度才能减少复合,因此背面接触点设计成 2 mm 的大间距并存在一定的接触孔径。PERC 电池的金属接触方式限定了它的性能,表现在:①背面的金属-半导体接触点处有很大的复合,造成了电压和电流的损失;②将背面接触点远距离分开虽然部分地减小了复合损失,但这增加了串联电阻,从而降低了填充因子;③金属-半导体的欧姆接触只能在低于 0.5 Ω·cm 的低电阻率硅片上得到,因而不能采用电性能更佳的高电阻率材料,这样限制了材料的选择,增加了器件制造的困难。即使这样,仍然获得了开路电压超过 700 mV,转换效率达 23%的硅电池[9]。

　　在 PERC 电池制作工艺中,使金属铝穿透介质膜与基体硅形成良好的欧姆接触是制备背面局域接触太阳电池的又一关键步骤。目前生产线上主要有以下几种制备方法:光刻法(photolithography)、机械法(mechanical scribing)、喷墨打印法(inkjet printing)、激光烧蚀法(laser ablation)和激光烧结形成接触法(laser-fired contacts,

LFC)。制备背面局域接触太阳电池有两种方法可循：一种是利用光刻法、机械法、喷墨打印法和激光烧蚀法在介质膜钝化层上开孔，然后沉积金属层，退火后即可得到背面局域接触；另一种是激光烧结法的应用，即先在介质膜钝化层上沉积金属层，通过激光烧结使金属层穿透介质膜与基体硅形成合金得到背面局域接触。由德国太阳能研究机构 Fraunhofer ISE 开发的 LFC 工艺简单，通过一次烧结完成电极的制备，在烧结过程中伴随着铝的扩散，铝与基体硅形成合金，形成 p^+ 区，减少电极区载流子复合，最终可提高开路电压。Fraunhofer ISE 的 LFC 工艺应用于 PERC 电池有如下优点：无需光刻版、加工速度高、适用于各种导电类型和电阻率的硅衬底，因此具有产业化潜力，获得了效率超过 21%的硅太阳电池[10]。

1.5.1.3　PERL 电池

为了进一步改善 PERC 电池性能，在电池的背面增加定域掺杂，即在电极与衬底的接触孔处进行浓硼掺杂，制得钝化发射极背面定域扩散(passivated emitter, rear locally-diffused, PERL)电池。1990 年在 PERC 结构和工艺的基础上，在电池的背面接触孔处采用了 BBr_3 定域扩散制备出 PERL 电池，结构如图 1-8 所示[11]。

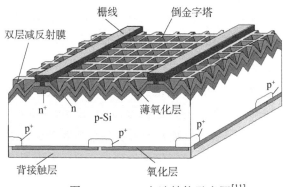

图 1-8　PERL 电池结构示意图[11]

PERL 电池的工艺流程为：硅片→正面倒金字塔结构的光刻制作→背面局域硼扩散→栅指电极的浓磷扩散→正面的淡磷扩散→SiO_2 减反射层→光刻背电极接触孔→光刻正面栅指电极引线孔→正面蒸发 Ti/Pd 薄栅指电极→背面蒸发铝电极→正面镀 Ag 加厚栅指电极→退火→测试。其中涉及好几道光刻工艺，所以不是一个低成本的生产工艺。

PERL 电池能获得高效率的原因在于：①正面采光面为倒金字塔结构，结合背电极反射器，形成了优异的光陷阱结构。②在正面上蒸镀了 MgF_2/ZnS 双层减反射膜，进一步降低了表面反射。③正面与背面的氧化层均采用 TCA 工艺生长高质量的氧化层，降低了表面复合。④为了和双层减反射膜很好配合，正面氧化硅层要求很薄，但是随着氧化层的减薄，电池的开路电压和短路电流又会降低。为了解决这个矛盾，相对于以前的研究，增加了"alneal"工艺，即在正面的氧化层上蒸镀铝膜，然后在 370 ℃的合成气氛中退火 30 min，最后用磷酸腐蚀掉这层铝膜。经过"alneal"工艺后，载流子寿命和开路电压都得到较大提高，而与正面氧化层的厚度关系不大。这种工艺的原理是，在一定温度下，铝和氧化物中 OH^-离子发生反应产生了原子氢，在 Si/SiO_2 的界面处对一些悬挂键进行钝化。⑤电池的背电场通过定域掺杂形成，掺杂的温度和时间至关重要，对实现定域掺杂的接触孔的设计也非常重要，因为这关系到能否在整个背面形成背电场以及体串联电阻的大小。在这个电池中浓硼扩散区面积为 30 μm×30 μm，接触孔的面积为 10 μm ×10 μm，孔间距为 250 μm，浓硼扩散区的面积仅占背面积的 1.44%。定域扩散提供了良好的背面场，同时减少了背面金属接触面积，使金属与半导体界面的高复合速率区域大大减少。并且由于背面浓掺杂区域的大面积减少，也大大降低了背面的表面复合。经过这样处理后，背面接触孔处的薄层电阻可降到 20 Ω/□以下。孔间距离也进行了调整，由 2 mm 缩短为 250 μm，大大减少了横向电阻。如此，在 0.5 Ω·cm 和 2 Ω·cm 的 p 型硅片上制作的 4 cm^2 的 PERL 电池的效率可达 23% ~ 24%，比采用同样硅片制作的 PERC 电池性能有较大提高。后来经过多次改进，在区熔(FZ)硅片上制作的 4 cm^2 的 PERL 电池的效率达到了 24.7%(后修正为 25%)的世界纪录[4]。

1.5.1.4 PERT 电池

在对 PERC 电池改进成 PERL 电池的同时，又将定域掺杂扩大到在整个背面进行全掺杂，制成钝化发射极背面全扩散(passivated emitter, rear totally-diffused, PERT)电池。它和 PERL 结构非常相似，电极与衬底的接触孔处实行浓硼掺杂，但是在背面的其他区域增加了淡硼掺杂。经过这样处理后，开路电压和填充因子可以得到最优化，更为重要的它可以在很高电阻率的衬底上达到较高的填充因子。1999 年在 p 型掺硼的 MCZ(magnetically-confined Czochralski grown)硅片上制作的 4 cm^2 的 PERT 电池效率达到 24.5%[4]。

1.5.2 氧化铝钝化的太阳电池

当硅片厚度越来越薄时，表面钝化对于改善晶体硅太阳电池的性能是很重要的一个方面。当前晶体硅电池中应用的钝化材料主要有热氧化 SiO_2、PECVD 沉积的 SiN_x 和本征非晶硅薄膜(a-Si)。热氧化 SiO_2 需要在高温(1050 ℃)下进行，但是硅材料的体寿命对于高温过程敏感，当温度超过 900 ℃时，硅片的载流子寿命明显降低，所以热氧化 SiO_2 至今未能应用于大规模工业化生产。SiN_x 在传统 p 型丝网印刷晶体硅电池中常用作 n$^+$表面的减反射钝化层，提高了电池的转换效率。但是应用到高

掺的 p^+ 表面时，SiN_x 并没有表现出有效的钝化性能，这是由于 SiN_x 中含有高密度的固定正电荷。a-Si 薄膜沉积温度一般为 200 ~ 250 ℃，后续的热处理过程对非晶硅钝化性能有明显的影响。

1989 年，Hezel 等[12]用热解三异丙醇铝的方法沉积了氧化铝(Al_2O_3)薄膜，并首次用于硅表面，获得了良好的表面钝化效果。但当时并没有引起人们的重视，直到 2006 年，Al_2O_3 才又重新被引入晶体硅太阳电池用作介质钝化层[13,14]。Al_2O_3 薄膜与其他钝化材料的主要区别在于 Al_2O_3/Si 接触面具有高达 $Q_f = 10^{12}$ ~ 10^{13} cm^{-2} 的负电荷密度，通过屏蔽 p 型表面的少子——电子而表现出显著的场效应钝化特性[15]。同时，Al_2O_3 薄膜也表现出良好的化学钝化效果[15,16]。Al_2O_3 薄膜具有很宽的带隙，因而对可见光完全透明。Al_2O_3 薄膜具有很好的热稳定性[17]，可以应用于工业化的丝网印刷太阳电池。

当前，Al_2O_3 钝化薄膜主要通过原子层沉积(atomic layer deposition，ALD)制成。ALD 是将不同气相前驱反应物交替地通入反应器，在沉积基底上化学吸附并反应形成薄膜的过程，以自限制表面反应的方式，将沉积过程控制在原子水平。在 Al_2O_3 的原子层沉积过程中，第一种前驱体三甲基铝($Al(CH_3)_3$，TMA)首先与硅片表面的 OH 基团吸附并反应直至饱和，生成新的表面功能团；抽取剩余的 TMA 后，第二种前驱体即进入反应器并与新表面功能团反应沉积至饱和，表面又生成新的 OH 基团，要进行下一步反应还需一次抽气过程。这一系列反应构成了一次 ALD 循环，控制循环次数即可得到所需的薄膜厚度。ALD 的最大优点在于自限制性，可以实现原子级的控制精度，相比于传统化学气相沉积(chemical vapor deposition，CVD)技术，ALD 制备的薄膜均匀性好、杂质含量少、致密，可以实现低温沉积(100 ~ 350 ℃)减少对硅片的损伤，而且气体耗用量低。它的缺点是生长速度较低，原因在于每个循环反应中的两次抽气过程耗时达几秒，而前驱体的反应时间不过数毫秒，这将 ALD 的沉积速率限制在大约 2 nm · min^{-1}。为此，一方面研发超薄 Al_2O_3(< 10 nm)对晶体硅的有效钝化技术[18]，另一方面开发能提高 Al_2O_3 沉积速率的工艺设备。基于空间分离的高速 ALD 沉积，使沉积速率提高到 70 nm · min^{-1}[19]。热原子层沉积方法已经实现了从研发设备到工业化生产设备的转换，目前一些厂家，如芬兰的 BENEQ、韩国的 NCD、荷兰的 SoLayTec 等公司，已经推出每小时 2400 片以上产能的设备。PECVD 方法[20,21]和 ICP-PECVD(inductively coupled plasma-PECVD)方法[22,23]也可用于沉积氧化铝薄膜。其他技术如溅射法[24]也可用于 Al_2O_3 薄膜的沉积，但所生成的薄膜质量有待进一步优化。

对于 p 型太阳电池，Al_2O_3 常用于电池背面低掺 p 型表面的钝化，使用的电池结构是 PERC 电池，其示意图如图 1-9 所示。而为适用于丝网印刷型太阳电池，常用叠层薄膜来提高烧结稳定性，如 Al_2O_3/SiN_x 叠层。

图 1-9　Al_2O_3 薄膜用于 PERC 电池结构示意图

2007 年，Schmidt 等[25]采用 30 nm ALD-Al_2O_3 / 200 nm PECVD-SiO_x 叠层钝化，在电阻率为 0.5 Ω·cm 的 p 型 FZ 单晶硅上制作出效率达 20.6%的 PERC 结构电池，电池面积为 4 cm^2。经过不断改进，采用 ALD-Al_2O_3 / PECVD-SiO_x 叠层钝化的 PERC 电池，4 cm^2 的电池获得了 21.7%[26]的效率，这是目前采用 Al_2O_3 钝化的 p 型 PERC 电池的实验室最高纪录。2010 年，Lauermann 等[27]首先将 Al_2O_3 钝化用于 125 mm × 125 mm 大面积硅片，选用的是电阻率为 3 Ω·cm 的 p 型直拉法(CZ)单晶硅，用 15 nm ALD-Al_2O_3 / 80 nm PECVD-SiN_x 叠层钝化，得到的电池效率为 18.6%。对采用丝网印刷形成金属接触、p 型 PERC 结构、大面积电池，已经证明可以达到超过 20%的转换效率[22,23]。

对于 n 型太阳电池，Al_2O_3 常用于高掺硼或掺铝的 p^+ 发射极的钝化。2008 年，Benick 等[28]将 Al_2O_3 钝化应用到硼前发射极 PERL 电池，在电阻率为 1 Ω·cm 的区熔 FZ 硅片上制作了面积为 4 cm^2 的电池，其效率为 23.2%。2010 年进一步将该结构的电池效率提高至 23.9%[29]。在 Al_2O_3 应用于 B-p^+前发射极 n 型电池时，出于减反射的考虑，需要在 Al_2O_3 上覆盖一层 SiN_x，应用 Al_2O_3/SiN_x 叠层钝化的大面积(141 cm^2) n 型电池，得到了19.6%的转换效率[30]。将 30 nm ALD-Al_2O_3 / 200 nm PECVD-SiO_x 叠层钝化电池背表面，在电阻率为 10 Ω·cm 的区熔 FZ 硅片制作出的铝背发射极太阳电池，效率达到 20.1%[31]，面积为 4 cm^2。

1.5.3　选择性发射极太阳电池

1.5.3.1　选择性发射极的结构和优点

太阳电池的核心是 p-n 结的形成，因此扩散时掺杂浓度的高低就显得尤为重要。发射区掺杂浓度对转换效率的影响是双重的，在常规晶体硅太阳电池中，通常采用较高浓度的掺杂，目的是减小硅片和电极之间的接触电阻，降低电池的串联电阻。但是在高浓度掺杂的情况下，电池的顶层复合大、少子寿命也会降低，进而影响电池的短路电流和转换效率。为解决发射区掺杂浓度对太阳电池转换效率的限制，提出了选择性发射极(selective emitter，SE)电池的设计方案。

SE 晶体硅太阳电池,即在金属栅线(电极)与硅片接触部位及其附近进行高掺杂深扩散,而在电极以外的区域进行低掺杂浅扩散。SE 电池与传统电池的基本结构对比如图 1-10 所示。

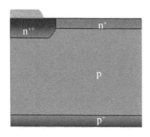

图 1-10　SE 电池(左)与传统晶体硅电池(右)的结构对比示意图

采用 SE 结构的太阳电池,它具有如下优点:①降低串联电阻,提高填充因子。接触电阻与表面掺杂浓度有关,表面掺杂浓度越高,接触电阻越小。常规工艺中的丝网印刷过程中,Ag 电极与低表面掺杂浓度发射极的接触电阻较大,会导致填充因子的下降。SE 结构电池的电极下方重掺杂使得接触电阻较常规电池有所下降,从而提高填充因子。传统结构的太阳电池 n^+ 扩散层方块电阻一般在 40 ~ 50 Ω/□,而 SE 结构的太阳电池的浅扩散方块电阻一般在 100 ~ 120 Ω/□,在电极下的重掺区方块电阻则低于 40 Ω/□。②减少载流子复合,提高表面钝化效果。SE 电池结构的电极间浅扩散可以有效减少载流子在扩散层横向流动时的复合几率,提高载流子收集效率;另外,低表面掺杂浓度可以使表面态密度较低,这样也可提高钝化效果。③增强电池短波光谱响应,提高短路电流和开路电压。入射光约 20% 能量的吸收发生在电池的扩散层内,SE 结构电池的浅扩散可以提高这些短波段太阳光的量子效率,从而提高短路电流;同时,由于 SE 结构电池存在一个横向的 n^{++}-n^+ 高低结,和传统结构相比,此高低结可以提高开路电压。

1.5.3.2　选择性发射极电池的实现工艺

20 世纪 80 年代开始,SE 电池的研究就已经开始,并逐渐被大家重视。有很多种方法可以实现选择性发射极。根据浓扩散、淡扩散形成的先后顺序及工艺步骤,可分为一次扩散法和两步扩散法。两步扩散法的基本工艺是[32]:在硅片制绒后,热生长或沉积一层介质层(SiO_2 或 SiN_x),此介质作为阻挡层;在介质层上光刻或激光刻蚀或局部腐蚀形成与金属化相同的图形;然后在管式或链式扩散炉中进行高浓度深结扩散,除图形区域外,其他部分被介质层覆盖,于是扩散自动聚集在图形区域;去除介质层后进行低浓度浅结的二次扩散,此次扩散掺杂浓度远低于第一次扩散;

最后去 PSG 等工艺步骤与常规工艺相同。两步扩散 SE 的优点是浓扩散与淡扩散分别形成，工艺可控性好并易于优化，表面钝化效果好，转换效率提升高。但是两步扩散的工艺过程过于复杂，需要经过多次热处理，对硅片的损伤较大，特别不适合多晶硅，热耗也高，从成本方面考虑，两步扩散并不是一个理想的方法，后来的设备厂商都简化了这种工艺。

一次扩散法工艺比两步扩散法简单，技术设备供应商们提供了不同的 SE 方法。实现选择性发射极结构的关键是如何形成高掺杂深扩散区和低掺杂浅扩散区，其实现的技术有很多种，粗略地可以分为掩膜法、掺杂浆料法、激光辅助法和离子注入法四大种类。目前已有很多厂商实现了商业化或者正在商业化进程中。主要的 SE 实现工艺介绍[33,34]如下。

1) 氧化物掩膜一次扩散法

该工艺由德国 Centrotherm 公司产业化。其工艺步骤为：制绒→氧化物掩膜生长→激光开孔→表面损伤去除→扩散→去 PSG→沉积 SiN_x 减反射膜→丝网印刷电极/烧结。

该工艺是在清洗制绒后，通过热生长的方法生长一层较薄的氧化层，然后根据丝网印刷前电极的图案在氧化层上开槽，再用弱碱清洗激光损伤层。在磷扩散时，没有开槽的区域由于氧化层的阻挡作用形成浅扩区，开槽的区域形成重扩区。开槽的宽度控制在 250~300 nm。

该工艺需要解决的问题是：①硅片经历氧化和扩散两次高温过程，高温损伤比常规工艺要大，对硅片质量要求较高；②氧化层的厚度和均匀性需要控制得较好；③需要丝网印刷的精准对位，尤其是当开口的宽度变小时，对位要求会更高。

2) 返刻法(etching back)

该工艺由德国 Konstanz 大学开发，并由 Schmid 公司商业化，其工艺步骤为：制绒→扩散→喷墨打印防刻蚀掩膜→发射极返刻→去 PSG 和掩膜→沉积 SiN_x 减反射膜→丝网印刷电极/烧结。

其原理是在重扩(方块电阻约 40 Ω/□)之后，在金属区域用喷墨打印的方法打印与前栅线图案相同的石蜡作为掩膜(200~300 nm 宽)，然后利用 HF/HNO_3 的混合溶液将掩膜以外的重掺杂层表层刻蚀掉几十纳米的薄层形成浅扩散层(方块电阻约 90 Ω/□)，然后将石蜡清洗掉。掩膜制备和丝网印刷栅线之间具有二次定位系统，使栅线印刷在掩膜区域。

返刻工艺的优点是流水线作业，产量大，易于产业化，缺点是：①返刻工艺步骤比较难于控制，要求方块电阻均匀性较好；②喷墨打印(inkjet printing)掩膜成本较高，设备本身维护比较麻烦；③丝网印刷电极需要精准对位。

3) 丝网印刷刻蚀浆料工艺

丝网印刷刻蚀浆料工艺是德国的 Merk 公司开发的，和返刻工艺有相似性。其工艺步骤为：制绒→扩散→丝网印刷腐蚀浆料→加热→清洗→去 PSG→沉积 SiN_x 减反射膜→丝网印刷电极/烧结。

该工艺的要点是在重掺杂发射极(40 Ω/□)表面印刷含有磷酸的腐蚀浆料，然后于300～400 ℃加热促进腐蚀浆料与硅片进行反应，并让有机物挥发，将表面的重掺杂层腐蚀成轻掺杂区(90 Ω/□)，然后通过超声波水洗将浆料去掉。

与 Schmid 的返刻工艺相比较，原理相同，然而丝网印刷的方法使成本更低，使用的化学品耗量较少，特别是 HF 和 HNO_3 用量少，从另一方面降低了成本。所用浆料反应后只需用纯净水清洗即可，环保性更好。

印刷刻蚀浆料工艺需要注意的问题是：①扩散方阻的均匀性和腐蚀的均匀性。②丝网印刷需要精确对准。另外，重掺杂区和轻掺杂区的区别在多晶硅上不是很明显，对位有难度。③对丝网有较高的要求，需要具有防酸腐蚀性能。

4) 丝网印刷硅墨水技术(screen printing of silicon doping ink)

该技术由 Innovalight 公司开发。其工艺步骤为：制绒→丝网印刷掺磷硅墨水→烧结→扩散→去 PSG→沉积 SiN_x 减反射膜→丝网印刷电极/烧结。

此工艺的要点是：丝网印刷掺杂的纳米硅墨水，通过高温加热烧结形成掺杂层，然后进行扩散。在印刷硅墨水的位置形成重掺层，结深在 1 μm 左右，在其他位置形成轻掺区。该工艺的优点是工艺简单，不需要增加额外设备。工艺的难点是调整扩散工艺，使得在重掺杂源存在的情况下，保证周围区域扩散的均匀性，在印刷硅墨水时，要保证不能引入金属离子污染硅片。丝网印刷步骤也需要精准对位。

5) 丝网印刷磷源技术(screen printing of phosphorus paste)

该工艺由 Honeywell 公司开发，工艺与硅墨水技术很相近。所不同的是采用丝网印刷的是带有掺杂源的磷源，烘干后扩散。其工艺步骤为：制绒→丝网印刷掺磷浆料→烘干→扩散→去 PSG→沉积 SiN_x 减反射膜→丝网印刷电极/烧结。

上海交通大学(SJTU)开发的磷浆，用该工艺制作 SE 电池，可使电池平均转换效率绝对值提高 0.4%~0.7%，平均转换效率可超过 19.0%，最高可达 19.4%[35]。而且成本低廉，已经成功实现批量化生产。

OTB 和 Roth & Rau 公司则采用喷墨打印的方法打印掺杂浆料。

6) 激光喷涂磷源掺杂法(laser doping from spray-on phosphorus coating)

该工艺是由澳大利亚新南威尔士大学开发，现由 Roth & Rau 公司商业化。其工艺步骤为：制绒→扩散→去 PSG→沉积 SiN_x 减反射膜→丝网印刷背电极/烧结→喷涂磷源→激光掺杂→电镀前电极 (Ni/Cu/Ag)。

该工艺的要点是在硅片进行浅扩散($100 \sim 120 \ \Omega/\square$)，沉积氮化硅薄膜后进行丝网印刷铝背场并烧结。然后在前表面喷涂磷源(磷酸+酒精)。再用激光(532 nm)按照栅线图案进行开槽并掺杂，形成方块电阻约 $20 \ \Omega/\square$ 的局域重掺杂区域。最后利用光诱导电镀(light inducing plating)在这些重掺杂区上电镀 Ni/Cu/Ag 金属层作为前电极。

由于采用了激光刻槽和电镀的方式，栅线宽度可减少至 30 μm，与硅片接触宽度约 12 μm。早在 2008 年，无锡尚德量产的 Pluto 单晶电池的平均效率达到 19%以上[36]。该电池的优势在于非常小的遮光面积和线间距(0.9 mm)。这样既提高了开路电压和短路电流，又不至于使填充因子下降太多。由于采用了自对准电镀工艺，无需高精度的丝网印刷机进行二次对位。

工艺的难点在于：①激光掺杂工艺的控制，激光在 Pluto 电池中起到了关键作用，既要在氮化硅上开槽又要形成重掺杂层，并保证具有一定的表面掺杂浓度，减小对表面的损伤，激光的波长、脉冲频率和功率都要仔细选择，并且稳定控制才能达到生产需求；②金字塔绒面要控制得小而且均匀；③如果采用电镀 Ni 作为种子层，还要经过一道低温烧结工艺；④电镀 Ag 与焊带之间的黏结力较小，在制造组件过程中串焊流程容易发生脱焊，目前还没有很好的解决方案；⑤在电池制备过程中，对氮化硅的致密性要求很高，任何划伤和针孔都会造成电镀时产生花片，相比较而言，管式 PECVD 要比平板板式 PECVD 制备的氮化硅致密性要好；⑥在制造过程中也要防止镀膜电池片的相互堆叠，造成氮化硅薄膜的擦伤；⑦此外，对于方块电阻为 $100 \sim 120 \ \Omega/\square$ 的扩散要求也较高，国产的扩散炉较难做到比较均匀，而进口的扩散炉价格要昂贵得多。

7) 激光 PSG 掺杂(laser doping from PSG layer)

该工艺由 Stuttgart 大学开发，由 Manz 和 Centrotherm 公司商业化。其工艺步骤为：制绒→扩散→PSG 为掺杂源激光掺杂→去 PSG→沉积 SiN$_x$ 减反射膜→丝网印刷电极/烧结。

此方法的要点是采用扩散时产生的磷硅玻璃作为掺杂源进行重掺杂，该方案实现的工艺简单，增加的设备和工艺步骤在所有选择性发射极技术中最少。

技术的难点在于：①扩散中形成的轻掺杂区域对扩散炉的要求较高，高方阻下的扩散均匀性是一个难点；②在丝网印刷电极工艺需要精确对准；③对电池效率的提升有限。

8) 化学激光法(laser chemical printing)

该方法由 Fraunhofer ISE 开发，Rena 公司进行商业化。其工艺步骤为：制绒→扩散→去 PSG→沉积 SiN$_x$ 减反射膜→丝网印刷背电极/烧结→化学导向激光掺杂→电镀前电极 (Ni/Cu/Ag)。

该工艺类似于激光涂源掺杂技术，所不同的是激光掺杂过程不是先在硅片上喷涂上磷源，而是直接在含有磷源的液体中进行，通过液相诱导激光去除氮化硅和实现重掺杂。简化了工艺步骤和设备投入，同时减少了化学品的用量。

该工艺的难点是：激光掺杂过程的工艺控制比较困难，同激光掺杂一样，激光的各种参数都需要很好地配合。同样地后续的电镀工艺栅线的黏附性还是很大的挑战。

9) 离子注入法(ion implating)

该工艺由 Varian 公司商业化，其工艺步骤为：制绒→离子注入形成 SE→退火激活→沉积 SiN_x 减反射膜→丝网印刷电极/烧结。

该方法的关键是利用离子注入方法将高能的 P 粒子注入硅的体内，然后通过退火激活。优点在于可以灵活控制掺杂的浓度和深度，也省去了常规扩散中去除磷硅玻璃和背结的步骤，同时批量生产的电池效率分布更集中。工艺的难点在于如何控制离子注入的能量等参数形成很好的发射极掺杂浓度曲线和之后的退火工艺。在退火过程中，通过通入氧气形成氧化层可以使钝化效果更好。更由于表面浓度的不同而造成氧化层厚度的不同，使得重掺杂层和轻掺杂区可以明显地分辨出来，便于后续对准印刷。目前，使用离子注入技术的单晶硅电池的转换效率能达到 19.5% 以上[37,38]。

以上介绍了各种实现 SE 的方法，将它们与常规电池工艺比较，增加的步骤和设备列于表 1-1。从转换效率上来看，使用 SE 技术后可以使单晶硅电池的效率绝对值提高 0.3%~0.8%，众多 SE 技术在单晶硅电池上都可以实现 19% 以上的平均效率。

表 1-1　各种 SE 技术的比较

		厂商	增加步骤	增加设备
掩膜-腐蚀法	氧化膜	Centrotherm	+3	氧化炉、激光设备/丝印机、清洗设备
	返刻	Schmid	+3	喷印机、返刻设备、清洗设备
印刷浆料法	印刷腐蚀浆料	Merk	+3	丝印机、加热设备、清洗设备
	印刷硅墨水	Innovalight	+2	丝印设备、清洗设备
	印刷掺杂浆料	Honeywell、SJTU	+2	丝印设备、烘干设备
	喷墨打印掺杂浆料	Roth & Rau	+2	喷印机、烘干设备
激光掺杂法	喷涂磷源	Roth & Rau	+3	喷涂设备、激光设备、电镀设备
	激光化学工艺	Rena	+2	激光设备、电镀设备
	PSG 掺杂	Manz、Centrotherm	+1	激光设备
离子注入法	离子注入	Varian	+2，-2	增加离子注入机、退火设备，减少刻边、去 PSG 设备

对多晶硅电池效率的增益,虽然很多厂商宣称为 0.4%～0.5%,然而量产的效率却不尽如人意,在 0.2%左右。由于适合高方阻的正电极浆料的出现,使常规电池的效率也有了很大的提高,对各种选择性发射极电池是不小的冲击和挑战。

1.5.3.3　选择性发射极电池面临的问题

选择性发射极自提出以来,一直没有产业化的原因是由于其工艺复杂、生产成本高。随着激光、精准丝网印刷技术的日趋成熟,选择性发射极技术成为产业界比较力推的高效电池技术。但是仍然面临着一些问题:①设备成本较高。SE 电池的制作过程比较复杂,尤其是为了要在电极下方加重掺杂浓度,对于电极形成的精确度要远高于过去的传统电池,造成设备成本的大幅提高。②制作过程复杂,设备精密度要求高。虽然各大设备厂家皆已经努力简化设备流程,但精密的局部扩散与电极印刷将是此技术的一大挑战。在传统电池生产中原本被视为关键设备的热处理扩散与 PECVD,在 SE 电池制备中重点已转向更为精密的丝网印刷与光刻技术,技术难度相对较高。③组件封装材料的匹配。对于 SE 技术来说,其最大优势在于能够提高波长范围在 400 nm 以下的短波光响应,但目前 EVA(乙烯–醋酸乙烯共聚物)封装材料将会吸收此段波长范围的光能量,使得太阳光中的短波部分无法到达电池,从而造成从电池到组件(cell to module,CTM)的效率损失较大,体现不出 SE 电池效率的增益。因此,思考替代封装材料成为 SE 太阳电池是否可以发挥实际功用的重要条件。

虽然众多厂商都推出了各自的 SE 工艺,然而究竟是哪种技术会更占主流还要看它是否满足以下几个条件:①最少的额外步骤;②与现在生产线的相容;③高稳定性和可靠性;④高效率;⑤高的性能和价格比,对于每一个额外的步骤,效率至少要提高 0.2%的绝对效率值。目前一些工艺在生产成本上还比较高,效率还不太稳定,尤其是在多晶硅电池上的效果不太理想。也有的电池生产商将选择性发射极技术和其他技术相结合,试图寻求更高的效率。未来,选择性发射极技术的发展还充满着不确定性。目前,大家基本已经放弃 SE 太阳电池方案。

1.5.4　MWT 太阳电池

常规晶体硅太阳电池的发射区和发射区电极都位于电池的正面。尽管电池正面的栅线电极所遮面积仅为电池面积的 7%左右,但这部分栅线依然阻挡了电池对阳光的吸收。可以通过减小栅线宽度来减少遮光面积,然而细的栅线会使电极接触电阻增加,从而降低转换效率,工艺难度也会增加。如果把正面电极转移到背面,使发射区电极和基区电极均位于电池背面,即所谓的背接触(back contact)电池,则可以降低或完全消除正面栅线电极的遮光损失,从而提高电池的效率。金属环绕贯穿

(metal wrap through，MWT)太阳电池是基于目前工业生产技术，把正面主栅线电极转移到背面的一种背接触电池。一般 MWT 电池的结构示意图如图 1-11 所示[39]。

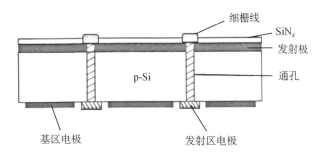

图 1-11　MWT 电池的结构示意图

MWT 电池的基本工艺流程为[40,41]：清洗→激光打孔→制绒→发射极扩散→去PSG→沉积 SiN$_x$ 减反射膜→丝网印刷背面主栅和通孔→丝网印刷正面细栅→印刷背场→烧结→激光隔绝→测试。

MWT 电池的主要优势是：①MWT 电池与常规太阳电池的主要区别是主栅线移到了电池的背面，仅保留了正面的细栅，因此正面的遮光面积减小，接受光照的面积增大，有效增加了电池片的短路电流，使转换效率得以提高。②由于激光钻孔后，在孔内进行扩散及金属化，这样发射区位于电池的正面和孔中，可以实现双 p-n结，位于前表面的发射极细栅所收集的电流通过金属化的通道引导到电池的背面主栅，共同收集载流子，提高了分离和收集载流子的效率。因此，MWT 电池对材料质量要求不高，少子寿命较低的硅片采用此结构仍可以获得较高的短路电流，应用于多晶硅电池更加有利于降低成本。③同时，MWT 电池制作光伏组件时，不存在正面主栅的焊接，电池片之间的连接均由背面电极提供，降低了由焊接引起的电阻损耗，使电池到组件的损耗降低，提高组件的输出功率。但是 MWT 电池的组件封装技术及其低成本化，是 MWT 技术面临的问题。

制作 MWT 电池的关键是激光打孔和灌孔印刷。在 MWT 电池的晶片上，需要打孔 100～300 个，孔径为 30～100 μm，需要选择合适的激光保证开孔速度和精度，同时将对硅片的热损伤降到最小。金属浆料填充激光穿孔是电池获得低串联电阻和较高填充因子的关键，整个通孔要用丝网印刷填满银浆，这就要求在丝网印刷过程中对其印刷速度、压力以及网板与硅片间距、细栅线之间的间距和通孔个数进行优化设计，确保在孔中不能出现空洞、断层区域，因此优化印刷机的参数以及调节灌孔浆料的流变性显得尤为重要。

目前，批量生产的多晶硅 MWT 电池转换效率可达 18%以上，单晶硅 MWT 电池的转换效率可达 20%[42]。MWT 与其他高效晶体硅太阳电池技术结合，如 SE[43]、PERC[44]、n 型晶体硅太阳电池[45]等，可以综合各种技术的优点，获得高效的电池。

与 MWT 技术类似，还有一种称为发射区环绕贯穿(emitter wrap through，EWT)的电池。EWT 电池正表面完全没有栅线的覆盖，依靠电池中的无数导电小孔来收集电流，并传递到背面的反射区电极上。制作 EWT 电池需要在硅片上打非常多的孔，以典型间距为 1 mm 计算，在一块硅片上需要打 15000 ~ 30000 个孔，打孔太耗时，并且打孔的成功率和对硅片的损伤都是需要考虑的问题，因此该技术不太适用于工业化生产。Hermann 等[46]总结了 EWT 电池的进展情况，目前 EWT 电池的最高效率是 21.4%[47]。

1.5.5　n 型晶休硅太阳电池

硼(B)掺杂的 p 型硅片或是磷(P)掺杂的 n 型硅片都可以用来制备太阳电池，但是目前大部分的晶体硅太阳电池生产厂家都采用掺硼的 p 型硅片生产太阳电池。这是因为太阳电池在发展初期主要应用于空间领域，在高能辐射下 p 型晶体硅太阳电池比 n 型电池的性能衰减要小，因此 p 型太阳电池成为空间应用的优先选择，其电池结构和生产技术得到不断完善，在随后太阳电池转向地面应用时，p 型太阳电池结构得到沿用。从工艺上讲，在 p 型硅片上形成 n$^+$发射结比在 n 型硅片上形成 p$^+$发射结在工业化生产上更容易实现。

但是在地面应用中并不存在太空辐射的威胁，p 型晶体硅并不一定是最佳选择。截至目前，世界上量产的转换效率超过 20%的电池有两种，均制备在磷掺杂的 n 型单晶硅衬底上。2010 年，美国 SunPower 公司成功实现了面积为 125 mm × 125 mm 的 n 型叉指形背接触(interdigitated back contact，IBC)单晶硅太阳电池，其转换效率高达 24.2%。这成为目前世界上量产效率最高的晶体硅电池结构之一。另一种 n 型电池是日本三洋(现松下)公司的带本征薄层的非晶硅/晶体硅异质结(hetero-junction with intrinsic thin film，HIT)太阳电池，量产转换效率为 21.6%。展望未来，转换效率超过 20%的 n 型晶体硅电池是当今国际研究和产业化的前沿。

P 掺杂的 n 型晶体硅有许多优点：①少子寿命长。相同电阻率的 n 型 CZ 硅片的少子寿命比 p 型 CZ 硅片高出 1 ~ 2 个数量级，一般都在毫秒级。②光致衰减不明显。B 掺杂的 p 型 CZ 硅太阳电池中出现的光致衰减是由硼–氧(B-O)对起到复合中心的作用而导致的[48]，而在 n 型晶体硅中硼含量极低，B-O 对导致的性能衰减不明显。③n 型硅片对金属杂质不敏感。Fe、Cr、Co、W、Cu、Ni 等金属对 p 型硅片的影响均比 n 型硅片要高，因而 n 型硅片对金属污染的容忍度要高。n 型晶体硅的上述优点引起了人们的极大兴趣，使得 n 型晶体硅太阳电池在结构和工艺方面获得了快速发展。

n 型晶体硅太阳电池有多种结构,按发射极的成分和形成方式可分为硼发射极、铝发射极和非晶硅/晶体硅异质结电池,按发射极的位置可分为前发射极和背发射极电池两类[49]。非晶硅/晶体硅异质结电池(HIT)和背结叉指形背接触电池(IBC)将在后面介绍,这里主要介绍硼前发射极和铝背发射两类 n 型电池。

1.5.5.1 硼前发射极 n 型电池

硼前发射极 n 型电池的结构见图 1-12(a)。以 n 型单晶硅片为基底,正面依次为扩散硼形成 p⁺ 发射极、钝化介质层和金属电极,背面扩散磷形成 n⁺ 背表面场和背面金属电极。该类电池要获得高转换效率,面临着三个主要问题,即硼扩散、前表面钝化和硼发射极表面金属化。

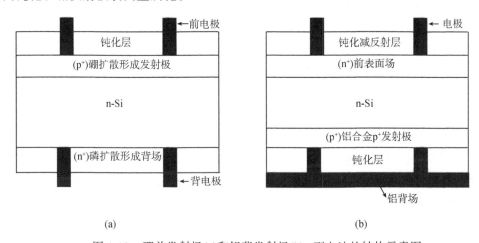

图 1-12 硼前发射极(a)和铝背发射极(b)n 型电池的结构示意图

硼扩散的方法很多,按硼源分有液态 BBr_3 以及各种用于丝网印刷和旋涂的商品化硼浆,从扩散设备分主要有管式扩散和链式扩散两种。研究发现,在众多硼扩散方式中,用氮气携带液态 BBr_3 进行管式扩散的效果最好[50],该方法更有利于避免金属污染,扩散后硅片的有效少子寿命比用其他方法扩散的样品高 5 倍以上。扩散存在的一个问题是均匀性难以控制。在扩散前期,BBr_3 反应生成 B_2O_3 并沉积在硅片上,高温作用下扩散进入硅基体。这与磷扩散时 $POCl_3$ 先生成 P_2O_5 再沉积到硅片表面的过程类似。不同的是,P_2O_5 在 850 ℃时为气相,可以均匀沉积在硅片表面,而 B_2O_3 的沸点较高,扩散过程中一直处于液态,难以均匀覆盖在硅片表面,因而硼扩散均匀性难以控制。硼扩散的另一个问题是高温导致材料性能变坏。硼原子在硅中的扩散系数较低,与磷扩散相比,硼扩散需要更高温度或更长时间来获得相同的方块电阻。另外,硼前发射极电池采用磷扩散制作背表面场,一般还采用热氧化法制作掩膜。多次高温使热耗增大，还会导致硅片少子寿命下降。

在 p 型晶体硅电池中，工业上用 SiN_x 薄膜作为 n^+ 发射极的减反射钝化层。但是 SiN_x 用到 n 型电池的硼发射极 p^+ 层的钝化则效果不明显，因此需要为硼发射极电池寻找合适的钝化材料。Al_2O_3 和 a-Si 对 p^+ 表面具有良好的钝化效果，但是 ALD 沉积 Al_2O_3 的速度较慢，影响了它的使用，而 a-Si 的热稳定差，后续的高温过程会影响其性能。采用湿化学方法，用浓硝酸浸泡硅片，在硅片表面形成一层厚度为几个纳米的 SiO_2 层，再在其上用 PECVD 方法沉积 SiN_x 层，形成 SiO_2/SiN_x 的叠层钝化层，实现了对 p^+ 表面的良好钝化[51]。

硼发射极 p^+ 层如果只用 Ag 做电极，接触电阻会很大，会导致电池短路电流和填充因子很低。采用 Ag/Al 浆代替 Ag 浆可有效降低接触电阻，但是在烧结过程中发射极的硅会熔融到铝中，导致发射极局部区域被电极贯穿，使 p-n 结短路而漏电[52]。在 Ag/Al 浆中再加入适量的硅，可以降低 p^+ 发射极被电极贯穿的几率，解决了 p^+ 层的金属接触问题，但是 Ag/Al/Si 浆的导电性比 Ag 浆差，会使栅线体电阻增大。

尽管存在以上问题，新材料、新工艺仍然在不断开发，使硼发射极太阳电池的性能不断完善。硼前发射极 n 型电池还可以与 SE[53]、MWT[45]、PERL[28-30]、PERT[54]、Al_2O_3 钝化[28-30,54]等技术结合，形成更高效的电池，但是电池的成本是需要关注的问题。

硼前发射极 n 型电池的产业化技术为荷兰国家能源中心(ECN)所开发，采用硼磷共扩散简化工序，同时解决了 p^+ 层的钝化和金属接触问题，已经将该技术授权给中国的英利公司，量产的电池平均转换效率在 2010 年达到 19%[55]，2012 年提高到19.5%。另外，该电池由于采用磷扩散来形成背场，通过类似正面的栅线设计来实现接触，可以做成双面电池，使电池具有双面发电能力，从而提高发电效率。

1.5.5.2 铝背发射极 n 型电池

一般采用 B 扩散技术在 n 型太阳级衬底上形成 p^+ 型发射极，然而，采用液态 B 扩散技术存在着扩散温度过高(950～1000 ℃)，扩散均匀性差，表面掺杂浓度低不易形成很好的电极接触等诸多问题。因此，研究人员开始寻求其他形成 p-n 结的技术用来替代液态 B 扩散。Al 浆丝网印刷、烧结技术在 p 型晶体硅电池中被广泛应用于形成 p^+ 铝背场，是产业化中非常成熟的技术之一。为此，人们借鉴该经验，将 p^+ 铝合金层用作 n 型晶体硅的背面发射极，形成了铝背发射极电池。铝背发射极 n 型电池的结构如图 1-12(b)所示。该电池为背结前接触 n 型电池，采用 n^+np^+ 结构，n 型基底的前面为采用 P 扩散的方式形成 n^+ 前表面场(front surface field, FSF)、减反射层和前电极，背面为由丝网印刷铝浆烧结而成的 p^+ 发射极、钝化层和铝背场。铝背发射极太阳电池的结构与传统 p 型硅太阳电池基本一样，只是基体导电类型不一样。

由于铝背发射极太阳电池采用丝网印刷铝浆烧结形成 p-n 结，采用 P 扩散的方式形成 n^+ 前表面场。而扩散炉、丝网印刷机、高温烧结炉都是目前 p 型晶体硅电池生产所采用的常规设备，因此制作铝背发射极电池能与目前生产线具有完全的兼容性。此外，该电池的制备工艺步骤少，和液态 B 扩散相比具有相当的成本优势，具有很好的产业化应用前景。

然而，将丝网印刷铝浆烧结工艺用在 n 型电池中形成 p^+ 发射极还处在研究阶段。在工艺条件优化方面还存在很多有待解决的问题，因此，国际上不少研究机构都开展了相应的前沿研究。要获得高的转换效率，面临的主要问题有：①该电池的发射极在背面，少数载流子的扩散长度至少要大于基片厚度，对材料的少子寿命要求很高，不太适用于多晶硅电池；②太阳电池的前表面要具有低掺杂浓度和低表面复合速率；③背表面要求具有低的表面复合速率，在电池背面 p^+ 发射极上沉积钝化介质层，可以有效降低背表面复合。

n 型单晶硅具有较长的体少子寿命，SiO_2、SiN_x 等钝化介质膜对 n^+ 硅表面具有良好的钝化效果，这已经在传统 p 型晶体硅电池中大量应用，因此铝背发射极太阳电池的 n^+ 前表面的钝化较容易解决。对铝背发射极太阳电池，关键是在背表面的钝化，研究发现 SiO_2、SiN_x 等介质膜对 p^+ 硅表面的钝化效果不理想，而 PECVD 沉积 a-Si 和 ALD 沉积 Al_2O_3 却显示了优异的钝化性能。Schmiga 等[31]用 Al_2O_3/SiO_2 叠层介质膜钝化铝背发射极太阳电池，在 4 cm^2 的 FZ 硅片上制作出效率达20.1%的电池，使用同样结构，采用 $a-Si/SiO_2$ 叠层介质膜钝化背表面，获得了 19.5%效率的样品。而 Bock 等[56]采用 a-Si 钝化背表面，在 4 cm^2 的 CZ 硅片上制作的铝背发射极太阳电池，效率也达 20%。上述结果都是在实验室实现的，早在 2006 年 Schmiga 等[57]用跟 p 型晶体硅太阳电池相同的方法制备出 n^+np^+ 铝背发射极太阳电池，面积为 100 cm^2 的电池效率达到 17%，2009 年报道了面积为 148.5 cm^2 的电池，效率达到 18.2%[58]，表明该类电池具有工业化的前景。

铝背发射极前接触电池的受光面存在一个 n^+/n 结(前表面场)，它的掺杂浓度和结深使得无法形成很好的欧姆接触，导致串联电阻增加影响最终的填充因子和转换效率。采用与 SE 相同的概念，在电极下方选择性磷扩散，形成高掺杂区[59]，可以缓解此问题，但是这样势必增加工艺的复杂性。同样，采用背结背接触铝背发射极 n 型电池的结构[60]，可以提升转换效率，但是要接受成本的考验。

丝网印刷铝浆烧结法形成铝背发射极 n 型电池具有设备和生产效率的两大成本优势。要加速其产业化进程，未来此领域的研究趋势集中在以下两个方面：①进一步优化电池的特性，包括 Al-p^+ 发射极、背表面钝化、前表面场和钝化等；②研发低成本设备。

1.5.6　IBC 太阳电池

前面已经提到过背接触太阳电池,所谓背接触是指电池的发射区电极和基区电极均位于电池背面的一种太阳电池。背接触电池主要有如下几个优点[61]:①转换效率高。由于降低或完全消除了正面电极的遮光损失,可以实现入射光子数的最大化。②容易组装。采用全新的组件封装模式进行共面拼装,减小了电池片间的间隔,提高了封装密度,同时又简化了制作工艺,降低了封装难度。③更加美观。电池的正面均匀、美观。根据 p-n 结的位置,背接触晶体硅太阳电池可以分为两类,即 p-n 结位于电池正面的前结电池和 p-n 结位于电池背面的背结电池。人们研究较多的背接触电池主要包括三种[62]:IBC 电池、MWT 电池和 EWT 电池。MWT 和 EWT 电池属于前结背接触,1.5.4 节已做介绍,而 IBC 电池,即叉指形背接触(interdigitated back contact),属于背结背接触。

IBC 电池于 20 世纪 70 年代提出[63,64],是最早研究的背结电池,最初主要应用于聚光系统,其结构示意图见图 1-13。该电池采用 n 型单晶硅为基体材料,从材料性质上分,它也属于 n 型电池。利用光刻技术,在背面分别进行硼、磷局域扩散,形成叉指形交叉排列的 p+发射极和 n+背表面场,同时发射区电极和基区电极也呈交叉排列在背面。在电池前后表面覆盖一层热氧化 SiO2,以降低表面复合。重扩形成的 p+和 n+区可有效消除高聚光条件下的电压饱和效应,此外,p+和 n+区的接触电极的覆盖面积几乎达到背表面的一半,大大降低了串联电阻。IBC 电池的核心是如何在背面制作出质量较好、呈叉指形间隔排列的 p 区和 n 区。

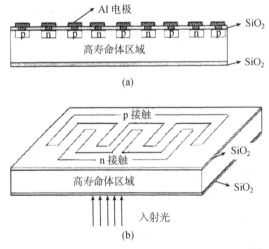

图 1-13　早期 IBC 太阳电池结构示意图[63]

(a)截面图;(b)立体图

IBC 电池除具有背接触电池的所有优点外，还由于电池前表面没有金属栅线，带来了如下好处：①由于正面无栅线遮挡，入射光子更多，可以增加电池的短路电流密度；②由于正面无栅线，不必考虑正面的接触电阻问题，可以最大程度优化前表面的陷光和表面钝化性能；③由于正负电极都放在电池背面，不用考虑金属栅线对电池的遮挡问题，可以将栅线宽度加宽，降低金属接触的串联电阻。

虽然有上述诸多优点，但是高效率、低成本的 IBC 电池的实现也存在挑战和风险：①对基体材料质量要求较高。IBC 电池的 p-n 结位于背面，而光吸收产生的电子-空穴对主要集中在前表面以及靠近前表面的区域，前表面的光生载流子需要通过扩散到背结区并由结区电场分离而形成电流。为使光生少子在到达背结区前不被复合掉，需要基体材料具有较长的少子扩散长度。因此，相对来讲，具有较高电荷迁移率和少子寿命的 n 型晶体硅在制作 IBC 电池时具有优势。②前表面的复合速率要低。为保证光生载流子不会在扩散前就在表面被复合掉，需要对前表面实施有效的表面钝化。采用热氧化 SiO_2 是一种很好的钝化方法，对 n 型硅片采用磷掺杂的方式形成 n^+ 前表面场也是简单有效的方式之一。③背面叉指电极的制作。由于 IBC 电池中电极位于背面，电极的制作主要考虑其电学性能的优化，包括电极形状、电导率、并联电阻、接触电阻等。正负电极间存在漏电的风险，为实现良好的电极隔离，需采用具有钝化作用的电介质层作为隔离层，而这种隔离的方式需要光刻工艺，造成工艺成本的提高。④制造成本较高。从制作工艺上讲，IBC 电池要比常规电池复杂，生产成本高，使得其初期主要应用于一些特殊场合，如太阳能车、太阳能飞机等。

虽然成本较高，但是由于能够获得高转换效率，人们一直在对 IBC 电池进行改进和优化。1984 年，Swanson 等[65]报道了点接触太阳电池(point contact cell, PCC)，其结构示意图见图 1-14。点接触电池和 IBC 电池有着密切的关系，它们的主要不同

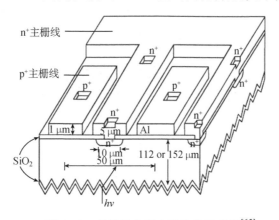

图 1-14 点接触太阳电池结构示意图[65]

是[7]：点接触电池将扩散区限制在小型包裹状区域，这些包裹状区在电池背面呈点阵排列，而 IBC 电池的扩散区呈连续的带状长条分布；另一点区别是 PCC 电池的扩散区金属接触被限制在很小的范围内，呈现为小的接触点，而 IBC 电池的扩散区金属接触呈连续的条状分布。由于减少了电池背面的重扩散区的面积，掺杂区域的饱和暗电流可以大幅减小，这样开路电压和转换效率得以提高。

　　Swanson 教授领导的斯坦福大学光伏研究组在 IBC 电池领域做出了重要贡献。早在 1986 年，在 100 倍聚光率下，获得了 27.5%的电池效率[66]。标准日照下，电池的改进也在同步进行，在 1985 年，电池效率就达到了 21%[67]，同年，Swanson 教授创立 SunPower 公司来商业化斯坦福大学光伏研究组的高效背接触电池。经过斯坦福大学和 SunPower 公司的不断优化与改进，在 1996 年背接触电池获得了23.2%的效率[68]。但是采用包括光刻在内的半导体复杂工艺和过高的成本限制了它的应用。为此，SunPower 公司开始简化生产工艺，2002 年报道减少 1/3 的主要工艺步骤，制造成本下降 30%，但是电池的转换效率绝对值仅下降 0.6%[69]。2004 年，他们报道了采用点接触和丝网印刷技术研发出的新一代大面积(149 cm²)电池A-300[70]，首次实现了商品化、大面积的在标准日照下效率达到 20%以上的电池，最高达到 21.5%，该电池的结构如图 1-15 所示。A-300 太阳电池采用 n 型晶体硅材料作为衬底，少子寿命在 1 ms 以上。正表面没有任何电极遮挡，并且通过表面金字塔结构和减反射层来提高电池的陷光效应[71]。电池前后表面利用热氧化技术生成一层 SiO₂钝化层，降低了表面复合并增加了长波响应，从而使开路电压得以提高。在前表面的钝化层下还用浅磷扩散形成 n⁺前表面场，提高短波响应。背面电极与硅片之间通过 SiO₂钝化层中的接触孔实现点接触，减少了金属电极与硅片的接触面积，降低了载流子在电极表面的复合速率，进一步提高开路电压。较为出色的陷光、钝化效果，以及采用了可批量生产的丝网印刷技术，使 A-300 电池成为高效背接触硅太阳电池的代表。该电池工艺中的难点包括 p⁺扩散、金属电极下重扩散以及激光

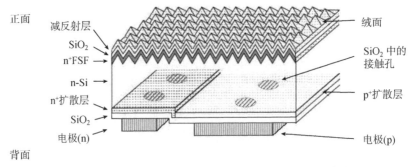

正面
减反射层
SiO₂
n⁺FSF
n-Si
n⁺扩散层
SiO₂
电极(n)
背面

绒面
SiO₂ 中的接触孔
p⁺扩散层
电极(p)

图 1-15　SunPower 公司 A-300 太阳电池结构示意图[70]

烧结等。其电池的工艺流程大致如下：清洗→制绒→扩散 n^+→丝印刻蚀光阻→刻蚀 p 扩散区→扩散 p^+→减反射镀膜→热氧化→丝印电极→烧结→激光烧结。

2007 年，SunPower 公司第二代 E 系列 IBC 电池大量生产，平均效率达 22.4%[72]，面积达 155 cm^2。同时硅片的厚度减薄到 160 μm，用该背接触电池封装的组件平均效率 19.3%，最高组件效率达 20.1%。2010 年，通过进一步优化减少复合损失，SunPower 公司第三代 X 系列电池量产，平均效率达 23.6%，在其菲律宾工厂实现了最高转换效率达 24.2%[73]的 IBC 电池，该电池的开路电压达到 721 mV，短路电流密度为 40.46 mA·cm^{-2}，填充因子为 82.9%，而且硅片的厚度减少到 135 μm。其第三代太阳电池的结构和采取的改进措施如图 1-16 所示。

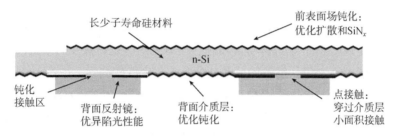

图 1-16　SunPower 公司第三代太阳电池结构示意图[73]

与此同时，其他研究单位也在不断进行背结背接触电池的开发。德国 Fraunhofer 太阳能系统研究所(Fraunhofer ISE)使用光刻掩膜工艺，获得了 22.1%[74]的背接触电池。德国 ISC(International Solar Energy Research Center-Konstanz)研发的所谓 "ZEBRA" 电池，不使用光刻技术，而仅用常规工业型设备和丝网印刷技术，在 n 型 CZ-Si 上获得了大面积(239 cm^2)的 IBC 电池，其效率达 21%[75]，60 片电池(156 mm×156 mm) 组装的组件功率达 300 W_p。德国 ISFH(Institut für Solarenergieforschung Hameln)研究所开发的 RISE(rear interdigitated contact scheme, metalized by a single evaporation) 电池用 p 型 FZ-Si 作衬底，不使用掩膜工艺，而使用激光烧蚀形成交叉排列的两个台阶区域、背面单步铝蒸发工艺制作电极，面积为 4 cm^2 的电池效率达 22%[76]，并且可以用于大面积电池制作。2014 年初，我国常州天合光能有限公司宣布与澳大利亚国立大学合作研发的 IBC 太阳电池转换效率高达 24.4%，同时该公司已独立研制出面向产业化的面积为 125 mm×125 mm 转换效率大于22%的 IBC 电池。

IBC 技术也可以与其他电池技术相融合。简化工艺、降低成本是 IBC 电池能够大规模推广的关键。

1.6 非晶硅/晶体硅异质结太阳电池

1.5 节介绍的晶体硅太阳电池的 p-n 结都是由导电类型相反的同一种材料——晶体硅组成的，属于同质结电池。而异质结(heterojunction, HJ)就是指由两种不同的半导体材料组成的结，前面已经提到的非晶硅/晶体硅即属于异质结。早在 1951 年，Gubanov[77,78]就已经提出了异质结的概念，但是直到 1960 年[79]才第一次制造成功异质结器件。而关于非晶硅/晶体硅硅基异质结(silicon heterojunction，SHJ)的研究有以下几个里程碑事件。

(1) 第一个非晶硅/晶体硅异质结器件。Grigorovici 等[80]1968 年在单晶硅衬底上首次报道实现了非晶硅/晶体硅异质结，当时采用的是热蒸发的方法沉积非晶硅，所以非晶硅层中不含氢，制备的非晶硅薄膜缺陷密度较高。

(2) 第一个氢化非晶硅/晶体硅异质结器件。随着 PECVD 技术的发展，采用 PECVD 方法沉积的非晶硅薄膜因含有氢，能够饱和悬挂键而实现良好的钝化作用，因而缺陷密度较低。1974 年，Fuhs 等[81]首次实现了氢化非晶硅/晶体硅(a-Si:H/c-Si)异质结器件。

(3) 第一个非晶硅/晶体硅异质结用于太阳电池。非晶硅/晶体硅异质结的光伏响应从一开始就被提及[82]，引起了人们的极大兴趣。1983 年，Okuda 等[83]采用 n-a-Si:H/p-mc-Si 异质结为底电池，n-i-p 结构的 a-Si:H 为顶电池，获得了转换效率为 12.3%的叠层电池，电池面积为 0.25 cm^2，这是第一个报道应用 a-Si:H/c-Si 异质结。

(4) 第一个带本征薄膜层的非晶硅/晶体硅异质结太阳电池。1991 年，日本三洋电机(已并入松下公司)首次将本征非晶硅薄膜用于非晶硅/晶体硅异质结太阳电池[84,85]，在 p 型非晶硅和 n 型单晶硅的 p-n 异质结之间插入一层本征非晶硅(i-a-Si:H)，实现异质结界面的良好钝化效果，获得的电池效率达到 18.1%，电池面积为 1 cm^2。当时这成为低温(<200 ℃)形成 p-n 结太阳电池的最高效率。他们将该电池命名为 HIT(heterojunction with intrinsic thin-layer)电池。

(5) 非晶硅/晶体硅异质结太阳电池实现批量化生产。1997 年，三洋公司的 HIT 电池实现批量化生产[86]，并推出了适应不同应用场合的 HIT 电池组件。

(6) 非晶硅/晶体硅异质结太阳电池转换效率不断提升。三洋公司在带本征薄膜层的非晶硅/晶体硅异质结太阳电池研发和生产领域一直处于领先地位，其研发的面积大小为 100 cm^2 左右的 HIT 电池转换效率连续突破 20%[86]、21%[87]、22%[88]、23%[89]重要关口。2013 年 2 月，松下公司(已并购三洋)宣布 HIT 电池的转换效率最高已达 24.7%[90]，超过了 SunPower 公司的 IBC 电池最高效率(24.2%)而打破了大面积太阳电池的世界纪录，该 HIT 电池的面积为 101.8 cm², 开路电压为 750 mV, 短路电流密度为 39.5 mA·cm⁻², 填充因子为 83.2%。目前其产业化电池平均转换效率为 21.6%。

1.6.1 HIT 太阳电池的结构与特点

1.6.1.1 HIT 太阳电池的结构

图 1-17 是 HIT 电池的结构[86-90]示意图。它是以 n 型单晶硅片为衬底，在经过清洗制绒的 n 型 CZ c-Si 正面依次沉积厚度为 5~10 nm 的本征 a-Si:H 薄膜(i-a-Si:H)、p 型 a-Si:H 薄膜(p-a-Si:H)，从而形成 p-n 异质结。在硅片背面依次沉积厚度为 5~10 nm 的 i-a-Si:H 薄膜、n 型 a-Si:H 薄膜(n-a-Si:H)形成背表面场。在掺杂 a-Si:H 薄膜的两侧，再沉积透明导电氧化物薄膜(TCO)，最后通过丝网印刷技术在两侧的顶层形成金属集电极，构成具有对称结构的 HIT 太阳电池。也可以用 p 型单晶硅为衬底，获得对应结构的异质结电池。HIT 电池的制作工序为：硅片→清洗→制绒→正面沉积非晶硅薄膜→背面沉积非晶硅薄膜→正反面沉积 TCO 薄膜→丝网印刷电极→边缘隔离→测试。

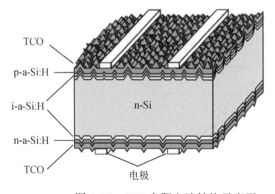

图 1-17 HIT 太阳电池结构示意图

1.6.1.2 HIT 太阳电池的特点

从 HIT 太阳电池的结构和制造工艺分析，HIT 电池具有如下特点。

1) 结构对称

HIT 电池是在单晶硅片的两面分别沉积本征层、掺杂层、TCO 以及印刷电极。这样一种对称结构方便减少工艺设备和步骤，相比传统晶体硅太阳电池，HIT 电池的工艺步骤更少。

2) 低温工艺

HIT 电池由于采用硅基薄膜形成 p-n 结，因而最高工艺温度就是非晶硅薄膜的形成温度(~200 ℃)，从而避免了传统热扩散型晶体硅太阳电池形成 p-n 结的高温(约 900 ℃)。低温工艺节约能源，而且采用低温工艺可使硅片的热损伤和变形减小，可以使用薄型硅片做衬底，有利于降低材料成本。三洋(现松下)公司最近获得的高效率 HIT 电池都是在厚度小于 100 μm 的硅片上获得的[89-91]。

3) 高开路电压

HIT 电池由于是在晶体硅和掺杂薄膜硅之间插入了本征薄膜 i-a-Si:H，它能有效地钝化晶体硅表面的缺陷，因而 HIT 电池的开路电压比常规电池要高许多，从而能够获得高的光电转换效率。目前 HIT 电池的 V_{oc} 达到了 750 mV[90]。

4) 温度特性好

太阳电池的性能数据通常是在 25 ℃的标准条件下测量的，然而光伏组件的实际应用环境是室外，高温下的电池性能尤为重要。由于 HIT 电池结构中的非晶硅薄膜/晶体硅异质结，其温度特性更为优异，前期报道的 HIT 电池性能的温度系数为−0.33%/℃[86]，经过改进，电池的开路电压得到提升，其温度系数减小至−0.25%/℃，仅为晶体硅电池的温度系数−0.45%/℃的一半左右，使得 HIT 电池在光照升温情况下比常规电池有好的输出。由于电池结构中的非晶硅薄膜，因此 HIT 电池具有薄膜电池的优点，弱光性能比常规电池要好。HIT 电池与常规晶体硅电池的效率−温度曲线、一天中的输出功率变化与电池温度对比情况分别见图 1-18 和图 1-19。

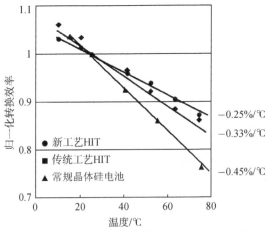

图 1-18   HIT 电池与常规电池的效率−温度曲线对比[92]

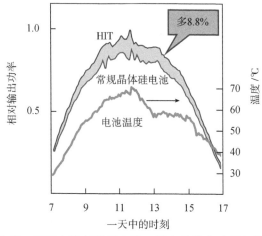

图 1-19　HIT 电池与常规电池一天中的发电功率与温升对比[86]

5) 光照稳定性好

HIT 电池的光照稳定性好，理论研究表明 HIT 电池中的非晶硅薄膜没有发现 Staebler-Wronski 效应[93]，从而不会出现类似非晶硅薄膜电池中转换效率因光照而衰退的现象。同时，由于一般 HIT 电池使用 n 型单晶硅为衬底，不存在 B-O 对导致的光致衰减问题。

6) 双面发电

由于 HIT 电池的对称结构，正反面受光照后都能发电。封装成双面电池组件后，年平均发电量比单面电池组件多出 10% 以上[89]。

HIT 电池由于采用非晶硅薄膜/晶体硅低温形成异质结，因此结合了晶体硅电池和薄膜电池的优点。但是 HIT 电池也存在着一些问题：①设备投资高。由于采用了薄膜沉积的技术，需要用到高要求的真空设备。②工艺要求严格。要获得低界面态的非晶硅/晶体硅界面，对工艺环境和操作要求也较高。③低温组件封装工艺。由于 HIT 电池的低温工艺特性，不能采取传统晶体硅电池的后续高温封装工艺，需要开发适宜的低温封装工艺。这些因素势必会使 HIT 电池的制造成本上升。因此 HIT 电池的转换效率需要比传统晶体硅电池至少高出 2%(绝对值)以上，才能体现出它的优势。

1.6.2　获得高效率 HIT 太阳电池的方法

与传统晶体硅电池一样，提高 HIT 太阳电池的转换效率，也是从减少光学损失和电学损失方面考虑，需要同时改善 V_{oc}、I_{sc} 和 FF 三个表征电池的主要参数。根据 HIT 太阳电池的结构，要获得高效率的 HIT 电池，可以从如下几个方面着手[88]。

1.6.2.1　改善 a-Si:H/c-Si 异质结界面性能以获得高的 V_{oc}

HIT 电池之所以具有高的 V_{oc},是由于高质量 i-a-Si:H 对硅片表面缺陷的有效钝化作用。在没有本征层的 p-a-Si:H/n-c-Si 异质结中,由于掺杂层中的局域态会引起隧穿,从而得不到高的 V_{oc}[85]。插入高质量的本征层后,隧穿被压制,而且获得了优异的界面性能。同时,在背面 n$^+$-a-Si:H/n-c-Si 界面插入本征层后,背场中的界面复合速率减小,从而也保证获得高的 V_{oc}。因此,为了获得高效电池,就要获得高的 V_{oc},而要获得高 V_{oc},就要有高质量的 i-a-Si:H 层和优异的 a-Si:H/c-Si 界面。从制造工艺上可以在以下方面考虑:①改善清洗制绒环节,在 a-Si:H 薄膜沉积前获得洁净的c-Si 表面;②沉积高质量、均匀的 i-a-Si:H 膜层;③在沉积 a-Si:H 膜层、TCO 薄膜和印刷导电电极时减少硅片表面的等离子体损伤和热损伤;④优化 a-Si:H/c-Si 界面的能带弯曲。

1.6.2.2　减少 a-Si:H 和 TCO 的光吸收损失、减少遮光损失和陷光以提高 I_{sc}

为了提高电池的短路电流,必须减少 a-Si:H 和 TCO 所引起的光吸收损失。这些光损失主要是由 a-Si:H 的光吸收和 TCO 的自由载流子吸收引起的。因此可以从如下方面进行改善:①采用高质量宽带隙材料,如 a-SiC:H,取代 a-Si:H;②寻找高载流子迁移率、高质量的 TCO 薄膜;③优化硅片绒面结构,实现良好陷光效果;④优化 HIT 电池的背场,改善对长波长光子的吸收;⑤优化栅线电极,减少遮光面积。

1.6.2.3　减少电池的串联电阻和漏电流以提高 FF

为了获得较高的填充因子,需要从以下几个方面考虑:①开发低电阻、高质量的栅线电极材料,以减少电学损失。②开发具有大的高宽比栅线电极。技术上可以通过减少栅线的展宽,提高栅线的高度来减少光学损失和电阻损失。涉及的关键工艺是:调配银浆的黏度、流变性和改进丝网印刷的工艺参数。③减少 TCO 薄膜的串联电阻。④开发高导电性的 p 型窗口层。

1.6.3　HIT 太阳电池的效率进展

三洋电机自 20 世纪 90 年代初开始进行非晶硅薄膜/晶体硅异质结电池的研发,到 1994 年他们的研发工作取得突破性进展,制备出面积为 1 cm^2、效率达 20%的HIT 太阳电池[94]。1997 年,三洋公司开始量产 HIT 太阳电池[86],当时生产的面积超过 100 cm^2 的 HIT 太阳电池的转换效率达 17.3%,所推出的商业化 HIT 太阳电池组件命名为 HIT Power 21^{TM},它由 96 片 HIT 太阳电池组成,输出功率为 180 W$_p$,组件效率达 15.2%。同时还推出了能代替屋顶瓦片的组件(HIT Power Roof^{TM})以及能双面发电的组件(HIT Power Double^{TM})。2003 年,三洋将 HIT 电池的量产效率提升至 19.5%,并推出了功率为 200 W_p 的 HIT 组件,该组件效率达到 17%。2011 年三洋推出了功率为 240 W_p 的 N 系列 HIT 组件,组件效率达 19%,所用的电池效率达 21.6%。

随着研发水平的提高,他们综合采用上述提高电池效率的改进措施,使得 HIT 太阳电池的效率不断提升,其研发型和量产的 HIT 电池效率进展趋势如图 1-20 所示。异质结太阳电池的转换效率正在逐渐接近晶体硅电池效率的理论极限值,为了应对转换效率越来越难以提高的情况,从 2009 年起三洋电机的研发转向在维持转换效率的情况下,以硅片衬底薄型化来降低成本,其最近几年研发的都是厚度为 98 μm 的 HIT 电池[90,91]。2013 年 2 月,松下公司(已并购三洋)宣布[90]实用面积达 ~100 cm² 的 HIT 电池的转换效率打破了晶体硅电池效率的世界纪录,其最高效率为 24.7%(该电池的参数为:V_{oc} = 750 mV, J_{sc} = 39.5 mA·cm⁻², FF = 83.2%)。目前其产业化 HIT 电池平均转换效率为 21.6%。

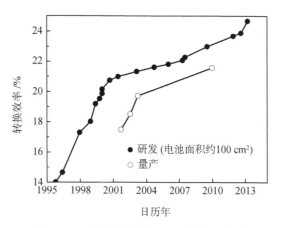

图 1-20 三洋(现松下)HIT 电池效率进展

松下公司目前在日本的两个工厂生产 HIT 太阳电池,在日本的两个工厂和匈牙利工厂封装组件,HIT 电池和组件的产能分别都可达到 600 MW_p。2012 年年底,在马来西亚投资建设的 300 MW 硅片-电池-组件的垂直一体化生产链正式投产运营。这样,其目前 HIT 电池和组件的产能为 900 MW_p。

1.6.4 非晶硅/晶体硅异质结太阳电池的其他单位研发情况

1.6.4.1 国外其他单位非晶硅/晶体硅异质结太阳电池研发情况

在非晶硅薄膜/晶体硅异质结太阳电池的研发和工业化生产领域,三洋(现松下)公司可谓一枝独秀。到目前为止,只有松下公司的 HIT 异质结电池成功实现了大规模生产,但其对 HIT 电池的相关参数和制备过程高度保密。除松下公司以外,其他研究机构和企业对 a-Si:H/c-Si 异质结太阳电池也进行了大量的研究，表 1-2 列举了国际上部分研究单位和公司所获得的 a-Si:H/c-Si 异质结太阳电池的基本情况。

表 1-2　a-Si:H/c-Si 异质结太阳电池的研究情况对比

	硅片类型	面积/cm^2	V_{oc} / mV	J_{sc}/(mA · cm^{-2})	FF/%	效率/%	备注
日本/松下[90]	n-CZ	101.8	750	39.5	83.2	24.7	PECVD
美国/NREL[95]	p-FZ	0.901	678	36.2	78.61	19.3	HWCVD
	p-CZ	0.808	670	36.71	76.56	18.83	HWCVD
瑞士/EPFL[96]	n-FZ	4	727	38.9	78.4	22.14	VHF-PECVD
	n-FZ	100	727	36.5	78.9	20.95	VHF-PECVD
	n-CZ	100	730	36.5	77.7	20.71	VHF-PECVD
德国/HZB[97]	n-FZ	1	639	39.26	78.9	19.8	无本征层
法国/INES[98]	n-CZ	104	730	38.7	78.5	22.2	电镀铜电极
德国/Roth & Rau[98]	n-CZ	243	732	37.16	78.2	21.3	溅射银背电极
日本/Kaneka[98]	n-CZ	239	737	39.97	79.8	23.5	电镀铜电极
韩国/LG[99]	n-FZ	4	723	41.8	77.4	23.4	IBC-SHJ
日本/松下[100]	n-CZ	143.7	740	41.8	82.7	25.6	IBC-HIT

注：NREL: National Renewable Energy Laboratory, USA；EPFL: Ecole Polytechnique Fédérale de Lausanne, Switzerland；HZB: Helmholtz-Zentrum Berlin für Materialien und Energie, Germany；INES: Institut National de l'Energie Solaire, France

　　从表 1-2 可见，其他研究机构在电池结构、材料、沉积方法等方面对 a-Si:H/c-Si 异质结太阳电池进行了研究。例如，美国 NREL[95]主要是以 p 型晶体硅为衬底，以热丝化学气相沉积(hot wire CVD, HWCVD)非晶硅薄膜来制作 a-Si:H/c-Si 异质结太阳电池；瑞士 EPFL[96]采用射频(RF)频率为 40.68 MHz 的甚高频 PECVD(VHF-PECVD)技术来沉积非晶硅薄膜；德国 HZB[97]采用的是无本征层的电池结构；法国 INES 和日本 Kaneka 公司(与比利时 IMEC 合作)采用电镀铜电极技术，降低贵金属银的用量以降低成本；德国 Roth & Rau 与 EPFL 合作，在瑞士建立了一条中试线，采用溅射技术制作银背面接触，他们宣称可以提供交钥匙的异质结电池技术，但是目前还没有采用他们技术的批量产品出现。正如前面所述，在 n 型电池领域，IBC 电池和 HIT 电池都获得了很高的转换效率，因此近年来这两种技术有融合的趋势，即所谓的 IBC-SHJ 电池。使用 IBC 技术的异质结电池早在 2007 年就出现了[101]，并且成为近期 a-Si:H/c-Si 异质结电池领域的研究热点[102,103]，韩国 LG 公司报道的小面积 IBC-SHJ 电池效率达 23.4%[99](未经认证)，表明这种结构的电池是能够获得高效的。2014 年 4 月日本松下公司宣布采用背接触技术的 HIT 电池(IBC-HIT)效率高达25.6%[100]，一举打破了晶体硅电池转换效率的世界纪录，并且电池面积达到 143.7 cm^{2}的商用级别，主要的提升来自于电池短路电流密度的提高。从表 1-2 还可见，世界各地的机构虽然对 a-Si:H/c-Si 异质结太阳电池进行了有效的研发，但是与松下的成果还有一定差距，至今没能达到或重复他们的效果。然而，随着三洋(现松下)关于a-Si:H/c-Si 异质结太阳电池的核心专利在 2010 年到期，近几年与 a-Si:H/c-Si 异质结太阳电池相关的研究呈现迅速增长[104]，力争缩小与他们的差距。

1.6.4.2　国内非晶硅/晶体硅异质结太阳电池研发情况

我国在 a-Si:H/c-Si 异质结太阳电池的起步较晚，与国际上的研究机构和企业的差距较大。国内的研究单位刚开始都是以 p 型单晶硅为衬底，制作单面的异质结电池，其基本结构为：Ag/TCO/n-a-Si:H/i-a-Si:H/p-c-Si/Al，获得的电池转换效率普遍比较低[105]。氢化纳米硅薄膜(nc-Si:H)由于含有一定的纳米硅晶相成分，表现出优异的性能，也被国内研究者应用到 a-Si:H/c-Si 异质结太阳电池[106,107]，Xu 等[107]用nc-Si:H 取代 a-Si:H 作发射极，在 p 型单晶硅衬底上获得了效率为 14.09%的异质结电池(面积 2.34 cm^2)。而用 HWCVD 方法沉积 nc-Si:H 薄膜，用 nc-Si:H 取代 a-Si:H制作发射极和本征层，制备了结构为 Ag/TCO/n-nc-Si:H/i-nc-Si:H/p-c-Si/Al 的异质结电池，效率为 17.27%[108]，面积为 1.16 cm^2，这成为当时国内转换效率最高的薄膜硅/晶体硅异质结太阳电池。国内对以 p 型单晶硅为衬底、单面的 a-Si:H/c-Si 异质结太阳电池进行了一些理论模拟研究[109,110]。

近年来，国内在 a-Si:H/c-Si 异质结太阳电池的产业化方面也有一些进展。如有公司引进韩国的异质结电池生产线，但是未见其批量生产的异质结电池，也没有后续进一步的消息。国内杭州赛昂电力[111]采用美国技术，使用 n 型单晶硅为衬底，电池结构与 HIT 类似，但是在沉积本征非晶硅薄膜之前，先在硅片上沉积一层很薄的SiO$_x$层，形成所谓的隧道异质结型太阳电池，同时采用金属铜替代银作为栅线电极。该公司建有一条 30 MW$_p$的生产线，量产效率达 21.4%，而电池实验室转换效率达22.1%，其隧道异质结型高效太阳电池项目通过了国家能源局组织的科技成果鉴定。最近其在美国硅谷的研发总部报道了效率超过了 **23%** 的大面积电池[112]。

国内一些上市公司也在进行 a-Si:H/c-Si 异质结太阳电池的研发。"十二五"期间，国家高技术研究发展计划(863 计划)支持了两家公司独立进行"MW 级薄膜硅/晶体硅异质结太阳电池产业化关键技术"的课题，期望达到如下的效果：①深入理解薄膜硅/晶体硅异质结太阳电池高效机理；②开发出高性能薄膜硅/晶体硅异质结太阳电池成套制备技术；③实现薄膜硅/晶体硅异质结太阳电池中试，建成 MW 级产能的中试示范线，使我国具有高效薄膜硅/晶体硅异质结太阳电池产业化的能力；
④薄膜硅/晶体硅异质结太阳电池效率大于 19%。建成中试示范线，产能达到 2 MW/年，
薄膜硅/晶体硅异质结太阳电池的中试效率达到 18.5%(电池尺寸 125 mm×125 mm 和
156 mm×156 mm)。现在来看，上述指标是偏低的，目前两个课题研究单位都在抓
紧进行试验，将转换效率目标定为 > 20%。近期，国内原来一些制造硅基薄膜太阳
电池的生产商和设备商也加紧了非晶硅/晶体硅异质结太阳电池的研发，都获得了
效率为 21%以上的大面积电池。预计在不久的将来，非晶硅/晶体硅异质结太阳电
池能够在中国实现规模产业化。

1.7   本书的安排

本书作者参加了上述 863 计划，在大量的文献调研和试验工作的基础上，总结
在异质结电池方面的研究成果而成本书。本书的安排如下：

第 1 章先简单介绍太阳、太阳能、太阳电池、常规晶体硅太阳电池的结构和效
率分析，然后介绍了当今研究机构和企业正在研发的一些高效晶体硅太阳电池技
术，包括钝化发射极太阳电池、氧化铝钝化的太阳电池、选择性发射极太阳电池、
MWT 太阳电池、n 型晶体硅太阳电池和 IBC 太阳电池。在此基础上，引出非晶硅
薄膜/晶体硅异质结太阳电池，阐述了 a-Si:H/c-Si 异质结太阳电池的历史和里程碑、
HIT 太阳电池的结构与特点、获得高效率 HIT 太阳电池的方法、HIT 太阳电池的效
率进展情况以及 a-Si:H/c-Si 异质结太阳电池在其他机构的研发情况。通过本章的介
绍，读者能对当今晶体硅电池的前沿技术有所了解。

第 2 章简单概括了半导体异质结的基本知识，包括异质结的能带、伏安特性、
注入特性、光电特性等，使读者能够理解异质结的基本概念。由于本书主要讲述非
晶硅/晶体硅异质结太阳电池，因此在本章列出了晶体硅和非晶硅薄膜的基本性能
参数。

第 3 章介绍了与异质结太阳电池相关的表征与测试，包括太阳电池的基本表征
参数、光谱响应和量子效率、少数载流子寿命、薄膜的表征测试技术以及异质结电
池的电容效应和 I-V 检测对策，以便读者了解太阳电池器件表征测试的基本知识。

第 4 章则按照 a-Si:H/c-Si 异质结太阳电池的结构和制作工序，逐一介绍电池制
作过程中硅片的湿化学处理、非晶硅薄膜的沉积、TCO 薄膜的沉积以及电极制作工
艺，讲述在每一步工艺过程中涉及的关键问题，总结当今在异质结太阳电池制作过
程中的各种实验和结果讨论，并简单介绍了 a-Si:H/c-Si 异质结太阳电池的薄片化情
况、背发射极异质结电池和异质结电池组件的应用情况。

第 5 章重点阐述 a-Si:H/c-Si 异质结太阳电池中涉及的物理问题，包括能带、钝化机制、异质界面特性和电输运特性。

第 6 章介绍硅基异质结太阳电池的计算机模拟研究情况，内容包括太阳电池模拟的基本原则、模拟软件简介、非晶硅/晶体硅异质结电池的一维模拟、IBC-SHJ 电池的二维模拟和新结构硅基异质结电池的模拟。

第 7 章综述了新型无机物硅基异质结太阳电池的研究状况，包括硅量子点/晶体硅异质结电池、Ⅱ-Ⅵ族半导体/晶体硅异质结电池、Ⅲ-Ⅴ族半导体/晶体硅异质结电池和碳/晶体硅异质结电池，并就新型硅基异质结太阳电池的研究进行展望。

参 考 文 献

[1] 江泽民. 对中国能源问题的思考[J]. 上海交通大学学报，2008, 42: 345-359.

[2] Chapin D M, Fuller C S, Pearson G L. A new silicon p-n junction photocell for converting solar radiation into electrical power[J]. J. Appl. Phys., 1954, 25: 676-677.

[3] SEMI PV Group(光伏分会), SEMI 中国太阳能光伏顾问委员会, 中国光伏产业联盟. 2013 中国光伏产业发展报告[R].

[4] Zhao J, Wang A, Green M A. 24.5% efficiency silicon PERT cells on MCZ substrates and 24.7% efficiency PERL cells on FZ substrates[J]. Prog. Photovolt.: Res. Appl., 1999, 7: 471-474.

[5] Schultz O, Glunz S W, Willeke G P. Multicrystalline silicon solr cells exceeding 20% efficiency[J]. Prog. Photovolt.: Res. Appl., 2004, 12: 553-558.

[6] Shockley W, Queisser H J. Detailed balance limit of efficiency of p-n junction solar cells[J]. J. Appl. Phys., 1961, 32: 510-519.

[7] Green M A. 硅太阳能电池：高级原理与实践[M]. 狄大卫, 等, 译. 上海：上海交通大学出版社，2011.

[8] Blakers A W, Green M A. 20% efficiency silicon solar cells[J]. Appl. Phys. Lett., 1986, 48: 215-217.

[9] Green M A, Blakers A W, Zhao J, et al. Characterization of 23-percent efficiency silicon solar cells[J]. IEEE Trans. Electron Dev., 1990, 37: 331-336.

[10] Schbeiderlöchner E, Preu R, Lüdemann R, et al. Laser-fired rear contacts for crystalline silicon solar cells[J]. Prog. Photovolt.: Res. Appl., 2002, 10: 29-34.

[11] Wang A, Zhao J, Green M A. 24% efficiency silicon solar cells[J]. Appl. Phys. Lett., 1990, 57: 602-604.

[12] Hezel R, Jaeger K. Low-temperature surface passivation of silicon for solar cells[J]. J. Electrochem. Soc., 1989, 136: 518-523.

[13] Agostinelli G, Delabie A, Vitanov P, et al. Very low surface recombination velocities on p-type silicon wafers passivated with a dielectric with fixed negative charge[J]. Sol. Energy Mater. Sol. Cells, 2006, 90: 3438-3443.

[14] Hoex B, Heil S B S, Langereis E, et al. Ultralow surface recombination of c-Si substrates

passivated by plasma-assisted atomic layer deposited Al₂O₃[J]. Appl. Phys. Lett., 2006, 89: 042112.

[15] Hoex B, Gielis J J H, van de Sanden M C M, et al. On the c-Si surface passivation mechanism by negative-charge-dielectric Al₂O₃[J]. J. Appl. Phys., 2008, 104: 113703.

[16] 吴大卫, 贾锐, 武德起, 等. 氧化铝钝化在晶体硅太阳电池中的应用[J]. 微纳电子技术, 2011, 48: 528-535.

[17] Benick J, Richter A, Hermle M, et al. Thermal stability of the Al₂O₃ passivation on p-type silicon surfaces for solar cell application[J]. Phys. Status Solidi RRL, 2009, 3: 233-235.

[18] Schmidt J, Veith B, Brendel R. Effective surface passivation of crystalline silicon using ultrathin Al₂O₃ films and Al₂O₃/SiNₓ stacks[J]. Phys. Status Solidi RRL, 2009, 3: 287-289.

[19] Poodt P, Lankhorst A, Roozeboom F, et al. High speed spatial atomic-layer deposition of aluminum oxide layers for solar cell passivation[J]. Adv. Mater., 2010, 22: 3564-3567.

[20] Miyajim S, Irikawa J, Yamada A, et al. Hydrogenated aluminum oxide films deposited by plasma enhanced chemical vapor deposition for passivation of p-type crystalline silicon[C]. Proceedings of the 23rd European Photovoltaic Solar Energy Conference, Valencia, Spain, 2008: 1029-1032.

[21] Saint-Cast P, Kania D, Hofmann M, et al. Very low surface recombination velocity on p-type c-Si by high-rated plasma-deposited aluminum oxide[J]. Appl. Phys. Lett., 2009, 95: 151502.

[22] Veith B, Dullweber T, Siebert M, et al. Comparison of ICP-AlOₓ and ALD Al₂O₃ layers for the rear surface passivation of c-Si solar cells[J]. Energy Procedia, 2012, 27: 379-384.

[23] Dullweber T, Kranz C, Beier B, et al. Inductively coupled plasma chemical vapour deposited AlOₓ/SiNᵧ layer stacks for applications in high-efficiency industrial-type silicon solar cells[J]. Sol. Energy Mater. Sol. Cells, 2013, 112: 196-201.

[24] Li T T, Cuevas A. Effective surface passivation of crystalline silicon by rf sputtered aluminum oxide[J]. Phys. Status Solidi RRL, 2009, 3: 160-162.

[25] Schmidt J, Merkle A, Brendel R, et al. Surface passivation of high-efficiency silicon solar cells by atomic-layer-deposited Al₂O₃[J]. Prog. Photovolt.: Res. Appl., 2008, 16: 461-466.

[26] Zielke D, Petermann J H, Werner F, et al. Contact passivation in silicon solar cells using atomic-layer-deposited aluminum oxide layers[J]. Phys. Status Solidi RRL, 2011, 5: 298-300.

[27] Lauermann T, Luder T, Scholz S, et al. Enabling dielectric rear side passivation for industrial mass production by developing lean printing-based solar cell processes[C]. Proceedings of the 35th IEEE Photovoltaic Specialists Conference, Honolulu, USA, 2010: 28-33.

[28] Benick J, Hoex B, van de Sanden M C M. High efficiency n-type Si solar cells on Al₂O₃-passivated born emitters[J]. Appl. Phys. Lett., 2008, 92: 253504.

[29] Richter A, Henneck S, Benick J, et al. Firing stable Al₂O₃/SiNₓ layer stack passivation for the front side boron emitter of n-type silicon solar cells[C]. Proceedings of the 25th European Photovoltaic Solar Energy Conference, Valencia, Spain, 2010: 1453-1459.

[30] Glunz S W, Benick J, Biro D, et al. n-type silicon-enabling efficiency > 20% in industrial production[C]. Proceedings of the 35th IEEE Photovoltaic Specialists Conference,

Honolulu, USA, 2010: 50-56.

[31] Schmiga C, Hermle M, Glunz S W. Towards 20% efficient n-type silicon solar cells with screen-printed aluminum-alloyed rear emitter[C]. Proceedings of the 23rd European Photovoltaic Solar Energy Conference, Valencia, Spain, 2008: 982-987.

[32] 马跃, 魏青竹, 夏正月, 等. 工业化晶体硅太阳电池技术[J]. 自然杂志, 2010, 32: 161-165.

[33] 鲁伟明, 王丽华, 初仁龙, 等. 选择性发射极太阳能电池的发展现状[EB/OL]. http://www.solarbe.com/Magazine/show-721.html.

[34] Hahn G. Status of selective emitter technology[C]. Proceedings of the 25th European Photovoltaic Solar Energy Conference/5th World Conference on Photovoltaic Energy Conversion, Valencia, Spain, 2010: 1091-1096.

[35] Zhong S H, Shen W Z, Liu F, et al. Mass production of high efficiency selective emitter crystalline silicon solar cells employing phosphorus ink technology[J]. Sol. Energy Mater. Sol. Cells, 2013, 117: 483-488.

[36] 施正荣. 晶体硅太阳电池[M] // 熊绍珍, 朱美芳. 太阳能电池基础与应用. 北京: 科学出版社, 2009.

[37] Rohatgi A, Meier D L, McPherson B, et al. High-through put ion-implantation for low-cost high-efficiency silicon solar cells[J]. Energy Procedia, 2012, 15: 10-19.

[38] 沈培俊, 魏代龙, 周利荣, 等. 19.5%以上高效电池工业制备技术[C]. 第八届中国太阳级硅及光伏发电研讨会会议文集, 上海, 2012: 320-324.

[39] 汤坤, 周艳芳, 蒋秀林, 等. MWT 高效太阳电池的生产[J]. 太阳能, 2013, (3): 31-33.

[40] Clement F, Menkoe M, Kubera T, et al. Industrially feasible multi-crystalline metal wrap through (MWT) silicon solar cells exceeding 16% efficiency[J]. Sol. Energy Mater. Sol. Cells, 2009, 93: 1051-1055.

[41] Fellmeth T, Menkoe M, Clement F, et al. Highly efficient industrially feasible metal wrap through (MWT) silicon solar cells[J]. Sol. Energy Mater. Sol. Cells, 2010, 94: 1996-2001.

[42] 晶澳太阳能 MWT 电池投入批量生产[EB/OL]. http://www.jasolar.com/webroot/company/news.php?action=disp&newid=361.

[43] 王栩生. 19.8% efficiency metal wrap through solar cells[C]. 第八届中国太阳级硅及光伏发电研讨会会议文集, 上海, 2012: 295.

[44] Thaidigsmann B, Greulich J, Lohmüller E, et al. Loss analysis and efficiency potential of p-type MWT-PERC solar cells[J]. Sol. Energy Mater. Sol. Cells, 2012, 106: 89-94.

[45] Guillevin N, Heurtault B J B, Geerligs L J, et al. Development towards 20% efficiency Si MWT solar cells for low-cost industrial production[J]. Energy Procedia, 2011, 8: 9-16.

[46] Hermann S, Merkle A, Ulzhöfer C, et al. Progress in emitter wrap-through solar cell fabrication on boron doped Czochralski-grown silicon[J]. Sol. Energy Mater. Sol. Cells, 2011, 95: 1069-1075.

[47] Hermann S, Engelhart P, Merkle A, et al. 21.4%-efficiency emitter wrap-through RISE solar cell on large area and picosecond laser processing of local contact openings[C]. Proceedings of the 22nd European Photovoltaic Solar Energy Conference, Milan, Italy, 2007: 970-975.

[48] Schmidt J, Aberle A G, Hezel R. Investigation of carrier lifetime instabilities in Cz grown

silicon[C]. Proceedings of the 26th IEEE Photovoltaic Specialists Conference, Anaheim, CA, USA, 1997: 13-18.

[49] 杨灼坚, 沈辉. n 型晶体硅太阳电池最新研究进展的分析与评估[J]. 材料导报, 2010, 24: 126-130.

[50] Komatsu Y, Mihailetchi V D, Geerligs L J, et al. Homogeneous p+ emitter diffused using boron tribromide for record 16.4% screen-printed large area n-type mc-Si solar cell[J]. Sol. Energy Mater. Sol. Cells, 2009, 93: 750-752.

[51] Mihailetchi V D, Komatsu Y, Geerligs L J. Nitric acid pretreatment for the passication of boron emitters for n-type base silicon solar cells[J]. Appl. Phys. Lett., 2008, 92: 063510.

[52] Lago R, Pérez L, Kerp H, et al. Screen printing metallization of boron emitters[J]. Prog. Photovolt.: Res. Appl., 2010, 18: 20-27.

[53] Tucci M, Serenelli L, Bono A D, et al. Novel selective emitter solar cell based on n-type mc-Si[C]. Proceedings of the 23rd European Photovoltaic Solar Energy Conference, Valencia, Spain, 2008: 1847-1850.

[54] Richter A, Benick J, Kalio A, et al. Towards industrial n-type PERT silicon solar cells: rear passivation and metallization scheme[J]. Energy Procedia, 2011, 8: 479-486.

[55] Burgers A R, Naber R C G, Carr A J, et al. 19% efficiency n-type Si solar cells made in pilot production[C]. Proceedings of the 25th European Photovoltaic Solar Energy Conference/5th World Conference on Photovoltaic Energy Conversion, Valencia, Spain, 2010: 1106-1109.

[56] Bock R, Schmidt J, Mau S, et al. The ALU+ concept: n-type silicon solar cells with surface-passivated screen-printed aluminum-alloyed rear emitter[J]. IEEE Trans. Electron Dev., 2010, 57: 1966-1971.

[57] Schmiga C, Nagel H, Schmidt J. 19% efficient n-type Czochralski silicon solar cells with screen-printed aluminium-alloyed rear emitter[J]. Prog. Photovolt.: Res. Appl., 2006, 14: 533-539.

[58] Schmiga C, Hörteis M, Rauer M, et al. Large area n-type silicon solar cells with printed contacts and aluminium-alloyed rear emitter[C]. Proceedings of the 24th European Photovoltaic Solar Energy Conference, Hamburg, Germany, 2009: 1167-1170.

[59] Meyer K, Schmiga C, Jesswein R, et al. All screen-printed industrial n-type Czochralski silicon solar cells with aluminium rear emitter and selective front surface field[C]. Proceedings of the 35th IEEE Photovoltaic Specialists Conference, Honolulu, USA, 2010: 3531-3535.

[60] Woehl R, Krause J, Granek F, et al. 19.7% efficient all-screen-printed back-contact back-junction silicon solar cell with aluminum-alloyed emitter[J]. IEEE Electron Dev. Lett., 2011, 32: 345-347.

[61] 任丙彦, 吴鑫, 勾宪芳, 等. 背接触太阳电池研究进展[J]. 材料导报, 2008, 22: 101-105.

[62] Van Kerschaver E, Beaucarne G. Back-contact solar cells: a review[J]. Prog. Photovolt.: Res. Appl., 2006, 14: 107-123.

[63] Schwartz R J, Lammert M D. Silicon solar cells for high concentration applications[C]. Proceedings of the IEEE International Electron Devices Meeting, Washington D C, USA, 1975: 350-352.

[64] Lammert M D, Schwartz R J. The interdigitated back contact solar cell: a silicon solar cell for use in concentrated sunlight[J]. IEEE Trans. Electron Dev., 1977, 24: 337-342.

[65] Swanson R M, Beckwith S K, Crane R A, et al. Point contact silicon solar cells[J]. IEEE Trans. Electron Dev., 1984, 31: 661-664.

[66] Sinton R A, Kwark Y, Gan J Y, et al. 27.5-percent silicon concentrator solar cells[J]. IEEE Electron Dev. Lett., 1986, 7: 567-569.

[67] Verlinden P J, Van de Wiele F, Stehelin G, et al. Optimized interdigitated back contact (IBC) solar cell for high concentrator sunlight[C]. Proceedings of the 18th IEEE Photovoltaic Specialists Conference, Las Vegas, NV, USA, 1985: 55-60.

[68] Verlinden P J, Sinton R A, Wickham K, et al. Backside-contact silicon solar cells with improved efficiency for the '96 world solar challenge[C]. Proceedings of the 14th European Photovoltaic Solar Energy Conference, Barcelona, Spain, 1997: 96-99.

[69] Cudzinovic M J, McIntosh K R. Process simplification to the Pegasus solar cell—Sunpower's high efficiency solar cell[C]. Proceedings of the 29th IEEE Photovoltaic Specialists Conference, New Orleans, LA, USA, 2002: 70-73.

[70] Mulligan W P, Rose D H, Cudzinovic M J, et al. Manufacture of solar cells with 21% efficiency[C]. Proceedings of the 19th European Photovoltaic Solar Energy Conference, Paris, France, 2004: 387-390.

[71] McIntosh K R, Shaw N C, Cotter J E. Light trapping in Sunpower's A-300 solar cells[C]. Proceedings of the 19th European Photovoltaic Solar Energy Conference, Paris, France, 2004: 844-847.

[72] De Ceuster D, Cousins P, Rose D, et al. Low cost, high volume production of > 22% efficiency silicon solar cells[C]. Proceedings of the 22nd European Photovoltaic Solar Energy Conference, Milan, Italy, 2007: 816-819.

[73] Cousins P J, Smith D D, Luan H C, et al. Generation 3: Improved performance at lower cost[C]. Proceedings of the 35th IEEE Photovoltaic Specialists Conference, Honolulu, HI, USA, 2010: 275-278.

[74] Dicker J, Schumacher J O, Warta W, et al. Analysis of one-sun monocrystalline rear-contacted silicon solar cells with efficiencies of 22.1%[J]. J. Appl. Phys., 2002, 91: 4335-4343.

[75] Galbiati G, Mihailetchi V D, Roescu R, et al. Large-area back-contact back-junction solar cell with efficiency exceeding 21%[J]. IEEE J. Photovolt., 2012, 2: 1-6.

[76] Engelhart P, Harder N P, Grischke R, et al. Laser structuring for back junction silicon solar cells[J]. Prog. Photovolt.: Res. Appl., 2006, 15: 273-243.

[77] Gubanov A I. Theory of the contact of two semiconductors of the same type of conductivity [J]. Zh. Tekh. Fiz., 1951, 21: 304.

[78] Gubanov A I. Theory of the contact of two semiconductors with mixed conductivity [J]. Zh. Eksper. Teor. Fiz., 1951, 21: 79.

[79] Anderson R L. Ge-GaAs heterojunctions [J]. IBM. J. Rev. Dev., 1960, 4: 283.

[80] Grigorovici R, Croitoru N, Marina M, et al. Heterojunctions between amorphous Si and Si single crystals[J]. Rev. Roumaine Phys., 1968, 13: 317-325.

[81] Fuhs W, Niemann K, Stuke J. Heterojunctions of amorphous silicon and silicon single

crystals[C]. Proceedings of the Conference on Tetrahedrally Bound Amorphous Semi-conductors, Yorktown, NY, USA, 1974: 345-350.

[82] Dunn B, Mackenzie J D, Clifton J K, et al. Heterojunctions formation using amorphous materials[J]. Appl. Phys. Lett., 1975, 26: 85-86.

[83] Okuda K, Okamoto H, Hamakawa Y. Amorphous Si/polycrystalline Si stacked solar cell having more than 12% conversion efficiency[J]. Jpn. J. Appl. Phys., 1983, 22: L605-L607.

[84] Wakisaka K, Taguchi M, Sawada T, et al. More than 16% solar cells with a new "HIT" (doped a-Si/nondoped a-Si/crystalline Si) structure[C]. Proceedings of the 22nd IEEE Photovoltaic Specialists Conference, Las Vegas, NV, USA, 1991: 887-892.

[85] Tanaka M, Taguchi M, Matsuyama T, et al. Development of new a-Si/c-Si heterojunction solar cells: ACJ-HIT (artificially constructed junction-heterojunction with intrinsic thin-layer)[J]. Jpn. J. Appl. Phys., 1992, 31: 3518-3522.

[86] Taguchi M, Sakata H, Yoshimine Y, et al. HIT^{TM} cells – high-efficiency crystalline Si cells with novel structure[J]. Prog. Photovolt.: Res. Appl., 2000, 8: 503-513.

[87] Tanaka M, Okamaoto S, Sadaji T, et al. Development of HIT solar cells with more than 21% conversion efficiency and commercialization of highest performance hit modules[C]. Proceedings of 3rd World Conference on Photovoltaic Energy Conversion, Osaka, Japan, 2003: 955-958.

[88] Tsunomura Y, Yoshimine Y, Taguchi M, et al. Twenty-two percent efficiency HIT solar cell[J]. Sol. Energy Mater. Sol. Cells, 2009, 93: 670-673.

[89] Mishima T, Taguchi M, Sakata H, et al. Development status of high-efficiency HIT solar cells[J]. Sol. Energy Mater. Sol. Cells, 2011, 95: 18-21.

[90] Taguchi M, Yano A, Tohoda S, et al. 24.7% record efficiency HIT solar cell on thin silicon wafer[J]. IEEE J. Photovolt., 2014, 4: 96-99.

[91] Kinoshita T, Fujishima D, Yano A, et al. The approaches for high efficiency HIT solar cell with very thin (<100 μm) silicon wafer over 23%[C]. Proceedings of 26th European Photovoltaic Solar Energy Conference, Hamburg, Germany, 2011: 871-874.

[92] 中岛武, 丸山英治, 田中诚. 高性能 HIT 太阳电池的特性及其应用前景[J]. 林宗汉, 译. 上海电力, 2006, (4): 372-375.

[93] Staebler D L, Wronski C R. Reversible conductivity changes in discharge-produced amorphous Si[J]. Appl. Phys. Lett., 1977, 31: 292-294.

[94] Sawada T, Terada N, Tsuge S, et al. High-efficiency a-Si/c-Si heterojunction solar cell[C]. Proceedings of 1st World Conference on Photovoltaic Energy Conversion, Waikoloa, HI, USA, 1994: 1219-1226.

[95] Wang Q, Page M R, Iwaniczko E, et al. Efficient heterojunction solar cells on p-type crystal silicon wafers[J]. Appl. Phys. Lett., 2010, 96: 013507.

[96] Descoeudres A, Holman Z C, Barraud L, et al. >21% efficient silicon heterjunction solar cells on n- and p-type wafers compared[J]. IEEE J. Photovolt., 2013, 3: 83-88.

[97] Schmidt M, Korte L, Laades A, et al. Physical aspects of a-Si:H/c-Si hetero-junction solar cells[J]. Thin Solid Films, 2007, 515: 7475-7480.

[98] Okamoto S. Technology trends of high efficiency crystalline silicon solar cells[C]. 6th International Photovoltaic Power Generation Expo (PV EXPO 2013), Tokyo, Japan, 2013.

[99] Ji K, Syn H, Choi J, et al. The emitter having microcrystalline surface in silicon heterojunction interdigitated back contact solar cells[J]. Jpn. J. Appl. Phys., 2012, 51: 10NA05.

[100] Masuko K, Shigematsu M, Hashiguchi T, et al. Achievement of more than 25% conversion efficiency with crystalline silicon heterojunction solar cell. IEEE J. Photovolt., 2014, 4: 1433-1435.

[101] Lu M, Bowden S, Das U, et al. a-Si/c-Si heterojunction for interdigitated back contact solar cell[C]. Proceedings of 22nd European Photovoltaic Solar Energy Conference, Milan, Italy, 2007: 924-927.

[102] Derues T, De Vecchi S, Souche F, et al. Development of interdigitated back contact silicon heterojunction (IBC Si-HJ) solar cells[J]. Energy Procedia, 2011, 8: 294-300.

[103] Mingirulli N, Haschke J, Gogolin R, et al. Efficient interdigitated back-contacted silicon heterojunction solar cells[J]. Phys. Status Solidi RRL, 2011, 5: 159-161.

[104] van Sark W, Korte L, Roca F. Introduction-physics and technology of amorphous-crystalline heterostructure silicon solar cells[M] // van Sark W G J H M, Korte L, Roca F. Physics and technology of amorphous-crystalline heterostructure silicon solar cells. Berlin Heidelberg: Springer-Verlag, 2012.

[105] 任丙彦, 刘晓平, 许颖, 等. HIT 太阳电池中 ITO 薄膜的结构和光电性能[J]. 太阳能学报, 2007, 28: 504-507.

[106] Zhao Z X, Cui R Q, Meng F Y, et al. Nanocrystalline silicon thin films prepared by RF sputtering at low temperature and heterojunction solar cell[J]. Mater. Lett., 2004, 58: 3963-3966.

[107] Xu Y, Hu Z H, Diao H W, et al. Heterojunction solar cells with n-type nanocrystalline silicon emitters on p-type c-Si wafers[J]. J. Non-Cryst. Solids, 2006, 352: 1972-1975.

[108] 张群芳, 朱美芳, 刘丰珍, 等. 高效率 n-nc-Si:H/p-c-Si 异质结太阳能电池[J]. 半导体学报, 2007, 28: 96-99.

[109] 赵雷, 周春兰, 李海玲, 等. a-Si(n)/c-Si(p)异质结太阳电池薄膜硅背场的模拟优化[J]. 物理学报, 2008, 57: 3212-3218.

[110] Zhao L, Li H L, Zhou C L, et al. Optimized resistivity of p-type Si substrates for HIT solar cell with Al back surface field by computer simulation[J]. Solar Energy, 2009, 83: 812-816.

[111] 张开军. 低成本高效隧道异质结型电池的简介[C]. 第九届中国太阳级硅及光伏发电研讨会会议文集, 江苏常熟, 2013.

[112] Heng J B, Fu J, Kong B, et al. >23% High-efficiency tunnel oxide junction bifacial solar cell with electroplated Cu gridlines. IEEE J. Photovolt., 2015, 5: 82-86.

第 2 章　半导体异质结基本知识

由导电类型相反的同一种半导体材料构成的结，通常称为同质结。而由两种不同的半导体材料组成的结，则称为异质结。虽然早在 1951 年就已经提出了异质结的概念，并进行了一定的理论分析工作[1,2]，但是由于工艺技术的困难，一直没有实际制成异质结。1957 年，Kroemer[3]指出由导电类型相反的两种不同的半导体单晶材料制成的异质结，比同质结具有更高的注入效率，之后异质结的研究才比较广泛地受到重视。后来由于气相外延生长技术的发展，在 1960 年第一次制造成功异质结[4]，在 1969 年第一次制成了异质结激光二极管[5,6]，此后基于半导体异质结的光电子器件在信息、材料、能源等领域的应用日益广泛。本章主要讲述异质结的基本知识，为本书将要阐述的硅基异质结太阳电池作铺垫。

2.1　异质结基本概念[7-9]

由于异质结构中两种半导体材料的禁带宽度(带隙)、导电类型、介电常数、折射率和吸收系数等电学和光学参数的不同，为半导体器件的设计提供了更大的灵活性，因此引起人们更多的兴趣和关注。根据两种半导体材料的导电类型，异质结可分为反型异质结和同型异质结。由导电类型相反的两种不同半导体材料所形成的结称为反型异质结，而由导电类型相同的两种不同半导体材料所形成的结称为同型异质结。在本章把禁带宽度较小的半导体材料写在前面，把禁带宽度较大的半导体材料写在后面，用小写字母 p 或 n 表示半导体的导电类型，这样反型异质结表示为 p-n结或 n-p 结，而同型异质结表示为 p-p 结或 n-n 结。根据界面的物理厚度，异质结分为突变异质结和缓变异质结。如果界面的物理厚度是几个原子层的量级，则称为突变异质结。如果界面的物理厚度是扩散长度的量级，则称为缓变异质结。由于后面章节中研究的异质结太阳电池属于突变反型异质结，因此本章主要以突变反型异质结为例来介绍异质结的基本知识。

2.1.1　理想异质结的能带图

在不考虑两种半导体形成异质结时产生的界面态的理想情况下，异质结的形成与两种不同材料的电子亲和能、禁带宽度和功函数有关，但是其中的功函数是随杂质浓度的不同而变化的。下面以突变反型 p-n 异质结的理想情况为例，来讨论异质结的能带图。

图 2-1(a)是两种材料没有形成异质结前的热平衡能带图。图中的 E_{g1}、E_{g2} 分别表示两种半导体材料的禁带宽度；δ_1 为费米能级 E_{F1} 与价带顶 E_{V1} 的能量差；δ_2 为费米能级 E_{F2} 与导带底 E_{V2} 的能量差；W_1 和 W_2 分别为真空电子能级与费米能级 E_{F1}、E_{F2} 的能量差，即电子的功函数；χ_1、χ_2 为真空电子能级与导带底 E_{C1}、E_{C2} 的能量差，即电子的亲和能。总之，下标 1 和下标 2 分别表示禁带宽度较小和较大的半导体材料。从图中可见，在形成异质结之前，p 型半导体的费米能级 E_{F1} 的位置为

$$E_{F1} = E_{V1} + \delta_1 \tag{2-1a}$$

而 n 型半导体的费米能级 E_{F2} 的位置为

$$E_{F2} = E_{C2} - \delta_2 \tag{2-1b}$$

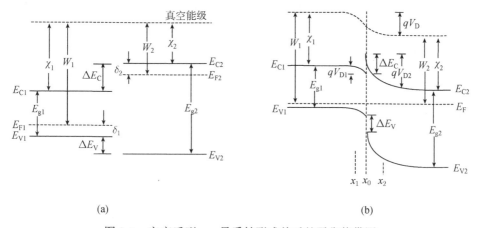

(a)　　　　　　　　　　(b)

图 2-1　突变反型 p-n 异质结形成前后的平衡能带图

当这两块导电类型相反的半导体材料紧密接触形成异质结时，由于材料 2 的费米能级位置较高，电子将从材料 2 流向材料 1，同时空穴在与电子运动相反的方向流动，直至两块半导体的费米能级相等时为止。这时两块半导体有统一的费米能级，即

$$E_F = E_{F1} = E_{F2} \tag{2-2}$$

因而，此时 p-n 异质结处于热平衡状态。处于热平衡状态的 p-n 异质结的能带图如图 2-1(b)所示。与上述过程进行的同时，在两块半导体材料交界面的两边形成了空间电荷区(即势垒区或耗尽层)。n 型半导体一边为正空间电荷区，p 型半导体一边为

负空间电荷区，由于不考虑界面态，所以势垒区中正空间电荷数与负空间电荷数相等。正、负空间电荷间产生电场，称为内建电场。因为两种材料的介电常数不同，内建电场在交界面处是不连续的。同时由于存在电场，所以电子在空间电荷区中各点有附加电势能，使空间电荷区中的能带发生了弯曲。由于 E_{F2} 比 E_{F1} 高，则能带总的弯曲就是真空电子能级的弯曲量，即

$$qV_D = qV_{D1} + qV_{D2} = E_{F2} - E_{F1} \tag{2-3}$$

显然

$$V_D = V_{D1} + V_{D2} \tag{2-4}$$

式中，q 为电子电量；V_D 为接触电势差(或称内建电势差、扩散电势)；qV_D 等于两种半导体材料的功函数之差(W_1-W_2)。而 V_{D1} 和 V_{D2} 分别为交界面两侧的材料 1 和材料 2 中的内建电势差。

从图 2-1(b)看到，由两块半导体材料的交界面及其附近的能带反映出两个特点：其一，能带发生了弯曲。n 型半导体的导带底和价带顶的弯曲量为 qV_{D2}，而且导带底在交界面处形成一向上的尖峰。p 型半导体的导带底和价带顶的弯曲量为 qV_{D1}，而且导带底在交界面处形成一向下的凹口。其二，能带在交界面处不连续，有一个突变。两种半导体的导带底在交界面处的突变 ΔE_C 为

$$\Delta E_C = \chi_1 - \chi_2 \tag{2-5}$$

而价带顶的突变 ΔE_V 为

$$\Delta E_V = (E_{g2} - E_{g1}) - (\chi_1 - \chi_2) \tag{2-6}$$

而且

$$\Delta E_C + \Delta E_V = E_{g2} - E_{g1} \tag{2-7}$$

式(2-5) ~ 式(2-7)对所有突变异质结普遍适用。

ΔE_C 和 ΔE_V 分别称为导带带阶和价带带阶，是异质结特有的重要参数，实际中经常用到。本书重点讨论的非晶硅/晶体硅异质结电池的平衡能带图和带阶在第 5.1 节有专门的论述。

2.1.2 反型异质结的主要公式

图 2-1(b)中的(x_0-x_1)代表负空间电荷区宽度，(x_2-x_0)代表正空间电荷区宽度，空间电荷区内正、负电荷数量应该相等，即

$$Q = qN_{A1}(x_0 - x_1) = qN_{D2}(x_2 - x_0) \tag{2-8}$$

式中，Q 代表单位面积空间电荷；N_{A1} 是带隙较小材料的受主杂质浓度；N_{D2} 是带隙较大材料的施主杂质浓度。式(2-8)可以简化为

$$\frac{x_0 - x_1}{x_2 - x_0} = \frac{N_{D2}}{N_{A1}} \tag{2-9}$$

式(2-9)表明异质结两侧的空间电荷区宽度和掺杂浓度成反比，即空间电荷区偏向材料掺杂浓度低的一边。当 $N_{A1} \ll N_{D2}$ 时，$(x_0 - x_1) \gg (x_2 - x_0)$，即空间电荷区基本在材料 1 这一边。当 $N_{D2} \ll N_{A1}$ 时，$(x_2 - x_0) \gg (x_0 - x_1)$，即空间电荷区基本在材料 2 这一边。这两种情况都称为单边突变结。

利用边界条件，求解界面两侧的泊松方程，可得到界面两侧的内建电势差

$$V_{D1} = \frac{qN_{A1}(x_0 - x_1)^2}{2\varepsilon_1} \tag{2-10a}$$

$$V_{D2} = \frac{qN_{D2}(x_2 - x_0)^2}{2\varepsilon_2} \tag{2-10b}$$

式中，ε_1 和 ε_2 分别是材料 1 和材料 2 的介电常数。

由式(2-9)和式(2-10)可得 V_{D1} 与 V_{D2} 之比为

$$\frac{V_{D1}}{V_{D2}} = \frac{\varepsilon_2 N_{D2}}{\varepsilon_1 N_{A1}} \tag{2-11}$$

式(2-11)表明两侧的内建电势差和掺杂浓度成反比，即势垒高度在材料掺杂浓度低的一边变化较大。

由式(2-11)和式(2-4)求得

$$V_{D1} = \frac{\varepsilon_2 N_{D2}}{\varepsilon_1 N_{A1} + \varepsilon_2 N_{D2}} V_{D} \tag{2-12a}$$

$$V_{D2} = \frac{\varepsilon_1 N_{A1}}{\varepsilon_1 N_{A1} + \varepsilon_2 N_{D2}} V_{D} \tag{2-12b}$$

将式(2-12)代入式(2-10)求得空间电荷区宽度

$$x_0 - x_1 = \left[\frac{2\varepsilon_1 \varepsilon_2 N_{D2}}{qN_{A1}(\varepsilon_1 N_{A1} + \varepsilon_2 N_{D2})} V_{D} \right]^{1/2} \tag{2-13a}$$

$$x_2 - x_0 = \left[\frac{2\varepsilon_1 \varepsilon_2 N_{A1}}{qN_{D2}(\varepsilon_1 N_{A1} + \varepsilon_2 N_{D2})} V_{D} \right]^{1/2} \tag{2-13b}$$

以上是在没外加电压的情况下，突变反型异质结处于热平衡状态时得到的一些公式。如果在异质结上施加外电压 V 时，只要将上述公式中的 V_{D}、V_{D1}、V_{D2} 分别用 $(V_{D}-V)$、$(V_{D1}-V_1)$、$(V_{D2}-V_2)$ 替代即可。其中 $V = V_1 + V_2$，V_1、V_2 是外加电压 V 在材料 1 和材料 2 的空间电荷区所分配的电压。

2.1.3　异质结中的界面态

异质结虽然可以由两种不同的材料构成，但也不能随意搭配，因此在制备异质结时选取的两种材料的晶体结构要相同或相近，还要考虑晶格失配、热失配和内扩散等因素。

2.1.3.1　晶格失配

通常制造突变异质结时，是把一种半导体材料在和它具有相同的或不同的晶格结构的另一种半导体单晶材料上生长而成。生长层的晶格结构及晶格完整程度都与这两种半导体材料的晶格匹配情况有关。常用晶格失配度这个量来描述组成异质结的两种材料的晶格常数的差别。它的定义是

$$\Delta a / a = 2(a_2 - a_1)/(a_1 + a_2) \tag{2-14}$$

式中，a_1 和 a_2 分别为两种材料的晶格常数；a 为两种材料晶格常数的平均值。晶格失配度 $\Delta a / a$ 通常取其绝对值，为正的百分数。但是在两种材料中当由晶格常数为 a_1 的体单晶作衬底，在其上生长晶格常数为 a_2 的薄膜单晶时，$(\Delta a / a) > 0$ 是正失配，$(\Delta a / a) < 0$ 是负失配。表 2-1 列出了部分半导体异质结的晶格失配百分数。晶格失配较高的异质结是用真空蒸发技术制备的。

表 2-1　几种半导体异质结的晶格常数和晶格失配[7]

异质结	晶格常数/Å	晶格失配/%	异质结	晶格常数/Å	晶格失配/%
Ge/Si	5.6575/5.4307	4.1	Si/GaAs	5.4307/5.6531	4
Ge/InP	5.6575/5.8687	3.7	Si/GaP	5.4307/5.4505	0.36
Ge/GaAs	5.6575/5.6531	0.08	InSb/GaAs	6.4787/5.6531	13.6
Ge/GaP	5.6575/5.4505	3.7	GaAs/GaP	5.6531/5.4505	3.6
Ge/CdTe	5.6575/5.477	13.5	GaP/AlP	5.4505/5.451	0.01
Ge/CdSe (w)	5.6575/7.01 (c)	21.3	Si/CdS (w)	5.4307/6.749 (c)	21.6

注：w 表示该半导体材料为纤锌矿结构；c 表示六方晶系的 c 轴上的晶格常数

在异质结中，晶格失配是不可避免的。由于晶格失配，在两种半导体材料的交界面处产生了悬挂键，引入了界面态。图 2-2 是产生悬挂键的示意图。从图中可见，当两种半导体材料形成异质结时，在交界面处，晶格常数小的半导体材料中出现了一部分不饱和的键，这就是悬挂键。在非晶硅/晶体硅异质结电池中引入本征非晶硅正是为了钝化悬挂键，这也是该类电池能够获得高效的重要原因之一，相关内容参看本书第 5.2.2 节。

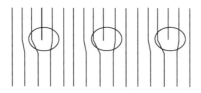

图 2-2　异质结界面悬挂键示意图

界面的键密度由各类半导体的晶格常数及作为交界面的晶面所决定，具体与晶格常数的平方成反比，即

$$N_S = A_S(1/a^2) \qquad (2-15)$$

式中，A_S 为比例系数。而突变异质结的交界面处悬挂键密度 ΔN_S 为两种半导体材料在交界面处的键密度之差。即

$$\Delta N_S = N_{S1} - N_{S2} = 2A_S(\Delta a/a^3) = 2N_S(\Delta a/a) \qquad (2-16)$$

式中，N_{S1}、N_{S2} 分别为两种半导体材料在交界面处的键密度。式(2-16)表明悬挂键密度与晶格失配度成正比。

以具有金刚石型结构的两块半导体所形成的异质结为例来计算悬挂键密度[7]。对于晶格常数分别为 a_1 和 a_2(设 $a_1 < a_2$)的两种材料所形成的异质结，以(111)晶面为交界面时，悬挂键密度为

$$\Delta N_S = \frac{4}{\sqrt{3}}\left(\frac{a_2^2 - a_1^2}{a_1^2 a_2^2}\right) \qquad (2-17)$$

对于(110)晶面，悬挂键密度为

$$\Delta N_S = \frac{4}{\sqrt{2}}\left(\frac{a_2^2 - a_1^2}{a_1^2 a_2^2}\right) \qquad (2-18)$$

对于(100)晶面，悬挂键密度为

$$\Delta N_S = 4\left(\frac{a_2^2 - a_1^2}{a_1^2 a_2^2}\right) \qquad (2-19)$$

2.1.3.2　热失配

当两种半导体材料的晶格常数极为接近时，晶格间匹配较好，一般可以不考虑界面态的影响。但是，在实际中，即使两种材料的晶格常数在室温时是相同的，但它们的热膨胀系数不同，在高温下也将发生晶格失配，从而产生悬挂键，在交界面处引入界面态。这种由于两种材料的热膨胀系数不同而导致的晶格失配称为热失配。对于室温晶格匹配而高温晶格失配的材料，若冷却过快，生长温度下形成的位错就会冻结下来；对高温晶格匹配而室温晶格失配的材料，快速冷却会使位错数目

减少，但在室温下将产生很大的应力。热失配在极端情况下还会导致龟裂，例如合金法生长的 Ge/Si 异质材料，热失配达 $3 \times 10^{-6}/℃$，快速冷却会发生龟裂；而合金法生长的 Ge/GaAs 异质材料，热失配为 $5 \times 10^{-7}/℃$，快速冷却就不会发生龟裂。另外选择合适的生长方法也可避免龟裂发生。部分重要半导体材料在室温下的线膨胀系数列于表 2-2 中。

表 2-2　部分半导体材料室温下的线膨胀系数[8]

材料	晶体结构	线膨胀系数/(K^{-1}) (300 K)	材料	晶体结构	线膨胀系数/(K^{-1}) (300 K)
Ge	金刚石	5.5×10^{-6}	AlSb	闪锌矿	4.88×10^{-6}
Si	金刚石	2.44×10^{-6}	AlAs	闪锌矿	5.2×10^{-6}
SiC	金刚石	2.9×10^{-6}	CdTe	闪锌矿	5.0×10^{-6}
InSb	闪锌矿	5.04×10^{-6}	ZnTe	闪锌矿	8.3×10^{-6}
InAs	闪锌矿	5.19×10^{-6}	ZnSe	闪锌矿	7.2×10^{-6}
InP	闪锌矿	4.5×10^{-6}	ZnS	闪锌矿	6.2×10^{-6}
GaSb	闪锌矿	6.7×10^{-6}	PbTe	氯化钠	9.8×10^{-5}
GaAs	闪锌矿	6.0×10^{-6}	PbSe	氯化钠	1.95×10^{-5}
GaP	闪锌矿	5.81×10^{-6}	PbS	氯化钠	2.03×10^{-5}
CdS	纤锌矿	$4.0 \times 10^{-6}, \perp c$ $2.1 \times 10^{-6}, /\!/ c$	Se	六方	$7.4 \times 10^{-5}, \perp c$ $1.7 \times 10^{-5}, /\!/ c$
CdSe	纤锌矿	$4.4 \times 10^{-6}, \perp c$ $2.45 \times 10^{-6}, /\!/ c$	Te	六方	$2.72 \times 10^{-5}, \perp c$ $1.6 \times 10^{-6}, /\!/ c$

2.1.3.3　内扩散

除了热失配外，在高温生长时，材料的界面还存在所谓的内扩散，内扩散特别容易发生在化合物半导体材料中。化合物的组分和掺杂剂在界面两边相互扩散，能够改变异质结的突变性，并在界面处引入位错，也即引入界面态。此外，内扩散还可能在异质结一边或两边造成同质结，从而掩盖异质结真实的特性。例如，在 Ge 衬底上生长 GaAs，Ge 可能作为 n 型杂质扩散进 GaAs，而 GaAs 中的 As 可能作为 n 型杂质扩散进 Ge，如果 Ge 衬底是 p 型的，就会在 GaAs/Ge 异质结界面 Ge 的一边造成一个同质结。这种情况可以通过在 GaAs 衬底上生长 Ge 来避免，因为其生长温度比在 Ge 衬底上生长 GaAs 要低。

2.1.4　有界面态的异质结能带图

受异质结界面的晶格失配或其他缺陷的影响，异质结界面处的禁带中存在界面态，界面态分为施主型和受主型。施主型界面态带正电荷，受主型界面态带负电荷。

界面态的大小和界面态能级的性质将影响异质结的能带图。当界面处的电荷量大到足以改变内建电场的方向时，能带的弯曲方向也会发生变化，从而对能带图的形状产生影响。

对同型 n-n 异质结，界面态呈受主型，界面带负电荷，为满足电中性条件，界面两边必然出现正的空间电荷区，形成电子势垒，界面两边的能带都向上弯曲。

对同型 p-p 异质结，界面态呈施主型，界面带正电荷，为满足电中性条件，界面两边必然出现负的空间电荷区，形成空穴势垒，界面两边的能带都向下弯曲。

对于反型异质结有两种情况：如果界面处的净电荷为负，则界面两边的能带都向上弯曲；如果界面处的净电荷为正，则界面两边的能带都向下弯曲。

当界面态呈受主型，界面带负电荷时，p-n、n-p、n-n 异质结的能带图如图 2-3 所示。

当界面态呈施主型，界面带正电荷时，p-n、n-p、p-p 异质结的能带图如图 2-4 所示。

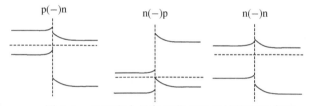

图 2-3　界面有大量负电荷的异质结能带示意图

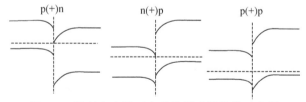

图 2-4　界面有大量正电荷的异质结能带示意图

2.2　异质结的伏安特性[8,9]

伏安特性是 p-n 结的基本特性之一，它反映了载流子通过结时的输运过程。现有的描述 p-n 结伏安特性的模型有扩散模型、热电子发射模型、隧道模型(包括直接和多阶的隧道效应)和复合模型等。

异质结是由两种不同的材料形成的，在交界面处能带不连续，存在势垒尖峰及势阱。而且由于两种材料晶格常数、晶体结构不同等原因，会在界面处引入界面态和缺陷，界面的复杂性造成了载流子输运过程的多样性，因此半导体异质结的电流–

电压关系比同质结要复杂得多。描述同质 p-n 结伏安特性的理论也可以应用到半导体异质结上。半导体异质结中的能带带阶、能带渐变、界面态和掺杂都将影响异质结的伏安特性。迄今已针对不同异质结情况提出了多种模型，如扩散模型、发射模型、发射–复合模型、隧道模型和隧道–复合模型等。目前尚无统一的电流输运理论，通常是针对所设定的某一具体的能带图，提出相应的电流输运模型，将理论分析和实验结果进行分析比较，再进一步完善电流输运模型。一般来说，异质结中往往同时存在多种电流输运机制，究竟何种机制是主要的，这取决于能带的带阶和界面态参数情况。运用本节的理论对非晶硅/晶体硅异质结电池中输运特性的讨论见本书第 5.4 节。

2.2.1 尖峰势垒高度的影响因素

异质结界面处导带(价带)尖峰势垒的高度，对载流子的运动有重要影响。在不考虑界面态的理想情况下，以突变反型 p-n 异质结导带尖峰势垒为例进行讨论，其结论也适用于价带尖峰势垒。影响异质结尖峰势垒高度的因素有两个：掺杂浓度和外加电压。

2.2.1.1 掺杂浓度

当窄带材料的掺杂浓度比宽度材料的掺杂浓度低得多时，即 $\varepsilon_1 N_{A1} \ll \varepsilon_2 N_{D2}$，势垒主要落在窄带空间电荷区，宽带界面处的尖峰势垒低于窄带空间电荷区外的导带底，尖峰势垒高度 qV_P 为负，如图 2-5(a)所示。当窄带材料的掺杂浓度比宽度材料的掺杂浓度高得多时，即 $\varepsilon_1 N_{A1} \gg \varepsilon_2 N_{D2}$，势垒主要落在宽带空间电荷区，宽带界面处的尖峰势垒高于窄带空间电荷区外的导带底，尖峰势垒高度 qV_P 为正，如图 2-5(b)所示。

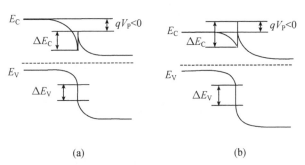

(a)   (b)

图 2-5　(a)负尖峰势垒和(b)正尖峰势垒突变反型 p-n 异质结的平衡能带图

2.2.1.2 外加电压

当对 p-n 异质结施加电压时，尖峰势垒高度也会随之发生变化。随着正向偏压增大，尖峰势垒高度随之变高，甚至会出现负尖峰势垒变为正尖峰势垒的情况；随着反向偏压增大，尖峰势垒高度随之变低，甚至会出现正尖峰势垒变为负尖峰势垒的情况，从而对载流子的输运有不同的影响。

2.2.2　理想突变异质结的伏安特性

对 p-n 突变异质结的输运特性进行理论分析可以采用以下几种模型。

2.2.2.1　扩散模型

Anderson 首先在扩散理论的基础上分析了存在势垒尖峰时的载流子输运。由于界面上能带是不连续的，两种载流子越过结时应克服的势垒高度不同，故一般只有一种载流子起主要作用。以下的分析中只考虑电子流的输运。

扩散模型要满足以下四个条件：

(1) 突变耗尽条件，即电势集中在空间电荷区，注入的少数载流子在空间电荷区之外是纯扩散运动；

(2) 玻尔兹曼边界条件，即载流子分布在空间电荷区之外满足玻尔兹曼统计分布；

(3) 小注入条件，即注入的少数载流子浓度比平衡多数载流子浓度小得多；

(4) 忽略载流子在空间电荷区内的产生和复合。

下面分别讨论负尖峰势垒和正尖峰势垒突变 p-n 异质结的电流–电压特性。

1) 负尖峰势垒突变 p-n 异质结的电流–电压特性

由于宽带界面处的尖峰势垒低于窄带空间电荷区外的导带底，如果忽略其对载流子运动的影响，负尖峰势垒突变 p-n 结电流密度和外加电压的关系可以用 Shockley 方程描述

$$J = \left(\frac{qD_{n1}n_{10}}{L_{n1}} + \frac{qD_{p2}p_{20}}{L_{p2}} \right) \left[\exp\left(\frac{qV}{kT} \right) - 1 \right] \tag{2-20}$$

式中，n_{10} 和 p_{20} 是平衡时的少数载流子浓度；D_{n1} 和 D_{p2} 是少数载流子的扩散系数；L_{n1} 和 L_{p2} 是少数载流子的扩散长度；下标 1 和 2 分别表示带隙较小和较大的材料；k 为玻尔兹曼常量；T 为热力学温度；V 为外加电压，正偏为正，即 $V > 0$；反偏为负，即 $V < 0$。

异质结中常用多数载流子浓度描述电流和电压之间的关系。对于负尖峰势垒突变 p-n 结，平衡时材料 2 中的多数载流子(电子)n_{20} 输运到材料 1 转换为少数载流子(电子)n_{10} 所要克服的势垒为 $qV_D - \Delta E_C$，因此得到

$$n_{10} = n_{20} \exp\left(-\frac{qV_D - \Delta E_C}{kT} \right) \tag{2-21}$$

在外加电压下，电子电流为

$$J_n = \frac{qD_{n1}n_{20}}{L_{n1}} \exp\left(-\frac{qV_D - \Delta E_C}{kT}\right)\left[\exp\left(\frac{qV}{kT}\right) - 1\right] \tag{2-22}$$

平衡时材料 1 中的多数载流子(空穴)p_{10} 输运到材料 2 转换为少数载流子(空穴)p_{20} 所要克服的势垒为 $qV_D + \Delta E_V$，因此得到

$$p_{20} = p_{10} \exp\left(-\frac{qV_D + \Delta E_V}{kT}\right) \tag{2-23}$$

在外加电压下，空穴电流为

$$J_p = \frac{qD_{p2}p_{10}}{L_{p2}} \exp\left(-\frac{qV_D + \Delta E_V}{kT}\right)\left[\exp\left(\frac{qV}{kT}\right) - 1\right] \tag{2-24}$$

由于空穴电流所克服的势垒 $qV_D + \Delta E_V$ 要比电子电流所要克服的势垒 $qV_D - \Delta E_C$ 大得多，所以 $J_p \ll J_n$，即空穴电流可以忽略，因此用多数载流子浓度描述电流-电压之间的关系为

$$J \approx J_n = \frac{qD_{n1}n_{20}}{L_{n1}} \exp\left(-\frac{qV_D - \Delta E_C}{kT}\right)\left[\exp\left(\frac{qV}{kT}\right) - 1\right] \tag{2-25}$$

当杂质全部电离时，取 $n_{20} = N_{D2}$，于是负尖峰势垒突变 p-n 异质结电流-电压特性最终表示为

$$J = A_d \exp\left(-\frac{qV_D - \Delta E_C}{kT}\right)\left[\exp\left(\frac{qV}{kT}\right) - 1\right] \tag{2-26}$$

式中，$A_d = qN_{D2}\frac{D_{n1}}{L_{n1}}$，式(2-26)所描述的电流-电压关系曲线是不对称的，如图 2-6 实线所示，表明负尖峰势垒突变异质 p-n 结具有单向导电性。

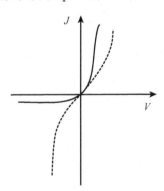

图 2-6　负(实线)、正(虚线)尖峰势垒伏安特性示意图

在实际应用中，正向偏压下 $qV \gg kT$，即 $\exp\left(\frac{qV}{kT}\right) \gg 1$，式(2-26)变为

$$J = A_{\mathrm{d}} \exp\left(-\frac{qV_{\mathrm{D}} - \Delta E_{\mathrm{C}}}{kT}\right) \exp\left(\frac{qV}{kT}\right) \tag{2-27}$$

可见，正向电流随正向偏压呈指数增长。但是当正向偏压增加到使负尖峰势垒转变为正尖峰势垒时，式(2-27)不再适用。

在实际问题中，反向偏压下总有 $q|V| \gg kT$，$V < 0$，即 $\exp\left(\frac{qV}{kT}\right) \ll 1$，式(2-26)变为

$$J = -A_{\mathrm{d}} \exp\left(-\frac{qV_{\mathrm{D}} - \Delta E_{\mathrm{C}}}{kT}\right) \tag{2-28}$$

式(2-28)中的负号表示反向偏压下的电流方向与正向偏压下的电流方向相反，反向电流与外加电压无关，是一个恒定值，称为反向饱和电流 J_{S}。

2) 正尖峰势垒突变 p-n 异质结的电流–电压特性

由于空穴电流所要克服的势垒比电子电流所要克服的势垒大得多，可以忽略空穴电流，只分析电子电流。平衡时宽带材料 2 中的电子只有克服势垒 qV_{D2} 才能到达窄带材料 1 形成扩散电流，窄带材料 1 中的电子只有克服势垒 $\Delta E_{\mathrm{C}} - qV_{\mathrm{D1}}$ 才能达到宽带材料 2 形成扩散电流，平衡时两个扩散电流相等

$$q n_{20} \frac{D_{\mathrm{n1}}}{L_{\mathrm{n1}}} \exp\left(-\frac{qV_{\mathrm{D2}}}{kT}\right) = q n_{10} \frac{D_{\mathrm{n2}}}{L_{\mathrm{n2}}} \exp\left(-\frac{\Delta E_{\mathrm{C}} - qV_{\mathrm{D1}}}{kT}\right) \tag{2-29}$$

当有外加电压 V 时，其中 $V = V_1 + V_2$，V_1、V_2 分别是外加电压 V 在材料 1 和材料 2 的空间电荷区所分配的电压。材料 2 中的电子克服势垒 $q(V_{\mathrm{D2}} - V_2)$ 到达材料 1 形成的扩散电流为

$$q n_{20} \frac{D_{\mathrm{n1}}}{L_{\mathrm{n1}}} \exp\left[-\frac{q(V_{\mathrm{D2}} - V_2)}{kT}\right] \tag{2-30}$$

材料 1 中的电子克服势垒 $\Delta E_{\mathrm{C}} - q(V_{\mathrm{D1}} - V_1)$ 到达材料 2 形成的扩散电流为

$$q n_{10} \frac{D_{\mathrm{n2}}}{L_{\mathrm{n2}}} \exp\left[-\frac{\Delta E_{\mathrm{C}} - q(V_{\mathrm{D1}} - V_1)}{kT}\right] \tag{2-31}$$

取式(2-30)与式(2-31)之差，利用式(2-29)化简，得到电子电流为

$$J = q n_{20} \frac{D_{\mathrm{n1}}}{L_{\mathrm{n1}}} \exp\left(-\frac{qV_{\mathrm{D2}}}{kT}\right) \times \left[\exp\left(\frac{qV_2}{kT}\right) - \exp\left(-\frac{qV_1}{kT}\right)\right] \tag{2-32a}$$

当杂质全部电离时，取 $n_{20} = N_{\mathrm{D2}}$，于是正尖峰势垒突变 p-n 结电流–电压特性最终表示为

$$J = A_{\mathrm{d}} \exp\left(-\frac{qV_{\mathrm{D2}}}{kT}\right) \times \left[\exp\left(\frac{qV_2}{kT}\right) - \exp\left(-\frac{qV_1}{kT}\right)\right] \tag{2-32b}$$

正向偏压时，式(2-32)中括号内的第一项起主要作用，反向偏压时中括号内的第二项起主要作用。但无论正向还是反向，电流均随电压的增加而呈指数关系增大，即电流–电压关系曲线是对称的，如图 2-6 中虚线所示。反向电流随电压的增加而按指数关系增大，与实验结果不符。这表明当反向偏压增加到使正尖峰势垒转变为负尖峰势垒时，式(2-32)不再适用。

2.2.2.2 发射模型

在扩散模型中，载流子经历了多子注入对方区域转化为少子，少子经扩散复合后又转化为多子的过程。实际上具有足够能量的载流子越过势垒，也可以不必经过上述转化过程，直接成为漂移电流，这就是发射模型。根据 Beche 的热电子发射理论得

$$J = q n_{20} \left(\frac{kT}{2\pi m_{n2}} \right)^{1/2} \exp\left(-\frac{q V_{D2}}{kT} \right) \times \left[\exp\left(\frac{q V_2}{kT} \right) - \exp\left(-\frac{q V_1}{kT} \right) \right] \tag{2-33}$$

当杂质全部电离时，取 $n_{20}=N_{D2}$，于是正尖峰势垒突变 p-n 结电流–电压特性最终表示为

$$J = A_e \exp\left(-\frac{q V_{D2}}{kT} \right) \times \left[\exp\left(\frac{q V_2}{kT} \right) - \exp\left(-\frac{q V_1}{kT} \right) \right] \tag{2-34}$$

式中，$A_e = q N_{D2} \left(\frac{kT}{2\pi m_{n2}} \right)^{1/2}$，而 $\left(\frac{kT}{2\pi m_{n2}} \right)^{1/2}$ 是材料 2 中有效质量为 m_{n2} 的电子在电流方向的平均等效速度，它具有热运动速度 10^7 cm·s^{-1} 量级。发射模型和扩散模型的差别只在于将平均等效速度 $\left(\frac{kT}{2\pi m_{n2}} \right)^{1/2}$ 取代扩散速度 $\frac{D_{n1}}{L_{n1}}$，但是扩散速度仅有 10^4 cm·s^{-1} 量级，两者的差别是惊人的，实际上载流子的输运既有扩散过程，也有发射过程，不能截然区分。

与扩散模型相同，正向偏压时式(2-34)中括号内的第一项起主要作用，反向偏压时中括号内的第二项起主要作用。但无论正向还是反向，电流均随电压的增加而按指数关系增大，即电流和电压关系曲线是对称的。而反向电流随电压的增加按指数关系增大，也与实验结果不符。这说明当反向偏压增加到使正尖峰势垒转变为负尖峰势垒时，式(2-34)也不再适用。

2.2.2.3 隧道模型

载流子在电场作用下也可以穿过尖峰势垒，形成隧道电流。图 2-7 是隧道模型的示意图。

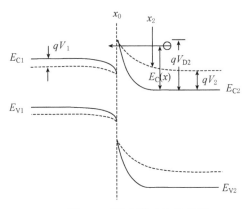

图 2-7　隧道模型的能带图

根据量子力学的经典 WKB(Wentzel-Kramers-Brillouin)近似法[10]，正向偏压下，电子由材料 2 隧穿到材料 1 的概率为

$$P = \exp\left[-\frac{4\pi}{h}(2m_{n2})^{1/2}\int_{x_2}^{x_0}\left[E_C(x)-qV_2\right]^{1/2}\mathrm{d}x\right] \tag{2-35}$$

式中，h 是普朗克常量；$E_C(x)$ 是 x 处的势垒高度，x 的取值范围是势垒边界 x_2 和 x_0。突变结的势垒形状是抛物线，势垒中的电场是 x 的线性函数；为简单起见，假设势垒的形状是直线，势垒中的电场就是不随位置 x 变化的常数，记作 E_0，即

$$E_C(x) = qE_0 x = \frac{q(V_{D2}-V_2)}{x_2-x_0} \tag{2-36}$$

这样隧穿概率为

$$P \approx \exp\left[-\frac{16\pi}{3h}\left(\frac{\varepsilon_2 m_{n2}}{N_{D2}}\right)^{1/2}(V_{D2}-V_2)\right] \tag{2-37}$$

隧穿电流正比于隧穿概率，即

$$J \propto \exp\left[-\frac{16\pi}{3h}\left(\frac{\varepsilon_2 m_{n2}}{N_{D2}}\right)^{1/2}V_{D2}\right] \times \exp\left[\frac{16\pi}{3h}\left(\frac{\varepsilon_2 m_{n2}}{N_{D2}}\right)^{1/2}V_2\right] \tag{2-38}$$

于是，隧道模型电流和电压特性最终关系为

$$J = A_t \exp(B_t V_2) \tag{2-39}$$

式中，A_t 是一个常数，它对温度的依赖关系比扩散电流、发射电流弱得多；B_t 是一个和温度无关的常数，因此隧穿电流的对数 $\ln J$ 和外加电压 V 曲线的斜率与温度无关，是一组平行线，如图 2-8 所示。而扩散电流、发射电流的 $\ln J$ 和外加电压 V 曲线的斜率与温度相关，这是它们的明显区别。

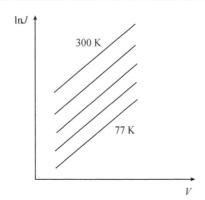

图 2-8   隧道模型的 ln$J$-V 曲线的温度特性

除了以上三种比较完整的模型之外，理想突变 p-n 异质结能带图上的一些结构对伏安特性会有一些附加的影响。如积累层和 S 形伏安特性。

1) 积累层的作用

因为在能带图窄带区一侧的界面上有一个电子的势阱，注入 p 型窄带半导体中去的电子将积累在这个势阱中，因此它将对电子的进一步注入产生抑制作用。表现为当所加正电压达到某一数值后，势垒高度不再随正向电压的增加而降低，也就是说，电流和电压不再呈指数关系，这时的 p-n 异质结似乎呈现为电阻的特性。

2) S 形伏安特性

在某些异质结中观察到，在某一个电压范围内伏安特性曲线上呈现出负阻，即所谓的 S 形伏安特性，如图 2-9 所示。这一现象可能是因为宽带半导体为间接禁带半导体而造成的。电子由间接禁带的宽带半导体注入窄带半导体中以后起始状态仍位于 X 能谷，迁移率是较小的。这些电子将通过散射而转移到 Γ 能谷中去。电压较低、电子注入能量较小时，散射机构主要是电子–晶格之间的散射，散射概率较小，因而仍反映出一个较大的电阻。当注入达到一定程度以后，势阱中积累的电子

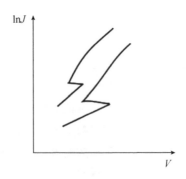

图 2-9   S 形伏安特性示意图

迅速增加，通过电子之间的散射 $X \to \Gamma$ 之间的转换迅速完成，电子迁移率迅速增加造成电流增加而电压却减小，产生了 S 形伏安特性。关于非晶硅/晶体硅异质结电池的 S 形伏安特性在本书第 5.4.2.4 节进行了讨论。

2.2.3　有界面态的异质结的伏安特性

由于晶格失配和生长工艺的不完善，在异质结界面总是存在一些界面能级，它们对载流子通过结的传输有很大影响。当界面能级数量较少时，它们可以作为复合中心而产生空间电荷区的复合电流，也可以作为多阶隧道复合的中间能级。载流子的输运可以看成是多种输运机构的组合。有时因界面能级的数目很少，它所产生的电流并不起重要作用，但界面能级上电子的捕获和释放会改变势垒的大小和形状，从而间接影响其他机构的输运过程。当界面能级的数量很多时，它可根本改变能带图的形状，有可能形成背对背串联的肖特基二极管。

2.2.3.1　界面复合模型

由于异质结是由两种不同的材料形成的，难以做到晶格常数和热膨胀系数的完全匹配，在制备和热处理过程中，在界面处必然存在大量悬挂键和缺陷。悬挂键和缺陷能级可能处于禁带中而形成界面态，它对载流子的输运有很大影响。由热发射越过各自势垒的电子和空穴，在界面处快速复合，称为界面复合机构。图 2-10 是界面复合模型示意图，它可等效为 p 型半导体–金属–n 型半导体，即两个肖特基二极管的串联。

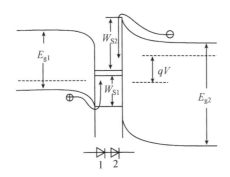

图 2-10　界面复合模型示意图

界面复合模型的电流和电压特性取决于势垒高度大的肖特基二极管，如图 2-10 中所示 $W_{S2} > W_{S1}$，则有

$$J = A^* T^2 \exp\left(-\frac{W_{S2}}{kT}\right)\left[\exp\left(\frac{qV_2}{kT}\right) - 1\right] \tag{2-40}$$

式中，$A^* = \dfrac{4\pi q m_{n2} k^2}{h^3}$ 为有效理查森(Richardson)常数。从式(2-40)可见，界面复合模型的正向电流和扩散(发射)模型相同，它和扩散模型、发射模型一样也都与温度有关，但比扩散模型、发射模型更为强烈。图 2-11 是界面复合模型 $\ln J$-V 曲线的温度特性示意图，直线的斜率随温度的上升而减小。

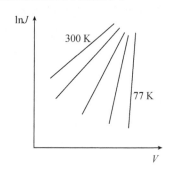

图 2-11　界面复合模型 $\ln J$-V 曲线的温度特性

2.2.3.2　隧道复合模型

异质结界面上处于禁带中的界面态也可以作为隧道复合的中间能级，有助于载流子通过界面态隧穿到对方区域，和相反型号的载流子复合，这就是隧道复合模型。如图 2-12(a)所示，在正偏 p-n 异质结中，材料 2 的电子借助于界面态以隧穿方式进入材料 1 与空穴复合，隧道复合过程可以是一阶的，也可以是多阶的。

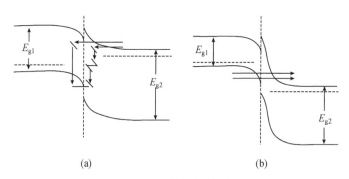

(a)　　　　　　　　　　　　　　(b)

图 2-12　p-n 异质结隧道复合过程示意图
(a)正偏；(b)反偏

对于一阶隧道复合过程，正向电流为

$$J = A_{tr} \exp\left[B_{tr}(V_D - V)\right] \tag{2-41}$$

式中，A_{tr} 是一个与电压和温度弱相关的函数；V_D 是内建电势差；V 是外加电压。B_{tr} 取决于输运区的电子有效质量、介电常数、平衡载流子浓度和势垒的形状。假设势垒的形状是线性的，即势垒中的电场是不随位置 x 变化的常数，对图 2-12(a)所示的隧道复合过程，取 $n_{20}=N_{D2}$，则有

$$B_{tr} = \frac{8\pi}{3h}\left(\frac{\varepsilon_2 m_{n2}}{N_{D2}}\right)^{1/2} \tag{2-42}$$

B_{tr} 是一个和温度无关的常数，因此隧道复合电流 $\ln J$ 和外加电压 V 曲线的斜率与温度无关，和隧道模型相同，也是一组平行线。一阶隧道复合模型的理论值与实验值符合得不够好，这是因为隧道复合电流不仅和界面态能级的数量有关，还和界面态能级的性质相关。界面态能级对电子的俘获和释放将改变势垒的高低和形状，从而影响载流子的输运。至于多阶隧道复合模型，因为界面态情况的复杂性，它的定量计算还很困难。

反偏 p-n 异质结的隧道复合过程如图 2-12(b)所示。对于一阶过程，假设势垒的形状是线性的，隧穿过程主要在材料 2 区，反向电流为

$$J = A_{tr}\exp[B_{tr}E_{g2}^{3/2}(V_D - V)^{-1/2}] \tag{2-43}$$

式中，A_{tr} 是一个与电压和温度弱相关函数；B_{tr} 是一个和温度无关的常数，和式(2-42)相同。

界面–隧道复合模型是界面复合模型和隧道复合模型的组合，在此不再介绍。

一般说来，异质结中往往同时存在多种电流输运机构。图 2-13 是典型 p-n 结 $\ln J$-V 实验曲线示意图，实验曲线有一个明显的转折点。从它的温度特性可以看出，转折点之下的曲线斜率与温度有关，是扩散电流输运机制或发射电流输运机制；转折点之上的曲线斜率与温度无关，是隧道电流输运机制。

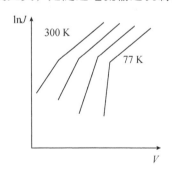

图 2-13　典型的 p-n 异质结 $\ln J$-V 实验曲线示意图

以上介绍了异质结输运过程的各种模型，并对伏安特性作了简单的分析。实际异质结的情况要复杂得多，且与材料性质和生长工艺的关系很大。实验上得到的各种异质结的伏安特性种类繁多，有些可能在一定电压、一定温度范围内与某一种简化了的模型相符，有些可能同时有几种电流输运机制起作用，有些还并不包括在以

上所述的讨论中。

伏安特性涉及的因素太多，而对实际的界面情况又较难清楚地了解，因而使实验和理论的比较变得困难。但是，以上的理论分析对了解异质结的特性和异质结器件的设计及应用仍有重要的指导作用。

2.3　异质结的注入特性[8,9]

异质结具有高注入比和超注入特性，在异质结双极晶体管和半导体异质结激光器等领域中得到应用。作为异质结的重要特性，虽然在异质结太阳电池中没用到这一特性，但是为更全面叙述异质结的基本知识，在本节仍然对异质结的注入特性进行简单介绍。

2.3.1　高注入特性

由于反型异质结界面两侧的载流子所面对的势垒高度有明显的差别，正向偏压时一种载流子的注入电流会显著地超过另一种载流子的注入电流。以 p-n 结为例，所谓的注入比是指 n 区向 p 区注入的电子电流与 p 区向 n 区注入的空穴电流之比。

为作对比，先看同质结的注入比

$$\frac{J_n}{J_p} = \frac{D_n L_p N_D}{D_p L_n N_A} \tag{2-44}$$

从式(2-44)可见，对于同质结的注入比，界面两侧的掺杂浓度起支配作用，要获得高注入比，必需 $N_D \gg N_A$，即发射区的材料要高掺杂，然而高掺杂会带来晶体质量、载流子简并等一系列问题，使实验研究和理论分析复杂化。

再看异质结的注入比，为简单起见，先不考虑导带的尖峰势垒，这样做并不会影响所得结论的普遍性。式(2-22)和式(2-24)就是电子扩散电流和空穴扩散电流，两者之比就是注入比

$$\frac{J_n}{J_p} = \frac{D_{n1} L_{p2} n_{20}}{D_{p2} L_{n1} p_{10}} \exp\left(\frac{\Delta E}{kT}\right) \tag{2-45}$$

式中，$\Delta E = \Delta E_C + \Delta E_V = E_{g2} - E_{g1}$，$E_{g2}$ 和 E_{g1} 分别表示 n 区和 p 区的禁带宽度。在 p 区和 n 区杂质全部电离时，取 $n_{20} = N_{D2}$，$p_{10} = N_{A1}$，式(2-45)可以表示为

$$\frac{J_n}{J_p} = \frac{D_{n1} L_{p2} N_{D2}}{D_{p2} L_{n1} N_{A1}} \exp\left(\frac{\Delta E}{kT}\right) \tag{2-46}$$

在式(2-46)中，D_{n1} 与 D_{p2} 及 L_{p2} 与 L_{n1} 相差不大，都在同一个数量级，而 $\exp\left(\frac{\Delta E}{kT}\right)$ 可

远大于 1，这样即使 $N_{D2} < N_{A1}$，由于指数项起支配作用，仍可以得到很大的注入比，如 $\Delta E = 0.2$ eV 时，室温下电子电流和空穴电流之比就会超过 10^3。可见，对于异质结只要选择宽带材料作为发射区就可以获得很高的注入比，不必像同质结那样刻意追求高掺杂浓度。异质结的这一高注入特性是区别于同质结的重要特征之一，也因此得到重要应用。

2.3.2　超注入特性

除了高注入比这一优点外，异质结还有一个特有的现象——"超注入"现象，即在一定的正向偏压条件下，注入窄带材料中的少数载流子浓度可以超过宽带材料本身的多数载流子浓度。它是由 Alferov 在 1967 年首先提出的。

为方便对比，先看同质结的情况。对于非简并半导体，同质结两侧同种载流子关系为

$$n_p = n_n \exp\left[-\frac{q(V_D - V)}{kT}\right] \tag{2-47}$$

正向偏压下，从 n 区克服势垒 qV_D 注入 p 区的少数载流子(电子)浓度 $\Delta n \approx n_p$，它随着正向偏压逐渐加大而不断增加。增加的极限情况是正向偏压等于内建电势差，即 $V = V_D$，这时有 $\Delta n = n_n$，但这是不可能实现的，因为对于同质结 qV_D 代表势垒高度，正向偏压 V 不能够超过内建电势差 V_D，也就不可能有 qV 超过势垒高度 qV_D，即同质结不存在超注入特性。

异质结的情况则不同，由于能带带阶的存在，qV_D 已经不再代表势垒高度，对于负尖峰势垒的 p-n 结，电子从 n 区注入 p 区克服势垒变为 $(qV_D - \Delta E_C)$，把式(2-21)改为非平衡的形式有

$$\Delta n \approx n_1 = n_2 \exp\left(-\frac{qV_D - \Delta E_C - qV}{kT}\right) \tag{2-48}$$

当正向偏压下满足下列条件时

$$qV_D > qV > qV_D - \Delta E_C \tag{2-49}$$

就有 $\Delta n > n_2$，即实现了超注入。式(2-48)和式(2-49)表明，即使在满足正向偏压 V 不能够超过内建电势差 V_D 的条件下，qV 也会超过势垒高度 $qV_D - \Delta E_C$，这是由异质结能带带阶造成的，因此只有异质结才有超注入特性。超注入时 p-n 结能带图如图 2-14 所示，此时能带图的最大特点就是能带边基本被拉平。

以 p-GaAs/n-Al$_{0.3}$Ga$_{0.7}$As 为例说明超注入的应用[11]。p 型 GaAs 的掺杂浓度为 $N_{A1} = 1 \times 10^{18}$ cm^{-3}，n 型 Al$_{0.3}$Ga$_{0.7}$As 的掺杂浓度 $N_{D2} = 1.5 \times 10^{17}$ cm^{-3}(注意此时两者均未简并)，在 297 K 时，计算内建电势 $V_D = 1.674$ V，取 $\Delta E_C = 0.33$ eV，当正向偏压

$V = 1.481$ V 时，符合超注入条件式(2-49)，超注入的电子浓度为 $\Delta n = 2 \times 10^{18}$ cm^{-3}，它超过了 GaAs 的透明载流子浓度 $n_e (\approx 1 \times 10^{18}$ cm$^{-3})$，从而满足激光器激射的阈值条件。

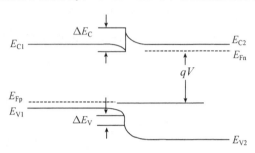

图 2-14　超注入时 p-n 异质结能带图

对于正尖峰势垒的 p-n 异质结，电子从 n 区注入 p 区所要克服的势垒变为 $qV_2 = qV_D - qV_1$，其注入条件只需将式(2-48)中的 ΔE_C 改为 qV_1 便可。即

$$\Delta n \approx n_1 = n_2 \exp\left(-\frac{qV_D - qV_1 - qV}{kT}\right) \tag{2-50}$$

2.4　异质结的光电特性[8,9]

光子能量超过禁带宽度的光照射到半导体上，就会被半导体吸收而产生电子–空穴对。只要在半导体中存在有电场，光生的电子–空穴对就会被电场分开，而向相反的方向漂移，从而在半导体两端之间产生光电流或光电压。单纯在一块半导体的两端加上电压，可以在半导体中产生电场，光生的电子–空穴对会被电场分开而产生附加的光电流或光电压，这就是所谓的光电导现象。如果半导体中含有 p-n 结或异质结，结中空间电荷区的电场会使光生载流子分开而产生光电流或光电压，这就是所谓的光伏效应。半导体–金属接触的肖特基势垒也同样可以有光伏效应。大多数半导体光电器件就是基于光伏效应的，如光电二极管、光电池等被广泛地应用于光通信技术，以及其他一些工业和自动化技术中。光电特性还可以用来研究半导体的内部结构，如组分、掺杂和异质结界面特性等物理问题。

异质结的光电特性通常分为两类：一类是由于吸收光子而产生光生电流或光生电压；另一类是由于电流或电场激励而发射光子。异质结中光子的吸收方式，关键是入射光的波长。对异质结光电特性的影响，通常有两个重要的吸收过程：一是产生自由电子或空穴(即杂质或界面态光吸收)；二是产生自由电子-空穴对(即电子从价带跃迁到导带的本征吸收)。由于这些过程，在界面或异质结的扩散长度区域内产生自由载流子，导致了异质结的光生电流。除了吸收光子产生自由载流子外，也能产生光伏电压。在某些情况下，自由载流子的辐射复合过程还能导致发射光子。由于本书讲述的非晶硅/晶体硅异质结属于反型异质结，因此本节主要讨论反型异质结的光电特性。

2.4.1　反型异质结的光伏特性

在图 2-15 所示的一个 p-n 异质结上，从宽带一侧照射一束光进来，使价带中的一个电子吸收一个光子跃迁到导带，而在价带留下一个空穴。只要电子和空穴能扩散到势垒区就会被势垒区的电场所分开，而形成光电流 J_R。对于 p-n 同质结或势垒尖已消失的渐变异质结，全部能扩散到结区的电子和空穴对光电流都有贡献。对图 2-15 所示的异质结，势垒尖对由窄带来的电子将有一定的阻挡作用。不过为简单起见，在下面的分析中先忽略势垒尖的作用。电子向 n 区运动，空穴向 p 区运动，在开路的情况下，在结两端造成电荷积累。n 区端带负电，而 p 区端带正电，因而将形成一个电压，阻止电子和空穴的进一步运动。有外加电压时 p-n 结的电流为

$$J = J_S\left[\exp\left(\frac{qV}{kT}\right) - 1\right] \tag{2-51}$$

式中，J_S 是反向饱和暗电流密度；V 是外加电压。

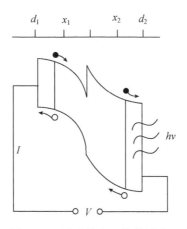

图 2-15　异质结光生伏特效应示意图

当有光照射时，式(2-51)应当进行修正。理想反型异质结的伏安特性如图 2-16 所示，图中实线表示无光照射时的状态，虚线则表示有光照射时的状态。在有光照射时，异质结的总电流为

$$J = J_S\left[\exp\left(\frac{qV}{kT}\right) - 1\right] - J_{ph} \tag{2-52}$$

式中，J_{ph} 是光生电流密度。在耗尽区没有载流子的复合或产生时，J_{ph} 与外加电压

是无关的，它等于短路光生电流密度 J_{sc}(即 $J_{ph} = J_{sc}$)。异质结两端的开路光伏电压 V_{oc}(即对应于 $J = 0$)可以用 J_{ph} 和 J_S 表示为

$$V_{oc} = \frac{kT}{q}\ln\left(1 + \frac{J_{ph}}{J_S}\right) \tag{2-53}$$

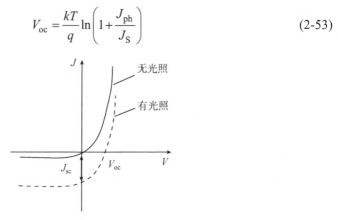

图 2-16　理想反型异质结的暗态和光照伏安特性

反向饱和暗电流密度 J_S 和异质结构的关系前面已经讨论过(见式(2-28))，而光生电流密度 J_{ph} 则与异质结的几何尺寸、所用半导体的物理参数和光照方向有关。下面以光垂直入射异质结平面和光平行入射异质结平面两种极端情况进行讨论。

2.4.2　反型异质结的光电流和光谱响应

2.4.2.1　光垂直入射异质结

如果把异质结分成四个区域来讨论,分别为 p 和 n 空间电荷区及 p 和 n 扩散区,它们的坐标如图 2-15 上部所示，取 p-n 结界面处为原点。假设光从宽带材料一侧入射，α 为吸收系数，η 为量子效率，F_0 是入射到宽带材料前表面的光通量，L_1、τ_1、D_1 分别为窄带材料中电子的扩散长度、寿命和扩散系数，L_2、τ_2、D_2 分别为宽带材料中空穴的扩散长度、寿命和扩散系数。光从宽带材料一侧入射，窄带 p 型区中位于 x 处的电子产生率应为

$$g_1 = \eta_1\alpha_1 F_0\exp(-\alpha_2 d_2)\exp(-\alpha_1 x) \tag{2-54}$$

在窄带 p 区中空间电荷区 0 到 x_1 之间产生的电子会立即被电场推到 n 区,产生的光电流为

$$J_{11} = \int_0^{x_1} q\eta_1\alpha_1 F_0\exp(-\alpha_2 d_2)\exp(-\alpha_1 x)\mathrm{d}x = q\eta_1 F_0\exp(-\alpha_2 d_2)[1-\exp(-\alpha_1 x_1)] \tag{2-55}$$

在窄带 p 区中空间电荷区以外 x_1 到 d_1 之间产生的电子将向势垒区扩散。能达到势垒区的电子数，由稳态速率方程(2-56)来决定

$$\frac{\partial \Delta n}{\partial t} = g_1 - \frac{\Delta n}{\tau_1} + D_1 \frac{\partial^2 \Delta n}{\partial x^2} = 0 \tag{2-56}$$

式中，τ_1 为电子的寿命。方程的边界条件是：电子一旦扩散到空间电荷区边界上，它将立刻被电场拉走，有 $x=x_1$ 时，$\Delta n=0$，$x \to \infty$ 时，$\Delta n=0$(坐标自右向左)，解得

$$\Delta n = \frac{L_1^2}{1-\alpha_1^2 L_1^2} \frac{\eta_1 \alpha_1 F_0}{D_1} \exp(-\alpha_2 d_2)\exp(-\alpha_1 x_1) \times \left[\exp(-\alpha_1(x-x_1)) - \exp\left(-\frac{x-x_1}{L_1}\right) \right] \tag{2-57}$$

由光生电子扩散到耗尽区边界而产生的光电流为

$$J_{12} = qD_1 \frac{\partial \Delta n}{\partial x}\bigg|_{x=x_1} = \frac{q\eta_1 \alpha_1 L_1}{1+\alpha_1 L_1} F_0 \exp(-\alpha_2 d_2)\exp(-\alpha_1 x_1) \tag{2-58}$$

故窄带 p 区对光电流的总贡献为

$$J_1 = J_{11} + J_{12} = q\eta_1 F_0 \exp(-\alpha_2 d_2)\left[\frac{1+\alpha_1 L_1 - \exp(-\alpha_1 x_1)}{1+\alpha_1 L_1} \right] \tag{2-59}$$

用同样的方法可以分析宽带区的情形。宽带中的空穴产生率为

$$g_2 = \eta_2 \alpha_2 F_0 \exp(-\alpha_2 x) \tag{2-60}$$

宽带 n 区中空间电荷区里产生的空穴对光电流的贡献为

$$J_{21} = q\eta_2 F_0 \exp(-\alpha_2 d_2)[\exp(\alpha_2 x_2)-1] \tag{2-61}$$

空间电荷区以外的空穴稳态速率方程为

$$\frac{\partial \Delta p}{\partial t} = g_2 - \frac{\Delta p}{\tau_2} + D_2 \frac{\partial^2 \Delta p}{\partial x^2} = 0 \tag{2-62}$$

式中，τ_2 为空穴的寿命。方程的边界条件是：空穴一旦扩散到空间电荷区边界上，它将立刻被电场拉走，$\Delta p = 0$，以及在光照的外表面上有

$$\left(\frac{\partial \Delta p}{\partial x} \right)_{x=d_2} = S\Delta p\big|_{x=d_2} \tag{2-63}$$

式中，S 为表面复合速度。解得由于空穴扩散而产生的光电流为

$$J_{22} = -qD_2 \frac{\partial \Delta p}{\partial x}\bigg|_{x=x_2}$$

$$= q\eta_2 F_0 \frac{\alpha_2 L_2}{1-\alpha_2^2 L_2^2} \times \left\{ \left(\alpha_2 L_2 + \frac{f_1}{f_2} \right) \exp[-\alpha_2(d_2-x_2)] - \frac{1}{f_2}\left(\frac{SL_2}{D_2} + \alpha_2 L_2 \right) \right\} \tag{2-64}$$

其中

$$f_1 = \sinh\left(\frac{d_2-x_2}{L_2} \right) + \frac{SL_2}{D_2}\cosh\left(\frac{d_2-x_2}{L_2} \right)$$

$$f_2 = \cosh\left(\frac{d_2-x_2}{L_2} \right) + \frac{SL_2}{D_2}\sinh\left(\frac{d_2-x_2}{L_2} \right)$$

故宽带 n 区对光电流的总贡献为

$$J_2 = J_{21} + J_{22} \tag{2-65}$$

因此，流经 p-n 异质结的总光电流为

$$J_{ph} = J_1 + J_2 = J_{11} + J_{12} + J_{21} + J_{22} \tag{2-66}$$

上述对 J_1 和 J_2 的推导在 $\alpha_1 L_1 \neq 1$ 和 $\alpha_2 L_2 \neq 1$ 的情况下才是有效的。从上面的分析可以看出，p-n 异质结上的光电流是与电子、空穴的寿命、扩散长度、吸收系数和表面复合速度相关的。而吸收系数是随波长而变化的，因此知道了吸收系数 α_1 和 α_2 的光谱分布就能从理论上计算出光电流的光谱分布。当光子能量 $h\nu < E_{g1} < E_{g2}$ 时，光将穿透整个异质结而不被异质结所吸收。若光子能量逐渐增加到 $E_{g1} < h\nu < E_{g2}$ 时，光子将穿透宽带材料而被窄带材料所吸收，产生的光电流为 $J_{ph} = J_1 = J_{11} + J_{12}$；当光子能量逐渐增加到 $h\nu \approx E_{g2}$ 时，光将首先被宽带材料所吸收，透过的部分才会被窄带区吸收，这时 p-n 异质结的几个部分都对光电流有贡献；当光子能量逐渐增加到 $h\nu > E_{g2}$ 时，宽带材料的吸收系数随 $h\nu$ 的增加很快地增加，吸收将主要集中在宽带表面。如果宽带区的厚度大于空穴的扩散长度，宽带区表面产生的光子不再能扩散到势垒区，因而光电流将随光子能量的增加而减少。

对于反型异质结，最普遍的光照模式是光从宽带隙材料表面入射并且垂直于结平面。在这种情况下，高能量的光子被宽带隙材料吸收，而低能量的光子穿过宽带隙材料并且在界面附近被窄带隙材料吸收。即只有光子能量处于 $E_{g1} < h\nu < E_{g2}$ 的区域中时异质结才能有光响应，在这一区域之外光响应很小，这就是所谓的异质结光谱响应的"窗口效应"。窗口的大小由组成异质结的两种材料的禁带宽度差来决定。

由于异质结界面存在一定数量的界面能级，它使光生少子复合而降低了少子的寿命，从而减少光的响应。所以一般的光电二极管或光伏电池并不是直接利用异质结界面的势垒来收集光生少子。而是采用如图 2-17 所示的结构，在同质结上面生长一层异质材料。收集光生少子的功能由下面的同质结来完成。而用异质结的界面代替了同质结的表面，使表面复合速度降低，从而提高光响应的灵敏度。这样的异质结光电池同样具有窗口效应。

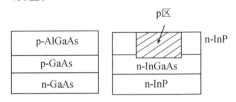

图 2-17　异质结光电二极管或光伏电池的结构示意图

在没有界面态的理想情况下，反型异质结的短路光生电流密度等于 J_1，应用时必须对它进行修正。实际上大部分异质结在界面上都有大量界面态和陷阱，导致少数光生载流子的寿命很短。这种情况可以看作界面处存在一个"准金属"层[12]，它把异质结分成两个肖特基结：一个是宽带隙材料肖特基结，另一个是窄带隙材料肖特基结。这个模型能定性地解释异质结的短路电流密度 J_{sc} 和开路电压 V_{oc}。假设窄带隙材料是 p 型，宽带隙材料是 n 型，p-n 异质结光伏特性的等效电路如图 2-18 所示。由图 2-18 可得小信号条件下 J_{sc} 和 V_{oc} 分别为

$$J_{sc} = J_2 + \frac{r_1}{r_1 + r_2}\beta J_1 \tag{2-67}$$

$$V_{oc} = J_2(r_1 + r_2) + \beta J_1 r_1 \tag{2-68}$$

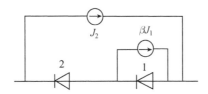

图 2-18　p-n 异质结光伏特性的等效电路

假设窄带隙肖特基二极管 1 无光照时的电流密度为 $J_1 = J_{S1}[\exp(A_1 V_1)-1]$，宽带隙肖特基二极管 2 无光照时的电流密度为 $J_2 = J_{S2}[\exp(A_2 V_2) - 1]$，则式中 $r_1 = 1/A_1 V_1$，$r_2 = 1/A_2 V_2$。当界面态具有一定的复合速度时，β 是反映界面态情况的参数。式中 J_1 和 J_2 分别是窄带隙材料和宽带隙材料在小信号情况下的光生电流密度，可由式(2-59)和式(2-65)分别给出。

在异质结中，光谱响应是最重要的光电特性之一，它被定义为入射的每个光子所产生的短路光生电流或开路光伏电压。从上述分析可以清楚地看到，小信号情况下短路光生电流正比于开路光伏电压，因此光谱响应与测量模式无关，即或者测量短路光生电流，或者测量开路光伏电压。事实上，测量模式取决于异质结的内阻。分析光谱响应是研究异质结能带图的有力方法之一。

部分反型异质结的光谱响应实验结果列于表 2-3。

表 2-3　典型反型异质结的光谱响应实验结果[8]

异质结	测量模式	测量温度/K	光谱响应区域
n-Ge/p-Si	光伏	298	0.75 ~ 2.3 μm，峰值在 1.1 μm
p-Ge/n-Si	光伏	298	0.75 ~ 2.3 μm，平坦区在 1.1 ~ 1.7 μm
p-Ge/n-GaP	光伏	300	0.5 ~ 2.0 μm，响应范围宽
n-Ge/p-GaAs	光电流	300	0.62 ~ 1.03 μm，峰值在 0.9 μm
p-Ge/n-GaAs	光电流	300	0.4 ~ 1.8 μm，平坦区在 0.8 ~ 1.4 μm

异质结	测量模式	测量温度/K	光谱响应区域
p-Ge/n-ZnSe	光伏	300	0.51 ~ 2.06 μm，在长波长边剧剧截止
n-Ge/p-ZnTe	光电流	293	0.62 ~ 2.13 μm，平坦区在 0.82 ~ 1.55 μm
n-Ge/p-CdTe	光电流	293	0.5 ~ 2.06 μm，平坦区在 0.59 ~ 1.55 μm
n-Si/p-GaP	光电流	300	0.48 ~ 1.24 μm，峰值在 0.56 μm
p-Si/n-GaAs	光电流	300	0.73 ~ 1.15 μm，峰值在 0.83 μm
p-Si/n-ZnSe	光电流	293	0.43 ~ 1.03 μm，双峰在 0.48 μm 和 0.8 μm
p-Si/n-CdS	光电流	300	0.4 ~ 1.1 μm，平坦区在 0.6 ~ 0.9 μm
p-Si/n-CdSe	光电流	293	0.7 ~ 1.03 μm，峰值在 0.8 μm
p-Si/n-CdTe	光电流	293	0.55 ~ 1.08 μm，峰值在 0.82 μm
n-InSb/p-CdTe	光电流	300	0.6 ~ 5.5 μm，双峰在 0.8 μm 和 4.8 μm
p-GaSb/n-GaAs	光伏	300	0.9 ~ 1.82 μm，平坦区在 1.2 ~ 1.55 μm
p-GaAs/n-AlAs	光电流	293	0.5 ~ 0.9 μm，峰值在 0.9 μm
n-GaAs/p-Ga$_{0.5}$Al$_{0.5}$As	光伏	300	0.56 ~ 0.95 μm，平坦区在 0.6 ~ 0.83 μm
n-GaAs/p-GaP	光电流	300	0.54 ~ 0.95 μm，平坦区在 0.56 ~ 0.88 μm
p-GaAs/n-GaP	光电流	300	0.62 ~ 0.95 μm，峰值在 0.85 μm
p-GaAs/n-GaAs$_x$P$_{1-x}$	光电流	300	短波边 0.72 ~ 0.83 μm ($x = 0.7 ~ 0.95$)，长波边 0.88 μm
p-GaAs/n-ZnSe	光伏	300	0.41 ~ 1.13 μm，峰值在 0.51 μm
p-CdTe/n-CdS	光伏	300	0.5 ~ 0.9 μm，峰值在 0.57 μm
p-CdTe/n-ZnSe	光电流	300	0.4 ~ 0.9 μm，双峰在 0.5 μm 和 0.7 μm
n-CdSe/p-ZnTe	光伏	300	0.44 ~ 0.95 μm，平坦区在 0.54 ~ 0.73 μm

下面举例详细说明反型异质结的光谱响应。

(1) p-Ge/n-Si 异质结。p 型 Ge 的掺杂浓度是 1×10^{18} cm^{-3}，n 型 Si 的掺杂浓度是 5×10^{15} cm^{-3}，小信号光伏测量模式，从 Si 面垂直光照，测量温度是 298 K 和 85 K。典型的光谱响应如图 2-19 所示[12]。图中实线是在温度为 298 K 时测得的典型的光谱曲线，光谱响应区域为 0.75 ~ 2.3 μm，平坦响应区在 1.1 ~ 1.7 μm。图中虚线是在温度为 85 K 时测得的典型的光谱曲线。

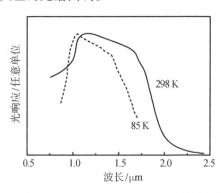

图 2-19   p-Ge/n-Si 异质结的光谱曲线[12]

(2) Ge/GaAs 异质结。Ge 和 GaAs 晶格匹配几乎完美，小信号光电流测量模式，从 GaAs 面垂直光照，室温测量。典型的光电流响应如图 2-20 所示[13]。图中虚线表示 p-Ge/n-GaAs 异质结从 0.8～1.4 μm 展宽的光谱；而图中实线表示 n-Ge/p-GaAs 异质结的光谱，它是一个尖锐的峰，峰值在 0.9 μm，对应的光子能量接近于 GaAs 的禁带宽度。

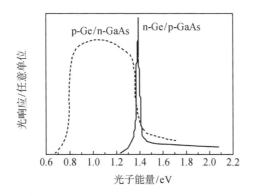

图 2-20　p-Ge/n-GaAs 和 n-Ge/p-GaAs 异质结的室温光谱曲线[13]

2.4.2.2　光平行入射异质结

对于反型异质结，另外一种光照模式是入射光平行于结平面，如图 2-21 所示。由于入射的光信号要经过体材料的损耗才能到达耗尽区，使平行入射模式的处理要比垂直入射模式困难得多。为克服这个困难，通常是将一束光通过一个狭缝，直接聚焦到耗尽区。2.4.2.1 节提到的光生电流密度 J_1 和 J_2 可以在平行入射模式的边界条件下，分别求解宽带隙材料和窄带隙材料的少数光生载流子连续性方程。平行入射模式的反型异质结光谱响应还没有很好的实验结果可以用来展示。

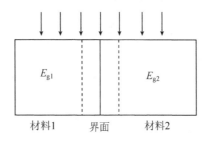

图 2-21　平行光入射反型异质结示意图

2.5　晶体硅和非晶硅薄膜的基本物理参数

本书主要讲述非晶硅/晶体硅异质结太阳电池，为此，列出构成异质结的两种材料——晶体硅和非晶硅薄膜的基本物理参数，尤其是电学参数，将有助于理解后面章节的内容，特别是第 6 章关于非晶硅/晶体硅异质结太阳电池的模拟计算会用到这些参数。

硅是地壳中最丰富的元素之一，仅次于氧，在地壳中的丰度为 26%左右。硅在元素周期表中属于IV族元素，原子序数为 14，相对原子质量为 28.085。硅材料是最主要的元素半导体材料，在半导体工业中广泛应用，是电子工业的基础材料。其中单晶硅材料是目前世界上人工制备的晶格最完整、体积最大、纯度最高的晶体材料。单晶硅材料具有良好的半导体性质，其基本物理性能参数列于表 2-4。

表 2-4　单晶硅的基本物理性能参数[7,14]

	晶体结构	金刚石
晶体性质	晶格常数/nm	0.543
	密度/(g·cm^{-3})	2.33
	熔点/℃	1415
热性能	热膨胀系数/(K^{-1})	2.59×10^{-6}
	热导率/[W/(cm·K)]	1.56
	热扩散系数/(cm^2·s^{-1})	0.9
介电性能	介电常数	11.9
电学性能	禁带宽度(300 K)/eV	1.12
	本征载流子浓度/(cm^{-3})	1×10^{10}
	本征电阻率/(Ω·cm)	2.3×10^5
	电子(空穴)迁移率/[cm^2/(V·s)]	1450(500)
	导带有效态密度 N_C/(cm^{-3})	2.8×10^{19}
	价带有效态密度 N_V/(cm^{-3})	1.04×10^{19}
	电子亲和能/eV	4.05
	功函数/eV	4.6

除了晶体硅以外，硅材料的另一种存在形式是非晶硅。非晶硅的原子排列呈现短程有序、长程无序，是一种共价无规的网络原子结构。即非晶硅的每个硅原子与最邻近的其他四个硅原子键合，在三维空间形成四面体结构，但是这些四面体的各个单元在空间却不是有规则排列的。正是由于非晶硅的原子排列呈现短程有序、长程无序，使得非晶硅具有如下一些基本性质：①非晶硅的结构决定了其物理性质具

有各向同性；②从能带结构上看，非晶硅的能带不仅有导带、价带和禁带，而且有导带尾带、价带尾带，缺陷在能带中引入的缺陷能级也比晶体硅显著，如非晶硅中含有大量的悬挂键，会在禁带中引入深能级；③非晶硅比晶体硅具有更高的晶格势能，在热力学上处于亚稳态，在一定的热处理条件下，非晶硅可以转化为多晶硅、微晶硅和纳米硅；④在一定范围内，取决于制备技术，通过改变合金组分和掺杂浓度，非晶硅的密度、电导率、能隙等性质能连续变化和调整，可以开发和优化具有新性能的材料。

非晶硅没有块体材料，只有薄膜材料，所以非晶硅一般是指非晶硅薄膜。常用 CVD 技术来制备非晶硅薄膜，用这种方法沉积的非晶硅薄膜通常含有氢，即氢化非晶硅薄膜(a-Si:H)，a-Si:H 中既含有 Si-H，也含有 Si-H$_2$、Si-H$_3$ 及(Si-H$_2$)$_n$。通过氢钝化悬挂键等缺陷，a-Si:H 才被广泛应用于太阳电池，而非晶硅/晶体硅异质结太阳电池所使用的正是 a-Si:H。a-Si:H 的基本物理性能参数典型值列于表 2-5。

表 2-5　氢化非晶硅薄膜的基本物理性能参数[14,15]

材料性能	氢含量(典型值)/ at.%	7 ~ 30
	密度/ (g · cm^{-3})	2.20(氢含量为 10%时)
		2.11(氢含量为 20%时)
介电性能	介电常数	14(氢原子浓度 N_H = 5×10^{21} cm^{-3} 时)
		6(氢原子浓度 N_H = 17×10^{21} cm^{-3} 时)
电学性能 (典型值)	光学带隙/ eV	1.4 ~ 1.9
	本征电阻率/ (Ω · cm)	2×10^{10}(室温)
	掺杂后最大电导率/(Ω^{-1} · cm^{-1})	10^{-2}(室温)
	电子(空穴)迁移率/ [cm^2/(V · s)]	1 ~ 10(0.01 ~ 0.1)
	导带边有效态密度 N_C/(cm^{-3})	2×10^{21}
	价带边有效态密度 N_V/(cm^{-3})	2×10^{21}
	电子亲和能/ eV	3.9

非晶硅/晶体硅异质结太阳电池的两种构成材料——非晶硅和晶体硅，其光吸收对于电池性能有重要的影响。图 2-22 是非晶硅和单晶硅的光吸收系数对比[16]。从图中可见，在可见光范围内，非晶硅的光吸收系数比单晶硅要高 1 个数量级左右，非晶硅的本征光吸收系数达 10^5 cm^{-1}。由于非晶硅具有较高的光吸收系数，因此对非晶硅薄膜太阳电池而言，非晶硅层的厚度仅需 1 μm 左右就能充分吸收太阳光能。但是对于非晶硅/晶体硅异质结电池，非晶硅层的光吸收是需要尽量地减少，在本书第 4 章(4.4.4 节)有相关问题的讨论。

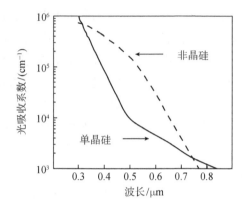

图 2-22　非晶硅和单晶硅的光吸收系数[16]

参 考 文 献

[1] Gubanov A I. Theory of the contact of two semiconductors of the same type of conductivity[J]. Zh. Tekh. Fiz., 1951, 21: 304.

[2] Gubanov A I. Theory of the contact of two semiconductors with mixed conductivity[J]. Zh. Eksper. Teor. Fiz., 1951, 21: 79.

[3] Kroemer H. Theory of a wide-gap emitter for transistors[J]. Proc. IRE, 1957, 45: 1535-1537.

[4] Anderson R L. Ge-GaAs heterojunctions[J]. IBM. J. Rev. Dev., 1960, 4: 283.

[5] Hayashi I, Panish M B, Foy P. A low-threshold room-temperature injection laser[J]. IEEE J. Quantum Electron., 1969, 5: 211-212.

[6] Kressel H, Nelson H. Close-confinement GaAs p-n junction lasers with reduced optical loss at room temperature [J]. RCA Rev., 1969, 30: 106.

[7] 刘恩科，朱秉升，罗晋生. 半导体物理学[M]. 第七版. 北京：电子工业出版社，2008.

[8] 江剑平，孙成城. 异质结原理与器件[M]. 北京：电子工业出版社，2010.

[9] 虞丽生. 半导体异质结物理[M]. 第二版. 北京：科学出版社，2006.

[10] 周世勋. 量子力学[M]. 上海：上海科学技术出版社，1961.

[11] Casey H C, Jr., Panish M B. Heterostructure lasers Part A: Fundamental Principles, Chapter 4[M]. New York: Academic Press, 1978.

[12] Oldham W G, Milnes A G. Interface state in abrupt semiconductor heterojunctions[J]. Solid-State Electron., 1964, 7: 153-165.

[13] Lopez A L, Anderson R L. Photocurrent spectra of Ge-GaAs heterojunctions[J]. Solid-State Electron., 1964, 7: 695-700.

[14] Fahrner W R. Amorphous silicon/crystalline silicon heterojunction solar cells[M]. Berlin: Springer, 2013.

[15] Hua X, Li Z P, Shen W Z, et al. Mechanism of trapping effect in heterojunction with intrinsic thin-layer solar cells: effect of density of defect states[J]. IEEE Trans. Electron Dev., 2012, 59: 1227-1235.

[16] Carlson D E, Wronski C R. Amorphous silicon solar cell[J]. Appl. Phys. Lett., 1976, 28: 671-673.

第 3 章　与异质结太阳电池相关的表征与测试

太阳电池作为一种半导体器件，其功能是将太阳光的光子能量转换为电能。因此，太阳电池在标准测试条件下的伏安特性曲线(即 *I-V* 特性)就成为判定太阳电池器件性能的依据之一。异质结太阳电池仍然属于太阳电池的一种，因此可以借用常规太阳电池的基本技术参数来衡量异质结太阳电池的性能。少数载流子寿命对半导体和光伏太阳电池器件是一个非常重要的参数。本书中重点阐述的非晶硅/晶体硅异质结太阳电池，对硅片衬底的少子寿命要求比常规晶体硅太阳电池要高，在 3.3 节将阐述少子寿命的相关知识和测量。对于异质结电池，通常会涉及薄膜技术，因此在 3.4 节将介绍一些常用的薄膜表征技术。在 3.5 将介绍异质结太阳电池的电容效应及其 *I-V* 检测对策。

3.1　太阳电池的基本表征参数[1-3]

3.1.1　太阳电池等效电路

p-n 结并不是 p 型半导体材料和 n 型半导体材料的简单物理结合，而是通过合金法、扩散法、离子注入法或薄膜生长法等技术形成 p-n 结。最简单的方法是扩散法，它是通过杂质的扩散，在基体材料上形成一层与基体材料导电类型相反的材料层而构成 p-n 结。根据基体材料和扩散杂质的不同，太阳电池的基本结构分为两类：一类是基体为 p 型半导体材料，扩散能提供电子的杂质，在 p 型基体材料表面形成 n 型材料，制备 p-n 结，n 型材料为受光面；另一类则相反，在 n 型半导体基体材料上，扩散能提供空穴的杂质，在 n 型基体材料表面形成 p 型材料，制备 p-n 结，相应地，p 型材料为受光面。

这里再叙述一下典型 p-n 结晶体硅太阳电池的结构(见图 3-1)。它是以 p 型晶体硅材料作为基体，通过在表面扩散 n 型杂质而形成 p-n 结。n 型半导体为受光面，上面覆盖减反射膜和引出正面金属栅线，在背面覆盖欧姆接触层，这样就构成一个太阳电池。当外接负载时，形成电流回路，在太阳光照射下，太阳电池产生电流，为外加负载提供功率。

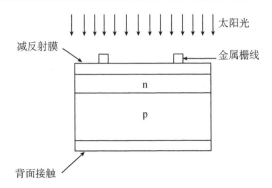

图 3-1　典型晶体硅太阳电池结构示意图

3.1.1.1　理想太阳电池的等效电路

在理想情况下，p-n 结太阳电池的等效电路如图 3-2(a)所示。

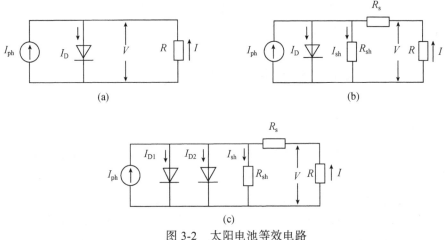

图 3-2　太阳电池等效电路

(a)理想等效电路；(b)实际等效电路；(c)双二极管模型等效电路

　　当连接负载的太阳电池受到光照射时，太阳电池可看作是产生光电流 I_{ph} 的恒流源，与之并联的有一个处于正偏置下的二极管，通过二极管 p-n 结的漏电流 I_D 称为暗电流，是在无光照时，由于外电压作用下 p-n 结内流过的电流，其方向与光生电流方向相反，会抵消部分光生电流。I_D 表示为

$$I_D = I_0\left(\exp\frac{qV}{nkT} - 1\right) \tag{3-1}$$

式中，I_0 是反向饱和电流，为黑暗中通过 p-n 结的少数载流子的空穴电流和电子电流的代数和；V 是等效二极管的端电压；n 是二极管曲线因子，取值一般在 1～2。

因此，流过负载两端的工作电流为

$$I = I_\mathrm{D} - I_\mathrm{ph} = I_0\left(\exp\frac{qV}{nkT} - 1\right) - I_\mathrm{ph} \tag{3-2a}$$

3.1.1.2　实际太阳电池的等效电路

实际上，太阳电池本身还有电阻，一类是串联电阻，另一类是并联电阻(又称旁路电阻)。串联电阻主要是由于半导体材料的体电阻、金属电极与半导体材料的接触电阻、扩散层横向电阻和金属电极本身的电阻四部分产生的，记为 R_s，其中扩散层横向电阻是串联电阻的主要形式，串联电阻通常小于 1 Ω。而并联电阻是由于电池表面污染、半导体晶体缺陷引起的边缘漏电或耗尽区内的复合电流等原因产生的，记为 R_sh，一般为几千欧姆。实际太阳电池的等效电路如图 3-2(b)所示。

在旁路电阻 R_sh 两端的电压为 $V_\mathrm{sh} = V - IR_\mathrm{s}$，因此流过旁路电阻 R_sh 的电流为 $I_\mathrm{sh} = (V - IR_\mathrm{s})/R_\mathrm{sh}$，而流过负载的电流为

$$I = I_\mathrm{D} + I_\mathrm{sh} - I_\mathrm{ph} = I_0\left[\exp\frac{q(V - IR_\mathrm{s})}{nkT} - 1\right] + \frac{V - IR_\mathrm{s}}{R_\mathrm{sh}} - I_\mathrm{ph} \tag{3-2b}$$

显然，太阳电池的串联电阻越小，并联电阻越大，越接近理想的太阳电池，该太阳电池的性能也越好。就目前的太阳电池制造工艺水平而言，在要求不太严格时，可以认为串联电阻接近于零，并联电阻趋近于无穷大，即可以当作理想的太阳电池看待，这时就可以用式(3-2a)来代替式(3-2b)。由式(3-2b)可知，I 与 V 呈指数关系，如果把 $\ln I$ 与 V 作图则呈一条斜线，从这条斜线上可以提取出二极管理想因子 n 和饱和电流 I_0。此外，实际的太阳电池等效电路还应该包含由于 p-n 结形成的结电容和其他分布电容，但考虑到太阳电池是直流设备，通常没有交流分量，因此这些电容的影响可以忽略不计。

3.1.1.3　实际太阳电池等效电路的双二极管模型

如果在 p-n 结中有多种类型的载流子输运发生，二极管特性不会只呈现出简单的直线特征。在低电压区由于并联电阻/复合，在高电压区由于串联电阻的影响，从该斜线提取的参数会发生偏差。非晶硅/晶体硅异质结电池在界面处的载流子输运存在多种途径，其二极管特性也不会只呈现简单的直线行为，因此需要用更复杂的平衡电路来正确解释其二极管行为，可以用双二极管模型的平衡电路来描述，见图 3-2(c)，其电流方程为

$$\begin{aligned}
I &= I_\mathrm{D1} + I_\mathrm{D2} + I_\mathrm{sh} - I_\mathrm{ph} \\
&= I_{01}\left[\exp\frac{q(V - IR_\mathrm{s})}{n_1 kT} - 1\right] + I_{02}\left[\exp\frac{q(V - IR_\mathrm{s})}{n_2 kT}\right] + \frac{V - IR_\mathrm{s}}{R_\mathrm{sh}} - I_\mathrm{ph}
\end{aligned} \tag{3-2c}$$

式中，I_{01} 和 I_{02} 分别为二极管 1 和 2 的饱和电流；n_1 和 n_2 分别是二极管 1 和 2 的理想因子。式(3-2c)的前两项描述的是二极管的影响，不同的电输运机制通过二极管理想因子和饱和电流来体现。当 $n_1 = 1$ 时，二极管 1 描述的是太阳电池在室温下的扩散过程。引入二极管 2，是考虑了不同的复合机制，理论计算二极管因子 $n_2 = 2$。在实践中，n_1、n_2 会存在偏差。

3.1.2　太阳电池的基本参数

由式(3-2b)可知，当负载 R 从 0 变到无穷大时，负载 R 两端的电压 V 和流过的电流 I 之间的关系曲线，通常称为太阳电池的伏安特性曲线，即 I-V 特性曲线。一般不是通过计算，而是通过实验测试的方法来得到 I-V 曲线。在太阳电池的正负两端，连接一个可变电阻 R，在一定的太阳辐照度和温度下，改变电阻值，使其由 0(即短路)变到无穷大(即开路)，同时测量通过电阻的电流和电阻两端的电压。在直角坐标图中，以纵坐标为电流，横坐标为电压，进行作图，即得到该电池在此辐照度和温度下的伏安特性曲线，示意图如图 3-3 所示。在一定的太阳辐照度和工作温度下，I-V 曲线上的任何一点都是工作点，工作点和原点的连线称为负载线，负载线斜率的倒数即为负载电阻 R 的值，与工作点对应的横坐标为工作电压 V，纵坐标为工作电流 I。在此工作点的电压 V 和电流 I 的乘积为输出功率，即 $P = VI$。调节负载电阻 R 到某一值 R_m 时，在曲线上得到一点 M，该点对应的矩形面积最大，即 $P_{max} = P_m = I_m V_m$。因此，M 点为该太阳电池在相应工作条件下的最大功率点(最佳工作点)，I_m 为最佳工作电流，V_m 为最佳工作电压，R_m 为最佳负载电阻，P_m 为最大输出功率。

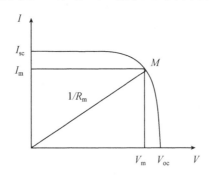

图 3-3　光照下太阳电池的 I-V 曲线示意图

考虑理想情况下的太阳电池，将式(3-2a)的电流坐标倒置，即 $I = -(I_D - I_{ph})$，得到 I-V 曲线上任一工作点的输出功率为

$$P = VI = V\left[I_{ph} - I_0\left(\exp\frac{qV}{nkT} - 1\right)\right] \tag{3-3}$$

当 $\mathrm{d}P/\mathrm{d}V = 0$ 时，得到太阳电池最大功率点 M 的条件是

$$V_{\mathrm{m}} = \frac{nkT}{q}\ln\left[\frac{1+(I_{\mathrm{ph}}/I_0)}{1+(qV_{\mathrm{m}}/nkT)}\right] \approx V_{\mathrm{oc}} - \frac{nkT}{q}\ln\left(1+\frac{qV_{\mathrm{m}}}{nkT}\right) \tag{3-4a}$$

$$I_{\mathrm{m}} = \frac{(I_{\mathrm{ph}}+I_0)(qV_{\mathrm{m}}/nkT)}{1+(qV_{\mathrm{m}}/nkT)} \tag{3-4b}$$

式中，V_{oc} 为开路电压(见 3.1.2.1 节)。因此，太阳电池的最大输出功率

$$P_{\mathrm{m}} = I_{\mathrm{m}}V_{\mathrm{m}} \approx I_{\mathrm{ph}}\left[V_{\mathrm{oc}} - \frac{nkT}{q}\ln\left(1+\frac{qV_{\mathrm{m}}}{nkT}\right) - \frac{nkT}{q}\right] \tag{3-4c}$$

另外，从图 3-3 可见，如果太阳电池工作在最大功率点左边，也就是电压从最佳工作电压下降时，输出功率要减少；而超过最佳工作电压后，随着电压的上升，输出功率也要减少。通常太阳电池所标明的功率，是指在标准测试条件(见 3.1.5 节)下最大功率点所对应的功率。这也是表征太阳电池功率时要在 W 后面加上 p (即 $\mathrm{W_p}$)，代表峰值功率。而在实际中，太阳电池往往并不是在标准测试条件下工作，而且一般也不一定符合最佳负载的条件，再加上一天中太阳辐照度和温度也不断在变化，所以真正能够达到额度输出功率的时间很少。因而有些光伏系统采用"最大功率跟踪器"，可在一定程度上增加输出的电能。

表征太阳电池的基本参数主要有开路电压、短路电流、填充因子和转换效率，下面分别予以介绍。

3.1.2.1　开路电压

对一般的太阳电池，可以近似认为接近理想太阳电池，即串联电阻为零，并联电阻为无穷大。当太阳电池处于开路状态时，负载电阻 $R\to\infty$，$I = 0$，此时的电压 V 即为开路电压 V_{oc}。由式(3-2a)可以推导出

$$V_{\mathrm{oc}} = \frac{nkT}{q}\ln\left(\frac{I_{\mathrm{ph}}}{I_0}+1\right) \approx \frac{nkT}{q}\ln\frac{I_{\mathrm{ph}}}{I_0} \tag{3-5}$$

由于 I_{ph} 与入射光强成正比，因此 V_{oc} 也随入射光强增加而增大，与入射光强的对数成正比。V_{oc} 还与 I_0 的对数成反比，而 I_0 与太阳电池基体材料的禁带宽度和复合机制有关，禁带越宽，I_0 越小，则 V_{oc} 越大。

太阳电池的开路电压 V_{oc} 与电池的面积大小无关。晶体硅同质结电池的 V_{oc} 一般为 $500\sim650\,\mathrm{mV}$。而对于非晶硅/晶体硅异质结电池，由于引入了宽带隙的非晶硅材料来形成 p-n 异质结，其能带结构(参见图 5-1 和图 5-2)导致内建电势差比晶体硅同质结电池更大，因此理论上分析具有更高的 V_{oc}；同时由于本征非晶硅层的插入能有效地钝化界面、减少界面态密度，使非晶硅/晶体硅异质结电池高 V_{oc} 的特点能更好

地实现。因此非晶硅/晶体硅异质结电池的 V_{oc} 比常规晶体硅电池要高，一般在 700 mV 以上，最高已达 750 mV[4]。

3.1.2.2 短路电流

太阳电池在光照射下，外电路短路时，太阳电池所能输出的电流，通常用 I_{sc} 来表示。当太阳电池处于短路状态时，即 $R = 0$，$V = 0$，因此

$$I_{sc} = I = I_{ph} \qquad (3-6)$$

即短路电流 I_{sc} 等于光生电流 I_{ph}，与入射光强成正比。

太阳电池的短路电流 I_{sc} 与太阳电池的面积大小相关，面积越大，I_{sc} 越大。因此常用单位面积的短路电流，即短路电流密度 J_{sc} 来衡量电池的电流参数。J_{sc} 与禁带宽度的变化趋势和 V_{oc} 与禁带宽度的变化趋势是相反的，当半导体材料的禁带宽度减小时，短路电流密度将会增加，这是因为禁带宽度减小，使得具有足以产生电子-空穴对能量的光子变多了。

3.1.2.3 填充因子

填充因子是表征太阳电池性能的一个重要参数，它定义为太阳电池所输出的最大功率与短路电流和开路电压的乘积之比，通常用 FF 表示，即

$$FF = (I_m V_m) / (I_{sc} V_{oc}) \qquad (3-7)$$

在太阳电池的伏安特性曲线图上，通过 V_{oc} 所作垂直线与通过 I_{sc} 所作水平线和纵坐标及横坐标所包围的矩形面积 A_{limit}，是该电池有可能达到的极限输出功率值；而通过最大功率点所作垂直线和水平线与纵坐标及横坐标所包围的矩形面积 B_m，是该电池的最大输出功率；两者之比，就是该太阳电池的填充因子，即 $FF = B_m / A_{limit}$。对于具有一定的 V_{oc} 和 I_{sc} 的太阳电池伏安特性曲线来说，填充因子越接近于 1，伏安特性曲线弯曲越大，因此填充因子也称作曲线因子。对具有适当效率的太阳电池来说，FF 值在 0.7 ~ 0.85 范围内。FF 可看作伏安特性曲线"方形"程度的度量，在一定光强下，FF 越大，伏安特性曲线越接近方形，这意味着该太阳电池的最大输出功率越接近于所能达到的极限输出功率，电池性能越好。

影响填充因子的参数有开路电压和串联电阻、并联电阻等。太阳电池的串联电阻越小，并联电阻越大，则填充因子越大。在理想情况下，开路电压越大，则填充因子越大。

3.1.2.4 转换效率

太阳电池接受光照的最大功率与入射到该电池上的全部辐射功率的百分比称为太阳电池的转换效率 η，即

$$\eta = \frac{P_m}{P_{in}A} \times 100\% = \frac{I_m V_m}{P_{in}A} \times 100\% = \frac{FF \times V_{oc} \times I_{sc}}{P_{in}A} \times 100\% = \frac{FF \times V_{oc} \times J_{sc}}{P_{in}} \times 100\%$$

$$(3-8)$$

式中，P_{in} 是单位面积入射光的功率；A 为太阳电池的面积。

由上面讨论 V_{oc} 和 I_{sc} 与半导体材料的禁带宽度的关系知道，V_{oc} 随禁带宽度的增大而增大，I_{sc} 随禁带宽度的增大而减小，两者的变化趋势是相反的。而由式(3-8)知，太阳电池的转换效率正比于 V_{oc} 与 I_{sc} 的乘积，因此存在一个最佳的半导体禁带宽度，可使太阳电池的转换效率达到最高，这个最佳的材料禁带宽度是 1.5 eV 左右。

3.1.3　非晶硅/晶体硅异质结太阳电池的 *I-V* 曲线

3.1.2 节讲述了表征太阳电池的基本性能参数 V_{oc}、I_{sc}、FF 和 η，在表征非晶硅/晶体硅异质结太阳电池时仍然要用到这些基本性能参数。为对这些参数有更直观的了解，图 3-4 给出了松下公司研发的最高效率达 24.7%的 HIT 太阳电池在标准测试条件下的 *I-V* 曲线[4]，其各种性能参数也一并列于图中。值得注意的是该电池厚度仅为 98 μm；750 mV 的 V_{oc} 为非晶硅/晶体硅异质结电池的最高值；电池面积 $A=101.8$ cm^2，达到了可实用的尺寸；其短路电流密度也高达 39.5 mA·cm^{-2}。

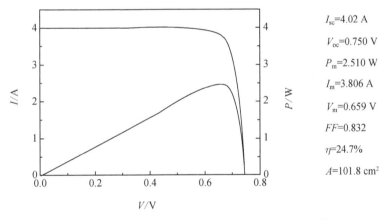

图 3-4　效率为 24.7%的 HIT 太阳电池的 *I-V* 曲线[4]

3.1.4　太阳电池的温度系数

由于太阳电池所处的环境温度可能变化很大，所以有必要了解温度对电池性能的影响。

太阳电池的短路电流与温度直接的关联性并不是很大。短路电流随温度上升而略有增加，这是由于半导体禁带宽度通常随温度的上升而减小，使得光吸收随之增加的缘故。在规定的试验条件下，温度每变化 1 ℃，太阳电池短路电流的变化值称为电流温度系数，用 α_T 表示，即

$$I_{sc} = I_{25}(1+\alpha_T \Delta T) \tag{3-9}$$

式中，I_{25} 为 25 ℃时的短路电流。对一般的晶体硅太阳电池而言，$\alpha_T = +(0.06 \sim 0.1)\% /℃$，这表明温度升高，短路电流略有上升。

当温度变化时，太阳电池的输出电压也会发生变化，在规定的试验条件下，温度每变化 1 ℃，太阳电池开路电压的变化值称为电压温度系数，用 β_T 表示，有

$$V_{oc} = V_{25}(1+\beta_T \Delta T) \tag{3-10}$$

式中，V_{25} 为 25 ℃时的开路电压。对一般的晶体硅太阳电池，$\beta_T = -(0.3 \sim 0.4)\%/℃$，这表明温度升高，开路电压要下降。

当温度变化时，太阳电池的输出功率也要发生变化，在规定的试验条件下，温度每变化 1℃，太阳电池输出功率的变化值称为功率温度系数，用 γ_T 表示。由于 $I_{sc} = I_{25}(1+\alpha_T \Delta T)$、$V_{oc} = V_{25}(1+\beta_T \Delta T)$，因此理论极限最大功率为

$$P_{limit} = I_{sc}V_{oc} = I_{25}V_{25}(1+\alpha_T)(1+\beta_T) = I_{25}V_{25}\left[1+(\alpha_T+\beta_T)\Delta T + \alpha_T\beta_T(\Delta T)^2\right] \tag{3-11}$$

忽略平方项，得到

$$P_{limit} = P_{25}\left[1+(\alpha_T+\beta_T)\Delta T\right] = P_{25}\left(1+\gamma_T \Delta T\right) \tag{3-12}$$

总体而言，温度升高时，虽然太阳电池的短路电流有所增加，但开路电压却下降更多。温度引起太阳电池的 I-V 特性变化的示意图如图 3-5 所示。正是因为 V_{oc} 的显著变化导致输出功率和转换效率随温度的升高而下降，所以应尽量使太阳电池在较低的温度下工作。

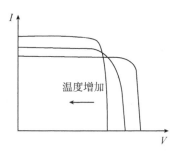

图 3-5　温度对太阳电池的 I-V 特性影响示意图

对于一般的晶体硅太阳电池，$\gamma_T = -(0.35 \sim 0.5)\%/℃$。实际上不同太阳电池的温度系数是有差别的，这与半导体材料的禁带宽度是相关的。对禁带宽度较宽的材料来说，这种对温度的依存性会降低，一般薄膜电池材料的禁带宽度比晶体硅大，

因此薄膜电池的温度系数要比晶体硅电池的小，如 GaAs 太阳电池对温度变化的灵敏度仅为晶体硅太阳电池的一半。非晶硅/晶体硅异质结电池由于含有非晶硅薄膜，其温度系数也约为常规晶体硅电池的一半，低至-0.25%/℃(参见图 1-18)，甚至更低。

3.1.5　太阳电池的标准测试条件

以上太阳电池的基本参数不仅取决于太阳电池的材料和制造工艺，同时还依赖于光照条件，特别是光照强度和光谱分布。太阳电池的真正用途是在太阳光照射下实现光电能量转换，因此太阳电池的测试光源是以模拟地面太阳光的光谱和光强为主。由于太阳电池受到光照时产生的电能与光源辐照度、电池的温度和照射光的光谱分布等因素有关，所以在测试太阳电池的功率时，必须规定标准测试条件。目前国际上统一规定地面太阳电池的标准测试条件是：①光源辐照度为 1000 W·m^{-2}；②测试温度为 25 ℃；③AM1.5 地面太阳光谱辐照度分布。

AM 是大气对地球表面接收太阳光的影响程度，称为大气质量(air mass)，等于太阳光入射角与地面夹角 θ 的 $1/\cos\theta$(即 AM = $1/\cos\theta$)。所谓的 AM1.5 是指太阳光穿过 1.5 倍大气层厚度的光谱，对应典型晴天时太阳光照射到一般地面的情况，其辐照总量为 1000 W·m^{-2}。AM0 是大气质量为 0，对应着大气层上界接收太阳光的情况。AM0 和 AM1.5 的太阳光谱辐照度分布如图 3-6 所示。从中可见，太阳光的波长不是单一的，在波长 0.3 ~ 1.5 μm 波段内的太阳辐射能量占总辐射能量的 90%以上。

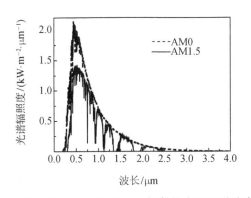

图 3-6　AM0 和 AM1.5 辐射的太阳光谱分布

实验室用于测试的是模拟太阳光源，这种模拟器一般由氙灯可见光谱域和卤素灯红外光谱域混合而成。氙灯的可见光部分与 AM1.5 光谱重合较好，而卤素灯则主要产生红外光谱。测量太阳电池特性的典型实验装置示意图如图 3-7 所示。

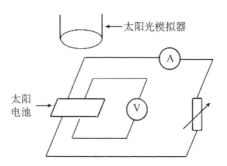

图 3-7   太阳电池测试实验装置示意图

3.2   太阳电池的光谱响应和量子效率

3.2.1   光谱响应[5]

在太阳电池的性能测量中，光谱响应是仅次于 I-V 特性的重要特性。光谱响应表示不同波长的光子被太阳电池吸收后产生电子–空穴对并形成光电流的能力。从这个意义上讲，也可称太阳电池的光谱响应为量子效率。定量地说，太阳电池的光谱响应就是当某一波长的光照射在电池表面上时，每一光子平均产生的能被利用的载流子数。太阳电池的光谱响应又分为绝对光谱响应和相对光谱响应。各种波长的单位辐射光能或对应的光子入射到太阳电池上，将产生不同的短路电流，按波长的分布求得其对应的短路电流变化曲线称为太阳电池的绝对光谱响应。如果每一波长以一定等量的辐射光能或等光子数入射到太阳电池上，所产生的短路电流与其中最大短路电流比较，按波长的分布求得其比值变化曲线，这就是该太阳电池的相对光谱响应。但是，无论是绝对还是相对光谱响应，光谱响应曲线峰值越高，越平坦，对应电池的短路电流密度就越大，效率也越高。

太阳电池的光谱响应与电池的结构、材料性能、结深、表面光学特性等因素有关，并且它还随环境温度、电池厚度和辐射损伤而变化。因此，它能反映电池各层材料的质量，也能反映减反膜质量、辐照损伤和各个界面层的质量。利用给定的太阳光光谱辐照度和绝对光谱响应数据，可以计算出标准条件下太阳电池的短路电流。

如果太阳电池的绝对光谱响应为 $S_a(\lambda)$，单位为 $\mathrm{A \cdot W^{-1}}$；$F(\lambda)$ 为标准光谱辐照度分布数据，单位为 $\mathrm{W \cdot m^{-2} \cdot \mu m^{-1}}$。则标准条件下太阳电池的短路电流为

$$I_{sc} = q \int_{\lambda_1}^{\lambda_2} S_a(\lambda) F(\lambda) \mathrm{d}\lambda \tag{3-13}$$

式中，λ_1 和 λ_2 分别为该太阳电池光谱响应特性中的最短和最长波长。

光伏器件相对光谱响应的测量是用其响应范围内一系列不同波长的单色光照射器件并在每一波长下测量其短路电流密度和辐照度得到。光源必须均匀照射器件而且器件的温度应当可以控制。测出的电流密度除以辐照度或与辐照度成比例的其他参数，并以波长为变量作图，即可得到太阳电池的光谱响应曲线。

辐照度监测器可以是真空热电偶、热释电辐射计或其他合适的探测器，最常用的是标定过的、其相对光谱响应已知的标准太阳电池，即光谱标准太阳电池。这时所测太阳电池的相对光谱响应由下式给出

$$S_r(\lambda) = \frac{S_r'(\lambda)J_{sc}(\lambda)}{J_{sc}'(\lambda)} \tag{3-14}$$

式中，$S_r'(\lambda)$ 是标准太阳电池在波长为 λ 时的相对光谱响应；$S_r(\lambda)$ 是被测太阳电池在同一波长下的相对光谱响应；$J_{sc}'(\lambda)$ 是标准太阳电池在波长为 λ 时的短路电流密度；$J_{sc}(\lambda)$ 是被测太阳电池在同一波长下的短路电流密度。

将相对光谱响应曲线的纵坐标用适当方法进行绝对定标，即可得到所测太阳电池的绝对光谱响应。常用激光方法定标。一般选用 10 ~ 30 mW 稳态激光器作为光源，要求其波长在待测电池光谱响应灵敏度较高的波段内。

在测量太阳电池相对光谱响应时，如果使用的标准太阳电池的绝对光谱响应 $S_a'(\lambda)$ 是已知的，则待测太阳电池的绝对光谱响应也可由式(3-14)得到，只需将式中的 $S_r'(\lambda)$ 改为 $S_a'(\lambda)$ 即可，即

$$S_a(\lambda) = \frac{S_a'(\lambda)J_{sc}(\lambda)}{J_{sc}'(\lambda)} \tag{3-15}$$

3.2.2 量子效率[6,7]

太阳电池的短路电流 I_{sc} 是与入射光子能量相关的。为此，引入另外一个参数——量子效率 QE(quantum efficiency)来表征光电流与入射光的关系。太阳电池的量子效率是指太阳电池的光生载流子数目与照射在太阳电池表面一定能量的光子数目的比率。因此，太阳电池的量子效率与照射在太阳电池表面的各个波长的光谱响应有关。

太阳电池的量子效率，有时也被称为 IPCE，也就是太阳电池的光电转换效率 (incident-photon-to-electron conversion efficiency)。量子效率描述的是不同能量的光子对短路电流 I_{sc} 的贡献，是能量的函数，通常有两种表述方式。

其中之一是外量子效率(external quantum efficiency, EQE)，它定义为对整个入射太阳光谱，每个波长为 λ 的入射电子能对外电路提供一个电子的概率。它反映的是对短路电流有贡献的光生载流子数与入射光子数之比。EQE 用下式表示

$$EQE(\lambda) = \frac{I_{sc}(\lambda)}{qAQ(\lambda)} \tag{3-16}$$

式中，$Q(\lambda)$ 为入射光子流谱密度；A 为电池面积。

量子效率的另一种描述是内量子效率(internal quantum efficiency, IQE)，它定义为被太阳电池吸收的波长为 λ 的入射光子能对外电路提供一个电子的概率。它反映的是对短路电流有贡献的光生载流子数与被电池吸收的光子数之比。IQE 用下式表示

$$IQE(\lambda) = \frac{I_{sc}(\lambda)}{qA(1-s)[1-R(\lambda)]Q(\lambda)\{\exp[-\alpha(\lambda)W_{opt}]-1\}} \tag{3-17}$$

式中，s 是隐蔽因子，是考虑电池前表面金属栅线占去一部分面积；α 为光吸收系数；W_{opt} 是电池的光学厚度，它与电池的工艺有关。若太阳电池采用表面陷光结构或背表面反射结构，W_{opt} 可以大于电池的厚度。

比较这两种量子效率的定义式，外量子效率的分母中没有考虑入射光的反射损失、材料吸收、电池厚度和电池复合等过程的损失因素，因此 EQE 通常是小于 1 的。而内量子效率的分母则考虑了反射损失、电池的实际光吸收等因素。因此，对一个理想的太阳电池，若材料的载流子寿命 $\tau \to \infty$，表面复合速度 $S \to 0$，电池有足够的厚度可以吸收全部入射光，IQE 是可以等于 1 的。内量子效率与外量子效率的关系可以用下式表示

$$IQE(\lambda) = \frac{EQE(\lambda)}{1-R(\lambda)-T(\lambda)} \tag{3-18}$$

式中，$R(\lambda)$ 是电池的半球角反射；$T(\lambda)$ 是电池的半球透射。如果电池足够厚，则 $T(\lambda) = 0$。内量子效率通常大于外量子效率。内量子效率低则表明太阳电池的活性层对光子的利用率低。外量子效率低也表明太阳电池的活性层对光子的利用率低，但也可能表明光的反射、透射比较多。

量子效率从另一个角度反映了太阳电池的性能,分析量子效率谱可以了解半导体材料的质量、电池几何结构及工艺等因素与电池性能的关系。太阳电池的外量子效率谱是可以直接测量的。通过外量子效率谱，对式(3-16)进行积分，可以得到短路电流。而太阳电池的内量子效率谱的确定，首先得测量太阳电池的外量子效率，然后需要考虑电池的反射、光学厚度、栅线结构等因素，测量太阳电池的透射和反射，并且综合这些测试数据，来得出内量子效率。

3.2.2.1　晶体硅太阳电池的量子效率

典型晶体硅太阳电池的外量子效率谱如图 3-8 所示。以 p$^+$/n 型太阳电池为例来

讨论量子效率的应用。短波长的光子主要在电池表面区被吸收，因此量子效率谱的短波方向主要反映发射区的信息。产生在靠近表面一层的光生载流子必须扩散到势垒区，因为光生载流子必须在势垒区内实现电荷的分离，这是光伏电压产生的条件。可以设想如果发射区厚度 W_p 过宽，大于电子的扩散长度($W_p > L_n$)，产生在发射区的光生载流子扩散不到势垒区，对光生电流无贡献，势必降低量子效率。因此电池的设计要求 W_p 尽可能薄，至少 $W_p < L_n$。过厚的发射区会严重影响电池的短波响应，是不可取的。结合注入效率，发射区的设计应该是薄的和高掺杂的。此外，表面区光生载流子浓度直接受表面复合速度的影响，因此短波响应能直接反映表面复合的程度。低能光子在离表面较远的基区被吸收，因此量子效率谱的长波方向主要反映基区的信息。对应基区的厚度要足够厚，有利于对长波的充分吸收。但也不能过厚，过厚的基区，载流子扩散不到输出电极，会影响载流子的收集。长波响应的快速下降是由电池带隙宽度决定的。对于中间波长的光子，主要是在靠近空间电荷区(space charge region, SCR)被吸收。

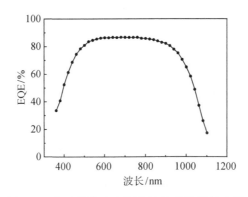

图 3-8　典型晶体硅太阳电池的外量子效率谱

3.2.2.2　非晶硅/晶体硅异质结太阳电池的量子效率

量子效率数据可以测量太阳电池的光谱响应，已广泛使用量子效率来诊断太阳电池可能存在疑问的光谱响应偏低区域。比较三洋(Sanyo)的 HIT 电池、NREL 的非晶硅/晶体硅异质结(SHJ)电池和澳大利亚新南威尔士大学(UNSW)的 PERL 电池，这三种电池的内量子效率图谱见图 3-9[8]。从图中可见，HIT 和 SHJ 有类似的 IQE，但是与 PERL 电池相比，在 1000~1200 nm 的红外区 HIT 和 SHJ 的光谱响应要低。这导致 J_{sc} 大概要低 4 mA·cm^{-2}，PERL 电池的 J_{sc} 约为 43 mA·cm^{-2}，而 HIT 电池的 J_{sc} 约为 39 mA·cm^{-2}。同时，与 PERL 电池相比，HIT 和 SHJ 电池在蓝光区也有一些损失，这主要是由于非晶硅层的吸收，特别是掺杂非晶硅层的吸收造成的。

因此增加红光区响应，是进一步提升 HIT 和 SHJ 电池转换效率的一个重要方向。

　　从以上的分析可以看出，太阳电池的量子效率谱是很有效的分析工具，可以帮助了解电池结构和工艺对电池性能的影响，从而指导电池工艺的改进。

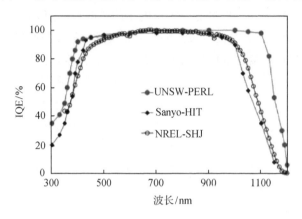

图 3-9　非晶硅/晶体硅异质结太阳电池与 PERL 电池的内量子效率比较[8]

3.3　少数载流子寿命及其测量

3.3.1　非平衡少数载流子[9]

　　处于热平衡状态的半导体，在一定温度下，载流子浓度是一定的。这种处于热平衡状态下的载流子，称为平衡载流子。半导体的热平衡状态是相对的，有条件的。如果对半导体施加外界作用，破坏了热平衡的条件，这就迫使它处于与热平衡相偏离的状态，称为非平衡状态。处于非平衡状态的半导体，其载流子浓度不再是 n_0 和 p_0，那些偏离热平衡所增加的载流子称为非平衡载流子，有时也称为过剩载流子。对太阳电池而言，光照是电池运作产生非平衡载流子的原动力。

　　当用适当波长的光照射半导体时，只要光子的能量大于该半导体的禁带宽度，光子就能把价带电子激发到导带上去，产生电子–空穴对，使导带比平衡时多出一部分电子 Δn，价带比平衡时多出一部分空穴 Δp。Δn 和 Δp 就是非平衡载流子的浓度。对 n 型半导体而言，非平衡电子称为非平衡多数载流子，而非平衡空穴称为非平衡少数载流子。反之，对 p 型半导体，非平衡空穴称为非平衡多数载流子，而非平衡电子称为非平衡少数载流子。

　　用光照使得半导体内部产生非平衡载流子的方法称为非平衡载流子的光注入。光注入时

$$\Delta n = \Delta p \qquad\qquad (3\text{-}19)$$

一般情况下，注入的非平衡载流子浓度比平衡时的多数载流子浓度要小得多，但是比平衡时的少数载流子浓度大得多。以 n 型材料为例，$\Delta n = \Delta p \ll n_0$，满足这个条件的注入称为小注入。但是，即使在小注入的情况下，非平衡少数载流子浓度还是可以比平衡少数载流子浓度大得多，即 $\Delta p \gg p_0$。因此，非平衡时少数载流子的影响很重要，而相对来说非平衡多数载流子的影响可以忽略。所以，实际上往往是非平衡少数载流子起着重要的作用，通常所说的非平衡载流子都是指非平衡少数载流子。

3.3.2　少数载流子寿命[6,9]

热平衡不是一种绝对静止的状态。对半导体中的载流子而言，任何时候电子和空穴总是不断地产生与复合，在热平衡状态时，每秒钟产生的电子和空穴数目与复合掉的数目相等，从而保持载流子浓度不变。当光照时，打破了产生与复合的相对平衡，产生超过了复合，在半导体内部会产生非平衡载流子，半导体处于非平衡状态。而光照停止以后，注入的非平衡载流子并不能一直存在下去，会逐渐消失，也就是原来激发到导带的电子又回到价带，电子-空穴对又成对地消失。最终，载流子浓度恢复到平衡时的值，半导体又回到平衡状态。由此可知，产生非平衡载流子的外部光照作用撤掉后，由于半导体的内部作用，使它由非平衡态恢复到平衡态，过剩载流子逐渐消失，这一过程称为非平衡载流子的复合。宏观上呈现为光生载流子的衰退。光电导实验表明非平衡载流子的浓度呈指数衰退。这说明非平衡载流子在光照停止后并不是立刻全部消失，而是有一个过程，即它们在导带或价带中有一定的生存时间，有的长些，有的短些。非平衡载流子的平均生存时间称为非平衡载流子的寿命，用 τ 表示。如对 n 型半导体，少数载流子空穴浓度随时间变化的指数衰减规律用公式表示为

$$\Delta p(t) = \Delta p_0 \exp(-t/\tau) \tag{3-20}$$

用式(3-20)定义非平衡载流子的寿命 τ 为：非平衡载流子浓度减少到原值的 $1/e$ 所需的时间，如图 3-10 所示。τ 越小，非平衡载流子浓度衰减越快，因而 τ 是半导体材料质量的主要标志之一。由于相对于非平衡多数载流子，非平衡少数载流子的影响处于主导的、决定的地位，因此非平衡载流子的寿命常称为少数载流子寿命，简称少子寿命。显然 $1/\tau$ 就表示单位时间内非平衡载流子的复合概率。通常把单位时间、单位体积内净复合消失的电子-空穴对数称为非平衡载流子的复合率。

非平衡载流子的寿命是由复合过程确定的。根据电子与空穴的复合微观过程或复合途径，复合过程可以分为两种：①直接复合，电子在导带和价带之间的直接跃迁，引起电子和空穴的直接复合；②间接复合，电子和空穴通过带隙中复合中心进行复合。

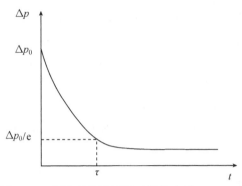

图 3-10　非平衡载流子随时间的衰减

　　电子和空穴的复合过程也是能量的释放过程，根据能量的释放方式，即复合机制，复合过程又可分为：①辐射复合，是光吸收的逆过程，电子和空穴复合的能量以发射光子的方式释放。复合过程中能量的释放途径可以是直接的，也可以是间接的。直接复合是没有声子参加的、绝热的电子跃迁，其复合概率较大。间接复合是需要声子参加的过程。直接带隙材料的辐射复合概率比间接带隙材料的辐射复合概率大很多。因此直接带隙材料适合应用于光器件。②非辐射复合，无论直接或间接复合，释放的能量均以发射声子的方式传给晶格，导致的效果是提高晶格的温度，这是极容易发生的过程。间接带隙材料中非平衡载流子的复合过程主要是非辐射复合。③俄歇(Auger)复合，载流子从高能级向低能级跃迁，发生电子–空穴复合时，把多余的能量传给另一个载流子，使这个载流子被激发到能量更高的能级上去，当它重新跃迁回低能级时，多余的能量常以声子形式释放，这种复合称为俄歇复合。它也是一种非辐射复合。

　　上述复合有的是不可避免的，具有本征特性，如辐射复合、俄歇复合。有的是与材料的缺陷或杂质相关的，有人为因素，如通过带隙中缺陷态(复合中心)的间接复合，通常是非辐射复合。关于半导体中复合问题，可参考相关的专著[10]。对太阳电池而言，三种复合过程都是重要的。

　　根据复合过程发生的位置，又可以分为体内复合和表面复合。上述三种复合机制的复合都是体内复合。表面复合是指在半导体表面发生的复合过程。表面处的杂质和表面特有的缺陷也在带隙中形成复合中心能级，因而，从复合机构上讲，表面复合仍然是间接复合。

　　考虑表面复合，实际测得的少数载流子寿命是体内复合和表面复合的综合结果。设这两种复合是单独平行发生的，则关于少数载流子寿命有如下关系

$$\frac{1}{\tau_{\text{eff}}} = \frac{1}{\tau_{\text{bulk}}} + \frac{1}{\tau_{\text{surf}}} \tag{3-21}$$

式中，τ_{eff} 表示测量到的有效少子寿命，则 $1/\tau_{\text{eff}}$ 表示总的复合概率；τ_{bulk} 表示体内寿命，$1/\tau_{\text{bulk}}$ 就是体内复合概率；τ_{surf} 是表面复合寿命，$1/\tau_{\text{surf}}$ 就表示表面复合概率。而 τ_{surf} 可由下式表示

$$\tau_{\text{surf}} = \frac{W}{2S} + \frac{W^2}{\pi^2 D} \tag{3-22}$$

式中，W 为样品厚度；S 为表面复合速度；D 为少数载流子的扩散系数。式(3-22)中第一项表示表面复合产生的寿命，系数 2 代表前后两个表面的贡献，即设前表面的复合速度 S_{front} 和背表面的复合速度 S_{back} 相等；式中第二项表示少数载流子从样品体内扩散到表面所需的时间。

当满足条件 $S < D/4W$ 时，式(3-21)变为[11-13]

$$\frac{1}{\tau_{\text{eff}}} = \frac{1}{\tau_{\text{bulk}}} + \frac{2S}{W} \tag{3-23}$$

当表面被完全钝化时，即 $S \approx 0$，式(3-23)则变为

$$\frac{1}{\tau_{\text{eff}}} \approx \frac{1}{\tau_{\text{bulk}}} \tag{3-24}$$

即 $\tau_{\text{eff}} \approx \tau_{\text{bulk}}$，测量的有效寿命可以认为是体寿命。

相反，当表面无钝化或者钝化效果很差时，即 $S \to \infty$，式(3-21)则变为[13]

$$\frac{1}{\tau_{\text{eff}}} \approx \frac{1}{\tau_{\text{bulk}}} + \left(\frac{\pi}{W}\right)^2 D \tag{3-25}$$

有效少子寿命 τ_{eff} 与表面复合速度 S 和 τ_{bulk} 存在以下关系[14]

$$S = \sqrt{D\left(\frac{1}{\tau_{\text{eff}}} - \frac{1}{\tau_{\text{bulk}}}\right)} \tan\left[\frac{W}{2}\sqrt{\frac{1}{D}\left(\frac{1}{\tau_{\text{eff}}} - \frac{1}{\tau_{\text{bulk}}}\right)}\right] \tag{3-26}$$

表面复合速度 S 表示表面复合的快慢，它具有速度的量纲。表面复合对半导体器件性能及稳定性具有重要的意义，严重的表面复合会引起器件的失效。在太阳电池的制备中，表面及界面复合对短路电流产生直接的影响，较低的表面与界面复合是制备高效电池的重要因素。太阳电池的制备除了要有清洁的表面外，去除表面损伤及钝化表面缺陷态，降低表面复合速度，是制备工艺的重要环节。钝化硅表面的方法主要有化学钝化和场效应钝化[11,12]。

不同的半导体材料，少子寿命很不同。一般来说，锗比硅更容易获得较高的少子寿命，而砷化镓的少子寿命要短得多。在较完整的锗单晶中，少子寿命可超过 10 ms。纯度和完整性特别好的硅材料，少子寿命可达 1 ms 以上。砷化镓的少子寿命极短，为 $10^{-9} \sim 10^{-8}$ s，或者更低。即使是同种材料，在不同的条件下，少子寿命也可在

很大的范围内变化。通常制造平面器件使用的硅材料少子寿命一般在几十微秒以上。

综上所述，少数载流子寿命与材料的完整性、某些杂质的含量以及样品的表面状态有极密切的关系，因此，少子寿命 τ 是"结构灵敏"的参数。

3.3.3 少数载流子寿命对太阳电池性能的影响

少数载流子寿命反映了太阳电池表面和基体对光生载流子的复合程度，即反映了光生载流子的利用程度。光生载流子被内建电场分离而进入 n 区和 p 区，为太阳电池的光电流和光电压做贡献。

理论上近似考虑用一定强度的光照射太阳电池，因存在吸收，光强度随着光透入的深度而按指数规律下降，因而光生载流子产生率也随着光照深入而减小。定义光在半导体中沿光照方向 x 处的产生率为 $G(x)$，即产生率 G 是 x 的函数，它表示单位时间、单位体积内光吸收产生的电子-空穴对数，单位为 $1/(\text{cm}^3 \cdot \text{s})$。为简化起见，用 $\overline{G}$ 表示在 p-n 结的扩散长度($L_\text{p}+L_\text{n}$)内非平衡载流子的平均产生率，并假设扩散长度 L_p 内的空穴和 L_n 内的电子都能扩散到 p-n 结界面而进入另一边。这样光生电流 I_ph 可以表示为

$$I_\text{ph} = q\,\overline{G}\,A_\text{pn}(L_\text{p}+L_\text{n}) \tag{3-27}$$

式中，A_pn 为 p-n 结的面积；L_p 是空穴的扩散长度；L_n 是电子的扩散长度。而

$$L_\text{p} = \sqrt{D_\text{p}\tau_\text{p}} \tag{3-28}$$

$$L_\text{n} = \sqrt{D_\text{n}\tau_\text{n}} \tag{3-29}$$

式中，D_p 和 τ_p 分别为空穴的扩散系数和寿命；D_n 和 τ_n 分别为电子的扩散系数和寿命。将式(3-28)和式(3-29)代入式(3-27)，得到

$$I_\text{ph} = q\overline{G}A_\text{pn}\left(\sqrt{D_\text{p}\tau_\text{p}} + \sqrt{D_\text{n}\tau_\text{n}}\right) \tag{3-30}$$

由式(3-30)可知，少子寿命越长，光电流 I_ph 越大。而由式(3-5)可知，I_ph 越大，则开路电压 V_oc 越大。随着少子寿命的增加，短路电流 I_sc 和填充因子 FF 均相应地增大。因此，长的少子寿命可以制备高性能的太阳电池。

3.3.3.1 少子寿命对晶体硅太阳电池性能的影响

以 n^+/p 型晶体硅太阳电池为例,通过计算来讨论少子寿命对太阳电池性能的影响。计算时所用的 n^+/p 型晶体硅太阳电池的材料与结构参数列于表 3-1。分别计算基区少子寿命对电池的 I_sc、V_oc 和 FF 的影响，得到的结果如图 3-11 所示。从图中可见，电池的 I_sc、V_oc 和 FF 随少子寿命的增加均相应增大。图中虚线对应的少子寿

命为 25.7 μs，它相当于 $L_n = W_p$。在虚线左侧是 $L_n < W_p$，低扩散长度的载流子在基区的输运过程中基本被复合了，扩散不到电池的背电极，因此 I_{sc} 和 V_{oc} 都很小；当 $L_n \ll W_p$ 时，反向饱和电流 I_0 增大，根据式(3-5)可知，I_0 增大使 V_{oc} 减小。在虚线右侧是 $L_n > W_p$，I_{sc} 随少子寿命增加趋势更为明显；当 $L_n \gg W_p$ 时，载流子基本上都能扩散到电池的背电极，I_{sc} 趋向于饱和。

表 3-1　晶体硅太阳电池计算参数[7]

参数	n 型发射区		p 型基区	
厚度/ μm	W_n	0.35	W_p	300
掺杂浓度/ (cm^{-3})	N_D	1×10^{20}	N_A	1×10^{15}
表面复合速度/ (cm·s^{-1})	S_{front}	3×10^4	S_{BSF}	100
少子扩散系数/ (cm^2·s^{-1})	D_p	1.5	D_n	35
少子寿命/ μs	τ_p	1	τ_n	350
少子扩散长度/ μm	L_p	12	L_n	1100
电池面积/ (cm^2)	100			

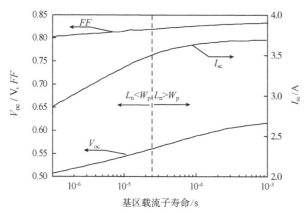

图 3-11　基区少数载流子寿命对晶体硅太阳电池性能参数的影响[7]

3.3.3.2　少子寿命对非晶硅/晶体硅异质结太阳电池性能的影响

实验测得非晶硅/晶体硅异质结电池的 V_{oc} 和少子寿命是一种正的线性关系(参见图 4-23)。在非晶硅/晶体硅异质结电池中，通过引入 i-a-Si:H 来钝化 a-Si:H/c-Si 界面的缺陷。即使采用相同质量的 a-Si:H 薄膜，也可能由于以下两个因素而得到不同性能的电池。一个因素是 c-Si 的表面清洗，另一个则是在 a-Si:H 沉积过程中引起的等离子体损伤和热损伤。改善硅片表面的清洗工艺，少子寿命提高，V_{oc} 相应增大。使用低等离子体/热损伤的沉积条件来沉积 a-Si:H 薄膜,可以使少子寿命进一步提高,电池的 V_{oc} 也相应增大,电池效率相应提升。高效率的非晶硅/晶体硅异质结电池需要硅片的少子寿命达 1 ms 以上。

3.3.4 少数载流子寿命的测量

为提高太阳电池的转换效率,最好能监控每个主要工艺过程对少子寿命带来的影响,从而及时调整优化生产工艺,提高电池效率。有多种方法测量少子寿命,测试原理都是根据式(3-20),各种测量方法都包括非平衡载流子的注入和检测两个基本方面。常用的注入方法有光注入和电注入,而检测非平衡载流子的方法包括探测电导率的变化、探测微波反射或透射信号的变化等。光电导衰减法是国际上通用的测量少子寿命的方法,目前常用的是微波光电导衰减法(microwave photoconductance decay, μ-PCD)和准稳态光电导法(quasi-steady state photoconductance, QSSPC)。

3.3.4.1 微波光电导衰减法

在理论分析时,通常假设满足如下条件:①体寿命 τ_{bulk} 是一致的;②在整个衰减过程中 τ_{bulk} 是连续的;③少数载流子扩散长度小于激光光斑直径和样品厚度;④低注入;⑤每吸收一个光子便产生一对电子–空穴对;⑥界面能带无弯曲;⑦体内与表面无陷阱效应。

根据式(3-20),少数载流子浓度随时间变化呈现指数衰减的规律。微波光电导法常用来测量单晶硅和多晶硅的复合参数(体寿命和表面复合速度)。仪器记录由光脉冲激发的过剩载流子浓度随时间的变化,微波光电导法能够测得这个指数衰减的时间渐近线作为样品的有效寿命 τ_{eff}。

微波光电导衰减法是用激光脉冲时间小于 1 μs、周期大于 2 μs 的激光激发光生载流子。照射到待测样品表面的最大能量为 0.3 μJ,相应的每个脉冲的光子数为 1.4×10^{12} 个。激光脉冲停止后,过剩载流子在体内和前、后表面被复合,相应的样品光电导开始衰减并达到最终的平衡值。探测器通过测量微波入射信号与反射信号的差值得到待测材料电导的变化,将电导转化为载流子浓度。以 p 型硅片的测试为例,μ-PCD 的测试原理如图 3-12 所示。在实验中发现要由反射的微波能量得到载流子衰减必须满足三个条件:①载流子是均匀产生的;②小注入水平;③反射接收器必须安置在反射微波与载流子浓度是线性关系的范围内。辐射范围在 1 cm 内微波都有比较强的强度,因此探测范围也应该在这一范围内。如果待测样品掺杂浓度很高,那么电导率也非常高,微波不能穿透到样品的深处,这会导致测量信号变弱,测量范围变小。测量仪器通常是提供一个寿命图谱,这样在某种程度上限制了对复杂复合过程的研究。

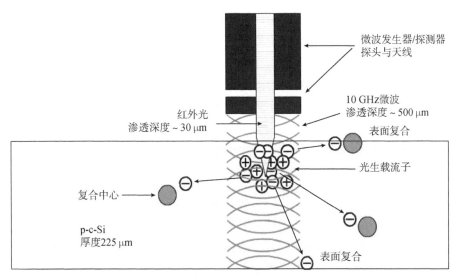

图 3-12　微波光电导衰减法测量少数载流子寿命示意图[15]

测试系统以功率为 100 ~ 200 mW、频率为 10 GHz 的振荡器作为探测源，微波源发出微波信号通过环形器、谐振天线辐射到样品表面，由一个环路器将入射与反射的微波信号分离，反射信号通过检波器变成电压信号，可以通过示波器进行观察。当脉冲激光源的激光照射到样品上，在其中产生过剩电子–空穴对，样品的电导发生变化，反射信号随之发生变化，通常认为在 $\Delta p/p < 3\%$ 的情况下，反射信号的变化与电导变化呈线性。通过分析反射信号的衰减可以得到样品的少数载流子寿命。测量的电压信号表达式为

$$V = V_0 \exp(-t/\tau) \tag{3-31}$$

由于激光光束直径很小，因此只能反映照射点处的载流子寿命。对于空间分布不均匀的材料，需要用二维载流子寿命分布图谱，这样可以获得复合特性的情况。然而绘制这样的图形需要测上千个点，可能要耗费几个小时。通过算术平均可以大约估计待测点寿命的综合影响。对于太阳电池，估计这些影响是很有意义的。因为 μ-PCD 系统对小注入有着高敏感性，如果是高浓度掺杂硅片，在大注入情况下将不适用。

该方法的优点是测量的结果与光强无关。缺点是在 1 个太阳光强下的寿命转化得到的信号是非常小的，并且需要克服噪声的影响。当所测量材料的少子寿命短时，就要求更短的光脉冲，因此设备成本昂贵。

3.3.4.2 准稳态光电导法

准稳态光电导(QSSPC)技术是由 Sinton 等[16]发展起来的一种测量少数载流子寿命的方法。它的原理与稳态光电导方法相似，之所以说是准稳态，是因为采用的光源衰减非常缓慢，脉冲衰减时间是 17~18 ms，远高于被测材料中的少数载流子寿命，因此可以认为在测量过程中被测材料的过剩载流子处于恒定值。光源恒定时测量硅片的电导率，并且将电导率转化为载流子浓度，计算得到寿命与载流子浓度的关系。

在稳态照射时，电子-空穴对的产生与复合处于平衡状态，表征产生与复合的电流密度存在如下关系

$$J_{ph} = J_{rec} \tag{3-32}$$

作为这种平衡的结果，在半导体材料中产生过剩载流子。在厚度为 W 的半导体中，光生电流密度 J_{ph} 与有效载流子寿命 τ_{eff} 存在如下关系

$$J_{ph} = \Delta n_{av} q W / \tau_{eff} \tag{3-33}$$

式中，Δn_{av} 为平均过剩载流子浓度(理论假设样品中 Δn_{av} 处处相等)。根据式(3-19)知道，光生过剩电子和空穴浓度相等，即 $\Delta n = \Delta p$，而光注入引起的光电导的增加为

$$\Delta\sigma_L = q(\Delta n_{av}\mu_n + \Delta p_{av}\mu_p)W = q\Delta n_{av}(\mu_n + \mu_p)W \tag{3-34}$$

式中，μ_n 和 μ_p 分别为电子和空穴的迁移率。根据式(3-33)和式(3-34)，可得

$$\tau_{eff} = \Delta\sigma_L / [J_{ph}(\mu_n + \mu_p)] \tag{3-35}$$

通过使用耦合线圈和参考太阳电池，能够测得 $\Delta\sigma_L$ 和入射光强。对给定的辐照度，能很容易地计算出 J_{ph}。例如，对 380 μm 厚、低反射损失的硅片，在标准的 AM1.5 的太阳光谱下，J_{ph} 大约为 38 mA·cm^{-2}。由于在测量中，待测硅片的载流子产生率与复合率处于稳定状态，因此硅片的有效寿命必须小于光脉冲时间。对于最长的闪光时间内，待测硅片的有效寿命小于闪光衰减的 1/10 时，测量最为准确。因此，相比瞬态光电导技术(transient photoconductance decay, TPCD)，QSSPC 技术可以测量少子寿命非常低的样品。

图 3-13 为 Sinton Consulting Inc.的型号为 WCT-120 的少子寿命检测仪的实物图片。该系统是非接触式的，采用的是准稳态光电导法。通过合适的调节电路，在光照情况下，桥电路的输出电压与样品中的少数载流子直接相关。射频线路信号随时间变化可以用示波器记录并转化为光电导信号。选择合适的迁移率模型可以将光电导信号转化为过剩载流子浓度。

　　QSSPC 技术可以测试太阳电池制作电极之前的任何工艺步骤，非常适合工业制造监控少数载流子寿命、发射区收集效率、表面钝化、体寿命和陷阱研究，并且该技术还用于太阳电池发射区量子效率[17]的研究。QSSPC 技术和其他瞬态技术相比，它可以测量非常低的寿命而不需要对脉冲信号的电性质加以控制(如调节脉冲宽度)。另外，稳态扫描减少了陷阱效应的影响[18]，因此可以用来测量多晶硅材料的少数载流子寿命，并且它测量的寿命值被认为是真实的寿命，而不是微分寿命。虽然在标准片与待测片中由于不同的产生率会导致不确定性，但是这种影响非常小，可以得到修正。图 3-14 是用 QSSPC 法测得多晶硅样品的有效寿命随少数载流子浓度的变化。

图 3-13　WCT-120 型准稳态光电导法少子寿命测试仪实物图片

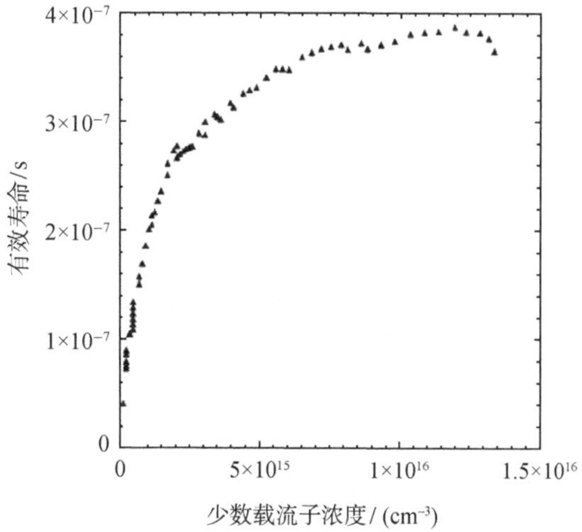

图 3-14　小晶粒多晶硅片(p 型，0.015 Ω·cm，500 μm 厚)的有效寿命随少数载流子浓度变化关系[16]

3.4　薄膜的表征测试技术介绍

　　异质结太阳电池中通常涉及薄膜材料的沉积和生长，因此对薄膜材料的有效表征和测试成为异质结太阳电池研发过程中的重要部分。本节简单介绍薄膜表征的拉曼和红外光谱。薄膜的结构、形貌表征技术，如 X 射线衍射(XRD)、扫描电镜(SEM)、高分辨透射电镜(HRTEM)、原子力显微镜(AFM)等技术手段可参考相关的书籍，这里不作介绍。

3.4.1　拉曼光谱

3.4.1.1　拉曼光谱基本概念[19,20]

当光照射材料时，光与材料发生相互作用，除了被吸收、反射和透射外，还有一部分光被散射。入射光子与材料的分子间的非弹性碰撞引起分子与光子间的能量交换，使部分散射光的能量发生改变，因而波长改变。其中，散射光波数相对于入射光波数的改变量大于 $10\ cm^{-1}$ 的散射，称为拉曼散射，是印度科学家 Raman 于 1928 年在研究苯的光散射时发现的一类非弹性散射现象。拉曼散射起因于晶体中声子、电荷密度起伏(等离子激元)、自旋密度起伏(磁自旋波激元)、电子跃迁以及它们的相互耦合等。

晶体的拉曼散射可以解释为光子与声子的相互作用，频率为 ω_L、波矢为 k_L 的入射光子被吸收后，使电子和晶格振动从初态跃迁到一个中间虚态，随即辐射出散射光子回到终态，同时湮灭或产生一个频率为 ω_q、波矢为 q 的元激发。拉曼光谱的频率为 ω_s、波矢为 k_s。它们满足如下关系

$$\omega_s = \omega_L \pm \omega_q \tag{3-36}$$

$$k_s = k_L \pm q \tag{3-37}$$

式中，"－"对应斯托克斯(Stokes)散射；"＋"对应反斯托克斯(anti-Stokes)散射。上两式分别表示拉曼散射过程中所遵守的能量守恒和动量守恒定律。

由于能量守恒，光子获得或失去的能量应等于分子能量的改变。通过测量光子能量的改变可以检测分子能量的改变，这种改变通常与分子的转动、振动能量及电子能量有关。拉曼散射谱线的波数随入射光的波数而变化，但对同一个样品，同一拉曼线的波数差 ω_q 保持不变，与入射光的频率 ω_L 无关，它们与散射物质的红外吸收频率对应，表征了散射物质的分子振动频率。因此，拉曼散射光谱中的非弹性散射峰就对应样品中的各种不同的激发态。这些散射峰相对于入射光的散射频移(Raman shift)与声子频率对应。而散射峰的线宽则提供了激发态寿命的信息；散射强度也是有关散射过程的一个重要参数，常用散射截面来描述。通过对各种有关散射带频移、强度、线宽、偏振的研究，拉曼散射成为研究固体中各种激发态的有力工具，是表征固体材料结构的有效手段。

3.4.1.2　非晶硅薄膜的拉曼光谱

在非晶硅/晶体硅异质结电池中，插入在掺杂非晶硅层和 c-Si 之间的本征非晶硅薄膜，具有优异的界面钝化性能，是获得高效率 HIT 电池的原因。为获得高质量的本征非晶硅薄膜，必须对非晶硅薄膜进行良好的表征，拉曼光谱是一种重要的手段。我们在制备非晶硅/晶体硅异质结电池时，改变 PECVD 的沉积功率和气压，得

到了一系列的本征非晶硅薄膜，其拉曼光谱见图 3-15。一般 PECVD 沉积的硅薄膜是非晶态硅和晶体硅的混合体，其拉曼谱图上的横光学声子模 TO 分别位于 480 cm^{-1} 和 520 cm^{-1} 处。但是在图 3-15 中，并没有发现晶体硅的拉曼峰，表明所制备的硅薄膜以非晶硅为主。在 HIT 电池中就是要控制所沉积的薄膜为非晶硅薄膜，以实现良好的界面钝化性能。

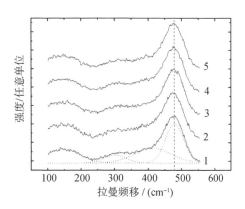

图 3-15　一组本征非晶硅薄膜的拉曼光谱

3.4.1.3　纳米硅薄膜的拉曼光谱

使用拉曼散射谱成为研究和估计非晶硅、微晶硅和纳米硅薄膜的微观结构及其演变的一种重要手段[20]。氢化纳米硅薄膜(nc-Si:H)是一种包含有非晶硅相和晶体硅纳米颗粒的混相体系材料[21]，其比例各约占 50%，其结构是无数个尺寸在 10 nm 以下的硅晶粒包裹在无序的非晶硅网格当中。纳米硅薄膜太阳电池相对非晶硅薄膜电池，效率更高、稳定性更好，是近期新型硅薄膜太阳电池领域研究的热点。这里再以 nc-Si:H 薄膜的拉曼光谱为例，来阐述拉曼光谱的应用。图 3-16 给出了实验所测

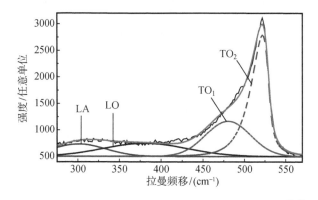

图 3-16　纳米硅薄膜的拉曼光谱图及其拟合[22]

典型 nc-Si:H 薄膜的拉曼光谱图(实线)[22]。从图中可见，nc-Si:H 薄膜的拉曼光谱中既有来自单晶硅横光学声子模 TO_2 的贡献，其峰位在 520 cm^{-1} 左右；也有来自非晶硅的横光学声子模 TO_1 的贡献，为峰位在 480 cm^{-1} 处的肩峰。这反映出 nc-Si:H 薄膜确实是单晶硅/非晶硅的混合体。

进一步分析 nc-Si:H 薄膜的拉曼光谱，还能得到更多的信息。晶态比 X_c 的一种求法是对图 3-16 所示的拉曼谱用多个高斯或者洛伦兹线型去拟合，把它分解成为来自于非晶硅贡献的三个声子带(即中心位于 300 cm^{-1} 处的纵声学声子带 LA、380 cm^{-1} 处的纵光学声子带 LO 和 480 cm^{-1} 处的横光学声子带 TO_1)，以及来自于单晶硅贡献的峰位在 520 cm^{-1} 左右的横光学声子带 TO_2。于是晶态比

$$X_c = \frac{I_{TO_2}}{I_{TO_2} + \gamma_R I_{TO_1}} \tag{3-38}$$

式中，因子 $\gamma_R = 0.1 + \exp(-d_0/25)$，是单晶硅和非晶硅积分拉曼散射截面积之比，这里平均晶粒尺寸 d_0 以 nm 为单位；I_{TO_1} 和 I_{TO_2} 分别是中心在 480 cm^{-1} 和 520 cm^{-1} 的声子带的积分强度[23]；有时候为了简单起见，统一取 $\gamma_R=1$。另外，也有人在拟合过程中额外引入一个位于 510 cm^{-1} 处，被认为来源于晶界应变 Si-Si 键贡献的高斯带，它的积分强度为 I_{510}，那么晶态比为[24]

$$X_c = \frac{I_{TO_2} + I_{510}}{I_{TO_2} + I_{510} + \gamma_R I_{TO_1}} \tag{3-39}$$

需要注意的是，上述高斯或洛伦兹线型分解法只能大致估算 X_c，却不能确定平均晶粒尺寸 d_0 的大小。人们曾用拉曼峰位和晶粒尺寸之间的经验公式来估计 d_0，由于纳米晶的量子限制效应，实验所测拉曼峰位一般相对于单晶硅的拉曼峰位(520 cm^{-1})有红移，红移量为 $\Delta\omega$($\Delta\omega$ 为负值)，则有[21]

$$d_0 = 2\pi\sqrt{B/|\Delta\omega|} \tag{3-40}$$

式中，$B=2.0$ cm$^{-1} \cdot$ nm^2。Zi 等[25]根据键极化模型计算出晶粒尺寸小于 4 nm 时，nc-Si:H 中拉曼峰位相对单晶硅红移量 $\Delta\omega$ 与球形硅晶粒尺寸关系为

$$\Delta\omega = -D(a_0/d_0)^\beta \tag{3-41}$$

式中，$D=47.41$ cm^{-1}；$\beta=1.44$；a_0 为单晶硅晶格常数 0.543 nm。

从上述氢化纳米硅薄膜的拉曼光谱分析看到，使用拉曼手段可以得到样品多方面的信息，并且具有无损分析、快捷等特点。值得指出的是，单纯拉曼分析得到的晶粒尺寸及分布、晶态比并不能直接认为是准确的结果，最好能有其他手段如 X 射

线衍射(XRD)、高分辨率透射电镜(HRTEM)加以佐证。一般可以认为,对只有单个条件改变、其他制备条件固定的情况下获得的样品,拉曼光谱分析还是能够提供比较准确的各参数的变化趋势。

3.4.2　傅里叶变换红外吸收光谱

傅里叶变换光谱仪利用空间相关的干涉信号与频率相关的频谱图之间的关系,通过傅里叶变换的数学方法将被探测器测得的干涉光强图样快速转化为光谱图。相比于光散射光谱,傅里叶变换光谱能同时测量光谱所有谱元,大大提高了测试效率。傅里叶变换红外吸收光谱(FTIR)是研究各种分子在红外波段发射或吸收辐射规律与分子结构关系的有力工具,主要用于物质结构的分析。对于固体材料,可以把局部原子或原子团孤立出来当作分子,来研究它们的各种振动模式与结构的关系。每一种物质的每一种振动都有其固定的振动频率,通过测量物质红外吸收的频率、强度和线型等,可以获得物质中局域结构方面的信息。所以,红外光谱是一种无损伤的探测原子局域振动模式的有效方法,它可以跟踪原子近邻环境的变换,是一种用来研究物质微观结构的非常重要的手段。

3.4.2.1　非晶硅薄膜的红外吸收光谱

利用红外吸收谱可以研究硅基薄膜中 Si-H 键的构型及其分布情况。对图 3-15 中的非晶硅薄膜样品进行红外吸收光谱测量,其 FTIR 谱见图 3-17。硅薄膜在 $1900 \sim 2200 \text{ cm}^{-1}$ 范围内的红外吸收峰对应着的 $\text{Si-H}_n (n = 1 \sim 2)$ 的伸缩模(stretching modes),对该波数范围的红外光谱进行高斯分解拟合,得到两个拟合峰,其中位于 2000 cm^{-1} 左右的峰归属为 Si-H 键,2100 cm^{-1} 左右的峰归属为 Si-H_2 键和 $(\text{Si-H}_2)_n$ 物种[26]。定义微观结构参数 R^* 来评判硅薄膜的微观结构质量[27]

$$R^* = \frac{I_{2100}}{I_{2000} + I_{2100}} \tag{3-42}$$

式中,I_{2000} 和 I_{2100} 分别为峰位在 2000 cm^{-1} 和 2100 cm^{-1} 左右红外吸收峰的积分吸收强度。R^* 越小,意味着非晶硅薄膜中的 H 原子主要是以 Si-H 键的形式存在,这种薄膜结构致密。R^* 越大,意味着非晶硅薄膜中的 H 原子更多地以 Si-H_2 键或 $(\text{Si-H}_2)_n$ 物种的形式存在,这种薄膜结构疏松,包含有较多的孔洞和缺陷,网络结构较差。对于非晶硅/晶体硅异质结太阳电池中的本征非晶硅层,需要薄膜中 Si-H 键含量高而 Si-H_2 键含量低、薄膜结构致密,才能具有良好的钝化性能,从而获得高效的非晶硅/晶体硅异质结电池[28]。另外,非晶硅的氢含量比微晶硅、纳米硅要高,也是其钝化效果优良的原因之一[28]。

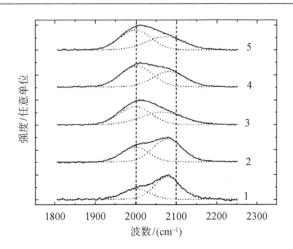

图 3-17　一组本征非晶硅薄膜的 FTIR 光谱

3.4.2.2　纳米硅薄膜的红外吸收光谱

正如上面所言，纳米硅薄膜材料及器件是近期研究的热点，这里再以纳米硅薄膜红外吸收光谱的研究，来阐述 FTIR 的应用。图 3-18 是不同射频功率密度下用 PECVD 方法制备的纳米硅薄膜的红外吸收谱[22]。由于 nc-Si:H 薄膜是非晶硅相和晶体硅纳米颗粒的混相体系，从图 3-18 可见，纳米硅中的非晶硅相的红外吸收谱主要有三个区域[29,30]：峰位在~630 cm^{-1} 处的摇摆模(wagging or rocking modes)，对这个吸收带，Si-H 和 Si-H$_2$ 共同起作用；峰位在~880 cm^{-1} 处的弯曲模(bending modes)，主要是 Si-H$_3$ 的贡献；还有中心在~2000 cm^{-1} 和~2100 cm^{-1} 处的两个伸缩模。进一步分析谱图中~2100 cm^{-1} 处的伸缩模能够得到更多关于硅氢成键的信息[22,31]。同时，在 1000~1200 cm^{-1} 附近的吸收信号是由 Si-O 伸缩模造成的[26,30]。另外，从图 3-18 中还可见，随着沉积功率密度的提高，nc-Si:H 薄膜中的~880 cm^{-1} 处的弯曲模信号增强，表明薄膜中 Si-H$_3$ 的含量增大，而这会使得薄膜的致密性降低。而随着沉积功率密度的提高，Si-O 伸缩模的信号减弱，表明薄膜中的氧含量减少了。

实验研究发现硅薄膜红外吸收光谱中，~630 cm^{-1} 处摇摆模的积分强度正比于薄膜中总的氢含量[32]。因此硅薄膜中氢含量 C_H 可以由下面的公式计算而得到[29,33]

$$C_H = \frac{A_W}{N_{Si}} \int_{v/w} \frac{\alpha(v)}{v} dv \qquad (3-43)$$

式中，$\alpha(v)$是薄膜的吸收系数；v/w 代表计算选取的波段在~630 cm^{-1} 处的摇摆模；N_{Si} 是纯单晶硅的原子密度，取值 5×10^{22} cm^{-3}；A_W 为比例常数，起到校准氢含量的作用[32]，取值 2.1×10^{19} cm^{-2}，通过红外光谱计算得到纳米硅薄膜的氢含量在 10at.%~

30at.%，取决于所用的沉积工艺。同样地，选取 1000~1200 cm^{-1} 处的吸收信号，可以计算得到薄膜中的氧含量 C_O，这时的校准比例常数 A_W 的取值为 $2.8×10^{19}$ cm^{-2}。

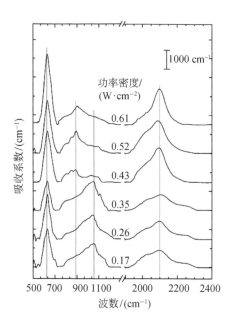

图 3-18　不同功率密度条件下 PECVD 方法制备的纳米硅薄膜的红外吸收光谱[22]

3.5　异质结太阳电池的电容效应及其 I-V 检测对策

本章前四节介绍了太阳电池的基本表征参数与测试及其在异质结太阳电池中的应用。与常规晶体硅电池相比，本书主要讲述的非晶硅/晶体硅异质结电池的开路电压 V_{oc} 较高，电池的电容也非常大。而电容的存在会使太阳电池在测试时对光强变化和外电路电压变化的响应时间延长，会给测试结果带来不利的影响。本节介绍异质结太阳电池中的电容效应，及其为克服电容效应而在 I-V 测试时采取的对策。

3.5.1　p-n 结的电容

太阳电池是半导体 p-n 结器件。p-n 结内缺少导电的载流子，其电导率很低，相当于介质；而 p-n 结两侧的 p 区、n 区的电导率很高，相当于金属导体。从这一结构来看，p-n 结等效于一个电容器，其电容包括势垒电容和扩散电容[9]，下面分别予以说明。

3.5.1.1 势垒电容

当 p-n 结加上正向偏压时，势垒区的电场随正向偏压的增加而减弱，势垒区宽带变窄，空间电荷数量减少。当 p-n 结两端施加反向偏压时，势垒区变宽，结中空间电荷数量增多。因为空间电荷是由不能移动的杂质离子组成的，所以空间电荷数量的减少是由于 n 区的电子和 p 区的空穴过来中和势垒区中一部分电离施主和电离受主，也就是说，将有一部分电子和空穴"存入"势垒区。反之，空间电荷数量的增多是由于有一部分电子和空穴从势垒区中"取出"。这种 p-n 结上外加电压的变化，引起电子和空穴在势垒区的"存入"和"取出"作用，导致势垒区的空间电荷数量随外加电压变化，与一个电容器的充、放电相似，即空间电荷数量减少相当于电容"放电"，空间电荷数量增多相当于电容"充电"。这种 p-n 结的电容效应称为势垒电容，以 C_{depl} 表示，也称为耗尽层电容。势垒电容与普通电容的不同之处，在于它的电容量不是常数，而是与外加电压有关。当外加反向电压增大时，势垒电容减小；反向电压减小时，势垒电容增大。

3.5.1.2 扩散电容

当给 p-n 结加上正向偏压时，n 区的电子向 p 区扩散，在 p 区形成一定的非平衡载流子的浓度分布，即靠近 p-n 结一侧浓度高，远离 p-n 结的一侧浓度低。显然，在 p 区积累了电子，即存储了一定数量的负电荷；同样，在 n 区也积累了空穴，即存储了一定数量的正电荷。当正向电压增大时，扩散增强，这时由 n 区扩散到 p 区的电子数和由 p 区扩散到 n 区的空穴数将增多，致使在两个区域形成电荷积累，即相当于电容器的充电。相反，当正向电压减小时，扩散减弱，即由 n 区扩散到 p 区的电子数和由 p 区扩散到 n 区的空穴数将减少，造成两个区域内电荷的减少，这相当于电容器的放电。这种由于扩散区的电荷数量随外加电压的变化而产生的电容，称为 p-n 结的扩散电容，以 C_{diff} 表示。扩散电容随外加电压的变化规律可以用下式表示[35,36]

$$C_{\text{diff}} = C_0 \exp\left(\frac{qV}{kT}\right) \tag{3-44}$$

式中，C_0 为基体电容，以 n 型硅片作基体为例，C_0 可以表示为

$$C_0 = \frac{q}{kT}\frac{qn_i^2}{N_D}L_p \tag{3-45}$$

由式(3-44)知，扩散电容随外加电压的增加呈指数增大，而高效太阳电池，如 SHJ 电池和 IBC 电池，其 V_{oc} 一般都比常规晶体硅电池要高，在进行光照 *I-V* 测试时所施加的外加电压也要高，因此这些高效电池对应的扩散电容比常规晶体硅电池

的扩散电容要大，达到数量级的差异[35]。由式(3-45)可知，扩散电容还与器件的扩散长度、掺杂浓度等基本参数有关。而在实践中为制作高效的晶体硅电池，需要较低的复合(扩散长度较长)和较低掺杂浓度(高电阻率)的硅基体材料，这些因素也导致高效晶体硅太阳电池的扩散电容比常规电池要大。

总之，p-n 结呈现势垒电容和扩散电容两种电容，它的总电容 C 相当于两者的并联，即 $C = C_{depl} + C_{diff}$。当给 p-n 结施加正向偏压时，扩散电容远大于势垒电容，扩散电容起主要作用，则 $C \approx C_{diff}$；当给 p-n 结施加反向偏压时，扩散电容很小，可忽略不计，势垒电容起主要作用，则 $C \approx C_{depl}$。

3.5.2　电容效应对太阳电池 I-V 测试的影响

在 3.1.1.1 节叙述理想太阳电池的等效电路时讲到，当连接负载的太阳电池受到光照射时，太阳电池可看作产生光电流 I_{ph} 的恒流源，与之并联的有一个处于正向偏压下的二极管，起主要作用的电容应该是扩散电容，因此在进行光照 I-V 测试时可能需要考虑扩散电容的影响。对于常规晶体硅电池，其电容较小，一般不到 1 μF，在光照 I-V 测试时一般不用考虑电容效应的影响。而对于高效太阳电池，其电容较大，一般可达上百到数百 μF，在进行光照 I-V 测试则需要考虑电容效应的影响。这是因为较大的电容意味着太阳电池中存在大量的过剩电荷(excess charges)，而在改变外加电压或光强后太阳电池中的电荷要重新达到平衡分布，如果电容较大，达到新平衡所需的时间也较长，即时间响应较慢。太阳电池的 I-V 测试通常使用闪光 I-V 测试仪，它在数毫秒的时间内扫描整个 I-V 曲线，也即在太阳电池上施加快速变化的偏压，剧烈地改变电池中电荷分布的平衡性。具有较大电容的太阳电池由于时间响应较慢，可能响应时间比 I-V 测试仪的脉冲时间还长，在测量时间内电荷的重新分布还没达到平衡，这时就会发生测量误差，也即 I-V 曲线的扫描时间(速度)对测试结果有影响。

将扩散电容作为一个可变电容,包括在理想太阳电池的等效电路中(见图 3-19)，可以部分解释太阳电池的电容效应对光照 I-V 特性的影响。图 3-19 中的电容电流 I_C 由下式给出[35]

$$I_C = C \frac{dV}{dt} + V \frac{dC}{dt} \tag{3-46}$$

在使用闪光模拟器对太阳电池进行 I-V 测试时，如果扫描方向是从 I_{sc} 到 V_{oc}，即外加电压由 0 快速上升到 V_{oc}，载流子浓度就会增加，过剩电子移向 p 区，空穴流向 n 区，这时电荷的重新分布相当于给电容充电，这样就会消耗一部分光生电流，进而引起外部测量电流的减小，电池的 FF 和 V_{oc} 被低估。如果扫描方向是从 V_{oc} 到 I_{sc}，

即外加电压由 V_{oc} 快速下降到 0，载流子浓度就会减小，这时电荷的重新分布相当于给电容放电，会增加光生电流，进而引起外部测量电流的增大，电池的 FF 和 V_{oc} 的测量值偏大。这两种情况就是 I-V 曲线的分离现象[37]，即 I-V 曲线的扫描方向对测试结果有影响。

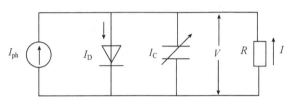

图 3-19　含电容的理想太阳电池等效电路[35]

上述 I-V 曲线的扫描时间和扫描方向对测试结果的影响，是由于采用了闪光测试仪(flash tester)进行太阳电池的 I-V 测试而产生的。因为闪光测试仪的光源脉冲宽度范围一般在数毫秒到数十毫秒范围，测试时的光强和外加电压变化较快，如果太阳电池的电容较大，太阳电池内部是处在非平衡的充、放电情况下进行测试的，所以发生了测量误差。这种测量误差称为瞬时误差(transient errors)。瞬时误差的大小取决于存储在太阳电池中过剩电荷的数量[38]，即与电容相关。所以，对于具有较高电容的高效晶体硅太阳电池，在用闪光 I-V 测试仪测量 I-V 曲线时，经常观察到瞬时误差的发生[35-37,39]。

本书主要讲述的非晶硅/晶体硅异质结太阳电池也可归类为高效晶体硅太阳电池的一种，其电容也比较高，如果使用普通闪光测试仪进行 I-V 测量，也会发生测量误差。Hishikawa[39]研究了 I-V 测试的扫描速度和扫描方向对 HIT 及 IBC 电池与组件 I-V 特性的影响，这里以 HIT 电池的光照 I-V 测试结果来直观说明瞬时误差的产生和电容效应对测量结果的影响。图 3-20 是 HIT 电池和常规晶体硅电池的 I-V 测量曲线比较。选取了两种扫描时间：20 ms 和 8 s，扫描方向分别是从 I_{sc} 到 V_{oc} 和从 V_{oc} 到 I_{sc}。从图 3-20(a)可见，当扫描时间为 20 ms，如果从 I_{sc} 到 V_{oc} 进行测量，外加电压由 0 快速上升到 V_{oc}，在偏压较高时(从最大功率点对应的电压 V_{m} 附近到 V_{oc})测量得到的电流值较准稳态(扫描时间为 8 s)时的测量值要小，因此曲线位于下方。当扫描时间为 20 ms，如果从 V_{oc} 到 I_{sc} 进行测量，外加电压由 V_{oc} 快速下降到 0，在偏压较高时(从 V_{m} 附近到 V_{oc})测量得到的电流值较准稳态(扫描时间为 8 s)时的测量值要大，因此曲线位于上方。这些都是由于在较高偏压时，HIT 电池的电容增大，由电容效应而引起的瞬时测量误差。而从图 3-20(b)可见，常规晶体硅电池在不同扫描时间和扫描方向时测量得到的 I-V 曲线都重叠在一起，表明不受扫描时间和扫描方向的影响，这是因为在常规晶体硅电池的电容效应影响很小。

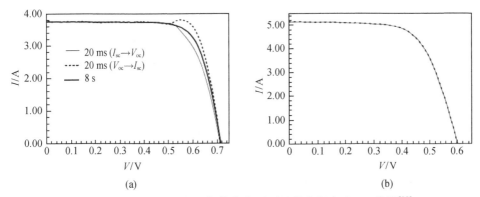

图 3-20　不同扫描时间和扫描方向时测量的太阳电池 *I-V* 曲线[39]

(a)HIT 电池(面积 ~100 cm², 效率 ~20%)；(b)常规晶体硅电池(面积 ~150 cm², 效率 ~14%)

在高偏压(从 V_m 附近到 V_{oc})时 *I-V* 测量曲线的变形,必然会影响到电池 *FF* 和最大功率 P_m 的结果。为此进一步研究了 HIT 电池的 *I-V* 曲线扫描时间和扫描方向对电池输出参数的影响,其结果见图 3-21。从图中可见,当扫描时间小于 100 ms 时,

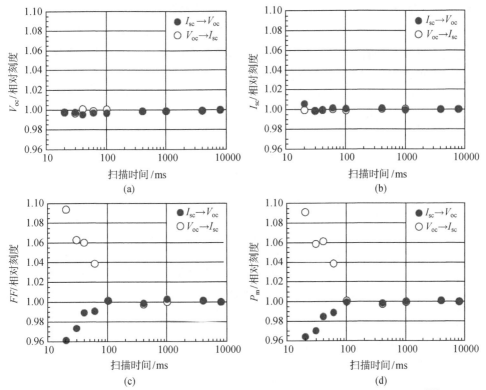

图 3-21　不同扫描时间和扫描方向时测量 HIT 电池得到的 *I-V* 输出参数[39]

(a)V_{oc}；(b)I_{sc}；(c)*FF*；(d)P_m

扫描时间和扫描方向严重影响 HIT 电池的 FF 和 P_m，其程度达到 5% ~ 10%。当扫描是从 I_{sc} 到 V_{oc} 时，扫描时间越短，测得的 P_m 越小；而当扫描是从 V_{oc} 到 I_{sc} 时，扫描时间越短，测得的 P_m 越大。FF 与 P_m 的变化趋势一致，P_m 的变化是由 FF 的变化引起的。从图中还可见，为准确表征 HIT 太阳电池性能，所需的扫描时间是 100 ms 或更长。对于其他高电容的高效晶体硅电池，用闪光测试仪测量 I-V 曲线和参数时，也会产生类似的测量误差，甚至测量误差能达到 20%[35]。因此，需要对闪光测试仪进行改进或采用稳态光源，才能准确地表征这类高效太阳电池的性能。

3.5.3　异质结太阳电池的 I-V 检测对策

I-V 特性曲线测试是太阳电池及其组件性能测试的主要内容，进行 I-V 特性测试的工具是太阳电池和组件测试仪，也称太阳模拟器。太阳模拟器是一种在室内模拟太阳光的设备，按光源脉冲特性进行分类，可以分为稳态模拟器、单次闪光模拟器和多次闪光模拟器三种。这些模拟器的优、缺点和测试应用范围列于表 3-2[40]。所有适用于大电容太阳电池 I-V 测试的测试仪，都可以应用于异质结太阳电池的 I-V 检测。人们最容易想到用稳态模拟器来测试电容较大的太阳电池，因为它能长时间输出稳态光，在 I-V 测试时无需快速的测量与信号采集，电容将不再成为一个问题。但是稳态模拟器固有的问题，如功耗大、温度影响、测试速度慢等，使其不适合于规模生产的高电容高效太阳电池的在线测试，一般只用于实验室测试或用于校准闪光测试仪。因此，在本小节只介绍单次闪光和多次闪光模拟器用于高电容高效太阳电池(当然包括异质结电池)的测试方案。

表 3-2　按光源脉冲分类的太阳模拟器比较[40]

类型	优点	缺点	测试范围
稳态模拟器 (steady-state)	提供连续的稳态光输出；电子负载可用通用精确源表；对电池响应无时间要求	需冷却系统，否则影响测试温度；耗电大，灯管寿命短，价格高；维护费用高，故障率高；不便测试大面积组件	电池/组件性能测试(特别是聚光、薄膜和多结等电容效应较大的电池测试)；热斑测试(hot spot test)；光浸润实验(light soaking)
单次闪光模拟器 (single-flash)	耗电少，灯管寿命长；对被测电池无温度影响；适合测试大面积组件	需要专用的快速电子负载；光谱测量困难	主要用于测试常规晶体硅电池；长脉冲模拟器可用于电容效应较大的电池
多次闪光模拟器 (multi-flash)	无需快速电子负载；耗电少，灯管寿命长；对被测电池无温度影响；适合大面积组件测试	测试速度慢；结果重复性不易控制；光谱测量困难	可用于常规晶体硅电池测试；也可用于聚光、薄膜、多结电池的测试

3.5.3.1　单次闪光测试

1) 延长脉冲时间

单次闪光模拟器是通过产生一个持续时间为毫秒量级的亚稳态光脉冲，并且在这数毫秒的时间内完成 I-V 曲线的扫描。延长单次闪光的光强稳定时间，使其远大于高电容太阳电池的响应时间，那么单次闪光模拟器将是测量高电容电池 I-V 特性的合适选择。图 3-21 的结果已经表明，只要 I-V 测试的扫描时间大于 100 ms，使用单次闪光测试仪测量 HIT 电池获得的性能输出参数，与稳态时的测试结果相比，其测量偏差很小。对于一个假设的 IBC 电池(V_{oc} 为 720 mV，电池厚度为 200 μm)，Sinton[41]用 PC1D 软件[42]模拟了扫描方向从 I_{sc} 到 V_{oc}，扫描时间为 2 ms、5 ms、10 ms、20 ms、50 ms 和 100 ms 时的 I-V 曲线，并与稳态时的模拟结果进行比较。图 3-22 是采用不同扫描时间时模拟得到的最大功率与稳态时的最大功率比值的柱状图。从图中可见，为了精确测量这种高电容电池，I-V 曲线的扫描时间需要大于 100 ms，才能使测量偏差(与稳态时相比)控制在1%以内。

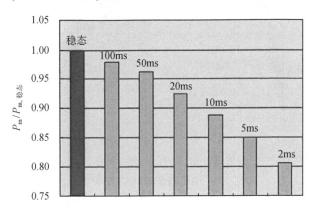

图 3-22　不同扫描时间条件下，用 PC1D 模拟得到的最大功率与稳态时最大功率比较[41]

但是延长脉冲时间这种方法，可能要受到闪光管所能提供的最大脉冲能量限制[38]，因为它需要一个峰值输出到达几十千瓦甚至更高的光脉冲，并持续几十毫秒至上百毫秒的时间，给设计、制作电路带来一定的困难。另外，延长脉冲时间可能会造成所测试电池温度的升高而引起其他问题，并且还会使测试时间变长，从而并不是一种经济的测试方案。

2) 动态 I-V 测试[34]

测量单个 I-V 数据点所需的时间与太阳电池器件的电容和外加负载有关。只要辐照水平稳定，所需测量时间大致随器件的电容变化(由外加负载变化引起)成比例增长。所谓动态 I-V(dynamic I-V)测试就是保持辐照水平和外加负载不变，在测量持续时间(duration)内电压或电流大致与所测器件的电容变化成比例，动态记录所测的电压或电流，直到器件稳定到无电容状态。这种情况下，在所测电压和电流被采样前，每一个外加负载值维持最短的持续时间。动态 I-V 测试使用单次闪光模拟器，脉冲持续的时间可以短至数毫秒，在测试时把时间作为一个独立变量，对外加测量负载采取有效的时间管理来跟踪整个 I-V 曲线，同时允许每个 I-V 数据采样点有足够的时间来释放电容。图 3-23 是动态 I-V 测试应用于高电容太阳电池组件的一个例子，扫描方向是从 I_{sc} 到 V_{oc}。

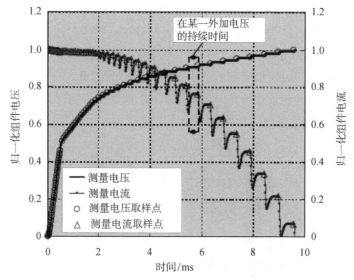

图 3-23   高电容太阳电池组件的归一化外加电压和归一化测量电流与
某一电压持续时间的关系[34]
测量是在单次闪光模拟器上进行，扫描时间为 10 ms。归一化的 I-V 数据点用三角形标出。
测量时间要随电压的增大几乎呈指数增长，以补偿瞬时误差

在大多数情况下，观测到的动态电流和动态电压特征能够证明这种测试方法的成功，同时能够提醒操作人员发现可能不合适的采样点。动态 I-V 测试能够正确表征高电容太阳电池和组件，对 HIT 电池、IBC 电池和 n 型双面高效晶体硅电池的测试与使用稳态光源的测试结果相比，其偏差不超过 0.3%[34]。但是，在进行动态 I-V 测试时需要有效地分布不同测量点之间的测量时间，以便使取样点最大化，同时减少测量的不确定性。取决于数据采样点的数量，有时可能需要人为插入一些用高阶多项式(high order polynomial)或三次样条函数(cubic spline)拟合的数据点，以便精确预测器件的性能。虽然动态 I-V 测试方法能够比较准确地测量高电容太阳电池的性能，但是它还是比较费时，不一定适用于生产线上的测量。为此，可以先在实验室

条件下精确测量一个参考器件的动态 *I-V* 曲线，以该动态 *I-V* 曲线作基准来对相同类型器件进行分级测量，测量偏差可以控制在 0.6%以内。当然，这种动态 *I-V* 方法还需不断完善。

3.5.3.2　多次闪光测试

1) 恒电压多次闪光测试

多次闪光测试是通过多次的闪光测量完成一个 *I-V* 曲线上信号的采集，每次闪光只采取一个 *I-V* 数据点，这种方法很早就用于高效太阳电池的测试。由于每次闪光的光强可能不同，因此测试的重复性有待提高，需要作一些改进才能准确测量高电容太阳电池的性能。Keogh 等[38,43]采用恒电压多次闪光的方法很好地解决了高电容太阳电池测试中的瞬时误差问题。除了 V_{oc} 是在开路下测得，不同闪光时保持电池偏压在不同的值，每次闪光提取 *I-V* 曲线上的一个点，多次闪光之后由软件作出 *I-V* 曲线，每一个光强下都能形成一条 *I-V* 曲线。恒电压多次闪光方法的测试原理见图 3-24。

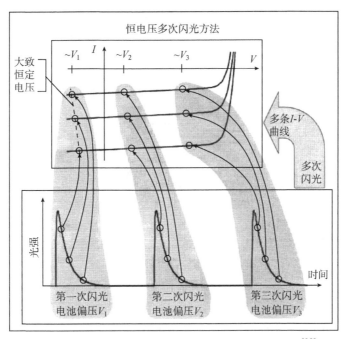

图 3-24　恒电压多次闪光 *I-V* 测试原理示意图[38]

恒电压多次闪光测试是通过一个恒电压电池偏置电路(constant voltage cell bias circuit)来实现每次闪光时电压的恒定输出[38]，抑制了电池的电容效应。该方法能比较准确地测量高电容电池的性能，而且能够得到不同光强下的一系列 *I-V* 曲线，为太阳电池的表征提供额外的信息。但是，恒电压多次闪光方法仅适用于电流比较小的情况，对电流较大的情况由于串联电阻的影响其测试结果则不甚理想。

2) 调制电压多次闪光测试

Sinton[41]在用多次闪光法测试高电容太阳电池的 I-V 特性时，则调制(modulate)每次光脉冲时太阳电池的终端电压，为的是保持太阳电池中电荷的恒定来克服电容效应，这样在测试时电池没有充、放电的发生。用调制电压多次闪光法测试了 HIT 电池组件(三洋 HIP-190 组件)的性能，并与恒电压多次闪光法和稳态测试结果比较，其结果见图 3-25。从图中可见，即使在较短的脉冲长度(1.5 ms)，采用调制电压多次闪光法测试得到的组件功率偏差(与稳态测试结果相比)也仅为 0.2%[41]，如果脉冲更长，其偏差几乎可以忽略。而用恒电压多次闪光法测试得到的功率偏差则较大，这可能是恒电压多次闪光装置不合适，不能有效消除组件的电容效应而造成的。上述研究结果表明，调制电压多次闪光法可以适用于高电容太阳电池的 I-V 测试，它提供了一种短脉冲多次闪光来代替长脉冲模拟器的技术方案。

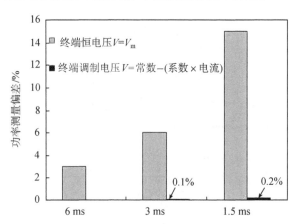

图 3-25　三种脉冲(6 ms、3 ms 和 1.5 ms)下，恒电压和调制电压多次闪光测试得到的 HIT 电池组件功率与稳态测试结果的偏差比较[41]

参 考 文 献

[1] 杨金焕，于化丛，葛亮. 太阳能光伏发电应用技术[M]. 北京：电子工业出版社，2009.
[2] 杨德仁. 太阳电池材料[M]. 北京：化学工业出版社，2006.
[3] Green M A. 太阳能电池工作原理、技术和系统应用[M]. 狄大卫，等，译. 上海：上海交通大学出版社，2010.
[4] Taguchi M, Yano A, Tohoda S, et al. 24.7% record efficiency HIT solar cell on thin silicon wafer[J]. IEEE J. Photovolt., 2014, 4: 96-99.
[5] 李长健，周耀宗. 中华人民共和国国家标准，GB/T 6495.8 – 2002 光伏器件 第 8 部分：

光伏器件光谱响应的测量[S].

[6] 熊绍珍，朱美芳. 太阳能电池基础与应用[M]. 北京：科学出版社，2009.

[7] Gray J L. The Physics of the Solar Cell[M] // Luque A, Hegedus S. Handbook of Photovoltaic Science and Engineering. 2nd ed. New York: John Wiley & Sons, Ltd., 2011.

[8] Wang Q. High-efficiency hydrogenated amorphous/crystalline Si heterojunction solar cells[J]. Philos. Mag., 2009, 89: 2587-2598.

[9] 刘恩科，朱秉升，罗晋生. 半导体物理学[M]. 第七版. 北京：电子工业出版社，2008.

[10] Landsberg P T. Recombination in Semiconductors [M]. New York: Cambridge University Press, 1991.

[11] Batra N, Vandana, Kumar S, et al. A comparative study of silicon surface passivation using ethanolic iodine and bromine solutions[J]. Sol. Energy Mater. Sol. Cells, 2012, 100: 43-47.

[12] Chen J W, Zhao L, Diao H W, et al. Surface passivation of silicon wafers by iodine-ethanol (I-E) for minority carrier lifetime measurements[J]. Adv. Mater. Res., 2013, 652-654: 901-905.

[13] Brody J, Rohatgi A, Ristow A. Review and comparison of equations relating bulk lifetime and surface recombination velocity to effective lifetime measured under flash lamp illumination[J]. Sol. Energy Mater. Sol. Cells, 2003, 77: 293-301.

[14] Luke K L, Cheng L. Analysis of the interaction of a laser pulse with a silicon wafer: determinations of bulk lifetime and surface recombination velocity[J]. J. Appl. Phys., 1987, 61: 2282-2293.

[15] Semilab Semiconductor Physics Laboratory, Co. Ltd. WT-2000PVN user manual.

[16] Sinton R A, Cuevas A. Contactless determination of current-voltage characteristics and minority carrier lifetimes in semiconductors from quasi-steady-state photoconductance data[J]. Appl. Phys. Lett., 1996, 69: 2510-2512.

[17] Cuevas A, Sinton R A, Kerr M, et al. A contactless photoconductance technique to evaluate the quantum efficiency of solar cell emitters[J]. Sol. Energy Mater. Sol. Cells, 2002, 71: 295-312.

[18] Macdonald D, Sinton R A, Cuevas A. On the use of a bias-light correction for trapping effects in photoconductance-based lifetime measurements of silicon[J]. J. Appl. Phys., 2001, 89: 2272-2278.

[19] 张树霖. 拉曼光谱学与低维纳米半导体[M]. 北京：科学出版社，2008.

[20] 沈学础. 半导体光谱和光学性质[M]. 第二版. 北京：科学出版社，2002.

[21] He Y L, Yin C Z, Cheng G X, et al. The structure and properties of nanosize crystalline silicon films[J]. J. Appl. Phys., 1994, 75: 797-803.

[22] Xu L, Li Z P, Wen C, et al. Bonded hydrogen in nanocrystalline silicon photovoltaic materials: Impact on structure and defect density[J]. J. Appl. Phys., 2011, 110: 064315.

[23] Bustarret E, Hachicha M A, Brunel M. Experimental determination of the nanocrystalline volume fraction in silicon thin film from Raman spectroscopy[J]. Appl. Phys. Lett., 1988, 52: 1675-1677.

[24] Wang K C, Hwang H L, Leong P T, et al. Microstructure of low-temperature-deposited polycrystalline silicon with micrometer grains[J]. J. Appl. Phys., 1995, 77: 6542-6548.

[25] Zi J, Büscher H, Falter C, et al. Raman shifts in Si nanocrystals[J]. Appl. Phys. Lett., 1996, 69: 200-202.

[26] Tsu D V, Lucovsky G, Davidson B N. Effects of the nearest neighbors and the alloy matrix

on SiH stretching vibration in the amorphous SiO_r:H $(0 < r < 2)$ alloy system[J]. Phys. Rev. B, 1989, 40: 1795-1805.

[27] Ouwens J D, Schropp R E I. Hydrogen microstructure in hydrogenated amorphous silicon[J]. Phys. Rev. B, 1996, 54: 17759-17762.

[28] Zhao L, Diao H, Zeng X, et al. Comparative study of the surface passivation on crystalline silicon by silicon thin films with different structures[J]. Physica B, 2010, 405: 61-64.

[29] Brodsky M H, Cardona M, Cuomo J J. Infrared and Raman spectra of the silicon-hydrogen bonds in amorphous silicon prepared by glow discharge and sputtering[J]. Phys. Rev. B, 1977, 16: 3556-3571.

[30] Freeman E C, Paul W. Infrared vibrational spectra of rf-sputtered hydrogenated amorphous silicon[J]. Phys. Rev. B, 1978, 18: 4288-4300.

[31] Wen C, Xu H, Liu H, et al. Passivation of nanocrystalline silicon photovoltaic materials employing a negative substrate bias. Nanotechnology, 2013, 24: 455602.

[32] Langford A A, Fleet M L, Nelson B P, et al. Infrared absorption strength and hydrogen content of hydrogenated amorphous silicon[J]. Phys. Rev. B, 1992, 45: 13367-13377.

[33] Kroll U, Meier J, Shah J A, et al. Hydrogen in amorphous and microcrystalline silicon films prepared by hydrogen dilution[J]. J. Appl. Phys., 1996, 80: 4971-4975.

[34] Monokroussos C, Etienne D, Morita K, et al. Accurate power measurements of high capacitance PV modules with short pulse simulators in a single flash[C]. Proceedings of 27th European Photovoltaic Solar Energy Conference, Frankfurt, Germany, 2012: 3687-3692.

[35] Friesen G, Ossenbrink H A. Capacitance effects in high-efficiency cells[J]. Sol. Energy Mater. Sol. Cells, 1997, 48: 77-83.

[36] Edler A, Schlemmer M, Ranzmeyer J, et al. Understanding and overcoming the influence of capacitance effects on the measurements of high efficiency silicon solar cells[J]. Energy Procedia, 2012, 27: 267-272.

[37] King D L, Gee J M, Hansen B R. Measurement precautions for high-resistivity silicon solar cells[C]. Proceedings of the 20th IEEE Photovoltaic Specialists Conference, Las Vegas, NV, USA, 1988: 555-559.

[38] Keogh W M, Blakers A W, Cuevas A. Constant voltage I-V curve flash testers for solar cells[J]. Sol. Energy Mater. Sol. Cells, 2004, 81: 183-196.

[39] Hishikawa Y. Precise performance measurement of high-efficiency crystalline silicon solar cells[C]. Proceedings of 4th World Conference on Photovoltaic Energy Conversion, Waikoloa, HI, USA, 2006: 1279-1282.

[40] 刘锋. 太阳能模拟器对光伏测试的影响与最优化光学设计[D]. 上海：上海交通大学, 2009.

[41] Sinton R A. Challenges with testing high-efficiency Si solar cells and modules[C]. Workshop Proceedings of 18th Workshop on Crystalline Silicon Solar Cells and Modules: Materials and Processes, Vail, CO, USA, 2008: 78-82.

[42] Basor P A, Clugston D A. PC1D. http://www.pv.unsw.edu.au/pc1d.

[43] Keogh W M. Accurate performance measurement of silicon solar cells[D]. Canberra: The Australian National University, 2001.

第4章　非晶硅/晶体硅异质结太阳电池制备

在当今的光伏产业，降低生产成本和提高太阳电池的转换效率成为太阳电池生产企业的首要任务。传统晶体硅电池技术日趋成熟，但是要在现有生产线和工艺技术的基础上，将晶体硅电池的转换效率进一步较大幅度地提高是有困难的。因此，必须探索新技术和新工艺，才有可能实现硅基太阳电池效率的大幅度提高。由于三洋(现松下)公司在非晶硅/晶体硅异质结太阳电池上获得的成功，以及他们的核心专利在 2010 年到期，目前世界各地的研究机构和企业都加大了对硅异质结(silicon heterojunction, SHJ)太阳电池的研发。

三洋将其带本征薄膜层的非晶硅/晶体硅(a-Si:H/c-Si)异质结太阳电池称为 HIT(heterojunction with intrinsic thin-layer)电池，然而由于他们严格保密，人们对其生产工艺过程和参数了解甚少。总结三洋和其他研究机构已发表的论文和数据，以及我们的研究成果，本章按照 a-Si:H/c-Si 异质结太阳电池的制作工艺顺序，来阐述 a-Si:H/c-Si 异质结太阳电池制作过程中的设备、工艺、材料等基本问题，以便对 a-Si:H/c-Si 异质结太阳电池的制备有一个全面的了解。

4.1　非晶硅/晶体硅异质结太阳电池的结构

在第 1 章已经对三洋的 HIT 太阳电池结构作了介绍，而在实际的研究中，不同机构采用的电池结构会有所不同。综合文献报道，根据采用的单晶硅衬底导电类型，a-Si:H/c-Si 异质结太阳电池可以分为 p-a-Si:H/n-c-Si 和 n-a-Si:H/p-c-Si 两类；按照只是在硅片正面还是在硅片的正、背面都形成异质结，可以分为单面异质结电池和双面异质结电池。图 4-1 为常见的双面 a-Si:H/c-Si 异质结太阳电池的结构示意图，衬底分别为 n 型和 p 型单晶硅。图 4-2 为单面 a-Si:H/c-Si 异质结太阳电池的结构示意图，衬底分别为 n 型和 p 型单晶硅。

多数的研究机构和企业，如日本三洋[1-4]、日本 Kaneka[5]、德国/瑞士 Roth & Rau[6,7]、德国 HZB[8]、法国 INES[9]和瑞士 EPFL[10-12]等，都采用的是图 4-1(a)所示的双面异质结电池结构，它是以 n 型单晶硅为衬底，正面依次为 i-a-Si:H、p-a-Si:H、TCO 和电极，背面依次为 i-a-Si:H、n-a-Si:H、TCO 和金属接触(或栅线)。而如果以

p 型单晶硅为衬底，可以制作同样具有对称结构的双面异质结电池，对这种电池结构，美国 NREL 做过许多研究[13]。最近 EPFL 采用该结构，在 4 cm² 的 p-FZ 硅片上获得了效率为 21.38% 的电池[11]，这是目前效率最高的 p 型异质结电池。

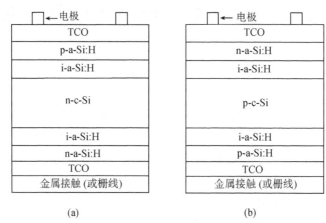

图 4-1   双面 a-Si:H/c-Si 异质结太阳电池结构示意图
衬底为(a)n-c-Si 和(b)p-c-Si

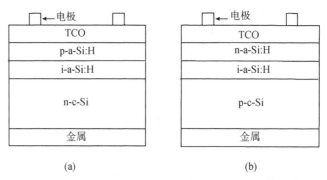

图 4-2   单面 a-Si:H/c-Si 异质结太阳电池结构示意图
衬底为(a)n-c-Si 和(b)p-c-Si

三洋最初研究 HIT 电池[14]时采用过图 4-2(a)所示的单面异质结太阳电池，它是以 n 型单晶硅为衬底，背面的金属接触是通过铝真空蒸发制得的。该结构中电池背面的金属与衬底直接接触，靠肖特基势垒在半导体中所引起的能带弯曲起到背表面场(BSF)效果，但是对接触金属的功函数有严格要求，并且金属-半导体接触界面不太好处理，金属接触背场在太阳电池上并不适用，因此图 4-2(a)所示的以 n 型单晶硅为衬底的单面异质结太阳电池研究不多。在传统太阳电池中，常在 p 型硅片背面通过 Al 扩散或 B 扩散形成 p⁺掺杂层的背场，其中 Al-BSF 已经在产业化生产中大量应用。因此，使用 p 型单晶硅为衬底，在正面形成异质结，在背面形成背场和金属接触的单面异质结太阳电池也被大量研究[15-17]，其结构如图 4-2(b)所示。但是形成 Al 或 B 背场需要高温，对硅片和电池性能有损伤，使得该结构的异质结电池效率并不高，甚至比传统的晶体硅电池效率还低，因此不具有竞争力，但是作为一种简单的异质结电池结构，可以作为对比研究。

一般双面异质结电池的转换效率比单面异质结电池要高，这是因为双面异质结电池的非晶硅背场能实现更好的钝化。n 型单晶硅比 p 型单晶硅更适合作为异质结太阳电池的衬底，这是因为以下几个方面的原因[12]：①n 型硅片的少子寿命长；②n 型硅中无 B-O 对，没有光致衰减；③n 型硅片的钝化比 p 型硅更容易。因此，以 n 型单晶硅为衬底的 a-Si:H/c-Si 异质结电池的转换效率要比以 p 型单晶硅为衬底的电池效率要高，普遍来说以 p 型单晶硅为衬底的异质结电池效率不超过 20%，除了最近的个别报道达到了 21.38%的效率[11]。但是相对来说，p 型单晶硅更易于获得，而且价格相对便宜，因此还是吸引了人们以 p 型单晶硅来制作异质结电池的研究兴趣。文献[12]总结了以 n 型单晶硅和 p 型单晶硅为衬底的硅基异质结电池器件结果。

各研究机构采用的硅基异质结电池结构会有所不同，但是基本上都涵盖在上述四种结构中。随着研究的深入和技术的进步，人们把另一种 n 型高效电池技术——IBC 电池技术，与 SHJ 电池结构相结合，形成了背接触硅异质结电池结构，即 IBC-SHJ 电池，关于 IBC-SHJ 电池和背发射极硅异质结电池，将在 4.8 节加以介绍。

4.2   非晶硅/晶体硅异质结太阳电池的制作工序

在实际中，还是以 n 型硅双面异质结太阳电池的研究居多。以三洋的 HIT 电池为例，在经过清洗制绒的 n 型 c-Si 正面依次沉积厚度为 5~10 nm 的本征 a-Si:H 钝化层和 p 型 a-Si:H 发射极，在 p-a-Si:H 薄膜上再沉积一层 TCO 薄膜，再在 TCO 上制作金属栅线电极。在硅片背面依次沉积厚度为 5~10 nm 的本征 a-Si:H 钝化层和 n 型 a-Si:H 薄膜以形成背表面场，在 n-a-Si:H 薄膜上再沉积一层 TCO 薄膜，在 TCO 上制作背面的金属接触。最后，对电池进行边缘隔离和测试分选。其制作工序如图 4-3 所示。其中，本征和掺杂的 a-Si:H 薄膜一般都是用 CVD(如 PECVD、HWCVD) 方法沉积；TCO 薄膜一般是通过物理气相沉积(physical vapor deposition，PVD)，如磁控溅射来实现；正面的金属栅线一般使用丝网印刷和低温烧结技术实现；背面的金属接触可以采用丝网印刷和低温烧结形成金属栅线，也可以采用 PVD 方法形成金属接触；边缘隔离可以使用激光刻蚀设备；使用 I-V 测试仪测量电池的基本性能参数和效率，并进行分选。

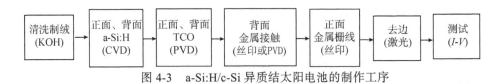

图 4-3   a-Si:H/c-Si 异质结太阳电池的制作工序

相比传统的同质结晶体硅电池的制造工艺，a-Si:H/c-Si 异质结太阳电池的制造有如下一些特点：①工序步骤少，工艺流程短，耗时更少；②采用低温技术形成 p-n 结和电接触，热耗减少；③由于低温工艺和对称结构，减少了热过程导致的硅片翘曲问题，因而可以使用更薄的硅片，有利于降低成本。a-Si:H/c-Si 异质结太阳电池和传统 p-n 同质结晶体硅电池制造过程中的热消耗和工艺时间对比情况见图 4-4。

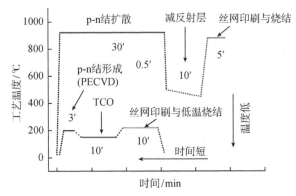

图 4-4   a-Si:H/c-Si 异质结电池(下曲线)和传统晶体硅电池(上曲线)的
热消耗和工艺时间估算对比[18]

明确了 a-Si:H/c-Si 异质结太阳电池的结构和制造工艺后，为方便叙述，本章将按照工艺顺序逐一讲述电池制作过程中的各个工艺步骤，对其中涉及的关键设备、工艺、材料和对电池性能的影响等方面进行阐述。应该讲，各个工艺之间并不是孤立的，它们之间会相互制约和影响，对 SHJ 电池性能的影响是综合的。

4.3   硅片的湿化学处理

在 a-Si:H/c-Si 异质结太阳电池中，异质结决定电池的最终特性。晶体硅衬底的表面直接成为异质结界面的一部分，其洁净程度是决定电池性能的关键因素之一。因此，优化硅片表面的湿化学处理技术，减少硅片表面的不洁净而引进的缺陷和杂质，从而降低异质结界面的载流子复合损失是获得高性能电池的先决条件。在太阳电池的制造中，常通过硅片的制绒(织构)来优化电池的陷光性能。制绒后，由于形成绒面使得界面面积增加，对异质结电池而言，由于存在界面缺陷，因此通过后续沉积钝化层来减少界面缺陷就显得非常重要。硅界面的载流子复合损失主要由表面电荷和界面态密度(density of interface states，D_{it})决定[19]。这些态密度与表面形貌和微粗糙度(micro-roughness)密切相关，为减少界面复合损失，不同的方法被用来减少电活性缺陷密度，包括：①通过湿化学处理去除硅表面的损伤区域；②用氢来饱和表面和近表面区域的悬挂键(dangling bonds，DB)。

　　洁净的硅片表面是指硅表面不存在杂质颗粒、金属、有机物、湿气分子和自然氧化膜。一般清洗硅片都是先去除有机物，再溶解氧化层，然后去除颗粒和金属。常用的清洗硅片的方法是 RCA 湿化学清洗法[20]，它包括用 SPM(H_2SO_4:H_2O_2 = 3:1，III 号液)去除有机物，用 DHF(HF:H_2O = 1:30)去除氧化层，用 APM(NH_4OH:H_2O_2:H_2O = 1:1:5，I 号液)去除颗粒，用 HPM(HCl:H_2O_2:H_2O = 1:1:6，II 号液)去除金属杂质。但是 RCA 清洗方法需要使用大量的高纯度化学试剂，增加成本的同时也会对环境造成一定的污染，尤其是在高温下使用高浓度 H_2SO_4，对环境极为不利。对太阳能行业的硅片清洗，为了达到良好清洗效果的同时降低成本，减少对环境的污染，人们对 RCA 工艺进行了改良，尤其基本不用 III 号液清洗这一步，以适应生产的需求。人们也在探索用新方法清洗硅片，如用臭氧超纯水清洗替代 RCA 清洗[21]，这种方法具有很大的优势，因为臭氧的氧化还原势比浓硫酸(H_2SO_4)和过氧化氢(H_2O_2)都高，可有效去除金属、颗粒和有机物，而且不增加硅片的微粗糙度。

　　与常规太阳电池制造类似，a-Si:H/c-Si 异质结太阳电池制作时硅片衬底的湿化学处理要达到三个主要目的：①去除硅片表面的污染和损伤层；②形成特殊的表面形貌，如绒面，来减少光反射达到陷光的目的，同时减少界面复合损失；③表面氧化层的去除和表面调控，以钝化湿化学处理诱导的界面态。这里为叙述方便将硅片的湿化学处理过程分成三个主要步骤，即去损伤层、制绒和去除氧化层。而在实际的生产中，上述三个步骤可以在同一台清洗制绒设备上完成，改进后的 RCA 清洗方法也是集成在工艺设备中的。图 4-5 是用于 SHJ 电池制造的硅片清洗制绒设备外

图 4-5　用于 a-Si:H/c-Si 异质结太阳电池的硅片清洗制绒设备照片

形照片，它包括了各种酸、碱槽和水洗槽。

4.3.1　去损伤层

硅片经过机械切割后，在表面留有切痕和损伤层，图 4-6 是切片后硅片的 SEM 断面照片，经常可以观察到切痕损伤区和微裂纹。完全去除这些损伤层，对于减少衬底硅片的复合损失非常重要。

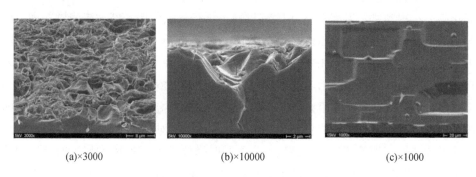

(a)×3000　　　　　　　　　(b)×10000　　　　　　　　(c)×1000

图 4-6　硅片的断面 SEM 照片[22]

(a)切痕损伤区；(b)微裂纹；(c)去损伤层后

硅片表面的切痕和损伤层，需要通过表面腐蚀来去除，通常使用的腐蚀方法有酸性腐蚀和碱性腐蚀。常用的酸性腐蚀液是硝酸(HNO_3)和氢氟酸(HF)的混合液，HNO_3 的作用是使硅氧化成 SiO_2，而 HF 可使硅表面形成的 SiO_2 不断溶解，保持反应持续进行。通过调整 HNO_3、HF 的比例和溶液的温度，可以控制腐蚀的速度，若在酸性腐蚀液中加入醋酸(CH_3COOH)作为缓冲剂，可使硅片表面光亮。而硅片可与 KOH、NaOH 等碱性溶液起作用，生成硅酸盐并放出氢气，其化学反应式为

$$Si + 2KOH + H_2O \longrightarrow K_2SiO_3 + 2H_2\uparrow \qquad (4\text{-}1)$$

碱性腐蚀的硅片表面没有酸性腐蚀光亮平整，但碱性腐蚀的成本比较低，对环境的污染也小，因此目前多采用碱性腐蚀方法。

通过表面腐蚀后，可使硅片减去薄薄的一层，硅片切割的方法不同，表面损伤层的厚度不一样，一般硅片单面要腐蚀掉 5 ~ 10 μm。影响腐蚀效果的主要因素是腐蚀液的浓度和温度。可采用三种方式来去除损伤层[22]：①单独的去损伤层工艺；②损伤层去除和随后的各向异性腐蚀形成金字塔绒面组合进行；③只采取各向异性腐蚀形成金字塔，但是延长腐蚀的时间。

Angermann 等[22]研究了不完全去除损伤层和完全去除损伤层对硅片性能的影响，发现不完全去除损伤层的硅片上有微裂纹残存，而完全去除损伤层的硅片从宏观上看表面是光滑的。完全去除损失层后硅片的断面 SEM 如图 4-6(c)所示。在上述

两种硅片的正、反面沉积 a-Si:H 薄膜钝化层,测量它们的有效少子寿命,发现不完全去除损伤层的硅片少子寿命要低,只有 100 μs 左右,而完全去除损伤层的硅片有效少子寿命能达到 1000 μs,有一个数量级的提升。测量上述两种硅片的界面态密度 D_{it},发现完全去除损伤层后,其 D_{it} 也更低。少子寿命和 D_{it} 都会影响到 SHJ 电池的性能,这表明完全去除损伤层对制作 SHJ 电池非常重要。

4.3.2　制绒

太阳电池中一个主要的光学损失是表面光反射。抛光硅片的表面光反射损失达 34%,为制备高效率太阳电池,反射必须减小到 ~10% 或以下。在晶体太阳电池中,常在硅片表面制作绒面,绒面的表面光反射减少,意味着更多的光进入太阳电池,因而产生更多的光生载流子。同时,有效的绒面结构使得入射光在表面进行多次反射和折射,改变了入射光在硅中的前进方向,延长了光程,产生陷光作用,从而也增加光生载流子的产生。随着用于太阳电池的硅片厚度越来越薄,入射光光程的增加对于薄型太阳电池特别重要,因为薄型太阳电池不能完全吸收垂直通过的入射光。太阳电池中绒面的陷光示意图如图 4-7 所示。

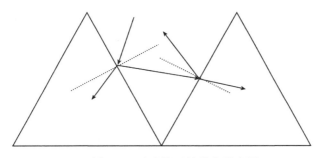

图 4-7　硅片绒面的陷光示意图

用于 a-Si:H/c-Si 异质结太阳电池的衬底硅片一般是单晶硅,单晶硅的绒面通常是利用碱性腐蚀液,如 KOH、NaOH 等对硅片表面腐蚀而成。它是利用腐蚀液对硅晶体的不同晶面具有不同的腐蚀速度——各向异性腐蚀,即对 Si(100)晶面腐蚀较快,对 Si(111)晶面腐蚀较慢。将单晶硅(100)晶面作为表面,经过腐蚀,会出现表面为(111)晶面的四方锥体结构,即金字塔结构。这种结构密布于硅片表面,好像是一层丝绒,因此称为“绒面”。在实际中,常使用无机腐蚀剂(KOH 或 NaOH),腐蚀液温度为 70 ~ 90 ℃。为获得均匀的绒面,还需要添加醇类(常用异丙醇,IPA)作为络合添加剂。制绒过程中,硅片单面的腐蚀深度在 15 ~ 25 μm。同时由于腐蚀过程的随机性,金字塔的大小并不相同,单面的金字塔大小控制在 5 ~ 15 μm。图 4-8

是我们制作的金字塔绒面 SEM 照片,为用 KOH 溶液腐蚀 n 型单晶硅得到的。为克服碱金属离子可能对表面的污染,其他腐蚀液也可以用来制绒,如用四甲基氢氧化铵(tetramethylammonium hydroxide, TMAH)[23]可以获得和 KOH 或 NaOH 腐蚀液类似的制绒效果。

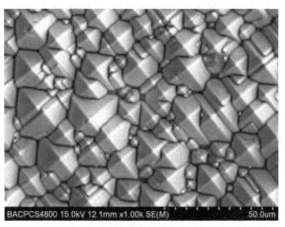

图 4-8   单晶硅绒面的 SEM 照片

图 4-9 是刚切好的硅片、去损伤层后的硅片以及经过碱性溶液腐蚀制绒后硅片的反射率对比。从图中可见,制绒后硅片的反射率大幅下降,只有10%左右,表明通过碱性制绒形成金字塔结构,达到了良好的减反射陷光作用。

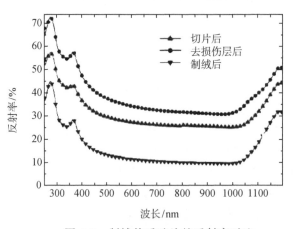

图 4-9   制绒前后硅片的反射率对比

在制绒阶段,比较关心的一个问题是绒面金字塔的大小。通过改变制绒腐蚀的温度、腐蚀液浓度、添加剂浓度以及制绒的时间,可以获得所需的金字塔大小。但是在制作 SHJ 电池时,选择何种大小的金字塔结构,还没有一致的结论。Muñoz 等[24]

研究了用 KOH/IPA 制绒，并用于异质结电池，发现大金字塔(平均约 10 μm)可以获得较高的开路电压。而 Li 等[25]用 NaClO/C_2H_5OH 制绒，随后用 HF/HNO_3/CH_3COOH 进行化学抛光，获得了小金字塔绒面(1~3 μm)，并且 HF/HNO_3/CH_3COOH 处理可以减小金字塔的陡峭度和粗糙度，他们认为经过抛光的小金字塔绒面有利于随后沉积非晶硅的覆盖度，从而获得良好的非晶硅钝化和界面性能，有利于获得高效率的 SHJ 太阳电池。

制作 SHJ 电池时，对硅片绒面的要求是要能适应后续非晶硅薄膜层的沉积，因为硅片经过制绒后的下一个工序是沉积非常薄的非晶硅薄膜。研究表明在绒面硅片上沉积非晶硅薄膜比在抛光硅片上要难。其中可能的原因是在金字塔的顶部和底部沉积的非晶硅厚度不均匀，顶部厚而底部薄，甚至有可能在金字塔底部非晶硅薄膜不能完全覆盖，这样势必会影响电池的性能。

为解决这个问题，三洋提出了在制绒后，采取圆滑金字塔底部的湿化学处理工艺专利[26]。他们采用 HF+HNO_3 溶液进行各向同性腐蚀，这样制绒后的硅衬底表面单面腐蚀掉 1 ~ 2 μm，同时绒面金字塔的底部被圆滑了。其示意图如图 4-10 所示。采用这种各向同性腐蚀后，绒面硅片衬底的金字塔表面从 1a 位置移到 1b 位置，同时形成以腐蚀前金字塔交界面的底部为中心、半径为 r 的曲面，硅片的腐蚀深度也为 r。由于在 HIT 电池中本征非晶硅钝化层的厚度为 5 nm 或以上，因此要求底部曲面半径要大于 5 nm，在三洋的专利中他们提出 r 的范围在 0.01 ~ 20 μm，同时要求底部的半径大于金字塔顶部突出部分的半径。经过该各向同性腐蚀，绒面硅片衬底的表面变得平坦光滑，表面粗糙度减小，有利于后续非晶硅薄膜层的均匀沉积，能够提高电池的开路电压和填充因子，从而电池效率得到提高。他们举例，经过这种各向同性腐蚀，电池的效率从 15.7%提升到 17%。其他腐蚀方法，如 HF/HNO_3/CH_3COOH 湿化学腐蚀，或者用 CF_4/O_2 干法刻蚀，也能达到类似的效果。

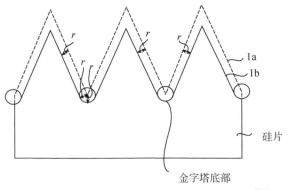

图 4-10　各向同性腐蚀绒面硅片示意图[26]

4.3.3 表面氧化层的去除和表面调控

在半导体工业中，常用 HF 腐蚀处理硅片，从而得到无污染、适合后续工艺的、化学稳定的硅片。通常 HF 腐蚀是 RCA 清洗方法的一部分，用于去除硅片表面的氧化物。洁净、表面状态控制良好的硅片表面对于后续非晶硅薄膜的沉积和获得高质量的钝化性能非常重要。硅片经过去损伤层和制绒后，后续还会进行 RCA 清洗和 HF 腐蚀。在 RCA 清洗液时，一方面进行氧化反应以在硅片表面形成一层氧化层，把污染物局限在氧化层中，另一方面氧化层的腐蚀同时进行，从而把杂质也去除掉。HF 处理则把表面氧化层腐蚀去除，同时硅表面的悬挂键被氢饱和，称为 H-termination[27]，从而使硅片获得良好的钝化性能。

然而，经过 HF 处理后的硅片，H-termination 主要是限制自然氧化层(native oxide)在室温下生长，但是不能完全阻止最初的氧化过程[28,29]和缺陷的产生[30]。悬挂键缺陷主要位于表面不均匀处，与硅片表面微粗糙度有很大关系[31]。在湿化学氧化处理时，通过氧化物的返刻腐蚀(etch-back)，几个埃(Angstrom, Å)厚的硅表面层被去除，Si/SiO₂ 界面向硅内部移动，这一原理可以用来去除污染物和降低表面微粗糙度。上述的硅片去损伤层和制绒后，再进行 RCA 清洗，也可以认为是这样一种湿化学处理。但是采用 RCA 清洗和随后的 HF 处理，硅片的表面微粗糙度和界面态密度较高，并不是最适合后续非晶硅薄膜沉积的硅片表面。在 RCA 清洗后，再增加一个湿化学氧化-氧化物去除过程，调控硅片的表面状态，会有利于硅片表面微粗糙度的降低和平滑，同时界面态密度也会降低，在 SHJ 电池制作中会有益于后续非晶硅的沉积和电池性能的改善。

Angermann 等[32-34]研究用 $H_2SO_4/H_2O_2(1:1, 120℃)$氧化处理制绒后的硅片 10 min，后续再去除氧化物实现 H-termination，来调控硅的表面状态。该方法可以实现去除损伤区域、减少 Si(111)晶面的粗糙度，并且能使由湿化学处理诱导的缺陷态密度降低[33]，电池的性能也有明显的改善[32-34]。其结果如图 4-11 和图 4-12 所示。

从图 4-11 可见，采用优化的湿化学处理过程(图 4-11 中曲线(2))，即先用 RCA II 号液清洗，随后用 1% HF 处理 120 s，再用 H_2SO_4/H_2O_2 氧化，最后用 1% HF 处理 180 s，经过这样一个湿化学氧化-腐蚀过程，绒面硅片的缺陷态密度明显降低。这一方面是由于 H_2SO_4/H_2O_2 氧化使硅片微粗糙度降低，硅片变平滑，另一方面在最后腐蚀阶段用 1% HF 处理 180 s 能完全去除氧化物。同时，从图 4-11 可以看到，延长 1% HF 处理时间也有利于获得低缺陷态密度的硅片。Barrio 等[35]也发现使用 1% HF 浸泡处理硅片，2 min 就足够能去除 5 nm 的自然氧化层。

将上述两种处理的硅片都制作成 SHJ 电池，忽略其他因素，只考察这两种湿化学处理对电池性能的影响。从图 4-12 可见，相比使用 RCA + 1% HF 处理的硅片，

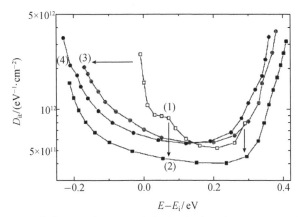

图 4-11　湿化学处理绒面 p 型硅片后，用表面光电压(SPV)测得的
界面态密度 $D_{it}(E)$ 能量分布图[33]

(1) RCA II + 1% HF(60 s)；(2) RCA II + 1% HF(120 s) + H₂SO₄/H₂O₂ + 1% HF(180 s)；(3) RCA II + 1% HF(90 s)；
(4) RCA II + 1% HF(90 s) + H₂SO₄/H₂O₂ + 1% HF(60 s)

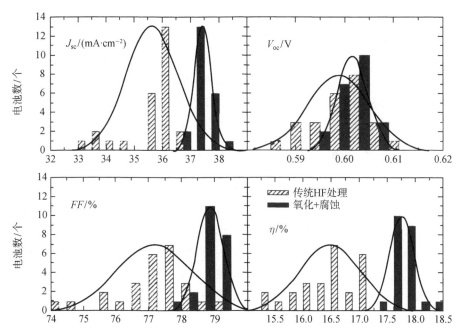

图 4-12　面积为 1 cm² 、结构为 n-a-Si:H/p-c-Si 的两组 SHJ 电池基本参数 J_{sc} 、V_{oc} 、FF 和
效率 η 的柱状图和数据拟合分布[32,34]

斜条纹为硅片制绒清洗后只用 HF 处理；黑色为增加 H₂SO₄/H₂O₂ 氧化和氧化层去除过程

绒面硅片再增加 H₂SO₄/H₂O₂ 氧化处理过程，使得电池的 I_{sc} 、V_{oc} 和 FF 都有所增加，
综合使得电池的转换效率平均值从 16.5%增加到 17.8%，还是有一个明显的提升，

表明增加 H_2SO_4/H_2O_2 氧化处理能有效调控湿化学处理诱导的表面态，有利于提高电池的效率。但是，增加 H_2SO_4/H_2O_2 处理步骤，增加了工艺的复杂性，并且从环保的角度也不太值得推荐。

经过最终的氧化层去除后，硅片表面被 H-terminated，能够限制硅表面在洁净室空气中的氧化，但是仍不能完全阻止自然氧化层的形成。将 H-terminated 后的硅片存放在干燥氮气柜中，能减少氧化层的生长，但由于仍会吸附水分子，自然氧化层还是会形成。因此，处理好的硅片，应该尽快转移到下一步的非晶硅薄膜沉积制作工序。

4.4 非晶硅薄膜的沉积

在 SHJ 电池中，硅片经过湿化学制绒清洗后，下一个要进行的工序是非晶硅薄膜的沉积。这里面包括本征非晶硅层(i-a-Si:H)的沉积和掺杂非晶硅层的沉积。高质量的表面钝化对获得高效率的太阳电池非常重要。本征非晶硅可以对晶体硅表面实现良好的钝化，三洋的 HIT 电池之所以能获得高效，与 i-a-Si:H 的钝化密切相关。与常规的同质结晶体硅电池不同，SHJ 电池是用掺杂非晶硅薄膜做发射极和背场，如 HIT 电池是以 n 型硅片为衬底，正面以硼掺杂的 p-a-Si:H 做发射极，而在背面是以磷掺杂的 n-a-Si:H 形成背场。因此，本征和掺杂非晶硅层的制备方法和工艺，对 SHJ 电池的性能至关重要，本节将阐述非晶硅沉积的各种基本问题。

4.4.1 硅薄膜沉积设备

薄膜沉积技术应用在微电子器件、光学、超硬涂层、防腐蚀层等众多工业应用领域。在这些众多的应用中，薄膜的沉积方法可以分成两类：①物理沉积，如蒸发、溅射等；②化学沉积，如 CVD 等。物理和化学沉积方法都会使用在 SHJ 电池的制备中，如蒸发可以用于沉积金属接触，溅射可用于沉积 TCO 薄膜，而为获得具有氢钝化功能的 a-Si:H 薄膜，一般用化学沉积方法来沉积硅基薄膜。常用于 a-Si:H 薄膜沉积的方法是等离子体增强化学气相沉积(PECVD)和热丝化学气相沉积(hot-wire CVD，HWCVD)。

4.4.1.1 PECVD

PECVD 技术是借助于辉光放电等离子体使含有薄膜组成的气态物质发生化学反应，从而实现薄膜材料生长的一种制备技术。辉光放电装置的形式多种多样，按照划分的标准不同而异。根据辉光放电激励源频率的不同，辉光放电可分为直流辉光放电和交流辉光放电两种形式，其中交流辉光放电还可以按照激励源频率的高低划分为低频辉光放电、射频辉光放电、甚高频辉光放电以及微波辉光放电等。而按照能量耦合方式的不同，辉光放电装置还可以分为外耦合电感式、外耦合电容式、内耦合平行板电容式和外加磁场式等。其中，在材料制备技术中较为普遍应用的是内耦合平行板电容式 PECVD，其结构示意图如图 4-13 所示，主要由真空反应室及真空监控系统、衬底加热及温控系统、气路及流量控制系统、排气系统和射频功率电源系统等组成。图 4-14 是一台团簇式(cluster)多腔室的 PECVD 设备实物照片，它包括三个反应腔室，分别用于沉积 p、i 和 n 型非晶硅薄膜。

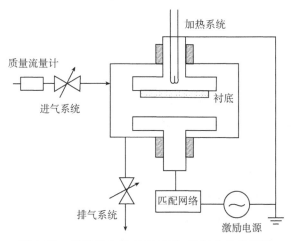

图 4-13　平行板电容式 PECVD 装置结构示意图

图 4-14　团簇式 PECVD 设备实物照片

　　由于 PECVD 技术是通过反应气体放电来制备薄膜的，有效地利用了非平衡等离子体的反应特征，从根本上改变了反应体系的能量供给方式。一般来讲，采用 PECVD 技术制备薄膜材料时，薄膜的生长主要包含以下三个基本过程：①在非平衡等离子体中，电子与反应气体发生初级反应，使得反应气体发生分解，形成离子和活性基团的混合物；②各种活性基团向薄膜生长表面和管壁扩散输运，同时发生各反应物之间的次级反应；③到达生长表面的各种初级反应物和次级反应产物被吸附并与表面发生反应，同时伴随有气相分子物的再放出。

在 SHJ 电池制作中，常用硅烷(SiH_4)作为前驱物来沉积本征非晶硅薄膜，一般还需通入氢气(H_2)以调节 SiH_4 比例；而要沉积掺杂非晶硅薄膜，则需要加入相应的掺杂气体，如磷烷(PH_3)掺杂用于制备 n-a-Si:H，硼烷(B_2H_6)掺杂用于制备 p-a-Si:H。通常在沉积这些非晶硅薄膜时，需要控制的工艺参数是衬底温度、沉积气压、气体总流量、气体比例、射频功率密度、上下电极间距等，改变工艺参数也可以沉积出微晶硅薄膜(μc-Si:H)。等离子激发射频源(RF)的频率一般是 13.56 MHz，也有用甚高频(very high frequency, VHF)射频源的，如 40 MHz[10,11]、70 MHz、110 MHz 等，使用 VHF 射频源可以提高成膜速率，改善硅薄膜的结晶性和成膜质量[36]。有关 PECVD 沉积 a-Si:H 薄膜的工艺对性能的影响和反应机理的详细讨论可以参看文献 [37,38]，这里不展开论述。

4.4.1.2 HWCVD

热丝化学气相沉积(HWCVD)方法是由 Wiesmann 等[39]于 1979 年提出，当时是为了高速制备非晶硅薄膜，但是制备出的非晶硅薄膜电学特性没有 PECVD 所制备的效果好。随着所沉积 a-Si:H 薄膜质量的改善，这种技术引起了人们的重视，相应的研究也越来越多。HWCVD 是利用高温的热丝(通常是钨丝或钽丝)催化作用使 SiH_4 分解从而制备硅薄膜。反应过程一般是将 SiH_4 和 H_2 的混合气体通入反应腔室中，同时将热丝加热至高温(1500 ~ 2000 ℃)，在高温热丝的催化作用下分解反应气体，热丝分解气体的产物主要有 Si 原子和 H 原子，这些原子会向衬底运输，在运输过程中 SiH_4 还要继续与 Si、H 等原子之间反生气相反应，热丝温度和沉积环境的气压不同，反应所得的产物也将不同，这些反应所得产物中的 Si、Si-H、Si-H_2 和 Si-H_3 基团是薄膜生长的主要物质。HWCVD 沉积薄膜一般可以分为三个阶段，分别是：①反应气体在热丝处的分解反应；②基元向衬底运输过程中的气相反应；③生长薄膜的表面反应。HWCVD 的设备示意图和反应机理示意图见图 4-15。

HWCVD 与 PECVD 相比具有一些优点：①薄膜的生长速率相对较高；②设备与工艺相对简单；③生长出的薄膜有序性更好，在保持相同电学特性的同时薄膜中的 H 原子含量较低，这使得薄膜的光致衰退率降低，稳定性更好；④气体利用率更高，高温下使得硅烷分解更完全，有利于降低成本；⑤避免了 PECVD 中存在的辉光放电等离子对薄膜表面的损伤。

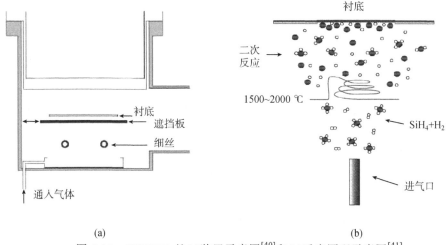

图 4-15　HWCVD 的(a)装置示意图[40]和(b)反应原理示意图[41]

但是同时，HWCVD 也存在一些缺点：①由于反应过程中反应室内通入大量的氢气，热丝和氢气反应会使热丝变得非常脆，从而发生断裂而影响热丝的寿命；②沉积过程中热丝表面也会生成薄膜，所以热丝高温控制不是很精确；③反应过程中热丝距离衬底一般很近，热丝的辐射会影响衬底的温度，使衬底温度不易精确控制，对薄膜的沉积速率和晶化率等性能都会产生影响。

HWCVD 也可用于 SHJ 电池中硅薄膜的沉积，如美国 NREL[13]就一直是用HWCVD 沉积硅薄膜制作 SHJ 电池。但相比较来讲，还是用 PECVD 沉积硅薄膜来制作 SHJ 电池的居多。

除了 PECVD 和 HWCVD 外，也有用其他方法沉积硅薄膜用于制造 SHJ 电池的研究报道，如用直流 PECVD(DC-PECVD)[42]、电子回旋共振(electron cyclotron resonance, ECR)CVD(ECR-CVD)[43]、膨胀热等离子体(expanding thermal plasma)[44]。这些方法基本都是用于实验研究，没有用于工业的报道。

4.4.2　本征非晶硅薄膜

人们很早就发现了本征非晶硅薄膜(i-a-Si:H)对晶体硅表面的良好钝化作用[45-47]。三洋 HIT 电池的成功就是源于 i-a-Si:H 的良好钝化作用，他们将一定厚度的 i-a-Si:H 插入晶体硅和掺杂层之间，已经取得高效率的异质结太阳电池[1-4]。通常用 PECVD 方法来沉积 i-a-Si:H，其射频源的频率一般为 13.56 MHz，当然也可以使用甚高频。在沉积 i-a-Si:H 时，一般以 H_2 稀释的 SiH_4 为前驱体，沉积温度 200 ℃左右，沉积气压十几帕到几百帕，其他工艺参数还涉及气体总流量、气体比例、射频功率密度、上下电极间距等。本节从工艺的角度介绍 i-a-Si:H 沉积工艺对 SHJ 电池钝化和电池性能的影响，而关于钝化的机理和 a-Si:H/c-Si 界面问题将在第 5 章论述，同时在这里还将介绍用其他薄膜，如氧化硅薄膜，取代 a-Si:H 作为钝化层的研究情况。

4.4.2.1　氢预处理

在 a-Si:H 薄膜沉积之前，晶体硅通常会用稀 HF 溶液浸泡，以去除表面的自然氧化层，获得疏水(hydrophobic)表面，同时硅表面被 H-terminated。另外一种预处理方法是在硅片用 HF 浸泡后，在 a-Si:H 薄膜沉积之前，再用氢预处理，即用 PECVD 或 HWCVD 电离氢气产生的原子氢处理硅片表面。

原子氢预处理有助于提高硅片表面清洁度，去除残留氧化物和氟化物，同时能钝化表面缺陷[48]。但是，a-Si:H 薄膜沉积之前的原子氢预处理也可能对非晶硅的钝化产生不利的影响，主要体现在以下几个方面：①原子氢预处理可能选择性刻蚀硅片表面，导致硅片的表面粗糙度发生改变[48]；②在晶体硅中产生额外的应变和缺陷[48]，不利于表面钝化；③反应腔室壁上残留的 a-Si:H 通过原子氢的刻蚀作用而沉积在硅片表面，这种作用称为化学转移，它对硅片的钝化质量会产生影响。原子氢预处理硅片的关键是处理时间的控制。

NREL[48]用 HWCVD 进行原子氢处理硅片，发现小于 10 s 的处理时间对性能的影响差异不大，而过长的处理时间会降低电池的 V_{oc}。而 Schüttauf 等[49]用 HWCVD 氢处理硅片 0~30 s，再用 PECVD 在硅片正反面沉积本征非晶硅薄膜，以避免使用同一腔室处理产生的化学转移作用。他们发现无论多短时间(5 s、10 s)的氢处理都会降低钝化质量，使得用 QSSPC 方法测量的硅片有效载流子寿命降低，implied-V_{oc} 也降低。Muñoz 等[50]用 HWCVD 进行原子氢处理 1 min，发现对 p 型硅片的钝化性能产生不利的影响，经过处理后硅片有效载流子寿命和 implied-V_{oc} 都降低了。Zhang 等[51]用 HWCVD 制作了栅线/ITO/n-nc-Si:H/i-nc-Si:H/p-c-Si/Al 的纳米硅/晶体硅异质结电池，发现氢处理 60 s 可以获得较低的界面缺陷态，相比不采用氢处理，采用优化的氢处理可以使电池的电流密度增加 ~4 mA·cm^{-2}。

在结构为 n-a-Si:H/p-c-Si/p-a-Si:H 的电池中，Conrad 等[52]用 PECVD 产生氢等离子处理硅片 5~10 s，测得载流子在异质结界面处的复合速率明显降低，电池的 V_{oc} 平均有 30 mV 的增加。Cárabe 等[53]在发射极沉积前，用氢等离子处理硅片，获得了良好的钝化效果，制得的电池短路电流密度和效率明显高于未进行氢处理的电池。Lee 等[54]研究了氢等离子处理对 HIT 电池性能的影响，发现优化的处理时间是 80 s，延长氢处理时间(>100 s)会降低电池的 V_{oc}，他们还发现用氢处理 80 s，电池无论带本征层与否，其效率基本接近，这一结果表明甚至可以用氢等离子来替代本征非晶硅钝化层的作用[54],他们的结果如图 4-16 所示。

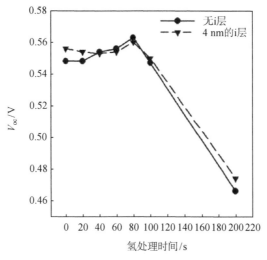

图 4-16　氢处理时间与 SHJ 电池开路电压的关系[54]

　　关于在沉积硅薄膜前用氢预处理硅片,对电池性能影响的研究,由于不同研究者采用的条件可能不尽相同,目前还没有统一的结论。但是基本上都认为原子氢处理能清洁硅片表面,钝化缺陷,提高电池的 V_{oc},但是过长时间的处理会损伤硅片的表面,对电池的性能反而不利,因此需要优化氢处理的时间,平衡氢处理的清洁、钝化作用和对硅片表面的损伤。

4.4.2.2　本征非晶硅薄膜厚度对电池性能的影响

　　虽然在 a-Si:H/c-Si 异质结电池中,在硅衬底与掺杂层之间插入合适厚度的 i-a-Si:H 对电池性能的提高是毋庸置疑的,但是电池的性能随本征层的厚度而改变[14],这意味着在 a-Si:H/c-Si 电池中载流子的输运和复合随着 i 层厚度的不同会发生改变。因此,对 SHJ 电池而言,i 层厚度是一个重要的、必须优化的参数。然而,在 SHJ 电池中,i 层通常都很薄,只有几个纳米,表征起来比较困难。

　　Fujiwara 等[55]以结构为 Ag/p-a-Si:H/i-a-Si:H/n-c-Si/Al 的单面异质结电池为例,固定 p-a-Si:H 的厚度为 5 nm,通过椭圆偏振光谱仪实时监控 i 层的厚度,研究本征层厚度对电池性能的影响,其结果如图 4-17 所示。从图中可见,随着 i 层厚度的增加,电池的 V_{oc} 线性增加,并在 4 nm 时达到饱和;FF 的变化趋势相似,但是 FF 在 i 层厚度为 2 nm 时达到最大;而 J_{sc} 则随着 i 层厚度的增加而减小。i 层厚度对这些参数的综合影响,使得在 i 层厚度为 4 nm 时,电池的转换效率达到最大,而如果 i 层过厚,则由于 J_{sc} 减小较多而使得电池效率更低。上述的结果与三洋早期关于

i 层厚度对 HIT 电池性能的影响趋势[14]是一致的，三洋也得到优化的本征层厚度是
4 nm。NREL[56]研究了以 n 型硅为衬底，用 HWCVD 沉积硅薄膜，也得到了 i 层为
4 nm 为最优化的本征层厚度，而随着 i 层厚度的增加(>12 nm)，电池的 FF 则明显
下降。

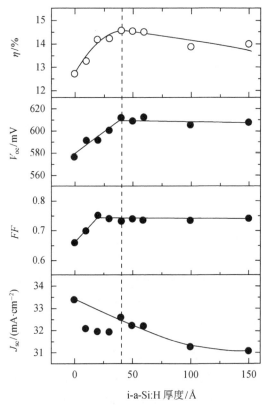

图 4-17　本征层厚度对 a-Si:H/c-Si 电池性能的影响[55]

分析 i 层厚度对 a-Si:H/c-Si 电池性能影响的原因，一方面可以从光吸收的角度
来考虑。图 4-18 是不同 i 层厚度的电池外量子效率图谱。从图中可见，随着 i 层厚
度的增加，由于 i 层的光吸收造成 a-Si:H/c-Si 电池的短波响应下降[55,56]，从而使电
池的 J_{sc} 随 i 层厚度的增加而下降。而长波响应则随 i 层厚度的增加稍有减小，当波
长大于 800 nm 时，i-a-Si:H 中基本无光吸收[55]，因此不能用光吸收来解释长波响应
的减小。可以解释为：当 i 层较厚时，a-Si:H/c-Si 电池中的电场集中在高电阻的
i-a-Si:H 中，而 c-Si 衬底中的电场减小，这导致 c-Si 中耗尽区厚度减小，阻止了 c-Si
深处扩散载流子的收集。

另一方面，可以从 i-a-Si:H/c-Si 的界面来进行分析。用衰减全反射傅里叶变换

红外光谱(ATR-FTIR)实时测量所沉积的 i-a-Si:H 中的 Si-H$_n$(n = 1 ~ 3)基团，并计算 Si-H$_n$ 中的氢含量，其中 Si-H$_2$ 和 Si-H 中的氢含量深度分析见图 4-19[55,57]。从中发现在硅衬底上最初生长的 i-a-Si:H 富含 Si-H$_2$ 基团，其 Si-H$_2$ 的氢含量可达 27at.%，该界面层 i-a-Si:H 的厚度可达 ~ 2 nm。这是因为 i-a-Si:H 最初阶段生长速率很慢，在硅衬底上是呈岛屿状生长，因此形成了多孔、富含 Si-H$_2$ 的结构[55,57]。Si-H$_2$ 越多，a-Si:H 的网络结构越差，缺陷越多。富含 Si-H$_2$ 的 a-Si:H 形成以后，a-Si:H 生长逐渐达到稳定状态，i 层中的缺陷密度减小，从而使得电池的 V_{oc} 增加并趋于饱和。而

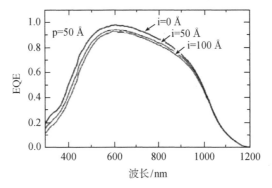

图 4-18　不同本征层厚度的 a-Si:H/c-Si 电池的 EQE 图谱[55]

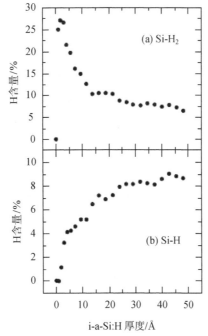

图 4-19　在 Si(100)衬底上沉积的 i-a-Si:H 中(a)Si-H$_2$ 和(b)Si-H 中氢含量的深度分布图[55,57]

当 i 层厚度超过 4 nm 后，由于 J_{sc} 的减小，导致电池效率下降。因此，优化 i 层厚度是基于平衡如下两方面[55]：①在 i 层较薄时，多缺陷、富含 Si-H$_2$ 的界面结构的存在；②i 层增厚时，J_{sc} 减小。

4.4.2.3 沉积工艺对本征非晶薄膜和电池性能的影响

1) a-Si:H 薄膜的缺陷态密度与沉积速率和光学带隙的关系

在非晶硅/晶体硅异质结太阳电池中，为获得优异的钝化效果，高质量的 a-Si:H 薄膜必不可少。而影响 a-Si:H 薄膜质量的工艺参数有 SiH$_4$ 气体流速、沉积气压、沉积温度、沉积功率密度等，这些因素综合影响 a-Si:H 薄膜的沉积速率(R_d)和缺陷态密度(N_d)，从而影响 a-Si:H 薄膜的钝化性能和电池的性能。得益于以往对非晶硅薄膜太阳电池的研究，图 4-20 给出了各种沉积温度(T_s)下，a-Si:H 中缺陷态密度和沉积速率的关系[58,59]。从图中可见，每一个 T_s 下有一个最优化的 R_d，表明可以通过调整 T_s 和 R_d 来控制 a-Si:H 薄膜的性能。

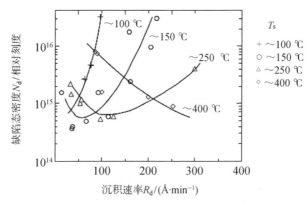

图 4-20   a-Si:H 薄膜缺陷态密度与沉积速率的关系[58,59]

图 4-21 是 a-Si:H 薄膜的缺陷态密度 N_d 与光学带隙(E_g^{opt})的关系，其中光学带隙是通过$(\alpha h v)^{1/3}$ 与 $h v$ 的关系得到的[60]，α 为薄膜的吸收系数。从图中可见，N_d 主

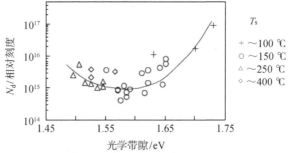

图 4-21   a-Si:H 薄膜缺陷态密度与光学带隙的关系[61]

要取决于光学带隙，而不是沉积条件(如 T_s 等)。而且，存在一个优化的光学带隙范围，在这个范围可以获得较低的 N_d。具有较低缺陷态密度的高质量 a-Si:H 薄膜，有助于获得高效率的非晶硅/晶体硅异质结太阳电池。

　　2) 本征非晶硅层的钝化效果

　　三洋在其 HIT 太阳电池结构中，在硅衬底和掺杂层之间插入了一层本征非晶硅层，从而实现了优异的表面钝化性能。图 4-22 是带 i 层的单面 HIT 电池和不带 i 层的 p-a-Si:H/n-c-Si 单面电池的暗态 I-V 曲线比较[14,61]。从图中可见，由于采用插入 i 层的 HIT 结构，电池反向电流密度减小了 2 个数量级，并且在低电压区域的正向电流随电压的增大明显增大。这一结果表明在 HIT 电池中，由于本征非晶硅层的插入，对 c-Si 实现了出色的表面钝化，由此得到了低的载流子复合速率和更好的 p-n 结性能。

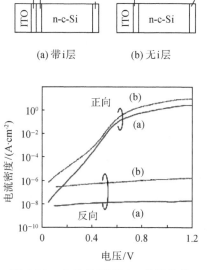

图 4-22　电池的暗态 I-V 曲线比较

(a)HIT 电池；(b)无 i 层的 p-n 异质结电池[14,61]

　　3) 低损伤沉积 a-Si:H 对电池性能的改善

　　在 a-Si:H 薄膜的沉积过程中，实现对界面性能的控制也是非常重要的。即使采用相同质量的 a-Si:H 薄膜，也可能由于以下两个因素而得到不同性能的电池。一个因素是 c-Si 的表面清洗，另一个则是在 a-Si:H 沉积过程中引起的等离子体损伤和热损伤。由于 HIT 电池是在低温工艺下制备，需要确保放入 CVD 腔室的 c-Si 尽可能洁净。三洋通过改变非晶硅的沉积条件，在洁净的硅片正反面沉积 a-Si:H 薄膜，随后用 μ-PCD 法测量少子寿命，再制备 TCO 和电极以完成电池的制备。图 4-23 是测得的少子寿命与电池 V_{oc} 的关系。从图中可见，V_{oc} 和少子寿命是一种正的线性关系。虽然改变硅片表面的清洗工艺，少子寿命提高，V_{oc} 也相应增大，但是由于采用的沉积条件是高等离子体/热损伤的，导致 V_{oc} 被限制在 680 mV 以下的量级。后来三洋通过引入低等离子体/热损伤的沉积条件，可以使少子寿命进一步提高，电池的 V_{oc} 大幅提高并超过 700 mV。从图中还可见，要想获得超过 700 mV 的 V_{oc}，少子寿命需要在 1 ms 以上。这一结果表明，HIT 电池中 a-Si:H 钝化性能的好坏与 V_{oc} 的大小相关，减小等离子体损伤/热损伤，提高 a-Si:H 薄膜的质量是获得高效 HIT 电池的必要条件[61]。

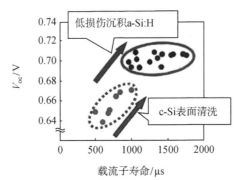

图 4-23　HIT 电池的 V_{oc} 与载流子寿命的关系[2,61]

4) a-Si:H 沉积衬底温度对电池性能的影响

虽然非晶硅/晶体硅电池的薄膜沉积采用的是低温工艺，但是在 a-Si:H 薄膜沉积时，衬底温度会影响到沉积速率，从而影响到薄膜的结构和质量，最终导致电池的性能不同。三洋研究了薄膜沉积的衬底温度对电池填充因子(FF)和最大输出功率(P_m)的影响，其结果见图 4-24[62]。从图中可见，以某一个温度为基准，当采用 1.2 倍的基准温度时，其 FF 和 P_m 达到最大，表明通过优化衬底温度可以提升电池的性能。

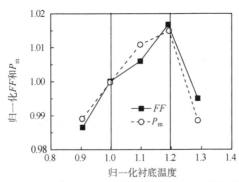

图 4-24　a-Si:H 薄膜沉积的衬底温度对 HIT 电池性能的影响[62]

4.4.2.4 硅外延生长的影响

在非晶硅/晶体硅异质结电池中，获得良好钝化性能的一个必要条件是 c-Si 和 a-Si:H 薄膜的界面是突变的[63,64]，意味着在界面没有硅外延生长(epitaxial growth)，即没有晶相材料被沉积。图 4-25 是用高分辨透射电镜(HRTEM)直接观察到的硅外延生长。

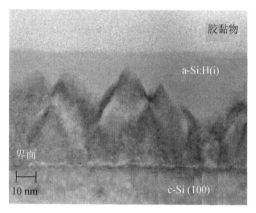

图 4-25 a-Si:H/c-Si 界面的外延硅 HRTEM 照片[64]，i-a-Si:H 沉积在抛光的 c-Si(100)上，沉积温度 230 ℃

在 a-Si:H/c-Si 界面，a-Si:H 中足够的氢含量才能保证钝化界面态。而外延硅(epi-Si)中的氢含量比 a-Si:H 中少 30 ~ 100 倍[65]，较低的氢含量导致不能很好地钝化界面，另外，外延硅中含有较多与团簇氢相关的缺陷。从根本上讲，外延硅的生长与三个参数密切相关[66]：硅片表面形貌和化学状态、沉积温度、PECVD 等离子体中硅烷的利用率。第一，Si(100)晶面比(111)晶面更易产生外延生长[67,68]，这与硅片表面的显微性质相关。第二，沉积温度决定着薄膜生长过程中表面吸附原子的平均自由程，从而决定显微结构。第三，从非晶硅到外延硅的转变，从根本上讲，与等离子体中硅烷利用率相关，而与其他参数如薄膜沉积速率、离子轰击等无关，研究表明虽然外延硅的生长是不需要的，但是优化的 a-Si:H 生长条件往往是接近产生外延硅界面的条件[69]，即获得具有高质量钝化性能的 i 层，其工艺窗口很窄。

Fujiwara 等[63]研究了外延硅对 a-Si:H/c-Si 异质结电池性能的影响，他们采用的 i 层厚度为 4 nm，p 层厚度为 3 nm，通过改变薄膜生长温度，研究不同温度下是否生成硅外延层及对电池性能的影响，其结果见图 4-26。从图中可见，在 $T_s < 130$ ℃时，电池的 FF、V_{oc} 和 η 随温度的升高而增大，他们认为在这些温度下，硅薄膜都是非晶硅薄膜，无外延生长。当 T_s 在 140 ~ 180 ℃时，i 层中存在部分的外延硅，而

当 T_s > 180 ℃时，i 层全部变成外延硅。上述结果表明，130 ℃成为外延层出现的临界温度，当 T_s > 130 ℃时，由于生成了外延硅，导致电池的性能全面下降，这是由于外延硅中存在很多与氢相关的结构缺陷。即使外延硅层很薄，仍然会影响电池的性能，而当 i 层全部变成外延硅时，电池的 V_{oc} 下降很多，表明外延硅对硅片的钝化性能很差。另外，产生外延硅生长的温度与其他沉积条件，如射频功率密度有关，采用的射频功率密度越高，出现外延硅生长的温度也越高。因此，在实际制造 a-Si:H/c-Si 异质结太阳电池时，应尽量避免外延硅层的形成，以免影响电池的性能。

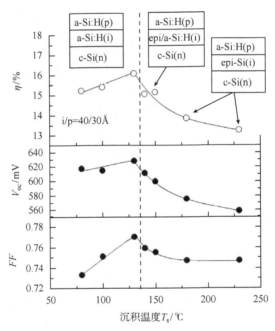

图 4-26　薄膜沉积温度与 a-Si:H/c-Si 电池性能的关系，对应电池的相结构也标注在图上[63]

在 PECVD 沉积系统中，通常是在用大量 H_2 稀释 SiH_4 时会产生外延硅[65]，但是在不用 H_2 稀释 SiH_4 时也观察到了外延硅的生成[63]。另外，在用 HWCVD 沉积硅薄膜时，也会有外延硅生长的现象发生，也会损害 a-Si:H/c-Si 的性能[68,70]。

4.4.2.5　其他钝化材料取代本征非晶硅薄膜的研究

在晶体硅太阳电池中，体和表面复合速率过高，会限制太阳电池的开路电压和填充因子。因此，运用各种钝化机制抑制表面复合，是获得高效太阳电池的基本条件。在异质结太阳电池中，由于界面处存在较高的缺陷态密度，钝化就显得更加重要。在 a-Si:H/c-Si 电池中插入本征非晶硅层就是为了获得良好的钝化性能。但是要获得优异的钝化效果，要求本征非晶硅层非常薄，而获得具有良好钝化性能的非晶硅沉积条件，往往是接近产生外延硅的条件，因此本征非晶硅薄膜的工艺窗口很窄，在实际制作中比较难于把握。为了克服本征非晶硅薄膜钝化的上述不足和避开三洋的专利保护，人们尝试研究了其他不同的钝化材料。通常在太阳电池中应用的钝化材料有热氧化 SiO₂[71]、氮化硅(SiN$_x$)[72]，除了本征非晶硅已经成功应用在 a-Si:H/c-Si 异质结电池中[1-4]，也有其他结构的硅薄膜(nc-Si:H、μc-Si:H)[51,73]、氢化非晶碳化硅(a-SiC:H)[74]、氢化非晶氧化硅(a-SiO$_x$:H)[75-77]用于 a-Si:H/c-Si 异质结电池的研究。

热氧化 SiO₂ 表现出非常优异的表面钝化性能，可有效降低态密度。用热氧化 SiO₂ 钝化硅片，获得的有效载流子寿命最高纪录达 29 ms[71]。然而热氧化生长意味着高温的应用(~1050 ℃)，而且 SiO₂ 经受长时间的紫外照射后不稳定[36,76]，因此热氧化 SiO₂ 并不适合于 a-Si:H/c-Si 异质结电池的钝化。

SiN$_x$ 已普遍用作传统晶体硅太阳电池的减反射钝化层，而且是低温沉积的。用 PECVD 沉积的 SiN$_x$ 钝化硅片，获得的有效载流子寿命最高纪录达 32 ms[72]。但是 SiN$_x$ 薄膜是富硅的，这样带来了几个缺点[36,76]：①钝化质量强烈依赖于所用硅片的掺杂类型和掺杂水平；②SiN$_x$ 薄膜在太阳光紫外区存在相当的吸收，会使得电池的 J_{sc} 减小；③薄膜的刻蚀速度非常低，妨碍了 SiN$_x$ 的局部开放(local opening)。上述缺点，使得 SiN$_x$ 薄膜也并不适用于异质结电池中的钝化。

比较研究 nc-Si:H、μc-Si:H 和 a-Si:H 对硅片的钝化效果，认为由于 nc-Si:H 和 μc-Si:H 中的氢含量低于 a-Si:H 的，因此它们的钝化效果要比 a-Si:H 的钝化效果差[73]。

PECVD 沉积的 a-SiC:H 也可以对晶体硅表面实现良好的钝化，Martín 等[78]在相对应的条件下沉积 a-SiC:H 和 a-Si:H，甚至获得了比 a-Si:H 的钝化效果还要好的 a-SiC:H，这是由于碳的引入改善了薄膜的钝化性能。a-SiC:H 的钝化机理是场效应钝化，即对 p 型硅片为固定正电荷，对 n 型硅片为固定负电荷[74]。但是要获得具有良好钝化性能的 a-SiC:H 薄膜，其沉积温度(~400 ℃)要比 a-Si:H 的沉积温度(~200 ℃)高。另外，碳在硅中极易形成深能级的复合中心，降低光生载流子的寿命，会影响电池的转换效率。因此，a-SiC:H 在异质结电池用作本征层的研究并不多见，a-SiC:H 更多的是用作窗口层。

由于 a-Si:H/c-Si 异质结电池制造采用的是低温下形成 p-n 结的技术，因此在钝化表面区时也应避免高温的使用。氢化非晶氧化硅(a-SiO$_x$:H)具有高透明性，也采用低温 PECVD 技术沉积，是一类可用来替换 a-Si:H/c-Si 异质结电池中本征 a-Si:H 的新钝化材料，近年来关于这方面的研究屡见报道[75-77]。用 a-SiO$_x$:H 钝化电阻率为 1 Ω·cm 的 n 型 FZ 硅片，获得有效少子寿命为 4.7 ms，这可能是高掺杂硅片(1 Ω·cm)上得到的最高 τ_{eff}；而用 a-SiO$_x$:H 钝化电阻率为 130 Ω·cm 的 p 型 FZ 硅片，获得有效少子寿命为 14.2 ms[76]。这些结果表明，a-SiO$_x$:H 能够达到对硅片良好的钝化效果，可能是一个有潜力的、替代目前在太阳电池中所用钝化材料的新选择。

本征 a-Si:H 的沉积是分解 H$_2$ 和 SiH$_4$，而沉积本征 a-SiO$_x$:H 则需要额外的氧源，一般使用二氧化碳(CO$_2$)作为氧源[75-77]。通过控制氧分压(χ_O = [CO$_2$]/([CO$_2$]+[SiH$_4$]))来控制 a-SiO$_x$:H 薄膜中的氧含量，优化等离子沉积工艺参数来优化 a-SiO$_x$:H 的钝化性能，退火处理可以改善 a-SiO$_x$:H 的钝化效果[75,76]。

使用 a-SiO$_x$:H 作为钝化层，具有如下几个方面的优点：①可以用 PECVD 技术低温沉积 a-SiO$_x$:H；②通过改变氧分压，a-SiO$_x$:H 的光学带隙在 1.7～2.4 eV 可调[76]，由于带隙变宽，与 a-Si:H 相比在蓝光区的吸收减小(见图 4-27)，使得与 a-Si:H 相比可以采用更厚的 a-SiO$_x$:H 作钝化层[75,76]，这样可使工艺窗口变大，方便制备；③有利于抑制薄膜的外延生长[77]。

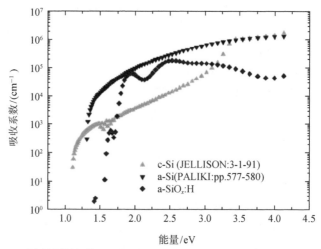

图 4-27   从椭圆偏振谱(SE)得到的 a-SiO$_x$:H 的吸收系数与文献上的 c-Si
和 a-Si:H 的吸收系数对比[75]

使用 a-SiO$_x$:H 作为本征钝化层应用到非晶硅/晶体硅异质结电池中，电池的 V_{oc} 和 FF 比没有使用任何本征层的相同结构电池都高，电池绝对效率能高出 2%以上[79]，表明 a-SiO$_x$:H 应用到异质结电池中确实是具有良好的钝化作用。Fujiwara 等[77]得到的结果是：使用 a-SiO$_x$:H 作本征层的电池，比用 a-Si:H 作本征层的电池效率略低，但是他们认为使用 a-SiO$_x$:H 作为本征层，能够抑制外延硅层的形成，从而能更自由地优化沉积条件。Mueller 等[80]对比了使用 a-SiO$_x$:H 和 a-Si:H 作本征层的异质结电池，发现前者的 V_{oc} 和转换效率比后者都高，他们归功于 a-SiO$_x$:H 的良好钝化性能和 a-SiO$_x$:H 在蓝光区的吸收减小。

4.4.3　掺杂非晶硅薄膜

为制作异质结太阳电池器件,需要掺杂薄膜层来形成发射极和背表面场(BSF)。掺杂的 a-Si:H 薄膜一般是采用与沉积本征 a-Si:H 薄膜相类似的等离子体系统来完成,对 p 型掺杂层常用的掺杂源气体是硼烷(B_2H_6)或三甲基硼(TMB),而对 n 型掺杂层则用磷烷(PH_3)作掺杂源。这些掺杂气体通常都会用大量 H_2 稀释。由于在工艺腔中引入掺杂气体会在随后的沉积过程中导致不断的记忆效应,一般需要采用多腔室的沉积系统来分别沉积 p、i 和 n 层,或者彻底的腔室清洗程序来保证腔体的清洁度以避免交叉污染。

4.4.3.1　掺杂非晶硅薄膜层对钝化性能的影响

虽然掺杂薄膜层在界面处产生场效应,但是它们的钝化性能还是比本征层要差[81,82]。以 n 型硅片为衬底,本征和掺杂 a-Si:H 的钝化效果比较见图 4-28[12]。所用硅片为电阻率约为 3 Ω·cm 的 n 型 FZ 硅片,经过制绒形成随机金字塔,然后在正反面分别沉积上对应的非晶硅层,用 QSSPC 方法测量有效少子寿命,在一个太阳辐照下得到的 implied-V_{oc} 也同时标出。从图中可见,当采用 15 nm 的 i 层钝化时,获得了高达 7 ms 的少子寿命(过剩载流子浓度为 10^{15} cm^{-3} 时),其 implied-V_{oc} 为 738 mV;而如果掺杂层(厚度为 15 nm)直接沉积在硅片上,其钝化效果较差,载流子寿命只有 0.1 ms,implied-V_{oc} 仅为 613 mV,钝化效果明显降低。同样地,在制作 a-Si:H/c-Si 异质结电池时如果掺杂层直接沉积在硅片上(无论 n 型还是 p 型硅片),其性能会受到低 V_{oc} 值的限制[43]。这种钝化性能下降是由于磷或硼掺杂的 a-Si:H 中缺陷态密度比本征 a-Si:H 中的要高[83],钝化性能的下降对 p 型掺杂薄膜更严重[84],对 n 型掺杂薄膜也有下降[82]。由于掺杂,引起 Si-H 键的断裂,从而形成缺陷,导致钝化性能下降。必须注意,并不是主要由于 a-Si:H 中的掺杂原子本身引起钝化性能下降,而更多的是由于费米能级移动偏离带隙中心(midgap)[81,85],降低了缺陷的形成自由能。增加掺杂水平可能导致更高的缺陷密度,最终钉扎(pin)费米能级。

由于掺杂层中缺陷的形成,要同时满足表面钝化和掺杂需求是很有挑战性的。正是这个原因,通常在制作器件时,会在 c-Si 表面和掺杂 a-Si:H 间插入几个纳米厚度的本征层,正如三洋首先报道的那样[14]。插入本征层的效果也体现在图 4-28 中,在硅片的一面沉积 i/p-a-Si:H,另一面沉积 i/n-a-Si:H,本征/掺杂叠层的厚度是 25 nm,将这个非对称的结构作为制作异质结电池的前驱体。可以看到,在过剩载流子浓度为 10^{15} cm^{-3} 时,得到了高达 3 ms 的载流子寿命,在一个太阳辐照下产生的 implied-V_{oc} 为 729 mV,因此使用本征/掺杂叠层的钝化效果仅比只用本征层的钝化效果略差。这可以解释为由于 p 型掺杂层沉积覆盖在本征层上,引起本征层中的 Si-H 键断裂，可能导致形成 Si 悬挂键缺陷，使本征层的钝化性能稍许变差[84,85]。

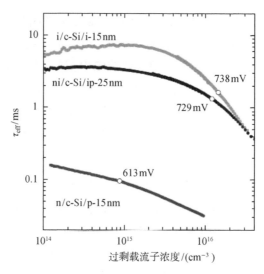

图 4-28   本征和掺杂 a-Si:H 对硅片的钝化效果比较[12]

总结掺杂非晶硅薄膜对硅片的钝化，认为由于掺杂引起缺陷增多，使钝化性能下降，因此需要插入本征非晶硅层。

4.4.3.2   沉积掺杂非晶硅薄膜时掺杂气体浓度对电池性能的影响

虽然掺杂非晶硅薄膜的钝化性能比本征非晶硅要差，但是掺杂层的主要作用是形成发射极和 BSF，因此优化掺杂非晶硅层，得到适合异质结电池的电学和光学性能是获得高效电池的关键。以 n 型硅片为衬底，制作异质结电池时需要在正面沉积硼掺杂的 p-a-Si:H 形成发射极，在背面需要沉积磷掺杂的 n-a-Si:H 形成 BSF，主要通过优化掺杂气体的浓度来调控掺杂薄膜层的性能，从而影响电池的性能。

图 4-29 是沉积 p 型发射极时掺杂气体 B_2H_6 浓度与电池性能的关系[86]。从图中可见，当 $[B_2H_6]/[SiH_4]$ 在 2000 ppm 以下时，电池的 V_{oc}、FF 都随着掺杂浓度的增加而增大，虽然 J_{sc} 基本保持不变，最终电池的效率在该浓度范围内呈增长趋势。而当 $[B_2H_6]/[SiH_4]$ 在 2000 ppm 以上时，电池的性能变差，这与重掺杂时薄膜的钝化性能变差、吸收增加有关[86]。一方面增加掺杂浓度会使薄膜缺陷密度增加而影响电池性能，另一方面需要较高的掺杂浓度保证薄膜的导电性以便与后续要沉积的 TCO 薄膜保持良好的电接触，因此最大效率值出现在 $[B_2H_6]/[SiH_4]$ 为 2000 ppm 左右，在这个临界点上两方面的影响处在一种妥协优化状态。Maydell 等[43]发现沉积发射层时的掺杂浓度对电池性能影响有相似的规律，虽然他们采用的是 p 型硅衬底，优化得到的最佳掺杂浓度 $[PH_3]/[SiH_4]$ 也为 2000 ppm 左右。

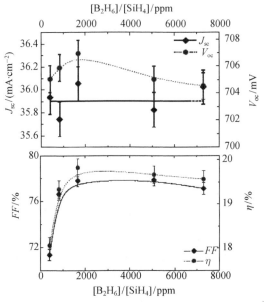

图 4-29　B_2H_6 掺杂浓度对 SHJ 电池性能的影响[86]

在 SHJ 电池的背面，为有效收集电荷少数载流子，一般用与硅片掺杂类型相同的掺杂非晶硅薄膜来形成 BSF。对以 n 型硅片为衬底的电池，一般用磷掺杂的 a-Si:H 作 BSF，图 4-30 是掺杂气体 PH_3 浓度与电池性能的关系[86]。从图中可见，PH_3 浓度

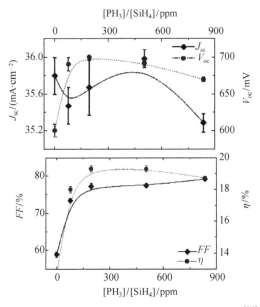

图 4-30　PH_3 掺杂浓度对 SHJ 电池性能的影响[86]

对电池性能的影响趋势与 B_2H_6 浓度对电池影响趋势类似。由于能相对更有效地实现磷掺杂，因此在[PH_3]/[SiH_4]约为 200 ppm 时，电池的性能最优。在这个掺杂浓度下，能够产生足够高的电场来收集电荷载流子。而如果不掺杂或轻掺杂层应用到 SHJ 电池的背面，可能不能够产生足够的场效应，会妨碍载流子输运到背面。但是掺杂水平太高，则又会因缺陷密度增加而弱化薄膜的钝化性能，虽然相比来讲 BSF 中因缺陷增加造成钝化性能的下降程度比发射极中要小。

4.4.3.3　掺杂非晶硅薄膜厚度对电池性能的影响

三洋在其早期就研究过发射极掺杂层厚度对 HIT 电池性能的影响[14]，他们的结果是随着发射极 p-a-Si:H 的厚度增加，电池的 V_{oc} 基本保持不变，而 J_{sc} 则减小。近年来研究得出的结论也仍然与他们的规律基本相符[55,87]。固定 i 层的厚度为 4 nm，Fujiwara 等[55]研究了 p 层厚度对电池性能的影响，其结果如图 4-31 所示。可以看到，与 i 层厚度对电池性能影响(见图 4-17)的规律基本类似。在 p 层厚度小于 3 nm 时，V_{oc} 和 FF 随厚度增加而增加，而当厚度大于 3 nm 时则基本保持不变；J_{sc} 却随厚度的增加呈线性减小。分析 J_{sc} 减小的原因是由于 p 层的光吸收随着厚度的增加而增

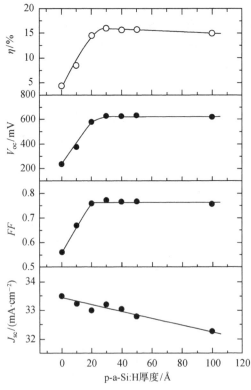

图 4-31　SHJ 电池性能与 p-a-Si:H 厚度的关系[55]

加[14,87]，其量子效率分析也证明了这一点[55]。V_{oc}、FF 和 J_{sc} 的共同作用，最终使电池的转换效率在 p 层厚度大于 3 nm 时，呈现小幅的减小趋势。因此，形成发射极的掺杂非晶硅层的厚度越小越好[55]，只要能保证内建电场的形成。

与发射极的掺杂非晶硅层相比，电池背面的掺杂非晶硅层用来形成 BSF，其光吸收可以忽略[43]。Maydell 等[43]研究了电池结构为 n-a-Si:H/p-c-Si/p-a-Si:H 的背场层(p 层)厚度与电池性能的关系，发现电池的 V_{oc} 和 J_{sc} 随背场厚度的增加而增大，从而转换效率 η 亦随背场厚度的增加而增大，当背场层厚度在 35 nm 左右时，其效率达到最高，继续增加则会导致电池串联电阻增加而使效率下降。

4.4.3.4　其他材料替代掺杂非晶硅层用作发射极和 BSF

在 SHJ 电池中，对材料的质量要求非常高，虽然 a-Si:H 已经被接受为良好的钝化材料、发射极材料和 BSF 材料，但是本征非晶硅和掺杂非晶硅中的光吸收仍然非常强，异质结电池的短路电流会随着 a-Si:H 厚度的增加而下降[14,55,87]。前面已经讲到过用其他钝化材料取代本征非晶硅的研究，这里再介绍一下用其他材料取代掺杂非晶硅作反射极和 BSF 的研究情况。

1) 宽带隙 a-SiC:H

为提高异质结电池的短路电流密度，三洋[3,61]曾多次提到用宽带隙的 a-Si:H 基合金，如用 a-SiC:H 来代替标准的 a-Si:H，但是并没有见过他们关于这方面研究的报道。a-SiC:H 具有比 a-Si:H 大的光学带隙，用作电池的窗口层，可以减少光吸收。一般是在 PECVD 沉积气体中加入甲烷(CH₄)来引入碳，碳的引入增加了调控材料性能的自由度，通过增加 a-SiC:H 中碳含量可以调整发射极的带隙宽度。然而碳的引入，增加了原子结构的无序性，使得发射极薄膜的电子性能(主要是电子迁移率)受到影响[36]。关于 a-SiC:H 的研究主要集中在沉积工艺对材料性能和质量的影响，实际应用 a-SiC:H 在商业化电池器件上的报道不多见。

Mueller 等[88]研究了改变沉积气体中 H_2 和 CH_4 含量对 a-SiC:H 性能的影响，发现 a-SiC:H 的带隙可以在 1.5 ~ 2.3 eV 可调。将 a-SiC:H 用作异质结电池的发射极，在一定 H_2 和 CH_4 的含量范围内，电池的 V_{oc} 和 J_{sc} 都增加，而 CH_4 过多则会使 J_{sc} 减少。获得具有合适光学带隙的 a-SiC:H，就能获得最佳的 V_{oc} 和 J_{sc}，从而使电池效率最大化。改变 PECVD 沉积气体中 H_2 和 CH_4 含量对电池效率的影响见图 4-32。由于碳的引入，在波长范围 350 ~ 500 nm 的短波区测得的 IQE 反而有所减小，这可能与 a-SiC:H 薄膜光电性能的下降有关。因此，优化 a-SiC:H，一方面要考虑碳的引入使带隙变宽，从而压制窗口层的光吸收，另一方面要考虑缺陷密度的增加。综合平衡缺陷密度和光吸收，优化得到合适的 a-SiC:H 发射层带隙约为 2.0 eV，厚度为 5 ~ 10 nm，在这种薄膜中光在长波区基本无损失，在蓝光区的损失是 10%左右。

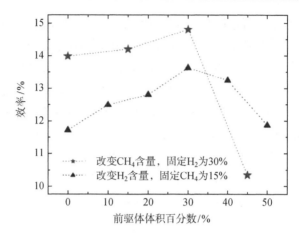

图 4-32　改变 CH$_4$ 和 H$_2$ 含量沉积的 a-SiC:H 对电池效率的影响[88]

2) 宽带隙μc-Si:H

在异质结电池的实际制作中,需要发射区尽可能具有高的电导率、低的光吸收,背场也需要一定的掺杂浓度保证。从硅基薄膜太阳电池的制造知道,PECVD 沉积得到高质量 a-Si:H 的优化条件通常是接近产生微晶硅的区域,随着晶态比的提高,掺杂效率和载流子迁移率增加。因此,掺杂(p$^+$和 n$^+$)μc-Si:H 在异质结电池器件中也可能适合作发射极和 BSF,它们的高透明性可以抑制光吸收,在优化的温度下退火可以获得高的电导率。关于μc-Si:H 用在异质结电池上的研究可以参看文献[89]。研究发现通过改变氢稀释比可以调控μc-Si:H 的晶态比,低氢稀释比得到非晶硅结构,而高氢稀释比(>98%)获得更多的微晶成分,改变等离子体激发频率、沉积温度也可以改变晶态比。优化 PECVD 沉积条件,获得优化的 p-μc-Si:H 暗电导率为 10 S·cm^{-1}(对应电阻率为 0.1 Ω·cm),而 n-μc-Si:H 暗电导率约为 100 S·cm^{-1}。他们甚至制作了以 a-SiO$_x$:H 作为钝化层,用 p-μc-Si:H/n-μc-Si:H 分别作发射极/BSF 的新结构异质结电池[90]。Summonte 等[91]通过高氢稀释,在 p 型硅衬底上制备了 n-μc-Si:H 发射极,结果显示,与 n-a-Si:H 发射极相比,所得异质结电池的短路电流和转换效率有较大的提高。

3) a-SiO$_x$:H 和μc-SiO$_x$:H

a-SiO$_x$:H 和μc-SiO$_x$:H 都具有比 a-Si:H 宽的带隙,因此都可以用作异质结电池的发射极窗口层来替代标准的 a-Si:H。Fujiwara 等[77]在 n 型硅衬底上,用 p-a-SiO$_x$:H 来替代 p-a-Si:H,获得的电池效率比对应的电池效率略高。Sritharathikhun 等[92]用 p-μc-SiO$_x$:H 作异质结电池的窗口层,优化了 p-μc-SiO$_x$:H 厚度、SiH$_4$ 流量和[CO$_2$]/[SiH$_4$]气体比等工艺参数对结构为 Al/Ag/ITO/p-μc-SiO$_x$:H/n-c-Si/i-a-Si:H/n-a-

Si:H/Ag/Al 的异质结电池性能的影响，得到的最高电池效率为 17.8%。同样，他们将带隙为 2.3 eV 的 n-μc-SiOₓ:H 用作窗口层，在 p 型硅衬底上制作了效率达 15.32% 的异质结电池[79]。

虽然从理论上讲，这些宽带隙的材料用作发射极窗口层可以减少光吸收，但是在实践中获得的电池还是远低于三洋的 HIT 电池效率，因此还需要不断地优化与调整。

4.4.4　非晶硅薄膜的光吸收

在非晶硅/晶体硅异质结电池中，本征非晶硅缓冲层提供优异的钝化性能，掺杂非晶硅层形成发射极和 BSF。然而，在 a-Si:H 中，特别是在掺杂 a-Si:H 中产生的少数载流子的寿命非常短，所以在这些薄膜层中的光吸收是寄生的(parasitic)、不可避免的。这在电池的背面不是问题，因为硅片吸收所有的可见光，但是电池正面 a-Si:H 薄膜层中的光吸收会引起电池短路电流的损失[14,55,87]。对于以 n 型硅片为衬底的异质结电池，前面介绍的优化 i 层和 p 层的厚度的一个重要作用就是为减少光吸收而引起的电池短路电流密度下降。另外，前面介绍的用宽带隙硅基合金来替代 a-Si:H，也是为了减少光吸收，从而提高短路电流密度。

三洋早期的研究[14]就已经证明在 n 型硅片上制作异质结电池时，发射极 p 层会减少电池在短波区的 EQE，从而使电池的 J_{sc} 也减小。Fujiwara 等[55]在未制绒的异质结电池上也发现了类似的现象。Jensen 等[93]在 n-a-Si:H/p-c-Si 电池上也发现增加发射极的厚度会导致短波区的 IQE 下降。减小发射层的厚度会使 J_{sc} 近乎线性地增加，因此发射层应该尽可能薄。关于发射层厚度的优化，一方面在技术上要保证能沉积一层连续的 a-Si:H 以免后续工艺中产生漏电[93]，另一方面要考虑的是在发射层很薄(< 3 nm)时，电池的 V_{oc} 和 FF 随厚度减小迅速减小[55]，因此最小可接受的发射层厚度是 3 nm[55]。

同样，电池前表面 i 层在短波区的光吸收导致 J_{sc} 减小。优化 i 层的厚度，一方面考虑要有一定的厚度以便实现良好的钝化，另一方面要使电池的 V_{oc} 和 FF 在这个优化厚度下不要有大的下降。Fujiwara 等[55]得到的最小可接受的 i 层厚度是 4 nm，因为如果 i 层厚度小于 4 nm，可能会由于钝化效果不好使 V_{oc} 快速下降，伴随着 FF 的下降。

Holman 等[87]计算了在波长 600 nm 以下，异质结电池中由于前表面的本征层和发射层的厚度不同造成的电流损失，其结果如图 4-33 所示。从图中可见，如果固定一种 a-Si:H 的厚度，改变另一种 a-Si:H 的厚度，电流损失近乎线性地增加，与实验结果一致。要使太阳电池的效率最大化，这些薄膜层的厚度要足以能满足优异钝化和收集载流子效果的最低要求，但是又不能太厚[14,55,87,93]。

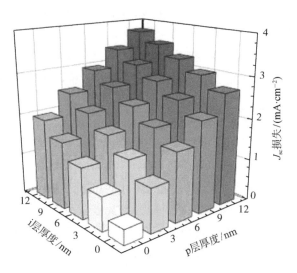

图 4-33 改变 i 层和 p 层厚度对电池短路电流密度的影响估计[87]

4.5 TCO 薄膜的沉积

根据 a-Si:H/c-Si 异质结太阳电池的制作流程，在发射极和 BSF 沉积后，下一个步骤是在电池的正反面形成透明导电氧化物(TCO)薄膜。这是因为 a-Si:H/c-Si 异质结太阳电池与传统热扩散型晶体硅太阳电池相比，一个重要区别是发射极的低导电性，只通过金属栅线从发射极收集电流是不够的，因此需要其他的电接触方案，用既导电又透明的薄膜来输运电荷是一种解决方案。

TCO 薄膜同时具有的透明性和导电性，使它应用在很多场合，特别是光电子器件领域。在 SHJ 电池中应用 TCO 薄膜，起到几个方面的作用：①尽可能多的光透过 TCO，进入发射极和基区；②因为 TCO 的折射率与 SiN$_x$ 薄膜接近，可以同时用作减反射层；③电学方面满足导电的要求。然而，TCO 的光学性能和电学性能是相互依存的，不能单独优化其中之一，必须在两者之间找到平衡点。

常用的 TCO 材料包括 SnO$_2$ 体系、In$_2$O$_3$ 体系和 ZnO 体系。氟掺杂 SnO$_2$(FTO)主要是沉积在大面积的浮法玻璃上，常用于薄膜太阳电池，与硅基异质结太阳电池的工艺不相容，在这里不作讨论。锡掺杂 In$_2$O$_3$(ITO)是最常用的 TCO 材料，在平板显示器(FDP)生产中大量使用，也是 SHJ 电池中主要使用的 TCO 材料，其他金属掺杂的 In$_2$O$_3$ 用作 SHJ 电池的 TCO 材料近来也屡见报道。铝掺杂 ZnO(AZO)由于其经济性比 ITO 有优势, 近年来的研究也日渐活跃。本节将介绍 In_2O_3 体系和 ZnO 体系的 TCO 薄膜在 SHJ 电池中的应用情况。

由于 SHJ 电池的 p-n 结热稳定性通常限定在 200 ℃左右, 因此选择沉积 TCO 薄膜的方法时必须考虑衬底温度要合适, 不能损伤 p-n 结的性能。本节将介绍一些 TCO 薄膜的沉积方法, 同时介绍 TCO 薄膜在硅异质结太阳电池上的应用。

4.5.1　TCO 薄膜的制备方法和设备

制备 TCO 薄膜的方法有很多种, 几乎所有制备薄膜的方法都可用于制备 TCO 薄膜。由于制备方法多种多样, 在这里并不作详细论述, 只是简单介绍一下各种技术。在实践中, 选择制备方法要考虑能够适应规模生产的要求, 还要注意制备工艺对 TCO 薄膜的主要性能, 如密度、晶相、透明性、电性能、化学性能和表面粗糙度等的影响, 因此选择合适的方法和工艺参数对 TCO 薄膜的制备至关重要。

各种制备方法按照反应方式可以分为物理沉积和化学沉积, 按照是否采用真空可以分为非真空沉积和真空沉积。这里按照后一种分类方法进行讨论。

4.5.1.1　非真空沉积法

非真空沉积法主要包括溶胶–凝胶法、喷雾热解法、常压 CVD 法(APCVD)、电化学沉积法等。这些方法有可能用于获得纳米结构的薄膜, 如 ZnO 基纳米棒, 这些纳米结构可用于获得良好的减反射效果[94]。通常为获得良好的电输运性能, 要求 TCO 薄膜具有高的晶体质量, 因此沉积方法必须适合生长高质量的晶体。这一般会要求沉积在衬底表面的物种具有高迁移性, 对非真空沉积法可以通过改变衬底温度来实现, 如喷雾热解法和 APCVD 法就是这样。而其他沉积方法, 如溶胶-凝胶法则是通过沉积后的热处理来达到较高的电导率[95]。由于高温热处理在 SHJ 电池中是不现实的, 因此大多数的常规非真空沉积法与 SHJ 电池的制造是不兼容的。FTO 一般通过 APCVD 方法来沉积, 因此也并不适用于 SHJ 电池。然而, 非真空沉积法相对成本较低, 如果将来合适的纳米结构减反射层能够应用到 SHJ 电池上, 非真空沉积法还是可以考虑的。

4.5.1.2　真空沉积法

对真空沉积技术, 晶体质量的改善可以不受制于高衬底温度, 因为等离子活化可以增强吸附原子的迁移, 同时可以调控化学反应来生长高质量的 TCO 薄膜。真空沉积法可以分为两类: 化学气相沉积(CVD)和物理气相沉积(PVD)。CVD 技术包括金属有机 CVD(MOCVD)、低压 CVD(LPCVD)和原子层沉积(ALD)等。而 PVD 技术包括真空蒸发、脉冲激光沉积(PLD)、磁控溅射(MS)和离子镀膜(ion plating)等。

1) 真空化学沉积法

CVD 技术中的 LPCVD 和 MOCVD 方法文献报道中常用于 ZnO 基 TCO 薄膜的沉积[96,97]，用作非晶硅/微晶硅薄膜太阳电池的前电极。这些薄膜具有优秀的光学性能，在低温下也可以获得高的沉积速率[96]。然而这类薄膜中存在非常厚的孵化层，晶粒生长呈金字塔形，增加晶粒大小伴随着膜厚的增加，因此电学性能依赖于膜厚。由于载流子浓度相对较低，这些方法不适合沉积高导电性的薄膜。只有控制薄膜的表面特性和光散射效应，使得入射光能有效进入硅片，厚膜才有可能应用。在适当的衬底温度下，ALD 技术也可用于沉积 ZnO 基 TCO 薄膜[98,99]，在 240℃的沉积温度甚至获得低至 $1.35 \times 10^{-4} \Omega \cdot cm$ 的电阻率[99]。ALD 技术沉积的薄膜均匀性好，但是沉积速率较慢，如果将来用该方法沉积薄膜的经济性能够合理，ALD 还是可以成为沉积 TCO 薄膜的优良选择。

2) 真空物理沉积法

因为 TCO 材料广泛应用于 FDP、触摸屏、气体传感器、电致变色窗、微波屏蔽和太阳电池等领域，有大量的文献报道用 PVD 技术来沉积各种 TCO 材料。不同的应用场合对 TCO 的要求不同，其对应工艺技术也不一样。这里只关注应用于太阳电池领域，尤其是在 a-Si:H/c-Si 电池，适合沉积 TCO 薄膜厚度在 ~ 100 nm 量级的技术。

(1) 真空蒸发法。真空蒸发镀膜是在真空室中，加热蒸发容器中待形成薄膜的原材料，使其原子或分子从表面气化逸出形成蒸气流，入射到衬底表面，凝结形成薄膜。由于主要物理过程是通过加热蒸发材料而产生，所以又称为热蒸发。按照蒸发源加热部件的不同，可以分为电阻蒸发、电子束蒸发、高频感应蒸发、电弧蒸发等。蒸发法具有设备简单、操作容易；成膜速率高，用掩膜可以获得清晰图形；成膜纯度高、生长机理单纯等优点。这种方法的主要缺点是：所沉积薄膜的结晶性差；与衬底附着力小，易脱落；工艺重复性不好；由于 In、Sn 饱和蒸气压不同，沉积 ITO 薄膜时易造成组分偏析。因此这些方法常见于实验室沉积薄膜，工业上应用不多见。

(2) PLD。PLD 是将准分子脉冲激光器所产生的高功率脉冲激光束聚焦作用于靶材表面，使靶材表面产生高温及熔蚀，并进一步产生高温高压等离子体，这种等离子体定向局域膨胀发射并在衬底上沉积而形成薄膜。PLD 具有如下优点：沉积膜保留了靶材的化学计量成分，适合生长复杂成分的薄膜和多元薄膜；同时由于激光能量集中，可以解决难熔材料的薄膜沉积；沉积速率高；可在较低温度下沉积。但是 PLD 不易沉积大面积均匀的薄膜，由于经济性方面的原因也没见到工业上的应用，目前还主要局限于实验室。用 PLD 沉积的 ITO 和 AZO 薄膜的电阻率都达到低于

10^{-4} Ω · cm 的水平[100,101]。PLD 技术也适合沉积非常薄的薄膜，对厚度小于 100 nm 的薄膜，其性能也非常优异。用 PLD 沉积的 TCO 薄膜电阻率低，性能优异，在非常低的厚度时其质量也很高。

(3) 磁控溅射。最常用于沉积 TCO 薄膜的方法是磁控溅射技术，可以分为直流 (DC)磁控溅射和射频(RF)磁控溅射，而直流磁控溅射是当前发展较成熟的技术。该方法的基本原理是在电场和磁场的作用下，被加速的高能粒子(Ar$^+$)轰击靶材，能量交换后，靶材表面的原子脱离原晶格而逸出，溅射粒子沉积到衬底表面并与氧原子发生反应而生成氧化物薄膜。以 ZnO 薄膜的沉积为例，磁控溅射示意图如图 4-34 所示。

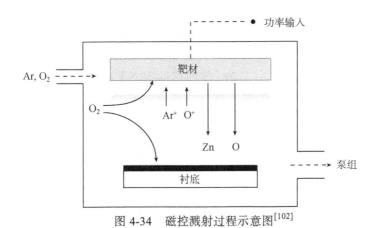

图 4-34　磁控溅射过程示意图[102]

磁控溅射沉积工艺具有如下优点：①膜厚均匀、易控制，通过改变功率来控制溅射速率，从而控制膜厚，而且可以大面积镀膜；②镀膜工艺稳定，薄膜质量的重复性好；③靶材寿命长，适合连续镀膜生产；④溅射原子动能大，薄膜与基片的附着力强；⑤可以在较低的衬底温度下制备致密的薄膜。其缺点是设备复杂、投资高；影响因素复杂，要获得高性能薄膜，必须首先制备出高质量的靶材；离子轰击对薄膜的性能有损伤。

使用磁控溅射沉积 TCO 薄膜时，可以用合金靶或陶瓷靶。当使用合金靶时，要控制加入到工艺气体中的氧气分压，以便反应溅射形成合适化学计量比的薄膜。而使用陶瓷靶时，只需要少量的氧气。由于反应溅射的复杂性，在规模生产中更希望使用陶瓷靶。另外，射频磁控溅射也广泛应用在研究中，但是由于射频溅射的沉积速率比直流溅射的要低很多，而且增加射频源的投资高，因此射频溅射在工业中应用不多。

用磁控溅射沉积的 ITO 薄膜已经应用于 a-Si:H/c-Si 异质结电池的工业生产[6,7]，而 ZnO 系列薄膜更多的还停留在研究阶段[34]。沉积时比较重要的一个参数是衬底温度，衬底温度限制着 TCO 薄膜在 SHJ 电池上的应用，因为 SHJ 电池 p-n 结的热稳定性通常限定在 200 ℃左右，温度过高会损害电池的性能，可以通过 200 ℃以下的后退火工艺来改善 TCO 薄膜的性能。另外一个需要考虑的问题是应用在 SHJ 电池上的 TCO 薄膜厚度，一般控制在 80 nm 左右。总之，低温沉积，较薄的薄膜，而质量又要高，是磁控溅射沉积 TCO 薄膜用于 SHJ 电池要面临的挑战。

(4) 反应等离子体沉积。反应等离子体沉积(reactive plasma deposition，RPD)是日本住友重工的专利设备，它是一种直流电弧(DC arc)离子镀膜设备，其原理如图 4-35 所示。Ar 通过梯度压力型等离子体枪(gradient pressure type plasma gun)产生等离子体，进入到生长腔室，然后通过磁场引导 Ar 等离子体打到靶材上，靶材升华产生蒸气再沉积在衬底上。该沉积设备的主要特点是用特定的磁场控制 Ar 等离子体的形状，从而产生稳定、均匀、高密度的等离子体。

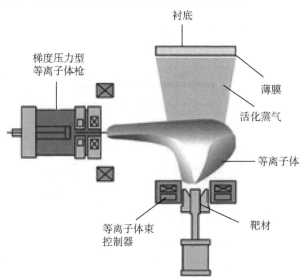

图 4-35   RPD 系统示意图[103]

由于 RPD 特定的结构，使它具有低离子损伤、低沉积温度、大面积沉积和高生长速率等优点[104]，能满足批量工业生产的要求。使用 RPD 方法沉积 ZnO[104-106]和 ITO[107]薄膜都有过研究。在 200 ℃以下的低温使用 RPD 镀膜，能获得具有低电阻率、高透过率的 TCO 薄膜，可以满足 a-Si:H/c-Si 异质结太阳电池对 TCO 薄膜的要求。图 4-36 是我们实际使用的 RPD 设备照片。

图 4-36　RPD 设备照片

4.5.2　硅异质结太阳电池对 TCO 薄膜的要求

在 SHJ 电池中，TCO 薄膜是沉积在只有几个纳米厚的非晶硅发射极上，而 p-n 结的热稳定温度是 200 ℃左右，因此应尽量选择对发射极损伤最小的沉积方法，同时要选择在低温沉积时能获得优良性能的方法和材料。TCO 薄膜在 SHJ 电池中起着透光和导电的作用，因此必须具有合适的电学和光学性能，而电学性能和光学性能是相互影响的，必须同时优化才能使电池的效率最大化。同时 TCO 薄膜还起着减反射层的作用，其厚度是根据最佳减反射效果而得到的，一般在 100 nm 以下。

低电阻率、高透光率和低温生长是 SHJ 电池对 TCO 薄膜的基本要求。有很多工作集中在如何降低 TCO 的电阻率，电阻率与自由载流子浓度和迁移率的关系为

$$\rho = \frac{1}{qN\mu} \tag{4-2}$$

式中，ρ 为电阻率；q 为电子电量；N 为自由载流子浓度；μ 为载流子迁移率。从式 (4-2) 分析，要获得低的电阻率，可以通过增加载流子浓度和提高载流子迁移率来实现。

TCO 薄膜一般为 n 型半导体，其载流子浓度与掺杂水平和生长条件密切相关，如对 ITO 薄膜，通过调整磁控溅射沉积时的氧分压，可以使其载流子浓度在 $10^{19} \sim 10^{21}$ cm^{-3} 范围内可调[12]。但是载流子浓度过高，TCO 薄膜对可见光的吸收增大，势必会影响电池的效率，因此不能单纯通过提高载流子浓度的方法来降低电阻率。

对大多数光伏应用来说，人们更多的是优化 TCO 的载流子迁移率，使其尽量最大，而不是使载流子浓度最大。载流子迁移率由载流子有效质量和弛豫时间决定，用式 (4-3) 表述。

$$\mu = \frac{q\tau}{m^*} \tag{4-3}$$

式中，τ 为弛豫时间；m^* 为载流子有效质量。载流子迁移率与其散射机制有关，文献[102]对其进行了简单总结。ITO 薄膜的载流子迁移率典型值为 $20 \sim 40 \ \text{cm}^2/(\text{V} \cdot \text{s})$，使用其他元素，如 H[108]、W[109,110]、Ti[110]等，对 In_2O_3 进行掺杂可以获得高迁移率的 In_2O_3 基 TCO 薄膜。有关其他具有高载流子迁移率、低吸收的材料，如 AZO[111]、硼掺杂氧化锌(BZO)[112]等，也常见于报道。

在 SHJ 电池中，TCO 薄膜的方块电阻(sheet resistance)决定着后续金属栅线的分布，方块电阻越低，可以采用更少的栅线来获得良好的接触，有利于减少遮光损失。要获得低的方块电阻，一是要求 TCO 薄膜的电阻率越低越好，二是方块电阻与薄膜厚度有关，厚度越大，方块电阻越小。但是 SHJ 电池中 TCO 薄膜同时起着减反射膜的作用，其厚度由下式决定

$$d_{\text{TCO}} = \frac{\lambda}{4n} \tag{4-4}$$

式中，d_{TCO} 为 TCO 薄膜的厚度；λ 为入射光波长；n 为入射光波长下 TCO 薄膜的折射率。取 580 nm 为可见光的平均波长，折射率约为 1.9，得到 TCO 薄膜的厚度约为 75 nm，制作电池时一般控制在 80 nm 左右。在实际制作电池时，TCO 的方块电阻一般要求小于 100 $\Omega/\square$，对于制作优良的 ITO 薄膜，在厚度 ~ 80 nm 时，其方块电阻可低至 20 $\Omega/\square$，甚至更低。

TCO 薄膜的光学性能是由其能带结构和电学性能决定的。在短波长范围，半导体的光学带隙宽度是决定 TCO 薄膜透射上限频率的主要因素。可见光的波长范围大致为 $400 \sim 760$ nm，因此 TCO 薄膜的光学带隙宽度要大于 3.1 eV，才有可能让可见光的全部波长都能通过而表现为透明态。例如，常用的 TCO 薄膜基体材料 In_2O_3、SnO_2 和 ZnO 的光学带隙宽度分别为 3.75 eV、3.8 eV 和 3.2 eV，对可见光的透明性都很好。随着掺杂的增加，载流子浓度增加，TCO 的光学带隙展宽，光学吸收边向短波方向移动。

在长波区，TCO 的光学性能受到自由载流子的影响，因为自由载流子与入射光发生强烈的相互作用，这种基本相互作用可以用经典 Drude 自由电子理论来描述[102]。根据 Drude 理论，等离子体频率(plasma frequency)决定着长波区的透光范围，因为当光的频率低于等离子体频率时，光的穿透深度非常低，将会被反射。增加掺杂水平，等离子体频率增加，吸收边向可见光区移动。

优化 TCO 的光学性能必须同时兼顾其电学性能。TCO 薄膜的一个重要光学特性是可见光范围内的透过率，通常要求其在可见光范围内的平均透过率大于 80%。具有优异透光性能的 TCO 薄膜在可见光区的平均透过率能达到 90%以上。

4.5.3　TCO 薄膜在硅异质结太阳电池上的应用

为获得高效的 SHJ 电池，表征电池的三个基本参数 V_{oc}、J_{sc} 和 FF 必须同时提高。三洋在其报道[3,61]中提到，从 TCO 薄膜的角度，可以从以下几个方面来改善电池的基本参数：①低损伤沉积 TCO 薄膜可以改善 V_{oc}；②使用高载流子迁移率的 TCO 薄膜可以提高 J_{sc}；③减小 TCO 的方块电阻有利于获得高的 FF。

在保证透明性的前提下，三洋在各个时期使用的 TCO 薄膜，其迁移率不断提高，从而不断优化改善 TCO 的性能，其趋势见图 4-37。

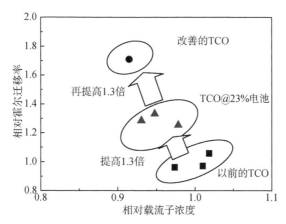

图 4-37　三洋不断提高 TCO 薄膜的载流子迁移率[62]

正如前面所述，常用于 SHJ 电池的 TCO 薄膜有 In_2O_3 系列和 ZnO 系列，其中前者是已经应用于工业化生产，后者更多地用于实验室研究。下面分别予以介绍。

4.5.3.1　ITO 薄膜应用于 SHJ 电池

最常用的 TCO 材料是锡掺杂 In_2O_3，即 ITO，它是 In_2O_3 和 SnO_2 的混合物，其质量比为 9:1。关于 ITO 薄膜的沉积和性能影响因素，已有大量的研究报道，其中使用最多的沉积方法还是磁控溅射。通常的研究思路都是先将 ITO 沉积在玻璃衬底上，优化其沉积条件，获得合适的性能，然后再将其应用于器件上。

在沉积 ITO 薄膜时，最常需要优化的是衬底温度。图 4-38 是用射频磁控溅射沉积 ITO 薄膜的电阻率、载流子浓度和迁移率与衬底温度的关系[113]。从图中可见，电阻率随温度升高而减小，迁移率随温度升高而增大，而载流子浓度随衬底温度升高先增大，超过 200 ℃后载流子浓度却减小。这是由于沉积温度越高，ITO 结晶性越好，其导电性能越优良。也可以通过先在室温下沉积 ITO 薄膜，然后通过后退火处理来达到改善 ITO 薄膜性能的目的。但是，ITO 的电阻率最低时，其对光的透过率并不是最大，这是因为衬底温度增加导致载流子浓度增加，导致其透过率反而下

降。为平衡 ITO 薄膜的电学和光学性能，引入品质因子 Φ_{TC}，其定义为[114]

$$\Phi_{TC} = \frac{T_{avg}^{10}}{R_{TCO}} \tag{4-5}$$

式中，T_{avg} 为薄膜在可见光区的平均透过率，R_{TCO} 为薄膜的方块电阻。Φ_{TC} 越大，越能很好地折中薄膜的电阻率和透过率，这样的薄膜越适合用于 SHJ 电池。沉积薄膜的其他工艺参数，如氧分压、功率密度等，也可以同样通过品质因子 Φ_{TC} 来进行优化。

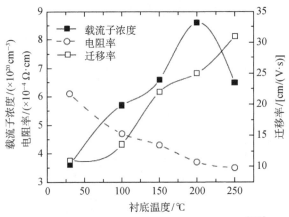

图 4-38   ITO 薄膜的性能与衬底温度的关系[113]

考察 ITO 沉积温度对 SHJ 电池性能的影响[113]，发现沉积温度从室温到 200 ℃ 范围，电池的 V_{oc} 和 FF 都随温度的升高而增大，J_{sc} 变化不大，从而在此温度范围内电池的效率随 ITO 沉积温度的升高而增大。而当沉积温度超过 200 ℃ 时，电池的 V_{oc} 和 FF 减小，电池的效率也随即降低。Zhang 等[115]的研究也发现在阈值温度(150 ℃) 以下，提高 ITO 的沉积温度，一方面可以在沉积的同时实现退火，恢复因溅射过程中粒子轰击造成的钝化性能的下降，使 V_{oc} 随沉积温度升高而增大，另一方面由于沉积温度升高使 ITO 的导电性和透过性改善，从而使电池的 FF 和 J_{sc} 增大。其他的研究也发现存在一个优化的 ITO 沉积温度[116]，在此温度下电池的性能最佳。这个优化温度应该要低于 SHJ 电池中 a-Si:H 的沉积温度[115]，在这个优化温度下不至于造成 a-Si:H 中氢逸出[115]，ITO 薄膜的电学性能和光学性能又达到平衡。我们使用 RPD 技术沉积 ITO 薄膜，优化后获得厚度为 100 nm 的 ITO 薄膜，其表面均匀平整，结晶度高，透过率达到 90%以上，电阻率低至 ~2×10⁻⁴ $\Omega \cdot cm$，成功应用于我们的 SHJ 电池。

4.5.3.2   其他元素掺杂的 In_2O_3 薄膜应用于 SHJ 电池

在太阳光的发光全波段范围(300 ~ 2500 nm)，其在可见光范围(400 ~ 760 nm)

的能量占 43%，紫外区域(300 ~ 400 nm)的能量占 5%，而在近红外区域(760 ~ 2500 nm)的能量却占总能量的 52%。传统 TCO 薄膜的红外反射率高，限制了以它作为透明电极的太阳电池对长波段太阳光能量的有效利用。从式(4-2)知，TCO 薄膜的电阻率与载流子浓度和迁移率成反比，通过减少载流子浓度，可以减少自由载流子的吸收，从而提高光透过率，但是减少载流子浓度会导致薄膜的电阻率上升而影响导电性。如果在降低载流子浓度的同时，提高载流子迁移率，一方面可以使 TCO 薄膜仍保持良好的导电性能，另一方面由于载流子浓度降低、吸收减少，可实现从可见光到近红外范围的高透过率，从而有利于太阳电池效率的提高。

提高 TCO 薄膜的载流子迁移率可以通过多种途径[117]，包括选择合适的沉积方法、沉积后的退火热处理、控制晶体结构、控制杂质浓度、选择掺杂方法、引入氢、选择合适的掺杂剂等。ITO 薄膜由于具有低电阻率、高可见光透过率以及可低温沉积(≤200 ℃)的优点，而广泛使用在 SHJ 电池上。但是传统 ITO 的载流子迁移率比较低，一般在 20 ~ 40 cm²/(V·s)，这是由其电离杂质散射(ionized impurity scattering)等散射机理决定的[102]。使用其他的掺杂剂对 In_2O_3 体系进行掺杂，可以获得具有高迁移率的 In_2O_3 基 TCO 薄膜。这里介绍几种其他元素掺杂的 In_2O_3 及其在 SHJ 电池上的应用。

1) 氢掺杂的 In_2O_3(IO:H)

Koida 等[108,118]用射频磁控溅射方法，以 H_2O 蒸气作为 H 掺杂源，室温沉积，然后在≤200 ℃退火处理，固相晶化得到 IO:H 薄膜，测量了厚度为 240 nm 的薄膜，获得了较高的载流子迁移率(> 100 cm²/(V·s))，而载流子浓度(< 2×10²⁰ cm⁻³)和电阻率((3 ~ 5)×10⁻⁴ Ω·cm)都较低。该薄膜的透射、反射和吸收光谱见图 4-39。从图中可见，IO:H 薄膜在可见光区的平均透过率与 ITO 薄膜的差别不大，都在 80% 以上。IO:H 薄膜在近红外区的吸收非常小，相应地 IO:H 薄膜的高透明区域向近红外区移动，在近红外区的透过率明显高于对应的 ITO 薄膜，而对应的 ITO 薄膜在长波区的吸收却逐渐增强。这可以解释为 IO:H 薄膜相比对应的 ITO 薄膜，具有较高迁移率和较低的载流子浓度，因此其自由载流子吸收减少，在可见光和近红外区的透过率增加。

虽然在可见光区的平均透过率基本相同，但是以 72 nm 的 IO:H 作为 TCO 薄膜，应用到 SHJ 电池的前表面[108,119]，由于 IO:H 对自由载流子吸收的抑制，在 TCO/a-Si:H 界面的反射损失以及 TCO 薄膜层的吸收损失都减小，使得 SHJ 电池的 J_{sc} 提高，相应地电池效率也提升。因此，他们认为具有高载流子迁移率的 IO:H 可用作 SHJ 电池的 TCO，替代常用的 ITO 薄膜。

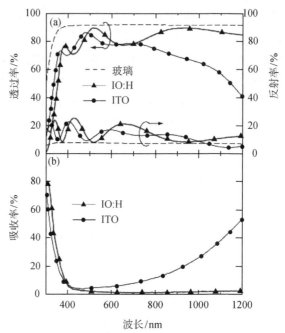

图 4-39　IO:H 薄膜的(a)透射和反射谱，(b)吸收谱[108]

2) 钨掺杂的 In_2O_3(IWO)

TCO 薄膜的载流子迁移率主要取决于晶格振动、中性杂质散射、电离杂质散射和晶格散射等散射机制[117]。室温下晶格振动和中性杂质散射对高简并薄膜的影响可以忽略。载流子浓度在 $10^{20} \sim 10^{21}\ cm^{-3}$ 的高简并半导体主要受电离杂质散射的影响[120]。在 ITO 薄膜中，Sn^{4+} 与 In^{3+} 之间的价态差为 1，如果用其他金属离子(如 W^{6+})替换 Sn^{4+}，则 W^{6+} 与 In^{3+} 之间的价态差为 3，这意味着一个掺杂钨原子能比锡原子提供更多的自由载流子。因此在载流子浓度一定的情况下，钨掺杂的 In_2O_3(IWO) 薄膜中掺杂钨的含量远小于 ITO 薄膜中掺杂锡的含量。较少的掺杂量有利于减少薄膜中的电离散射中心，从而 IWO 薄膜有可能可以获得较高的载流子迁移率[121]。

基于上述原理，具有高载流子迁移率的 IWO 薄膜被大量研究[109,110,121-123]。Gupta 等[123]用 PLD 沉积方法，在 500℃的生长温度，获得了载流子迁移率高达 358 cm^2/(V·s) 的 IWO 薄膜，但是由于 PLD 方法和生长温度的局限性，并不适合于 SHJ 电池应用。Lu 等[109]用 RPD 沉积方法，在室温下沉积了高质量的 IWO 薄膜，当薄膜厚度为 80 nm 时，其载流子迁移率为 57 cm^2/(V·s)，在可见光区的透过率达 80%以上，在近红外区的透过率达 90%以上。在一定温度范围内退火，其电阻率下降，载流子迁移率和透过率增加。由于具有比 ITO 薄膜更高的载流子迁移率和近红外透过率，因此 IWO

展现出应用于光伏器件，包括 SHJ 电池的潜力。

钼掺杂的 In_2O_3(IMO)具有与 IWO 相似的性质，但是其沉积温度普遍较高，如果能降低沉积温度且具有良好的性能，IMO 也具有取代 ITO 的可能性。其他研究过的取代 Sn 的掺杂元素还包括 Ti、Zr 等，文献[117]总结了 In_2O_3 基的 TCO 薄膜基本性能和沉积方法。这些 In_2O_3 基的 TCO 薄膜，虽然具有比 ITO 薄膜优越的性能，但是沉积温度普遍高于 250 ℃，如果想应用于 SHJ 电池需要作进一步的优化。

4.5.3.3　ZnO 薄膜应用于 SHJ 电池

由于 In 属于稀缺资源，因此人们一直在寻找其他可以替代 In_2O_3 基 TCO 薄膜的材料，ZnO 就是被大量研究的一种 TCO 薄膜。ZnO 是具有纤锌矿结构的直接带隙半导体材料，晶体类型为六角柱结构。纯的 ZnO 薄膜是本征半导体，电阻率较高，不能直接作 TCO 薄膜，因此需要用其他元素进行掺杂，可用于掺杂的元素主要有 Al、B、Ga 和 In 等。掺杂后，ZnO 薄膜的电阻率可低至 10^{-4} Ω·cm 量级，在可见光区的平均透过率能达 80%以上。ZnO 基 TCO 薄膜具有原料易得、价格低廉、无毒污染小、生长温度低等优点，其光电性能能满足光电器件的要求，因此具有良好的应用前景。

研究较多的是 Al 掺杂 ZnO(AZO)薄膜[95,97-99,111]，很多沉积方法都可以用来获得 AZO 薄膜，其性能也基本能满足 SHJ 电池的要求，但是其在 SHJ 电池上的应用还仅限于实验室[32-34]，没见到工业上应用的报道。文献[111]归纳了具有高载流子迁移率的 AZO 薄膜工作，其载流子迁移率可达 40 cm^2/(V·s)以上。使用较多的沉积方法还是磁控溅射，退火热处理可以改善 AZO 薄膜的光电性能[111]。

Favier 等[112]用 MOCVD 方法沉积了硼掺杂 ZnO 薄膜(BZO)，并用作 SHJ 电池的背面 TCO 薄膜。他们认为从光学性能上讲，BZO 薄膜可以替代 ITO 用作电池背面的 TCO 薄膜，但是其电学性能方面还需改进，主要问题是会引起电池串联电阻的增大，从而影响电池的 FF 和效率。也可以用其他方法，如 LPCVD 来沉积 BZO 薄膜[96]。

Ga 掺杂 ZnO(GZO)薄膜也是被广泛研究的一种 ZnO 薄膜[104-106]，只要调控其光电性能在合理的范围，也具有用于 SHJ 太阳电池的潜力。

4.6　电　极　制　作

SHJ 电池在沉积 TCO 薄膜后，下一个工序就是制作电极。所谓电极，就是与 p-n 结两端形成紧密欧姆接触的导电材料，习惯上把制作在电池光照面上的电极称为上电极，通常是栅线状，以收集光生电流；而把制作在电池背面的电极称为下电极或背电极，下电极应尽量布满电池的背面，以减少电池的串联电阻。

制作上、下电极的材料基本要求是：能与硅形成牢靠的欧姆接触，具有优良的导电性能，收集效率高等。Ag、Cu、Al 等金属都可用作 SHJ 电池的电极材料。

4.6.1　电极制作的方法

制作电极的方法主要有真空蒸镀、电镀、丝网印刷等，其中银浆的丝网印刷及低温烧结是目前松下公司在 HIT 电池生产中采用的工艺方法。

4.6.1.1　真空蒸镀法

真空蒸镀法通常是指利用带电极图形掩膜的电极模具板覆盖在硅片表面，然后进行真空蒸镀来制作电极的方法。在实验室中，常用真空蒸镀铝制作 SHJ 电池的背电极，一般整个背面都蒸镀上铝，而不需要掩膜。而 Roth & Rau 公司及其合作单位 EPFL 则在其开发的 SHJ 电池工艺中用磁控溅射 Ag 的方法来制作背电极[6,7,10,11]。真空蒸镀和溅射都能满足 SHJ 电池要求的低温工艺。

4.6.1.2　电镀法

另外一种低温制作电极的方法是电镀或化学镀，需要用到含有镀层金属的盐溶液。这种方法能够实现自我选择(self-selective)沉积，即金属只沉积在器件的导电区域，因此不需要额外的掩膜[36]。通过延长镀膜的时间，就可以获得较高的电极高宽比(aspect ratio)。Wünsch 等[124]用化学镀镍制作电极，应用于一种发射极在背面的a-Si:H/c-Si 异质结电池。而日本 Kaneka 公司和比利时 IMEC 合作，首次将铜电镀技术应用于 SHJ 电池的正面栅线的制作，实现了高效铜电镀电极的异质结电池[5]，效率达到了 23.5%[5]。铜电镀是一种经济并通过工业验证的处理方法，不仅克服了银浆丝网印刷的缺点，还具有提高转换效率、降低加工成本的优点。

4.6.1.3　丝网印刷法

为降低生产成本和提高生产效率，人们将生产厚膜集成电路的丝网印刷工艺引入制作太阳电池电极的生产中。日本松下公司在其 HIT 电池的电极制作也采用的是丝网印刷工艺。

丝网印刷由五大要素构成，即丝网、刮刀、浆料、工作台以及基片。丝网印刷的基本原理是：利用丝网图形部分网孔透过浆料，漏印至承印物，而非图形部分网孔不透过浆料，在承印物上形成空白的基本原理进行印刷。印刷时在丝网一端倒入浆料，用涂墨刀(刮条)将浆料均匀地摊覆在网板上，再用刮刀在丝网的浆料部位施加一定压力，同时朝丝网另一端移动。浆料在移动中被刮刀从图形部分的网孔中挤压到承印物上。由于浆料的黏性作用而使印迹固着在一定范围之内,印刷过程中刮刀始终与丝网印版和承印物呈线接触,接触线随刮刀移动而移动,由于丝网与承印物之间保持一定的间隙(称为网间距),使得印刷时的丝网通过自身的张力而产生对刮板的反作用力,这个反作用力称为回弹力。由于回弹力的作用,使丝网与基片只呈移动式线接触,而丝网其他部分与承印物为脱离状态,保证了印刷尺寸精度和避免蹭脏承印物。当刮板刮过整个印刷区域后抬起,同时丝网也脱离基片,工作台返回到上料位置,至此为一个印刷行程。

影响印刷质量的参数包括:①印刷设备:刮刀(材料、角度)、印刷压力、印刷速度、网间距、印刷面积等;②网板:网板目数及线径、开孔面积、网板张力等;③浆料:成分、流变性;④基片:绒面大小、扩散浓度。印刷的质量可以通过栅线的高度、宽度、膜厚的一致性来表征,要获得高宽比大的电极可采用二次印刷(double printing)方法。

印刷好的电池需要在一定温度下烧结,以形成欧姆接触。常规晶体硅太阳电池的烧结温度在 800 ℃以上,其所用的浆料为高温浆料;而 SHJ 电池中,由于非晶硅薄膜的特性决定了其烧结温度只能在 200 ℃左右,因此选择的金属浆料必须是低温浆料。工业生产中丝网印刷设备与烧结设备一般是组合在一起的,图 4-40 是用于 SHJ 电池生产的丝网印刷和低温烧结设备照片,它包括背电极印刷、烘干,正面电极印刷、烘干,正面电极二次印刷和低温烧结。

图 4-40　丝网印刷和低温烧结设备照片

4.6.2　丝网印刷在硅异质结太阳电池上的应用

三洋[3,61]在其研究中指出,从电极制作的角度,为改善 HIT 电池的性能,可以从如下几个方面着手:①制作较细的栅线电极,减少遮光面积,以改善电池的 J_{sc};②采用高质量、低电阻的栅线电极材料,以改善电池的 FF;③制作大高宽比的栅线电极，以改善电池的 *FF*。

4.6.2.1 低温银浆

SHJ 电池的丝网印刷电极通常需要在 200 ℃左右的温度下进行烧结，这主要是为了防止高温对电极下面的薄膜产生损伤，尤其是对掺杂非晶硅薄膜产生损伤，因为掺杂非晶硅薄膜对高温特别敏感[81]。因此在 SHJ 电池中使用的浆料必须能够适合在低温下烧结，考虑到导电性的要求，一般使用的是低温银浆。与传统热扩散型晶体硅太阳电池使用的、可在 800 ℃以上进行烧结的银浆相比，用于 SHJ 电池的低温银浆成分完全不同，因此其流变性和印刷性能也不一样[12]。使用低温银浆面临的挑战是既要达到高的导电性，与 TCO 薄膜间的接触电阻又要低。

有两种类型的低温银浆可以应用于 SHJ 电池[12]。一种是热塑性浆料，它的溶剂含量较多，需要控制烧结温度防止溶剂滞留在电极与硅片的接触区域。对这种浆料，加热则开始聚合固化，同时有利于使长链聚合物分子自由移动，而冷却则减少这种移动。另外一种是热固性浆料，它的表现则完全不同。在加热固化过程中，热固性聚合物在相邻的聚合链间形成化学键，导致形成三维网络结构，比热塑性浆料形成的二维结构要刚硬(rigid)。

在太阳电池制作电极时，正面银浆的黏度是很重要的一个影响因素。如果银浆的黏度小，浆料的流动性好，印刷后栅线在硅片表面坍塌大，会增加电池表面的遮光面积，降低单位面积内太阳电池的光电转换效率。而高黏度的银浆印刷后不容易坍塌，但是浆料黏度过高又容易结块，造成不易印刷且电性能不稳定。针对 SHJ 电池所用的低温银浆，其黏度比常规晶体硅电池所用的正面银浆要大，这就要求其具有很好的触变特性，剪切变稀，并且在外力撤除后可以很快恢复到高黏度状态，能够很好地满足丝网印刷的要求。图 4-41 是我们使用的一种低温银浆的触变特性。

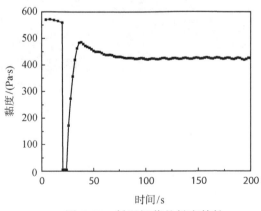

图 4-41 低温银浆的触变特性

由于金属银价格不断上涨，人们一直在寻找可以替代银浆的其他导电浆料，铜浆是一个很好的选择。Yoshida 等[125]开发了一种铜浆，可以在低温下(< 200 ℃)烧结，能够在浆料/ITO 界面形成良好的电接触，表现出应用于 SHJ 电池的潜力。

4.6.2.2　改善栅线质量

为提高电池的 J_{sc} 和 FF，栅线(grid)电极的电阻必须较低，同时必须尽量减小栅线的宽度。选择具有低电阻的银浆能够降低栅线电阻，而提高栅线的高宽比则可以提高导电能力、减少遮光损失。图 4-42 是提高栅线高宽比的示意图。

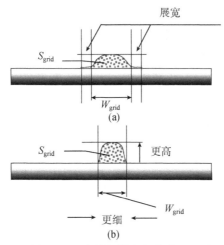

图 4-42　改善栅线电极高宽比示意图[3]

图 4-42(a)是常规的丝网印刷栅线示意图，从图中可见存在一个展宽区域，它会引起遮光损失。为减少光学损失和电学损失，需要减小展宽区域、提高栅线高度，从而获得大高宽比，如图 4-42(b)所示。高宽比的计算用下式[3]：

$$A_{grid} = S_{grid} / W_{grid}^2$$

式中，S_{grid} 为不包括展宽区域的断面面积；W_{grid} 为不含展宽区域的宽度。通过减小栅线宽度(为原栅线宽度的 60%)使高宽比 A_{grid} 超过 1.0，三洋[3]的 HIT 电池相对效率提升了 1.6%，折合绝对效率达 0.3%以上，表明改善栅线对电池效率的提升效果还是很明显的。为达到上述改善效果，需要优化：①低温银浆的黏度和流变性；②丝网印刷的工艺参数，如印刷压力、网间距等。采用二次印刷，也能够实现栅线高度的增加，有利于获得高宽比大的电极。

虽然最好的低温银浆电阻率能低至 10 ~ 15 μΩ·cm，但是仍然比标准的高温银浆要大 4 ~ 6 倍[12]。因此，在 SHJ 电池中需要引入其他的金属化方法。Roth & Rau 公司在中试线上，制作了尺寸为 156 mm×156 mm、带 5 根主栅线的 SHJ 电池，这

样改善了电流的收集,获得的电池效率超过了 21%[7]。他们还用密集分布的金属线
替代主栅,获得了效率超过 19%的 SHJ 电池组件[126]。用铜电镀技术实现 SHJ 电池
正面栅线的金属化,也获得了高效的异质结电池[5]。

4.6.2.3　银浆烧结温度对 SHJ 电池性能的影响

丝网印刷后,烧结是很重要的一个工序,它关系着接触金属的电性能甚至是
TCO 的性能,以及最终 SHJ 电池器件的性能。烧结温度越高、烧结时间越长,电极
的导电性越好,与 TCO 的黏附越好,电池的 FF 越高。然而存在一个烧结温度极限,
超过这个温度后电池性能反而会下降。图 4-43 显示的是以溅射 ITO 薄膜作为前表
面的 TCO,SHJ 电池的性能参数随银浆烧结温度(150 ~ 300 ℃)而变化的情况,所有
样品的烧结时间是 15 min。

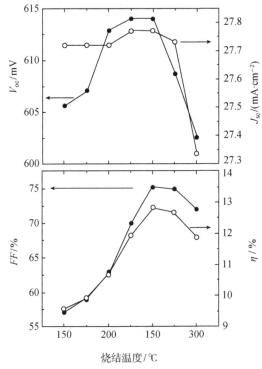

图 4-43　SHJ 电池性能参数与丝网印刷银浆烧结温度的关系[127]

从图 4-43 中可见,在 150 ~ 250 ℃的烧结温度范围内,SHJ 电池的性能参数 V_{oc}、
J_{sc} 和 FF 都随温度升高而增大,并且在 250 ℃时都达到最大,从而在 250 ℃时转换
效率也最高。在过高的温度下烧结,电池性能下降,特别是 V_{oc} 和 J_{sc} 下降严重,而
FF 则下降不多。这表明在选择烧结温度时要更多地关注异质结,而不是丝网印刷

的金属本身。

　　丝网印刷和低温烧结之后，SHJ 电池就基本制作完成。下一个要进行的工序是边缘隔离，可以用激光进行边缘隔离。之后进行电池的测试和分选工作。

　　经过上述的硅片清洗制绒，PECVD 沉积正、背面的本征非晶硅层和掺杂非晶硅层，RPD 沉积正、背面的 TCO 薄膜，丝网印刷正、背面的银栅线和低温烧结过程，就完成了非晶硅/晶体硅异质结太阳电池的制作。三洋(现松下)经过二十多年的研发和不断的工艺改进，其 HIT 电池的最高效率已达 24.7%(见图 3-4)，为目前业界最高。我们也按照硅片清洗制绒，PECVD 沉积正、背面的本征非晶硅层和掺杂非晶硅层，RPD 沉积正、背面的 TCO 薄膜、丝网印刷正、背面的银栅线和低温烧结的工艺顺序，以 n-c-Si 作基体材料，制作了尺寸为 125 mm×125 mm 的非晶硅/晶体硅异质结电池，电池效率达到了 20%以上。图 4-44 是我们制作完成的一片非晶硅/晶体硅异质结电池的正面照片。

图 4-44　一片非晶硅/晶体硅异质结太阳电池的正面照片

4.7　非晶硅/晶体硅异质结太阳电池的薄片化

　　随着技术的进步和降低成本的要求，太阳电池制造所使用的硅片越来越薄。常规晶体硅太阳电池的工艺涉及高温过程，过薄的硅片容易引起弯曲，使碎片率上升，因此要使用更薄的硅片还有许多问题需要解决。目前光伏工业常用的硅片厚度在 160 ~ 200 µm。而三洋(现松下)的 HIT 电池因其采用低温工艺和对称的结构，更适合于使用薄型硅片，他们近年也一直在报道厚度低于 100 µm 的 HIT 电池研究结果[3,4,128,129]。随着硅片厚度的减小，其性能会发生相应的变化，为了仍然能够获得高效的异质结电池，需要从电池工艺上加以改进。

4.7.1　硅片减薄对太阳电池的影响

减小硅片的厚度有利于降低太阳电池的制造成本，但是采用薄硅片也会带来一些问题，主要是如下几个方面。

(1) 随着硅片厚度减薄，其机械强度变小，硅片容易破碎。而且在制作电池时由于机械应力和热应力作用，容易引起弯曲，在后续的层压制作组件时容易造成电池片的碎裂。

(2) 硅片减薄会造成电池短路电流的下降。因为硅材料在近红外区的吸收系数较低，近红外波长的光穿透薄型硅片，而不会被吸收。

(3) 硅片减薄还会造成电池开路电压的下降。硅片的有效少子寿命与体内寿命和表面复合速度的关系为

$$\frac{1}{\tau_{\text{eff}}} = \frac{2S}{W} + \frac{1}{\tau_{\text{bulk}}} \tag{4-6}$$

式中，τ_{eff} 为有效少子寿命；S 为表面复合速度；W 为硅片厚度；τ_{bulk} 为体内寿命。从式(4-6)可知，如果硅片的表面复合速度不是很低时，随着硅片厚度的减小，有效少子寿命会减小，从而导致电池 V_{oc} 的减小。

图 4-45 是常规晶体硅电池的 V_{oc} 和 I_{sc} 相对值随硅片厚度变化的模拟计算结果。计算时选用的表面复合速度为 $1 \times 10^5\ \text{cm} \cdot \text{s}^{-1}$，体寿命为 2000 μs，每一个厚度下电池的参数都与 200 μm 厚的电池参数进行归一化处理。这些计算结果表明常规晶体硅电池的转换效率随着硅片厚度的减小而降低。

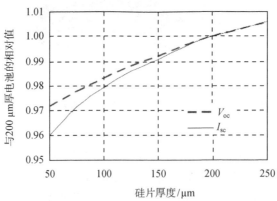

图 4-45　常规晶体硅电池的 V_{oc} 和 I_{sc} 与硅片厚度的关系模拟计算结果[128,130]

4.7.2　薄型 HIT 太阳电池

根据上面分析知道，随着硅片的厚度减小，电池的性能会受影响，如果在工艺

中不采取相应的改进措施，则减小硅片厚度电池的转换效率必然会下降。然而，对于 HIT 电池而言，针对薄型硅片，三洋不断优化其工艺，保证了在电池厚度小于 100 μm 时仍然能够保持电池的高效率。

首先，由于 HIT 的对称结构及其低温工艺(≤200 ℃)，减小了制作过程中的机械应力和热应力，因此 HIT 电池的结构和工艺使得它可以适合使用更薄的硅片。三洋在其研发中甚至制作了厚度仅为 58 μm 的 HIT 电池，没有发现弯曲，见图 4-46。

图 4-46　厚度为 58 μm 的 HIT 电池照片，没有弯曲现象[128-130]

其次，三洋采用优化硅片表面清洗方法、低损伤工艺沉积高质量非晶硅薄膜等手段，有效钝化了 a-Si:H/c-Si 界面，获得了具有低表面复合速度的 HIT 电池。他们计算和测量了不同表面复合速度下，HIT 电池的厚度与 V_{oc} 的关系，见图 4-47。图 4-47 是以硅片厚度为 100 μm 的电池 V_{oc} 为基准，其他厚度下电池的 V_{oc} 与其作比较，

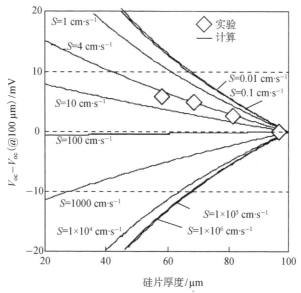

图 4-47　不同表面复合速度下硅片厚度与电池 V_{oc} 的关系[128,129]

从中可见，当电池的表面复合速度大于 100 cm·s^{-1} 时，电池的 V_{oc} 随硅片厚度减小而减小；当电池的表面复合速度小于 100 cm·s^{-1} 时，电池的 V_{oc} 随硅片厚度减小反而增大。实际测得 HIT 电池的表面复合速度约为 4 cm·s^{-1}，因此其 V_{oc} 随硅片厚度减小而增加，表现出与常规晶体硅电池不同的趋势。

第三，硅片越薄，电池的 I_{sc} 越小。三洋采取措施减小 HIT 电池中 a-Si:H 薄膜和 TCO 薄膜的光吸收，同时优化硅片的表面制绒以减小光反射损失，尽量将硅片减薄对电池 I_{sc} 的影响降到最低[128-130]。

经过上述改进措施以后，薄型 HIT 电池的性能参数与硅片厚度的关系见图 4-48，图中的参数是以硅片厚度为 165 μm 的 HIT 电池参数进行归一化处理。从图中可见，虽然 HIT 电池的 I_{sc} 随硅片厚度减小而减小，但是由于 HIT 电池的优异钝化性能和采取的各项改进措施，其 V_{oc} 随硅片厚度减小反而增加，从而使电池效率随硅片厚度减小并不是太大。他们在 2013 年报道[131]了硅片厚度为 98 μm 的 HIT 电池，该 HIT 电池的面积为 101.8 cm^2，V_{oc} 高达 750 mV，J_{sc} 为 39.5 mA·cm^{-2}，FF 为 0.832，创造了 HIT 电池的最高效率 24.7%。

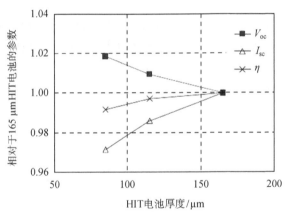

图 4-48   HIT 电池性能参数 V_{oc}、I_{sc} 和效率与电池厚度的关系[4,130]

4.8   发射极在背面的硅异质结太阳电池

前面叙述的非晶硅/晶体硅异质结电池都是发射极在正面的电池，可以称之为标准的非晶硅/晶体硅异质结电池。这种电池正面的非晶硅层和 TCO 薄膜不可避免地会产生光吸收，影响到电池 J_{sc} 的进一步提高。为避免非晶硅层和 TCO 的光吸收，人们提出将发射极制作在电池背面，以改善电池结构、提高效率。发射极在背面的非晶硅/晶体硅异质结电池大体可以分两种情况：一种只是发射极在背面的背发射极 SHJ 电池，另一种是与 IBC 电池技术结合，将异质结发射极和金属接触都放在电池背面，形成背接触硅异质结太阳电池，即所谓的 IBC-SHJ 电池。

4.8.1   背发射极硅异质结太阳电池

为克服标准 a-Si:H/c-Si 异质结太阳电池中的寄生(parasitic)吸收，Wünsch 等[124,132]将异质结设计在电池背面，得到了倒置的(inverted)a-Si:H/c-Si 电池，其结构如图 4-49 所示。它是以 FZ 硅片为衬底，在正面用 PECVD 先沉积 70 nm 厚的 Si_xN_y 层，在背面依次沉积本征非晶硅缓冲层和硼掺杂的 p-a-Si:H 层；在正面可以采用激光烧蚀 Si_xN_y 层形成接触孔，在接触孔内再用化学镀镍形成金属接触[124]，而背面的金属接触用热蒸发方法形成。这种电池的 Si_xN_y 层起到几个方面的作用：①作为钝化层，减小界面复合速度；②Si_xN_y 中的固定正电荷诱导，在 n 型硅中形成一个累积层，累积层起到前表面场的作用，阻止少数载流子在界面复合中心复合；③70 nm 厚的 Si_xN_y 层还起到减反射层的作用。这种电池的 p-n 结位于背面，没有光通过 p-a-Si:H 发射层，因此它的厚度不必再越薄越好，只需从最小界面复合速度和最大开路电压的角度进行优化。另外，更多的导电层可以选择沉积在 p-a-Si:H 发射层上来改善 p-a-Si:H/n-c-Si 界面的能带弯曲，而不必一定是透明的 TCO 薄膜。这种电池当时获得的效率还比较低，只有 11.05%[132]，但是它给人们以极大的启发来制作发射极在背面的 SHJ 电池。

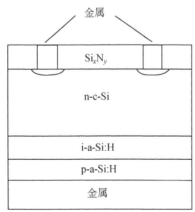

图 4-49   倒置 a-Si:H/c-Si 异质结太阳电池结构示意图[124,132]

Bivor 等[133,134]制作了具有 n+np+ 结构、带 a-Si:H/c-Si 异质结背发射极和扩散前表面场(FSF)的 n 型电池，其特点是 SHJ 发射极在背面，而在正面采用常规晶体硅电池的扩散技术形成 FSF，其结构如图 4-50 所示。由于在电池正面没有发射极，没有标准 SHJ 电池中存在的寄生吸收，因此该电池在 700 nm 以下波长范围内的 QE

增加,有利于增大电池的 J_{sc}。同时,优化背发射极时只需考虑载流子的复合和输运,而不必考虑寄生吸收。在电池正面也不需要 TCO 薄膜,因而可以使用透明的减反射层,背面的 TCO 薄膜也不是必需的。然而,由于采用扩散技术形成 FSF,必然会涉及高温,而且工艺过程也稍显复杂。他们获得的小面积电池最高转换效率为 20.6%[134]。

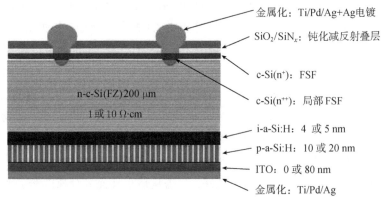

图 4-50　带 a-Si:H/c-Si 异质结背发射极和扩散 FSF 的 n^+np^+ 型电池结构示意图[133,134]

Descoeudres 等[11]制作的背发射极异质结电池,其结构与标准的双面 SHJ 电池一样,只是发射极位于背面。他们获得的 n 型背发射极 a-Si:H/c-Si 电池效率为 19.6%,p 型背发射极 a-Si:H/c-Si 电池效率为 18.3%,电池面积为 4 cm²。

发射极位于背面的 a-Si:H/c-Si 异质结电池虽然从理论上可以减少寄生吸收,有利于电池效率的提高,但是目前其效率与标准 SHJ 电池还有一定差距,因此还需要不断研究与优化。

4.8.2　背接触硅异质结太阳电池

将发射极放在背面的 a-Si:H/c-Si 电池能够减少寄生吸收,有利于提高电池的 J_{sc}。为进一步提高异质结电池的 J_{sc},减少前表面金属栅线遮光影响的器件设计是方向之一。很自然地人们注意到了 IBC 电池,因为 IBC 电池将发射极和金属接触都放在电池背面,前表面彻底没有遮光损失,可以获得较大的 J_{sc},SunPower 公司的 IBC 电池获得了 24.2%的转换效率[135]。SHJ 电池具有较高的 V_{oc},而 IBC 电池能得到较大的 J_{sc},两种技术的融合应该有利于太阳电池转换效率的提升。

将 IBC 技术应用于 SHJ 电池,即将异质结发射极和金属接触都放在电池背面,形成所谓的 IBC-SHJ 电池。Lu 等[136,137]在 2007 年第一次报道了 IBC-SHJ 电池的研究结果,他们当时获得的电池效率为 11.8%,电池面积为 1.32 cm²。此后,众多机构都加入到 IBC-SHJ 电池的研究，他们的器件研究结果总结在表 4-1 中。

表 4-1   IBC-SHJ 太阳电池的研究情况

	硅片类型	面积/cm²	V_{oc}/mV	J_{sc} / (mA·cm⁻²)	FF / %	效率/%	报道年份
美国/Univ. of Delaware[136,137]	n-FZ	1.32	602	26.7	73	11.8	2007
德国/HZB[138,139]	p-FZ	1	580	37	65	13.9	2008
意大利/ENEA[140]	p-CZ	6.25	695	35.3	60.9	15	2008
加拿大/Univ. of Toronto[141]	n-FZ	1	536	20	75.5	8.1	2009
美国/Univ. of Delaware[142]	n-FZ	/	670	34.2	65.2	15	2010
比利时/IMEC[143]	n-CZ	1	610	39.1	67	15.2	2010
法国/INES[144,145]	n-FZ	25	678	32.4	71.6	15.7	2010
德国/HZB[146]	n-FZ	1	673	39.7	75.7	20.2	2011
韩国/LG[147]	n-FZ	4	723	41.8	77.4	23.4	2011
日本/Sharp[148]	n-FZ	3.72	736	41.7	81.9	25.1	2014
日本/松下[149]	n-CZ	143.7	740	41.8	82.7	25.6	2014

虽然 a-Si:H/c-Si 异质结电池已经研究了二十多年，但是把异质结发射极放在电池背面的研究只是近些年的事情，2007 年才首次报道了 IBC-SHJ 电池结构[136,137]。因此，许多已发表的关于 IBC-SHJ 电池的论文也只是提出电池的结构，其工艺并没有更好地优化，而且通常是制得小面积的电池，除松下公司外，目前报道的最大电池面积也只有 25 cm² 大小[144,145]。大多数的器件结果是在 FZ 硅片上获得的，包括 n 型和 p 型。基本上电池背面的图形化是使用光刻技术得到的，主要是为了证实各种 IBC-SHJ 电池结构的可行性。虽然已见报道的 IBC-SHJ 电池的转换效率普遍不高，与标准 SHJ 电池和 IBC 电池的效率还有一定差距，但是韩国 LG 公司报道了效率为 23.4%[147]的 IBC-SHJ 电池，特别是 2014 年日本 Sharp 公司报道了效率为 25.1%[148] 的 IBC-SHJ 电池，表明 IBC-SHJ 电池是有获得高效的希望，并且有超过 25%效率的潜力[10]，所以还是引起了人们极大的兴趣。令人兴奋的是，2014 年 4 月日本松下公司宣布采用背接触技术的 HIT 电池(IBC-HIT)效率高达 25.6%[149]，一举打破了晶体硅电池转换效率的世界纪录，并且电池面积达到 143.7 cm² 的商用级别，主要的提升来自于电池短路电流密度的提高(从标准 HIT 电池的 39.5 mA·cm⁻² 提高到 IBC-HIT 电池的 41.8 mA·cm⁻²)。

一般 IBC-SHJ 电池的结构如图 4-51 所示。在制绒硅片的前表面沉积减反射层 (如 SiN$_x$)，通常还会沉积一层本征非晶硅钝化层，但是由于非晶硅的光吸收其厚度必须很薄。另外一种选择是与标准的 IBC 电池一样，采用前表面场，然而使用扩散前表面场必然会涉及高温过程。在电池背面，非晶硅层呈交叉排列。图 4-51 所示的电池结构中，与标准双面 SHJ 电池一样，使用了本征非晶硅来钝化背表面，也可以使用带或不带本征非晶硅的叠层。另外，有时在 BSF 和发射区直接使用介质钝化层。TCO 位于非晶硅层和金属接触之间，它可以屏蔽非晶硅层免受金属的影响，同时增强导电性和改善背面的反射性能。可以用光刻、掩膜或其他工业化的技术来实现图形化。制作 IBC-SHJ 电池背面的关键问题有 p-n 结的设计、a-Si/c-Si 界面质量、i-a-Si 的使用、n-a-Si 和 p-a-Si 之间的隔离以及与 a-Si 层的金属接触等。

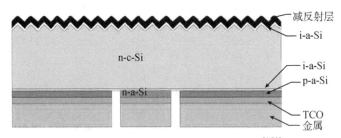

图 4-51   IBC-SHJ 电池结构示意图[150]

Posthuma 等[150]总结了在 IBC-SHJ 电池领域内的主要研究进展，认为从工艺和电池结构的角度都有很大的提升空间，大部分电池的 FF 和 J_{sc} 还不高，在实现工业化之前还需要大量的研发工作。展望 IBC-SHJ 电池，诸多改善的方法和途径包括：

(1) 与标准的 SHJ 电池和 IBC 电池一样，控制硅片表面的清洁度和每一个工艺步骤的金属污染。工业化晶体硅太阳电池中发展起来的制绒技术可以应用于 IBC-SHJ 电池的前表面。

(2) 前表面的钝化可以有两种选择。一种是采用常规方法，在高温下扩散掺杂形成 FSF，扩散 FSF 与钝化、减反射层(如 SiN_x)结合起来使用，在这种情况下可利用的钝化层包括 Al_2O_3 和 SiO_2，或者是它们与 SiN_x 的叠层。使用 FSF 的好处是减少表面复合速度对电池效率的影响，同时改善电池的横向(lateral)导电性能。另外一种是低温钝化方法的使用，单层的 i-a-Si 可以直接沉积在织构的硅片前表面，在这种情况下，为避免电池效率的下降，稳定的表面复合速度需要小于 $10 \ cm \cdot s^{-1}$，其他可以采用的低温钝化层有 SiO_2、SiN_x 和 Al_2O_3 等，它们都能够实现足够低和稳定的表面复合速度。包含本征非晶硅和掺杂非晶硅的异质结 FSF 也是一种低温钝化，总的非晶硅层的厚度应该尽量薄(< 15 nm)，以减小光吸收，这种薄层的非晶硅钝化层可以与减反射层(如 SiN_x)结合起来使用。

(3) 对 IBC-SHJ 电池的背面，其技术和设计与标准 IBC 电池在很多方面类似。异质结的尺寸(dimension)、发射极的覆盖度等设计原则、现有的图形化和金属化技术都同样适用于 IBC-SHJ 电池。

(4) 对 IBC-SHJ 电池而言，非常特别的是应用了非晶硅，因此 a-Si/c-Si 界面质量在很大程度上决定着最终电池的效率。具体需要详细研究的方面包括 c-S 衬底和掺杂 a-Si:H 层间 i-a-Si:H 的应用、掺杂 a-Si:H 层和金属接触间合适导电层(如 TCO)的应用、所使用的导电金属类型。掺杂 a-Si:H 层和金属接触间的导电层提供额外的导电性，同时还起到一个势垒的作用来避免由金属接触引起的非晶硅衰减。很多已报道的 IBC-SHJ 电池的 *FF* 都较低，使得电池效率不高，因此选择合适的导电层和金属接触对 IBC-SHJ 电池至关重要。对金属化方案和工艺，需要确保金属化温度不要超过非晶硅沉积温度(≤200 ℃)，这可能需要特殊的丝网印刷浆料和随后的低温烧结工艺。

4.9　非晶硅/晶体硅异质结太阳电池组件的应用

非晶硅/晶体硅异质结太阳电池制作完成后，其最终目的也是要封装成太阳电池组件才能应用于发电场合。需要注意的是，由于非晶硅/晶体硅异质结太阳电池的整个制作过程是在低温下(≤200 ℃)完成的，为了组件制作过程中不降低非晶硅层的质量，应采用尽可能低的组件制造温度，因此可能需要使用低温焊接或导电胶带连接的方式。由于三洋(松下)在非晶硅/晶体硅异质结太阳电池的工业化制造和使用方面遥遥领先，以下关于异质结电池组件的应用全部来自他们的公开报道。

4.9.1　HIT 电池组件

自 1994 年 HIT 电池的研究工作取得突破性进展，在 1 cm² 面积上制备出转换效率达 20%[151] 的 HIT 电池以来，三洋就开始了 HIT 电池的产业化工作。1997 年，他们开始 HIT 电池的量产，并推出了命名为 HIT Power 21™ 的太阳电池组件[1]。该组件采用 96 片面积 ~100 cm²、效率 ~17.3% 的 HIT 电池封装而成，组件效率为 15.2%，输出功率达 180 W$_p$，其图片见图 4-52。

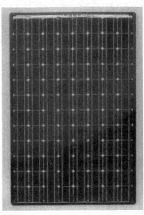

图 4-52　HIT Power 21™ 太阳电池组件，由 96 片电池组成[1]

HIT 电池具有优异的温度特性,其温度系数为–0.25%/℃[61],仅为常规晶体硅太阳电池(–0.45%/℃)的一半左右。较低的温度系数,使得 HIT 组件在一天中温度较高的中午时分能比常规晶体硅电池多出 10%以上的功率输出,其比较见图 4-53。

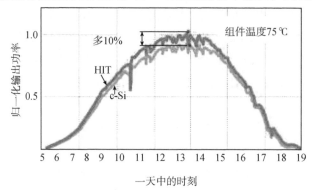

图 4-53　HIT 组件与常规晶体硅太阳电池组件一天中输出功率比较[152]

朝南安装,倾角30°,日本神户,2002 年 7 月 28 日数据

三洋还推出了屋顶瓦片型 HIT 电池组件,命名为 HIT Power Roof™。这种组件安装简单,不需要支架,能很好地与建筑相结合,能代替建筑物的屋顶陶瓷瓦片,见图 4-54。

图 4-54　HIT Power Roof™ 太阳电池组件,能代替陶瓷屋顶瓦片[1]

由于 HIT 电池的对称结构以及能双面发电的特性,三洋推出了正面和背面都能发电的 HIT 双面组件,命名为 HIT Power Double™。关于这种组件在 4.9.2 节将单独介绍。

随着技术的进步,HIT 电池的效率不断提高,其组件的输出功率也越来越大。2003 年 4 月,三洋商业化了功率为 200 Wp 的 HIT 组件,该组件效率为 17%[61],所用的电池效率达 19.5%。2006 年推出功率为 200 Wp 的双面组件 HIP-200DNCE1 和功率为 270 W_p 的组件 HIP-270NJE1[61]。使用更高效率的 HIT 电池，结合组件技术的改进，如使用更细的 Tab、增加 Tab 的数量，以及使用减反射镀膜增透玻璃，2011 年三洋推出了 240 W_p 的 N 系列 HIT 组件[128]，组件效率达 19%，所用的电池效率达 21.6%。2014 年初，松下(原三洋)公司向欧洲市场推出 HIT-N245 和 HIT-N240 光伏组件，该产品瞄准整个欧洲的住宅屋顶市场，升级后的组件转换效率达到 19.4%，并且温度系数仅为−0.29%/℃，该产品由其最先进的马来西亚一体化组件厂生产。

4.9.2　HIT 双面组件

图 4-55(a)是 HIT 双面组件的安装示意图，从图中可见，HIT 电池封装在前面的盖板玻璃和后面的半透明材料之间。图 4-55(b)是输出功率为 200 W_p 的 HIT 双面组件的实物照片。

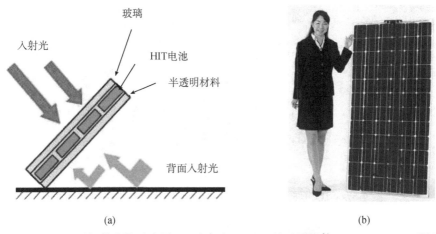

(a)　　　　　　　　　　　　　　　　　　(b)

图 4-55　(a)HIT 双面组件安装示意图;(b)功率为 200 W_p 的双面组件 HIP-200DNCE1 照片[61]

在同样的光照条件下，双面组件后面能产生的电流约为前面的 80%[1]，因此其发电量比单面组件要多。图 4-56 是双面组件 HIT Power Double™ 与单面组件 HIT Power 21™ 在一天中的输出功率比较，两种组件都朝南安装在水泥地面上、倾角 30°，双面组件的输出功率要高出 8.1%。比较全年发电情况，图 4-57 HIT 是双面组件与单面组件的全年发电量比较，每月双面组件发电量/单面组件发电量比值也标在图中(即连线)，从中可见双面组件发电量平均要高出 10%以上。

HIT 双面组件特别有利于地面安装，因为它能利用地面的反射光，同时也适合安装在屋顶，以及路边的围墙或其他需要垂直安装的场合[1]。

图 4-58 是采用 HIT 组件的两个光伏应用系统照片。

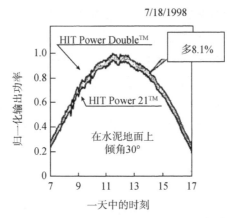

图 4-56　HIT 双面组件与 HIT 单面组件一天中的功率输出性能比较[1]

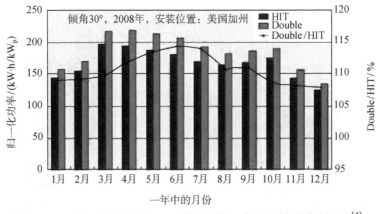

图 4-57　HIT 双面组件与 HIT 单面组件一年中的输出功率比较[4]

(a)　　　　　　　　　　　　　　　　　　　(b)

图 4-58　HIT 组件应用示例

(a)带跟踪系统的太阳能车棚；(b)地面光伏电站[153]

4.9.3　关于 HIT 组件的 PID

4.9.3.1　关于 PID[154]

近年来的研究表明, 存在于晶体硅光伏组件中的电路与其接地金属边框之间的高电压(图 4-59), 会造成组件光伏性能的持续衰减。造成此类衰减的机理是多方面的, 例如在上述高电压的作用下, 组件电池的封装材料和组件上表面层及下表面层的材料中出现的离子迁移现象; 电池中出现的热载流子现象; 电荷的再分配削减了电池的活性层; 相关的电路被腐蚀等等。这些引起衰减的机理被称之为电位诱发衰减(potential induced degradation, PID)、极性化、电解腐蚀和电化学腐蚀。

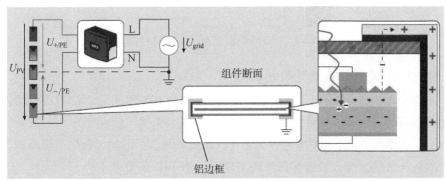

图 4-59　光伏系统组件电路的电压承受情况[155]

上述现象大多最容易在潮湿的条件下发生, 且其活跃程度与潮湿程度相关; 同时组件表面被导电性、酸性、碱性以及带有离子的物体的污染程度, 也与上述衰减现象发生有关。在实际的应用场合, 晶体硅光伏组件的 PID 现象已经被观察到, 基于其电池结构和其他构成组件的材料以及设计形式的不同, PID 现象可能是在其电路与金属接地边框成正向电压偏置的条件下发生, 也可能是成反向偏置的条件下发生。

文献[156]阐述了电池经过封装材料(通常是 EVA 和玻璃的上表面)和组件边框之间形成的路径所导致的漏电流, 被认为是引起 PID 现象的主要原因(图 4-60)。到目前为止, 漏电流形成的机理实际上还不是十分地清楚。总体而言, 由封装材料对电池进行封装后所形成的绝缘系统对于上述漏电流而言是不完善的, 同时推测来自于钠钙玻璃的金属离子是形成上述具有 PID 效应漏电流的主要载流介质。

对传统的 p 型晶体硅太阳电池组件, 受 PID 影响其输出功率将衰减, 严重时候它可以引起一块组件功率衰减 50%以上, 从而影响整个电站的功率输出。国际上已经有许多企业对组件的 PID 现象进行分析[157,158], 它的发生与光伏组件的负偏压有关。因此 PID 测试成为客户对组件的新要求, 但是目前 PID 还没有统一的检测标准。现在行业测试的方法主要有三种: ①测试温度 85 ℃, 相对湿度 85%, 加 1000 V 负偏压，96 小时；②常温环境，加 1000 V 负偏压，168 小时；③60℃温度，相对湿度 85%，加 1000 V 负偏压，168 小时。其中第一种测试方法最为苛刻。

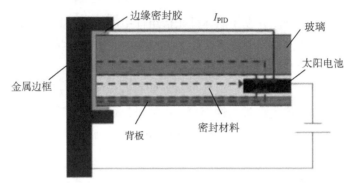

图 4-60　PID 现象漏电流的主要路径(实线部分)

4.9.3.2　关于 HIT 组件的 PID

松下公司(原三洋)分析了 HIT 组件的特性，认为 HIT 组件是"无 PID"的组件[62]，他们是基于以下几个方面的原因：

(1) 从结构方面，HIT 电池表面是 TCO，无绝缘层，因此无表面层带电的机会；

(2) 从市场方面，没有客户反映 HIT 组件有 PID 现象发生；

(3) 他们公司内部的组件可靠性测试，没有发现 PID 现象；

(4) 经第三方的严格测试，HIT 组件没有发现任何输出特性衰减的现象。他们测试了两种条件：①温度 60 ℃，相对湿度 85%，加 1000 V 正偏压，96 小时；②温度 50 ℃，相对湿度 50%，加 1000 V 正偏压和负偏压，48 小时。采用条件②测试了 HIT 电池组件和其他厂家的商业晶体硅电池组件的 PID，PID 测试后这些组件的相对输出功率见图 4-61。从图中可见，相对测试前的功率，HIT 组件(图中的 A)经过 PID 测试后的相对输出功率为 100%，表明无 PID 发生。

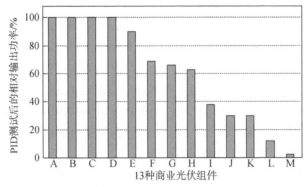

图 4-61　HIT 组件和其他商业光伏组件经 PID 测试后的相对输出功率[62]

参 考 文 献

[1] Taguchi M, Sakata H, Yoshimine Y, et al. HIT^{TM} cells – high-efficiency crystalline Si cells with novel structure[J]. Prog. Photovolt.: Res. Appl., 2000, 8: 503-513.

[2] Tanaka M, Okamaoto S, Sadaji T, et al. Development of HIT solar cells with more than 21% conversion efficiency and commercialization of highest performance HIT modules[C]. Proceedings of 3rd World Conference on Photovoltaic Energy Conversion, Osaka, Japan, 2003: 955-958.

[3] Tsunomura Y, Yoshimine Y, Taguchi M, et al. Twenty-two percent efficiency HIT solar cell[J]. Sol. Energy Mater. Sol. Cells, 2009, 93: 670-673.

[4] Mishima T, Taguchi M, Sakata H, et al. Development status of high-efficiency HIT solar cells[J]. Sol. Energy Mater. Sol. Cells, 2011, 95: 18-21.

[5] Hernández J L, Adachi D, Yoshikawa K, et al. High efficiency copper electroplated heterojunction solar cells[C]. Proceedings of 27th European Photovoltaic Solar Energy Conference and Exhibition, Frankfurt, Germany, 2012: 655-656.

[6] Strahm B, Andrault Y, Bätzner D, et al. Progress in silicon hetero-junction solar cell development and scaling for large scale mass production use[C]. Proceedings of 25th European Photovoltaic Solar Energy Conference and Exhibition, Valencia, Spain, 2010: 1286-1289.

[7] Bätzner D, Andrault Y, Andreetta L, et al. Characterization of over 21% efficient silicon heterojunction cells developed at Roth & Rau Switzerland[C]. Proceedings of 26th European Photovoltaic Solar Energy Conference and Exhibition, Hamburg, Germany, 2011: 1073-1075.

[8] Schmidt M, Korte L, Laades A, et al. Physical aspects of a-Si:H/c-Si hetero-junction solar cells[J]. Thin Solid Films, 2007, 515: 7475-7480.

[9] Muñoz D, Desrues T, Ozanne A S, et al. Progress on high efficiency standard and interdigitated back contact silicon heterojunction solar cells[C]. Proceedings of 26th European Photovoltaic Solar Energy Conference and Exhibition, Hamburg, Germany, 2011: 861-864.

[10] Ballif C, Barraud L, Descoeudres A, et al. a-Si:H/c-Si heterojunctions: a future mainstream technology for high-efficiency crystalline silicon solar cells?[C]. Proceedings of the 38th IEEE Photovoltaic Specialists Conference, Austin, TX, USA, 2012: 1705-1709.

[11] Descoeudres A, Holman Z C, Barraud L, et al. >21% efficient silicon heterjunction solar cells on n- and p-type wafers compared[J]. IEEE J. Photovolt., 2013, 3: 83-88.

[12] De Wolf S, Descoeudres A, Holman Z C, et al. High-efficiency silicon heterojunction solar cells: A review[J]. Green, 2012, 2: 7-24.

[13] Wang Q, Page M R, Iwaniczko E, et al. Efficient heterojunction solar cells on p-type crystal silicon wafers[J]. Appl. Phys. Lett., 2010, 96: 013507.

[14] Tanaka M, Taguchi M, Matsuyama T, et al. Development of new a-Si/c-Si heterojunction solar cells: ACJ-HIT (artificially constructed junction-heterojunction with intrinsic thin-

layer)[J]. Jpn. J. Appl. Phys., 1992, 31: 3518-3522.

[15] Tucci M, de Sasere G. 17% efficiency heterostructure solar cell based on p-type crystalline silicon[J]. J. Non-cryst. Solids, 2004, 338-340: 663-667.

[16] Wang T H, Page M R, Iwaniczko E, et al. Toward better understanding and improved performance of silicon heterojunction solar cells[C]. 14th Workshop on Crystalline Silicon Solar Cells and Modules, Winter Park, CO, USA, 2004: 74.

[17] Veschetti Y, Muller J C, Damon-Lacoste J, et al. Optimisation of amorphous and polymorphous thin silicon layers for the formation of the front-side of heterojunction solar cells on p-type crystalline silicon substrates[J]. Thin solid films, 2006, 511-512: 543-547.

[18] van Sark W, Korte L, Roca F. Introduction-physics and technology of amorphous-crystalline heterostructure silicon solar cells[M] // van Sark W G J H M, Korte L, Roca F. Physics and technology of amorphous-crystalline heterostructure silicon solar cells. Berlin Heidelberg: Springer-Verlag, 2012.

[19] Eades W D, Swason R M. Calculation of surface generation and recombination velocities at Si-SiO$_2$ interface[J]. J. Appl. Phys., 1985, 58: 4267-4276.

[20] Kern W. The evolution of silicon wafer cleaning technology[J]. J. Electrochem. Soc., 1990, 137: 1887-1892.

[21] Danel A, Jay F, Harrison S, et al. Surface passivation of c-Si textured wafers for a-Si:H/c-Si heterojunction solar cells: correlation between lifetime tests and cell performance of a pilot line[C]. Proceedings of 26th European Photovoltaic Solar Energy Conference and Exhibition, Hamburg, Germany, 2011: 2260-2263

[22] Angermann H, Rappich J. Wet-chemical conditioning of silicon substrates for a-Si:H/c-Si heterojunctions[M] // van Sark W G J H M, Korte L, Roca F. Physics and technology of amorphous-crystalline heterostructure silicon solar cells. Berlin Heidelberg: Springer-Verlag, 2012.

[23] Iencinella D, Centurioni E, Rizzoli R, et al. An optimized texturing process for silicon solar cell substrates using TMAH[J]. Sol. Energy Mater. Sol. Cells, 2005, 87: 725-732.

[24] Muñoz D, Carrreras P, Escarré, et al. Optimization of KOH etching process to obtain textured substrates suitable for heterojunction solar cells fabricated by HWCVD[J]. Thin Solid Films, 2009, 517: 3578-3580.

[25] Li G, Zhou Y, Liu F. Influence of textured c-Si surface morphology on the interfacial properties of heterojunction silicon solar cells[J]. J. Non-cryst. Solids, 2012, 358: 2223-2226.

[26] Nakai T, Taniguchi H, Ienaga T, et al. Photovoltaic element and method for manufacture thereof: US 6207890 B1[P]. 2001-03-27.

[27] Fenner D B, Biegelsen D K, Bringans R D. Silicon surface passivation by hydrogen termination: A comparative study of preparation methods[J]. J. Appl. Phys., 1989, 66: 419-424.

[28] Ying W B, Mizokawa Y, Kamiura Y, et al. The chemical composition changes of silicon and phosphorus in the process of native oxide formation of heavily phosphorus doped silicon[J]. Appl. Surf. Sci., 2001, 181: 1-14.

[29] Hersam M C, Guisinger N P, Lyding J W, et al. Atomic-level study of the robustness of the

Si(100)-2×1:H surface following exposure to ambient conditions[J]. Appl. Phys. Lett., 2001, 78: 886-888.

[30] Rappich J, Hartig P, Nickel N H, et al. Stable electrochemically passivated Si surface by ultra thin benzene-type layers[J]. Microelectron. Eng., 2005, 80: 62-65.

[31] Angermann H, Henrion W, Rebien M, et al. Wet-chemical preparation and spectroscopic characterization of Si interface[J]. Appl. Surf. Sci., 2004, 235: 322-339.

[32] Angermann H, Korte L, Rappich J, et al. Optimisation of electronic interface properties of a-Si:H/c-Si hetero-junction solar cells by wet-chemical surface pre-treatment[J]. Thin Solid Films, 2008, 516: 6775-6781.

[33] Angermann H, Conrad E, Korte L, et al. Passivation of textured substrates for a-Si:H/c-Si hetero-junction solar cells: Effect of wet-chemical smoothing and intrinsic a-Si:H interlayer[J]. Mater. Sci. Eng. B, 2009, 159-160: 219-223.

[34] Korte L, Conrad E, Angermann H, et al. Advances in a-Si:H/c-Si heterojunction solar cell fabrication and characterization[J]. Sol. Energy Mater. Sol. Cells, 2009, 93: 905-910.

[35] Barrio R, Maffiotte C, Gandía J J, et al. Surface characterisation of wafers for silicon-heterojunction solar cells[J]. J. Non-Cryst. Solids, 2006, 352: 945-949.

[36] Fahrner W R. Amorphous silicon/crystalline silicon heterojunction solar cells[M]. Berlin: Springer, 2013.

[37] Street R A. Hydrogenated amorphous silicon[M]. Cambridge: Cambridge University Press, 1991.

[38] Roca i Cabarrocas P. Deposition techniques and processes involved in the growth of amorphous and microcrystalline silicon thin films[M] // van Sark W G J H M, Korte L, Roca F. Physics and technology of amorphous-crystalline heterostructure silicon solar cells. Berlin Heidelberg: Springer-Verlag, 2012.

[39] Wiesmann H, Gosh A K, McMahon T, et al. a-Si:H produced by high-temperature thermal decomposition of silane[J]. J. Appl. Phys., 1979, 50: 3752-3754.

[40] Schüttauf J W A. Amorphous and crystalline silicon based heterojunction solar cells[D]. Utrecht, The Netherlands: Utrecht University, 2011.

[41] Lu M. Silicon heterojunction solar cell and crystallization of amorphous silicon[D]. Delaware: University of Delaware, 2008.

[42] Das U K, Burrows M Z, Lu M, et al. Surface passivation and heterojunction cells on Si (100) and (111) wafers using dc and rf plasma deposited Si:H thin films[J]. Appl. Phys. Lett., 2008, 92: 063504.

[43] Maydell K v, Conrad E, Schmidt M. Efficient silicon heterojunction solar cells based on p- and n-type substrates processed at temperatures < 220 ℃[J]. Prog. Photovolt.: Res. Appl., 2006, 14: 289-295.

[44] Illiberi A, Sharma K, Creatore M, et al. Role of a-Si:H bulk in surface passivation of c-Si wafers[J]. Phys. Status Solidi RRL, 2010, 4: 172-174.

[45] Pankove J I, Tarng M L. Amorphous silicon as a passivant for crystalline silicon[J]. Appl. Phys. Lett., 1979, 34: 156-157.

[46] Tarng M L, Pankove J I. Passivation of p-n junction in crystalline silicon by amorphous silicon[J]. IEEE Trans. Electron Dev., 1979, 26: 1728-1734.

[47] Weitzel I, Primig R, Kempter K. Preparation of glow discharge amorphous silicon for passivation layers[J]. Thin Solid Films, 1981, 75: 143-150.

[48] Wang T H, Iwaniczko E, Page M R, et al. High-performance amorphous silicon emitter for crystalline silicon solar cells[J]. Mater. Res. Soc. Symp. Proc., 2005, 862: A23.5

[49] Schüttauf J W A, van der Werf C H M, van Sark W G J H M, et al. Comparison of surface passivation of crystalline silicon by a-Si:H with and without atomic hydrogen treatment using hot-wire chemical vapor deposition[J]. Thin Solid Films, 2011, 519: 4476-4478.

[50] Muñoz D, Voz C, Martin I, et al. Progress in a-Si:H/c-Si emitters obtained by hot-wire CVD at 200 ℃[J]. Thin Solid Films, 2008, 516: 761-764.

[51] Zhang Q, Zhu M, Liu F, et al. The optimization of interface properties of nc-Si:H/c-Si solar cells in hot-wire chemical vapor deposition process[J]. J. Mater. Sci.: Mater. Electron., 2007, 18: S33-S36.

[52] Conrad E, Korte L, Maydell K v, et al. Development and optimization of a-Si:H/c-Si heterojunction solar cells completely processed at low temperature[C]. Proceedings of 21st European Photovoltaic Solar Energy Conference, Dresden, Germany, 2006: 784-787.

[53] Cárabe J, Gandía J J. Influence of interface treatments on the performance of silicon heterojunction solar cells[J]. Thin Solid Films, 2002, 403-404: 238-241.

[54] Lee S J, Kim S H, Kim D W, et al. Effect of hydrogen plasma passivation on performance of HIT solar cells[J]. Sol. Energy Mater. Sol. Cells, 2011, 95: 81-83.

[55] Fujiwara H, Kondo M. Effect of a-Si:H layer thicknesses on the performance of a-Si:H/c-Si heterojunction solar cells[J]. J. Appl. Phys., 2007, 101: 054516.

[56] Page M R, Iwaniczko E, Xu Y Q, et al. Amorphous/crystalline silicon heterojunction solar cells with varing i-layer thickness[J]. Thin Solid Films, 2011, 519: 4527-4530.

[57] Fujiwara H, Kondo M. Real-time monitoring and process control in amorphous/crystalline silicon heterojunction solar cells by spectroscopic ellipsometry and infrared spectroscopy [J]. Appl. Phys. Lett., 2005, 86: 032112.

[58] Sasaki M, Okamoto S, Hishikawa Y, et al. Characterization of the defect density and band tail of an a-Si:H i-layer for solar cells by improved CMP measurements[J]. Sol. Energy Mater. Sol. Cells, 1994, 34: 541-547.

[59] Hishikawa Y, Isomura M, Okamoto S, et al. Effect of the i-layer properties and impurity on the performance of a-Si solar cells[J]. Sol. Energy Mater. Sol. Cells, 1994, 34: 303-312.

[60] Hishikawa Y, Nakamura N, Tsuda S, et al. Interference-free determination of the optical coefficient and the optical gap of amorphous silicon thin films[J]. Jpn. J. Appl. Phys., 1991, 30: 1008-1014.

[61] Maruyama E, Terakawa A, Taguchi M, et al. Sanyo's challenges to the development of high-efficiency HIT solar cells and the expansion of HIT businesses[C]. Proceedings of 4th World Conference on Photovoltaic Energy Conversion, Waikoloa, HI, USA, 2006: 1455-1460.

[62] Okamoto S. Technology trends of high efficiency crystalline silicon solar cells[C]. 6th International Photovoltaic Power Generation Expo (PV EXPO 2013), Tokyo, Japan, 2013.

[63] Fujiwara H, Kondo M. Impact of epitaxial growth at the heterointerface of a-Si:H/c-Si solar cells [J]. Appl. Phys. Lett., 2007, 90: 013503.

[64] De Wolf S, Kondo M. Abruptness of a-Si:H/c-Si interface revealed by carrier lifetime measurements[J]. Appl. Phys. Lett., 2007, 90: 042111.

[65] Tsai C C, Anderson G B, Thompson R. Low temperature growth of epitaxial and amorphous silicon in a hydrogen-diluted silane plasma[J]. J. Non-Cryst. Solids, 1991, 137-138: 673-676.

[66] De Wolf S. Intrinsic and doped a-Si:H/c-Si interface passivation[M] // van Sark W G J H M, Korte L, Roca F. Physics and technology of amorphous-crystalline heterostructure silicon solar cells. Berlin Heidelberg: Springer-Verlag, 2012.

[67] Burrows M Z, Das U K, Opila R L, et al. Role of hydrogen bonding environment in a-Si:H films for c-Si surface passivation[J]. J. Vac. Sci. Technol. A, 2008, 26: 683-687.

[68] Levi D H, Teplin C W, Iwaniczko E, et al. Real-time spectroscopic ellipsometry studies of the growth of amorphous and epitaxial silicon for photovoltaic applications[J]. J. Vac. Sci. Technol. A, 2006, 24: 1676-1683.

[69] Descoeudres A, Barraud L, Bartlome R, et al. The silane depletion fraction as an indicator for the amorphous/crystalline silicon interface passivation quality[J]. Appl. Phys. Lett., 2010, 97: 183505.

[70] Wang T H, Iwaniczko E, Page M R, et al. Effect of emitter deposition temperature on surface passivation in hot-wire chemical vapor deposited silicon heterojunction solar cells[J]. Thin Solid Films, 2006, 501: 284-287.

[71] Kerr M J, Cuevas A. Very low bulk and surface recombination in oxidized silicon wafers[J]. Semicond. Sci. Technol., 2002, 17: 35-38.

[72] Kerr M J, Cuevas A. Recombination at the interface between silicon and stoichiometric plasma silicon nitride[J]. Semicond. Sci. Technol., 2002, 17: 166-172.

[73] Zhao L, Diao H, Zeng X, et al. Comparative study of the surface passivation on crystalline silicon by silicon thin films with different structures[J]. Physica B, 2010, 405: 61-64.

[74] Martín I, Vetter M, Garín M, et al. Crystalline silicon surface passivation with amorphous SiC_x:H films deposited by plasma-enhanced chemical-vapor deposition[J]. J. Appl. Phys., 2005, 98: 114912.

[75] Mueller T, Schwertheim S, Scherff M, et al. High quality passivation for heterojunction solar cells by hydrogenated amorphous silicon suboxide films[J]. Appl. Phys. Lett., 2008, 92: 033504.

[76] Mueller T, Schwertheim S, Fahrner W R. Crystalline silicon surface passivation by high-frequency plasma-enhanced chemical-vapor-deposited nanocomposite silicon suboxides for solar cell applications[J]. J. Appl. Phys., 2010, 107: 014504.

[77] Fujiwara H, Kaneko T, Kondo M. Application of hydrogenated amorphous silicon oxide layers to c-Si heterojunction solar cells[J]. Appl. Phys. Lett., 2007, 91: 133508.

[78] Martín I, Vetter M, Orpella A, et al. Surface passivation of p-type crystalline Si by plasma enhanced chemical vapor deposited amorphous SiC_x:H films[J]. Appl. Phys. Lett., 2001, 79: 2199-2201.

[79] Banerjee C, Sritharathikhun J, Yamada A, et al. Fabrication of heterojunction solar cells by using microcrystalline hydrogenated silicon oxide film as an emitter[J]. J. Phys. D: Appl. Phys., 2008, 41: 185107.

[80] Mueller T, Schwertheim S, Fahrner W R. Application of wide-bandgap hydrogenated amorphous silicon oxide layers to heterojunction solar cells for high quality passivation[C]. Proceedings of the 33rd IEEE Photovoltaic Specialists Conference, San Diego, CA, USA, 2008: 1-6.

[81] De Wolf S, Kondo M. Nature of doped a-Si:H/c-Si interface recombination[J]. J. Appl. Phys., 2009, 105: 103707.

[82] Korte L, Schmidt M. Investigation of gap states in phosphorous-doped ultra-thin a-Si:H by near-UV photoelectron spectroscopy[J]. J. Non-Cryst. Solids, 2008, 354: 2138-2143.

[83] Pierz K, Fuhs W, Mell H. On the mechanism of doping and defect formation in a-Si:H[J]. Philos. Mag. B, 1991, 63: 123-141.

[84] De Wolf S, Kondo M. Boron-doped a-Si:H/c-Si interface passivation: Degradation mechanism[J]. Appl. Phys. Lett., 2007, 92: 112109.

[85] Schulze T F, Leendertz C, Mingirulli N, et al. Impact of Fermi-level dependent defect equilibration on V_{oc} of amorphous/crystalline silicon heterojunction solar cells[J]. Energy Procedia, 2011, 8: 282-287.

[86] Martín de Nicolás S, Muñoz D, Ozanne A S, et al. Optimisation of doped amorphous silicon layers applied to heterojunction solar cells[J]. Energy Procedia, 2011, 8: 226-231.

[87] Holman Z C, Descoeudres A, Barraud L, et al. Current losses at the front of silicon heterojunction solar cells[J]. IEEE J. Photovolt., 2012, 2: 7-15.

[88] Mueller T, Duengen W, Ma Y, et al. Investigation of the emitter band gap widening of heterojunction solar cells by use of hydrogenated amorphous carbon silicon alloys[J]. J. Appl. Phys., 2007, 102: 074505.

[89] Mueller T. Heterojunction solar cells (a-Si/c-Si): Investigation on PECVD deposited hydrogenated silicon alloys for use as high-quality surface passivation and emitter/BSF[D]. Hagen, Germany: University of Hagen, 2009.

[90] Mueller T, Schwertheim S, Mueller N, et al. High efficiency silicon heterojunction solar cell using novel structure[C]. Proceedings of the 35th IEEE Photovoltaic Specialists Conference, Honolulu, HI, USA, 2010: 683-688.

[91] Summonte C, Rizzoli R, Iencinella D, et al. Silicon heterojunction solar cells with microcrystalline emitter[J]. J. Non-Cryst. Solids, 2004, 338-340: 706-709.

[92] Sritharathikhun J, Jiang F, Miyajima S, et al. Optimization of p-type hydrogenated silicon oxide window layer for high-efficiency crystalline silicon heterojunction solar cells[J]. Jpn. J. Appl. Phys., 2009, 48: 101603.

[93] Jensen N, Hausner R M, Bergmann R B, et al. Optimization and characterization of amorphous/crystalline silicon heterojunction solar cells[J]. Prog. Photovolt.: Res. Appl., 2002, 10: 1-13.

[94] Aé L, Kieven D, Chen J, et al. ZnO nanorod arrays as an antireflective coating for Cu(In,Ga)Se$_2$ thin film solar cells[J]. Prog. Photovolt.: Res. Appl., 2010, 18: 209-213.

[95] Schuler T, Aegerter M A. Optical, electrical and structural properties of sol gel ZnO:Al coating[J]. Thin Solid Films, 1999, 351: 125-131.

[96] Faÿ S, Kroll U, Bucher C, et al. Low pressure chemical vapour deposition of ZnO layers for thin-film solar cells: temperature-induced morphological changes[J]. Sol. Energy Mater.

Sol. Cells, 2005, 86: 385-397.

[97] Volintiru I, Creatore M, Kniknie B J, et al. Evolution of the electrical and structural properties during the growth of Al doped ZnO films by remote plasma-enhanced metalorganic chemical vapor deposition[J]. J. Appl. Phys., 2007, 102: 043709.

[98] Banerjee P, Lee W J, Bae K R, et al. Structural, electrical, and optical properties of atomic layer deposition Al-doped ZnO films[J]. J. Appl. Phys., 2010, 108: 043504.

[99] An K S, Cho W, Lee B K, et al. Atomic layer deposition of un-doped and Al-doped ZnO thin films using the Zn alkoxied precursor methylzinc isopropoxide[J]. J. Nanosci. Nanotechnol., 2008, 8: 4856-4859.

[100] Suzuki A, Matsushita T, Aoki T, et al. Pulsed laser deposition of transparent conducting indium tin oxide films in magnetic field perpendicular to plume[J]. Jpn. J. Appl. Phys., 2001, 40: L401-L403.

[101] Agura H, Suzuki A, Matsushita T, et al. Low resistivity transparent conducting Al-doped ZnO films prepared by pulsed laser deposition[J]. Thin Solid Films, 2003, 445: 263-267.

[102] Ruske F. Deposition and properties of TCOs[M] // van Sark W G J H M, Korte L, Roca F. Physics and technology of amorphous-crystalline heterostructure silicon solar cells. Berlin Heidelberg: Springer-Verlag, 2012.

[103] Tanaka M, Makino H, Chikugo R, et al. Application of the ion plating process utilized high stable plasma to the deposition technology[J]. J. Vac. Soc. Jpn., 2001, 44: 435-439.

[104] Iwata K, Sakemi T, Yamada A, et al. Improvement of ZnO TCO film growth for photovoltaic devices by reactive plasma deposition (RPD)[J]. Thin Solid Films, 2005, 480-481: 199-203.

[105] Iwata K, Sakemi T, Yamada A, et al. Growth and electrical properties of ZnO thin films deposited by novel ion plating method[J]. Thin Solid Films, 2003, 445: 274-277.

[106] Iwata K, Sakemi T, Yamada A, et al. Doping properties of ZnO thin films for photovoltaic devices grown by URT-IP (ion plating) method[J]. Thin Solid Films, 2004, 451-452: 219-223.

[107] Suzuki Y, Niino F, Katoh K. Low-resistivity ITO films by dc arc discharge ion plating for high duty LCDs[J]. J. Non-Cryst. Solids, 1997, 218: 30-34.

[108] Koida T, Fujiwara H, Kondo M. High-mobility hydrogen-doped In_2O_3 transparent conductive oxide for a-Si:H/c-Si heterojunction solar cells[J]. Sol. Energy Mater. Sol. Cells, 2009, 93: 851-854.

[109] Lu Z, Meng F, Cui Y, et al. High quality of IWO films prepared at room temperature by reactive plasma deposition for photovoltaic devices[J]. J. Phys. D: Appl. Phys., 2013, 46: 075103.

[110] Yan L T, Schropp R E I. Changes in the structural and electrical properties of vacuum post-annealed tungsten- and titanium-doped indium oxide films deposited by radio frequency magnetron sputtering[J]. Thin Solid Films, 2012, 520: 2096-2101.

[111] Ruske F, Roczen M, Lee K, et al. Improved electrical transport in Al-doped zinc oxide by thermal treatment[J]. J. Appl. Phys., 2010, 107: 013708.

[112] Favier A, Muñoz D, Martín de Nicolás S, et al. Boron-doped zinc oxide layers grown by metal-organic CVD for silicon heterojunction solar cell applications[J]. Sol. Energy Mater.

Sol. Cells, 2011, 95: 1057-1061.

[113] Dao V A, Choi H, Heo J, et al. rf-Magnetron sputtered ITO thin films for improved heterojunction solar cell application[J]. Curr. Appl. Phys., 2010, 10: S506-S509.

[114] Haacke G. New figure of merit for transparent conductors[J]. J. Appl. Phys., 1976, 47: 4086-4089.

[115] Zhang D, Tavakoliyaraki A, Wu Y, et al. Influence of ITO deposition and post annealing on HIT solar cell structure[J]. Energy Procedia, 2011, 8: 207-213.

[116] Lien S Y. Characterization and optimization of ITO thin films for application in heterojunction silicon solar cells[J]. Thin Solid Films, 2010, 518: S10-S13.

[117] Calnan S, Tiwari A N. High mobility transparent conducting oxides for thin film solar cells[J]. Thin Solid Films, 2010, 518: 1839-1849.

[118] Koida T, Fujiwara H, Kondo M. Hydrogen-doped In_2O_3 as high-mobility transparent conductive oxide[J]. Jpn. J Appl. Phys., 2007, 28: L685-L687.

[119] Koida T, Fujiwara H, Kondo M. Reduction of optical loss in hydrogenated amorphous silicon/crystalline silicon heterojunction solar cells by high-mobility hydrogen-doped In_2O_3 transparent conductive oxide[J]. Appl. Phys. Express, 2008, 1: 041501.

[120] Minami T. New n-type transparent conducting oxides[J]. MRS Bulletin, 2000, 25: 38-44.

[121] 冯佳涵, 杨铭, 李桂锋, 等. 近红外区高透射率 In_2O_3:W 透明导电氧化物薄膜的研究 [J]. 真空, 2008, 45: 27-30.

[122] Abe Y, Ishiyama N. Polycrystalline films of tungsten-doped indium oxide prepared by d.c. magnetron sputtering[J]. Matter. Lett., 2007, 61: 566-569.

[123] Gupta P K, Ghosh K, Mishra S R, et al. High mobility W-doped In_2O_3 thin films: Effect of growth temperature and oxygen pressure on structural, electrical and optical properties[J]. Appl. Surf. Sci., 2008, 254: 1661-1665.

[124] Wünsch F, Klein D, Podlasly A, et al. Low-temperature contacts through Si_xN_y-antireflection coatings for inverted a-Si:H/c-Si hetero-contact solar cells[J]. Sol. Energy Mater. Sol. Cells, 2009, 93: 1024-1028.

[125] Yoshida M, Tokuhisa H, Itoh U, et al. Novel low-temperature-sintering type Cu-alloy pastes for silicon solar cells[J]. Energy Procedia, 2012, 21: 66-74.

[126] Papet P, Efinger R, Sadlik B, et al. 19% efficiency module based on Roth & Rau heterojunction solar cells and Day4™ Energy module concept[C]. Proceedings of 26th European Photovoltaic Solar Energy Conference and Exhibition, Hamburg, Germany, 2011: 3336-3339.

[127] Tucci M, Serenelli L, De Iuliis S, et al. Contact formation on a-Si:H/c-Si heterostructure solar cells[M] // van Sark W G J H M, Korte L, Roca F. Physics and technology of amorphous-crystalline heterostructure silicon solar cells. Berlin Heidelberg: Springer-Verlag, 2012.

[128] Maki K, Fujishima D, Inoue H, et al. High-efficiency HIT solar cells with a very thin structure enabling a high V_{oc}[C]. Proceedings of the 37th IEEE Photovoltaic Specialists Conference, Seattle, WA, USA, 2011: 57-61.

[129] Tohoda S, Fujishima D, Yano A, et al. Future directions for higher-efficiency HIT solar cells using a thin silicon wafer[J]. J. Non-Cryst. Solids, 2012, 358: 2219-2222.

[130] Fujishima D, Inoue H, Tsunomura Y, et al. High performance HIT solar cells for thinner silicon wafers[C]. Proceedings of the 35th IEEE Photovoltaic Specialists Conference, Honolulu, HI, USA, 2010: 3137-3140.

[131] Taguchi M, Yano A, Tohoda S, et al. 24.7% record efficiency HIT solar cell on thin silicon wafer[J]. IEEE J. Photovolt., 2014, 4: 96-99.

[132] Wünsch F, Citarella G, Abdallah O, et al. An inverted a-Si:H/c-Si hetero-junction for solar energy conversion[J]. J. Non-Cryst. Solids, 2006, 352: 1962-1966.

[133] Bivor M, Meinhardt C, Pysch D, et al. n-type silicon solar cells with amorphous/crystalline silicon heterojunction rear emitter[C]. Proceedings of the 35th IEEE Photovoltaic Specialists Conference, Honolulu, HI, USA, 2010: 1304-1308.

[134] Bivor M, Rüdiger M, Reichel C, et al. Analysis of the diffused front surface filed of n-type silicon solar cells with a-Si/c-Si heterojunction rear emitter[J]. Energy Procedia, 2011, 8: 185-192.

[135] Cousins P J, Smith D D, Luan H C, et al. Generation 3: Improved performance at lower cost[C]. Proceedings of the 35th IEEE Photovoltaic Specialists Conference, Honolulu, HI, USA, 2010: 275-278.

[136] Lu M, Bowden S, Das U, et al. a-Si/c-Si heterojunction for interdigitated back contact solar cell[C]. Proceedings of 22nd European Photovoltaic Solar Energy Conference, Milan, Italy, 2007: 924-927.

[137] Lu M, Bowden S, Das U, et al. Interdigitated back contact silicon heterojunction solar cell and the effect of front surface passivation[J]. Appl. Phys. Lett., 2007, 91: 063507.

[138] Stangl R, Haschke J, Bivour M, et al. Planar rear emitter back contact amorphous/ crystalline silicon heterojunction solar cells (RECASH/PRECASH) [C]. Proceedings of the 33rd IEEE Photovoltaic Specialists Conference, San Diego, CA, USA, 2008: 1-6.

[139] Stangl R, Haschke J, Bivour M, et al. Planar rear emitter back contact silicon heterojunction solar cells[J]. Sol. Energy Mater. Sol. Cells, 2009, 93: 1900-1903.

[140] Tucci M, Serenelli L, Salza E, et al. Behind (Back enhanced heterostructure with interdigitated contact) solar cell[C]. Proceedings of 23rd European Photovoltaic Solar Energy Conference, Valencia, Spain, 2008: 1749-1752.

[141] Hertanto A, Liu H, Yeghikyan D, et al. Back amorphous-crystalline silicon heterojunction (BACH) photovoltaic device[C]. Proceedings of the 34th IEEE Photovoltaic Specialists Conference, Philadelphia, PA, USA, 2009: 1767-1770.

[142] Shu B, Das U, Appel J, et al. Alternative approaches for low temperature front surface passivation of interdigitated back contact silicon heterojunction solar cell[C]. Proceedings of the 35th IEEE Photovoltaic Specialists Conference, Honolulu, HI, USA, 2010: 3223-3228.

[143] O'Sullivan B J, Bearda T, Qiu Y, et al. Interdigitated rear contact solar cell with amorphous silicon heterojunction emitter[C]. Proceedings of the 35th IEEE Photovoltaic Specialists Conference, Honolulu, HI, USA, 2010: 3549-3552.

[144] Desrues T, Souche F, Vandeneynde A, et al. Emitter optimization for interdigitated back contact (IBC) silicon heterojunction (Si-HJ) solar cells[C]. Proceedings of 25th European Photovoltaic Solar Energy Conference, Valencia, Spain, 2010: 2374-2377.

[145] Derues T, De Vecchi S, Souche F, et al. Development of interdigitated back contact silicon heterojunction (IBC Si-HJ) solar cells[J]. Energy Procedia, 2011, 8: 294-300.

[146] Mingirulli N, Haschke J, Gogolin R, et al. Efficient interdigitated back-contacted silicon heterojunction solar cells[J]. Phys. Status Solidi RRL, 2011, 5: 159-161.

[147] Ji K, Syn H, Choi J, et al. The emitter having microcrystalline surface in silicon heterojunction interdigitated back contact solar cells[J]. Jpn. J. Appl. Phys., 2012, 51: 10NA05.

[148] http://china.nikkeibp.com.cn/news/econ/70486.html?start=1.

[149] Masuko K, Shigematsu M, Hashiguchi T, et al. Achievement of more than 25% conversion efficiency with crystalline silicon heterojunction solar cell. IEEE J. Photovolt., 2014, 4: 1433-1435.

[150] Posthuma N E, O'Sullivan B J, Gordon I. Technology and design of classical and heterojunction back contacted silicon solar cells[M] // van Sark W G J H M, Korte L, Roca F. Physics and technology of amorphous-crystalline heterostructure silicon solar cells. Berlin Heidelberg: Springer-Verlag, 2012.

[151] Sawada T, Terada N, Tsuge S, et al. High-efficiency a-Si/c-Si heterojunction solar cell[C]. Proceedings of 1st World Conference on Photovoltaic Energy Conversion, Waikoloa, HI, USA, 1994: 1219-1226.

[152] http://panasonic.net/energy/solar/hit/

[153] http://panasonic.net/energy/solar/references/

[154] Swanson R, Cudzinovic M, DeCeuster D, et al. The surface polarization effect in high-efficiency silicon solar cells[C]. Proceedings of the 15th International Photovoltaic Science and Engineering Conference, Shanghai, China, 2005.

[155] http://files.sma.de/dl/7418/PID-TI-UEN113410.pdf

[156] McMahon T J, Jorgensen G J. Electrical currents and adhesion of edge-delete regions of EVA-to-glass module packaging[C]. Conference Records of NCPV Program Review Meeting, Lakehood, CO, USA, 2001: NREL/CP-520-30819.

[157] Berghold J, Frank O, Hoehne H, et al. Potential induced degradation of solar cells and panels[C]. Proceedings of 25th European Photovoltaic Solar Energy Conference, Valencia, Spain, 2010: 3753-3759.

[158] Pingel S, Frank O, Winkler M, et al. Potential induced degradation of solar cells and panels[C]. Proceedings of the 35th IEEE Photovoltaic Specialists Conference, Honolulu, HI, USA, 2010: 2817-2822.

第 5 章　非晶硅/晶体硅异质结太阳电池中的物理问题

在第 4 章介绍了非晶硅/晶体硅异质结太阳电池的制作工艺,详细讨论了每个工艺过程中涉及的关键技术问题,但是对于非晶硅/晶体硅异质结太阳电池器件中的物理机制没有展开讨论。本章主要从物理的角度,揭示 SHJ 太阳电池之所以能获得高效率的物理原因,试图从物理上来描述 SHJ 电池。主要内容包括 SHJ 电池的能带、钝化机制、界面特性和载流子输运过程。

5.1　非晶硅/晶体硅异质结太阳电池的能带

5.1.1　非晶硅/晶体硅异质结太阳电池的能带图

研究异质结的特性时,异质结的能带图起着重要的作用。在不考虑两种半导体交界面处界面态的情况下,异质结的能带图取决于形成异质结的两种半导体材料的电子亲和能、禁带宽度以及功函数。但是其中的功函数是随杂质浓度的不同而变化的。根据第 2 章介绍的半导体异质结理论知道,所研究的非晶硅/晶体硅异质结太阳电池属于突变反型异质结。Yablonovitch 等[1]认为理想的太阳电池应该是双异质结构(double heterostructure)形式,对非晶硅/晶体硅异质结电池,在实践中人们研究更多的也是双面对称结构的 SHJ 电池,如三洋的 HIT 电池[2,3]。

运用异质结能带图的知识,参考文献[4,5]提供的信息,绘制出双面 SHJ 电池的能带示意图,见图 5-1,其中,E_g 为禁带宽度,E_C 表示导带底,E_V 是价带顶,E_F 是费米能级,ΔE_C 为导带带阶,ΔE_V 为价带带阶,δ 为相应价带(导带)与费米能级的能量差,qV_D 为相应的能带弯曲量,即势垒高度。为了更好地理解 SHJ 太阳电池,很有必要仔细考虑异质结能带带阶(band offset)的影响。文献报道[6]普遍认为在 SHJ 电池的价带顶存在一个较大的价带带阶 ΔE_V(~0.45 eV),而在导带底存在一个较小的导带带阶 ΔE_C(~0.15 eV)。根据 Adserson 规则[7],电子亲和能 χ 反映的是导带底到真空能级的距离,c-Si 的电子亲和能为 ~4.05 eV,a-Si:H 的电子亲和能为 ~3.90 eV,由第 2 章式(2-5)知,$\Delta E_C = \chi_{c\text{-}Si} - \chi_{a\text{-}Si} = $ ~0.15 eV,因此较小的 ΔE_C 反映了 c-Si 与 a-Si:H 间的电子亲和能差别较小。

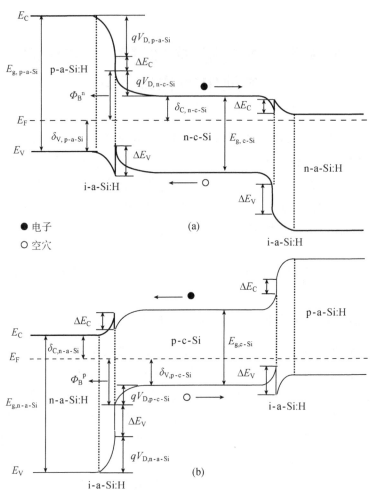

图 5-1　非晶硅/晶体硅异质结太阳电池能带示意图，衬底为(a)n-c-Si 和(b)p-c-Si

5.1.1.1　从能带图分析 n 型和 p 型硅为衬底的 SHJ 电池

图 5-1(a)是以 n 型晶体硅为衬底的 SHJ 电池能带图，从图中可见，在前表面处存在较大的 ΔE_V，它导致形成势阱，在势阱中少数载流子——空穴被俘获，因空穴势垒较高，纯粹的热发射不太可能给空穴提供足够的输运动能，从而有效阻止了光生空穴的传输。但是，在热作用和陷阱辅助下，被俘获的空穴可能隧穿(tunneling)通过 i-a-Si:H 层而进入 p-a-Si:H 层。在背面处，a-Si:H(i/n)与 n-c-Si 形成有效的背表面场，其较大的 ΔE_V 及较厚的本征层形成了空穴反射镜(mirror)；然而由于 ΔE_C 较小，a-Si:H(i/n)对电子向背面接触的传输不构成阻碍。因此 a-Si:H(i/n)给电子输运提

供了优异的背接触，给空穴从背接触处的反射提供优异的钝化。

图 5-1(b)是以 p 型晶体硅为衬底的 SHJ 电池能带图，从图中可见，前表面处的 ΔE_C 较小，少数载流子——电子受到较小的势垒阻碍，比在 n 型 c-Si 为衬底的电池中更容易被收集，所以其内建电势差(或称内建电压，built-in voltage)比 n 型 c-Si 为衬底时低得多。在背面处，由于 ΔE_C 较小，形成的有效电子反射镜作用弱得多；然而由于较大的 ΔE_V，空穴势垒较大，在很大程度上阻碍了空穴向背面接触处的输运和收集。但是如果牺牲钝化性能，采用非常薄或无本征层以利用陷阱辅助的隧穿，则可以改善空穴在背面的输运。也可以用与 c-Si 的 ΔE_C 较大的半导体材料，如 a-SiC:H[8]或其他合金，作为以 p-c-Si 为衬底的双面 SHJ 电池的 BSF，来改善空穴在背面的输运性能。

针对 SHJ 电池能带图进行分析，由于 ΔE_V 比 ΔE_C 大很多，关于使用 n 型硅还是 p 型硅作衬底来形成非晶硅/晶体硅异质结电池，得到如下结论[4]。

(1) 对以 n-c-Si 为衬底的双面 SHJ 电池来讲：①带非常薄的本征层的 a-Si:H(p/i) 是很好的发射极，其内建电压比硅同质结要高；②a-Si:H(i/n)是理想的 BSF。

(2) 对以 p-c-Si 为衬底的双面 SHJ 电池来讲：①a-Si:H(n/i)是良好的发射极，其内建电压可与硅同质结相比，但是比以 n-c-Si 为衬底的 SHJ 电池要低；②a-Si:H(i/p) 是比较差的 BSF。

(3) 理论上从带阶的比较中可以看出，n 型晶体硅衬底比 p 型晶体硅衬底更适合于双面 SHJ 太阳电池。实际中，以 n 型硅作衬底的 SHJ 电池效率比以 p 型硅作衬底的 SHJ 电池要高，也证实了此观点。

5.1.1.2　从能带图分析 SHJ 电池的开路电压

这里先叙述一下太阳电池的工作原理，以 p 型电池为例。当光垂直入射 p-n 结时，光子进入 n 型半导体或者穿越 p-n 结进入 p 型半导体。能量大于禁带宽度的光子，由本征吸收在结的两边产生电子–空穴对。由于 p-n 结势垒区存在的内建电场(自 n 区指向 p 区)，结果两边的光生少数载流子受该电场作用，各自向相反方向运动：p 区的光生电子穿过 p-n 结进入 n 区，n 区的光生空穴穿过 p-n 结进入 p 区。于是 p 端电势升高，n 端电势降低，在 p-n 结两端形成光生电动势，这就是 p-n 结的光生伏特效应。由于光照产生的载流子各自向相反方向运动，从而在 p-n 结内部形成自 n 向 p 区的光生电流 I_{ph}。同时，由于光照在 p-n 结两端产生光生电动势，相当于在 p-n 结两端加正向电压 V，产生通过 p-n 结二极管的正向电流 I_D。对理想太阳电池，I_{ph} 与 I_D 的关系参见第 3 章式(3-2a)。当 I_{ph} 和 I_D 相等时，p-n 结两端建立起稳定的电势差，即产生光生电压。在 p-n 结开路情况下，光生电压达最大值，即开路电压 V_{oc}。

无论是同质结还是异质结，在它们的平衡能带图中，能带的弯曲量 qV_D 称为 p-n 结的势垒高度，根据第 2 章式(2-3)，qV_D 等于 p-n 结两边材料的费米能级之差。V_D 为内建电势差，V_D 越大，内建电场越强，强的内建电场使载流子更有效地分离，抑制载流子的复合。显然 V_D 与太阳电池的开路电压 V_{oc} 是关联的，V_D 越高，V_{oc} 才有高的可能性，V_{oc} 的极限值是 V_D。与同质结晶体硅电池相比，SHJ 电池是由非晶硅与晶体硅形成异质结，非晶硅的禁带宽度更大，且由于是异质结，其内建电场强度更高，V_D 也更高，因此 SHJ 电池的 V_{oc} 比传统的同质结晶体硅电池要高。下面通过分析形成 p-n 结之前半导体的能带图，列出内建电势差 V_D 的表达式，来理解 SHJ 电池 V_{oc} 较高的物理原因。图 5-2 分别是 p-c-Si/n-c-Si、p-a-Si:H/n-c-Si 和 n-a-Si:H/p-c-Si 在成结之前的能带图。

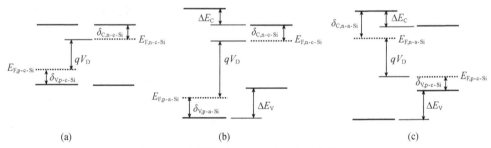

图 5-2　半导体形成 p-n 结之前的能带图

(a)p-c-Si/n-c-Si；(b)p-a-Si:H/n-c-Si；(c)n-a-Si:H/p-c-Si

对 p-c-Si/n-c-Si 同质结，其内建电势差表达为

$$V_D = (E_{F,\ n-c-Si} - E_{F,\ p-c-Si})/q = (E_{g,\ c-Si} - \delta_{V,\ p-c-Si} - \delta_{C,\ n-c-Si})/q \qquad (5-1)$$

式中，$E_{F,\ n-c-Si}$ 和 $E_{F,\ p-c-Si}$ 分别为 n 型硅和 p 型硅的费米能级；$\delta_{V,\ p-c-Si}$ 为 p 型硅的费米能级与价带顶的能量差；$\delta_{C,\ n-c-Si}$ 为 n 型硅的导带底与费米能级的能量差。根据半导体 p-n 结的理论，对同质结的 V_D 用下式表示

$$V_D = \frac{kT}{q}\left(\ln\frac{N_D N_A}{n_i^2}\right) \qquad (5-2)$$

式中，n_i 为本征载流子浓度。从式(5-2)知，同质结的 V_D 与 p-n 结两边的掺杂浓度、温度和材料的禁带宽度有关。晶体硅的禁带宽度 $E_{g,\ c-Si}$ 为 1.12 eV，因此对同是 p-n 同质结晶体硅太阳电池而言，在一定温度下，p-n 结两边的掺杂浓度越高，V_D 越大。

对 p-a-Si:H/n-c-Si 异质结，其内建电势差表达为

$$V_D = (E_{F,\ n-c-Si} - E_{F,\ p-a-Si})/q = (E_{g,\ p-a-Si} - \delta_{V,\ p-a-Si} - \delta_{C,\ n-c-Si} - \Delta E_C)/q \qquad (5-3)$$

式中，$E_{F,\ p-a-Si}$ 为 p 型掺杂非晶硅薄膜 p-a-Si:H 的费米能级，$E_{g,\ p-a-Si}$ 为 p-a-Si:H 的禁

带宽度，$\delta_{V,p\text{-}a\text{-}Si}$ 为 p-a-Si:H 的费米能级与价带顶的能量差。由于 p-a-Si:H 的禁带宽度一般在 1.7 ~ 1.9 eV，导带带阶 $\Delta E_C \sim 0.15$ eV[4,6]，比较式(5-1)和(5-3)可知，p-a-Si:H/n-c-Si 异质结的 V_D 比 p-c-Si/n-c-Si 同质结的要大，因此 p-a-Si:H/n-c-Si 异质结电池的 V_{oc} 也可能比 p-c-Si/n-c-Si 同质结电池的要大。

对 n-a-Si:H/p-c-Si 异质结，其内建电势差表达为

$$V_D = (E_{F,n\text{-}a\text{-}Si} - E_{F,p\text{-}c\text{-}Si})/q = (E_{g,n\text{-}a\text{-}Si} - \delta_{V,p\text{-}c\text{-}Si} - \delta_{C,n\text{-}a\text{-}Si} - \Delta E_V)/q \tag{5-4}$$

式中，$E_{F,n\text{-}a\text{-}Si}$ 为 n 型掺杂非晶硅薄膜 n-a-Si:H 的费米能级，$E_{g,n\text{-}a\text{-}Si}$ 为 n-a-Si:H 的禁带宽度，$\delta_{C,n\text{-}a\text{-}Si}$ 为 n-a-Si:H 的导带底与费米能级的能量差。由于 n-a-Si:H 的禁带宽度一般也在 1.7 ~ 1.9 eV，价带带阶 $\Delta E_V \sim 0.45$ eV[4,6]，比较式(5-1)和(5-4)可知，n-a-Si:H/p-c-Si 异质结的 V_D 也比 p-c-Si/n-c-Si 同质结的要稍大，因此 n-a-Si:H/p-c-Si 异质结电池的 V_{oc} 也可能比 p-c-Si/n-c-Si 同质结电池的稍大。

而比较式(5-3)和(5-4)可知，由于 $\Delta E_C < \Delta E_V$，因此 p-a-Si:H/n-c-Si 异质结的 V_D 比 n-a-Si:H/p-c-Si 异质结的要大，因此 p-a-Si:H/n-c-Si 异质结电池的 V_{oc} 比 n-a-Si:H/p-c-Si 异质结电池的也要大，也即以 n-c-Si 作衬底的 SHJ 电池 V_{oc} 要高，实际情况也正是如此。参见 5.1.2.3 节，进一步分析了 p-a-Si:H/n-c-Si 电池的 V_{oc} 比 n-a-Si:H/p-c-Si 电池更高的原因。

对异质结太阳电池而言，首先要从能带结构上保证能有较高的 V_D，才有可能获得较高的 V_{oc}。实际中还需要对太阳电池实现良好的钝化，减小缺陷态密度，降低光生载流子复合，才能真正实现高的 V_{oc}。这方面的内容将在 5.2.1 节进行讨论。

5.1.2 非晶硅/晶体硅异质结的带阶

在 a-Si:H/c-Si 异质结电池中，价带带阶 ΔE_V 和导带带阶 ΔE_C 强烈影响着界面处荷电载流子的输运，因此精确测定带阶对于建立一个可靠的器件模型非常重要。在过去的几十年中，有很多实验工作来测量 a-Si:H/c-Si 异质结的带阶，使用的测试方法主要有光产额谱(photoyield spectroscopy)、内部光电子发射谱(internal photoemission spectroscopy)、光谱响应(spectral response)、电容和电导测量等。表 5-1 列举了文献报道的 a-Si:H/c-Si 异质结体系中能带带阶的部分实验测量结果。

有关 a-Si:H/c-Si 异质结体系中导带带阶和价带带阶的实验数据总结还可以参考文献[29]。从表 5-1 可见，能带带阶的实验数据分布范围比较广，但是平均趋势是 ΔE_C 比 ΔE_V 要小。能带带阶的实验数据分布较广是由于 a-Si:H/c-Si 异质结界面的制备方法不同造成的，因为层内(intra-layers)和偶极子(dipole)效应起着重要的作用[9]。

表 5-1　a-Si:H/c-Si 异质结的能带带阶[9]

ΔE_C / eV	ΔE_V / eV	结构*	测量方法**	参考文献
0.09	0.71	i/n, i/p	IP	[10]
0.4 ~ 0.8	−0.1 ~ +0.15	i/p	IP	[11,12]
—	0	i/n, i/p	IP	[13]
0.24	−0.06	p/n	IP	[14]
0.14	0.63	i/n	IP	[15]
0.15 ~ 0.175	0.46 ~ 0.49	p/n, i/n	SR	[16]
0.06	大	i/n	SR	[17]
0.20	—	n/p	C-V	[18]
0.14	—	i/p	C-V	[19]
0.45	—	i/p	C-V	[20]
0.01	0.67	n/p	CS	[21]
0.05	0.58	i/n	CS, VFP	[22]
0.25	—	n/p	C-V	[23]
0.35	—	n/p	CS, I-V	[24]
0.05	—	i/n	AS	[25]
—	0.44	i/p	PS	[6]
0.14	0.46	n/p, p/n	PS	[26,27]
0.15	—	n/p	PC	[28]

注：*x/y 表示所研究的界面类型，x 代表 a-Si:H 的掺杂类型(i 代表本征层)，y 代表 c-Si 的掺杂类型；**所用的测量方法缩写，IP: internal photoemission；SR: spectral response；C-V: capacitance vs voltage；CS: capacitance spectroscopy；I-V: current-voltage；VFP: voltage filling pulse method；AS: admittance spectroscopy；PS: photoyield spectroscopy；PC: planar conductance

其实，必须考虑具体的情况(如材料类型等)和分析技术，才有可能得到正确的能带带阶。引用 Kroemer 的话[30]："没有任何一种确定能带带阶的实验方法，能够对任何情况都适用，同时又简单、可靠。"下面主要从材料的角度来分析影响能带带阶的因素。

5.1.2.1　氢含量对带阶的影响

根据第一性原理赝电势方法(first-princples pseudopotential method)和固体–模型理论(model-solid theory)，从理论上计算非晶硅/晶体硅异质结的能带带阶，发现带阶对非晶硅中的氢含量非常敏感[31]。根据计算，对未氢化(unhydrogenated)的 a-Si 与 c-Si 形成的异质结，其价带带阶为−0.25 eV(负号表示 $E_{V, \text{a-Si:H}}$ 位于 $E_{V, \text{c-Si}}$ 之上)。ΔE_V 随 a-Si:H 中氢含量发生改变，薄膜中氢含量每增加 1%，其 ΔE_V 增加达 0.04 eV[31]。而 a-Si:H 薄膜中的氢含量是与沉积条件密切相关的。如果在器件级的 a-Si:H 薄膜中的氢含量为 11%，则 a-Si:H/c-Si 异质结界面的 ΔE_V = +0.20 eV；若 a-Si:H 薄膜中的氢含量进一步增加到 15%，则 ΔE_V = +0.35 eV。然而，a-Si:H 薄膜中高的氢含量可能会导致形成微孔(microvoids)，并不是获得高效电池所需的致密薄膜。

5.1.2.2　非晶硅薄膜厚度对带阶的影响

Korte 等[29,32]用近紫外光电子谱(near-UV photoelectron spectroscopy)的 CFSYS (constant final state yield spectroscopy)模式研究了不同掺杂类型(i、p、n)的 a-Si:H 薄膜与不同硅衬底(p 型、n 型)的 ΔE_V 与 a-Si:H 薄膜厚度的关系。其结果见图 5-3，图中每个数据点代表硅片与掺杂薄膜的不同组合而成的 a-Si:H/c-Si 异质结，同时改变薄膜的厚度 $d_{\text{a-Si:H}}$。

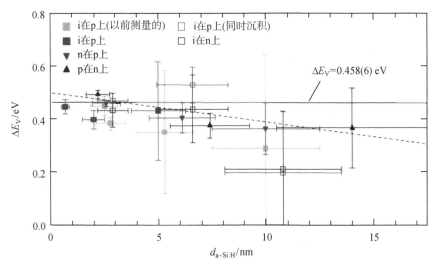

图 5-3　非晶硅/晶体硅异质结中价带带阶与 a-Si:H 薄膜厚度的关系[29,32]

实线：平均 ΔE_V 与 $d_{\text{a-Si:H}}$ 的关系，虚线：ΔE_V-$d_{\text{a-Si:H}}$ 关系线性拟合。实心符号表示 p-c-Si 为衬底，空心符号表示 n-c-Si 为衬底。符号形状：□、△和▽分别代表 i、p、n 型 a-Si:H 薄膜

他们发现，对所研究的器件级 a-Si:H/c-Si 异质结，ΔE_V 与晶体硅衬底或 a-Si:H 薄膜的掺杂水平没有依赖关系。这与同一种薄膜其带隙 E_g 与掺杂类型或掺杂水平没有依赖关系的事实是一致的。计算图 5-3 中所有测量结果的加权平均 ΔE_V，得到平均 ΔE_V = 0.458(6) eV。但是必须注意，系统误差较大，达到 50～60 meV，即比平均误差大一个数量级。

令人惊讶的是，从图 5-3 中似乎可以看到 ΔE_V 与 $d_{\text{a-Si:H}}$ 存在弱相关性。拟合 ΔE_V 与 $d_{\text{a-Si:H}}$ 的线性关系为[29]

$$\Delta E_V(d_{\text{a-Si:H}}) = 0.49(2) \text{ eV} - 0.010(5) \text{ eV/nm} \times d_{\text{a-Si:H}} \tag{5-5}$$

他们解释为[29,32]：a-Si:H 中氢含量的改变和 c-Si 中悬挂键的饱和，引起 a-Si:H/c-Si 界面偶极子的变化，导致 ΔE_V 随 $d_{\text{a-Si:H}}$ 的增加而减小。即在 a-Si:H 薄膜生长的初始阶段，由于 c-Si 表面的荷电未饱和悬挂键，使 a-Si:H/c-Si 界面态密度较高，导致形成界面偶极子；而随着 a-Si:H 薄膜的进一步生长，这些悬挂键被氢饱和形成 Si-H 键，使得偶极子形成较少，从而使 ΔE_V 减小。

5.1.2.3   带阶对电池性能的影响

在异质结电池中，能带带阶对荷电载流子的输运会产生影响：一方面，势垒的存在对减少界面处的复合是非常重要的；另一方面，如果势垒太高，它可能会限制载流子的输运，其对电池的影响表现类似于串联电阻或填充因子的下降。运用数值模拟，可以研究异质结太阳电池的 V_{oc} 与能带带阶的敏感性关系。如图 5-4 是用 AFORS-HET(automat for simulation of heterostructres)软件模拟的 a-Si:H/c-Si 异质结太阳电池 V_{oc} 与少数载流子能带带阶关系的研究结果[33]，模拟时同时考虑了界面缺陷密度 D_{it} 对 V_{oc} 的影响。对 n-a-Si:H/p-c-Si 型异质结电池，电子是少子，一般导带带阶 $\Delta E_C \sim 150$ meV，图 5-4 中标出的范围是 50～150 meV；而对 p-a-Si:H/n-c-Si 型电池，空穴是少子，一般价带带阶 $\Delta E_V \sim 450$ meV，图 5-4 中标出的范围是 400～500 meV。

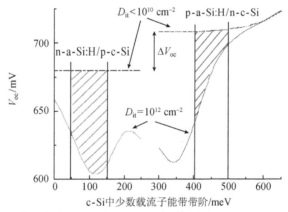

图 5-4   结构为 TCO/n-a-Si:H/p-c-Si/Al(左)和 TCO/p-a-Si:H/n-c-Si/Al(右)的硅异质结电池 V_{oc} 与能带带阶关系的模拟结果[33]

带阶是变化的，阴影区域标示的是 V_{oc} 预期值的范围，其对应边界条件是界面缺陷密度 $D_{\text{it}} < 10^{10}$ cm^{-2}(小到可忽略)和 $D_{\text{it}} = 10^{12}$ cm^{-2}

图 5-4 揭示的是两种不同界面缺陷密度下的模拟电池 V_{oc}，即 $D_{\text{it}} < 10^{10}$ cm^{-2}(小到可忽略)和 $D_{\text{it}} = 10^{12}$ cm^{-2}，需要注意的是在模拟时没有引入 i-a-Si:H 本征层。另外，从图 5-4 中还可以得到如下两个主要的结论：①对 p-a-Si:H/n-c-Si 异质结而言，由于 ΔE_V 较大，a-Si:H/c-Si 异质结中的界面复合能够被有效地抑制，因此 D_{it} 对 V_{oc} 的影响不是那么严重(相比于 n-a-Si:H/p-c-Si 结构)，也就是，即使是低质量的

a-Si:H/c-Si 界面，电池的 V_{oc} 仍然能够保持受影响不大；②对完美的 a-Si:H/c-Si 界面($D_{it} < 10^{10}$ cm^{-2})，p-a-Si:H/n-c-Si 电池可以得到比 n-a-Si:H/p-c-Si 电池更高的 V_{oc} 值(其差值为图中的 ΔV_{oc})。这是由于在 p-a-Si:H/n-c-Si 电池中，c-Si 中少数载流子的迁移率更小而引起的[33, 34]。

模拟研究能带带阶(ΔE_V 和 ΔE_C)对电池性能的影响发现，当带阶在一定范围内时，如果它没有成为电荷输运的势垒，而是起到抑制异质结界面处复合的作用，则异质结电池可以获得低的二极管反向饱和电流和高的 V_{oc}，随着少数载流子能带带阶的增大，电池转换效率也会增加[29,33,34]。如果带阶超出一定范围(如对 HIT 电池，$\Delta E_V > 0.5 \sim 0.6$ eV[35])，带阶成为阻碍载流子输运的势垒，如果不考虑载流子隧穿过异质结，则在电池的 I-V 曲线上会表现出势垒的影响，即低填充因子的 S 形 I-V 曲线[29,35,36]，电池转换效率会迅速下降。

5.1.3   TCO 薄膜对非晶硅/晶体硅异质结能带的影响

为了理解整个 a-Si:H/c-Si 异质结太阳电池，电池前表面和后表面的 TCO 薄膜对电池的影响是需要考虑的。图 5-5 是包含 TCO 的 TCO/a-Si:H/c-Si 异质结的完整能带结构示意图。通常所用的 TCO 为 ITO 或 AZO 薄膜，它们属于宽带隙的 n 型简并半导体，即其费米能级位于 TCO 的导带中。由于 TCO 薄膜的掺杂浓度高，因此在电性能上其表现得像金属(荷电载流子迁移率很差)，TCO/a-Si:H 结的电子行为通常被假定认为类似于金属–半导体结。

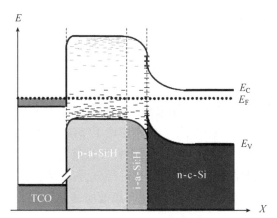

图 5-5   TCO/(p,i)-a-Si:H/n-c-Si 异质结的能带示意图[29]

由于 TCO 的功函数低，在 TCO/a-Si:H 界面处的能带重整形成了类肖特基结(Schottky-like)，即与 a-Si:H/c-Si 二极管"反向"("reverse")的二极管

对 TCO/a-Si:H 结，一个重要的参数是能带排列。对图 5-5 所示的情况，TCO

的费米能级处在导带中,导致 a-Si:H 的能带发生弯曲,即在 a-Si:H/c-Si 异质结之外,还形成了一个并不希望存在的空间电荷区(space charge region, SCR)和整流结(rectifying junction)。此外,由于 a-Si:H 薄膜形成的发射层和 BSF 层很薄,只有 ~ 10 nm 的量级,因此可以预见 TCO/a-Si:H 结的 SCR 和 a-Si:H/c-Si 异质结的 SCR 会发生部分重叠和互相作用。在图 5-5 中,如果 a-Si:H 非常薄,最极端的情况是由于 TCO 的功函数不合适,两个 SCR 会"合并"(merge),a-Si:H 中的自由载流子会大大地减少,内建电势差剧烈减小,从而使电池的 V_{oc} 和填充因子也强烈下降。

5.2　非晶硅/晶体硅异质结太阳电池中的钝化机制

在晶体硅太阳电池研究领域,人们已经认识到要获得高的电池转换效率,电池表面钝化是一个非常重要的步骤。因为较高的体和表面复合速率限制了光伏电池的开路电压,并且也会降低电池的填充因子。采用表面钝化层抑制表面复合,成为获得高效率太阳电池的前提条件。对异质结电池而言,在 a-Si:H/c-Si 界面,晶体网络结构是突变和不连续的,由于高密度悬挂键的存在,导致在带隙中形成密度很高的缺陷。异质结界面的这些缺陷会对电池的性能产生不良影响。虽然电场能够减少异质结界面附近的复合,但是结的性能仍然是由界面态密度所决定。因此,为获得高效的异质结电池,必须减小界面态密度。

在光伏器件中常用的钝化方案包括采用热氧化 SiO_2[37]、SiN_x[38]、它们的叠层 SiO_2/SiN_x[39] 以及近些年引起重视的 Al_2O_3[40,41] 薄膜等。在 a-Si:H/c-Si 异质结电池中,则采用在掺杂非晶硅与晶体硅衬底之间插入本征非晶硅层(i-a-Si:H)来实现界面钝化,由于 i-a-Si:H 优异的钝化性能和采用其他改进技术,三洋(现松下)公司的 HIT 电池获得了 24.7% 的最高效率[42]。

本节先分析了太阳电池的开路电压与界面复合、界面态密度和钝化的基本关系,引出了化学钝化和场效应钝化。接着讨论了 SHJ 电池中非晶硅(尤其是本征非晶硅)的化学钝化,分析了本征非晶硅优异钝化性能的物理原因,对掺杂非晶硅的钝化性能以及对本征非晶硅钝化的影响也进行分析。接着介绍了 SHJ 电池中的其他钝化方案,包括非晶氧化硅(SiO_x)的钝化和场效应钝化。

5.2.1　硅异质结太阳电池的开路电压和钝化

5.2.1.1　开路电压与界面态密度和界面复合

在 SHJ 电池中,非晶硅/晶体硅的界面性质对电池性能有重要的影响。如果界面复合是太阳电池中载流子的主要复合机制,则电池的开路电压可用下式表示[43]

$$V_{oc} = \frac{\Phi_B}{q} - \frac{nkT}{q}\ln\left(\frac{qN_V S}{J_{sc}}\right) \tag{5-6}$$

式中，S 为界面复合速度；N_V 为晶体硅侧的有效价带态密度；Φ_B 为有效界面势垒高度[44]，为晶体硅侧的能带弯曲量和费米能级与导带底(或价带顶)能量之差的代数和(见图 5-1)。从图 5-1 可知，对 p-a-Si:H/n-c-Si 异质结电池，$\Phi_B^n = qV_{D,n\text{-}c\text{-}Si} + \delta_{C,n\text{-}c\text{-}Si}$；对 n-a-Si:H/p-c-Si 异质结电池，$\Phi_B^p = qV_{D,p\text{-}c\text{-}Si} + \delta_{V,n\text{-}c\text{-}Si}$。由式(5-6)可知，当界面复合为主要的复合路径时，电池的 V_{oc} 与界面势垒高度有关，这是由电池的能带结构所决定的；而电池的 V_{oc} 还与表面复合速度有关，显然表面复合速度越小，V_{oc} 越高。由于 SHJ 电池的界面两边是两种不同的材料，界面缺陷态密度可能更高，因此减小界面态密度、降低表面复合速度是 SHJ 电池能获得较高 V_{oc} 的重要保证。

对太阳电池而言，良好表面钝化效果的微观表现是缺陷态密度降低、界面复合减少，宏观表现则是少数载流子寿命的增加和电池 V_{oc} 的上升。

在很多文献中，测量少子寿命可以用来获得太阳电池的 implied-V_{oc}[45,46]。这是因为太阳电池在开路条件下，外部没有电流，光生电流与复合电流是平衡的，即 $J_{ph} = J_{rec}$。作为这种平衡的结果，在太阳电池中产生过剩载流子。在厚度为 W 的太阳电池中，光生电流密度 J_{ph} 与有效载流子寿命 τ_{eff} 存在如下关系

$$J_{ph} = \Delta n_{av} qW/\tau_{eff} \tag{5-7}$$

这里，以 p 型硅片为例，电子是少子，其浓度为 n，Δn_{av} 为平均过剩载流子浓度。而有效载流子寿命 $\tau_{eff} = \Delta n/G(G$ 是产生速率)。实际上，式(5-7)是 τ_{eff} 的另外一种表述。那么，电池的 implied-V_{oc} 可以从电子和空穴的准费米能级分裂来确定

$$\text{implied-}V_{oc} = \frac{kT}{q}\ln\left\{\frac{\Delta n(0)\left[N_A + \Delta p(0)\right]}{n_i^2}\right\} \tag{5-8}$$

式中，N_A 是受主浓度；n_i 是本征载流子浓度；$\Delta n(0)$ 和 $\Delta p(0)$ 是载流子在 p-n 结处的浓度。必须注意，一般而言，在 p-n 结处的局部载流子浓度并不一定等于 Δn_{av}。如果表面钝化良好，扩散长度大于硅片厚度，则 $\Delta n(0) \approx \Delta n_{av}$，这样如果给定 J_{ph}，将式(5-7)代入式(5-8)，就可以从 τ_{eff} 来计算 implied-V_{oc}。

有效载流子寿命 τ_{eff} 与硅片体复合和表面复合有关，用下式表示

$$\frac{1}{\tau_{eff}} = \frac{1}{\tau_{bulk}} + \frac{1}{\tau_{surf}} \tag{5-9}$$

式中，τ_{bulk} 是体寿命；τ_{surf} 是表面寿命。根据 Sproul[47]的研究，对称样品(硅片正反面有相同的钝化质量)的 τ_{surf} 可以表示为

$$\tau_{surf} = \frac{W}{2S} + \frac{1}{D}\left(\frac{W}{\pi}\right)^2 \tag{5-10}$$

式中，D 为少数载流子的扩散系数。为计算表面复合速度 S，需要选择合适的 Δn。在复合界面处取 $\Delta n = \Delta n(0)$，然而在大多数情况下取 $\Delta n(0) = \Delta n_{av}$ 或 $\Delta n = \Delta n(X_s)$，X_s 是空间电荷区的极限，因为这些是可以从实验数据较容易地计算得到。通常得到 S 的有效值，即 S_{eff}。S 与界面处载流子复合率 U_s 相关，即

$$S = U_s/\Delta n \tag{5-11}$$

而界面复合率 U_s 与界面态密度 D_{it} 相关，可用下式表示

$$U_s = \left(np - n_i^2\right)\int_{E_V}^{E_C} D_{it}(E)\cdot f(E,n,p,c_n,c_p)\mathrm{d}E \tag{5-12}$$

式中，f 是与许多参数有关的函数，如电子和空穴的浓度 n 和 p、电子和空穴的俘获系数 c_n 和 c_p 等。对与杂质相关的缺陷，可以用标准的 Shockley-Read-Hall(SRH)复合理论来计算 U_s(见 5.2.1.2 节)，但是在 a-Si:H/c-Si 界面，需要考虑硅悬挂键的两性性质。

　　采用数值模拟，进行一定程度的假设，可以研究太阳电池性能参数与界面态密度 D_{it} 的关系。图 5-6 是用 AFORS-HET 软件模拟 a-Si:H/c-Si 异质结电池的 V_{oc}、J_{sc}

上：S_{back}=1 cm·s^{-1}，下：S_{back}=10^7 cm·s^{-1}

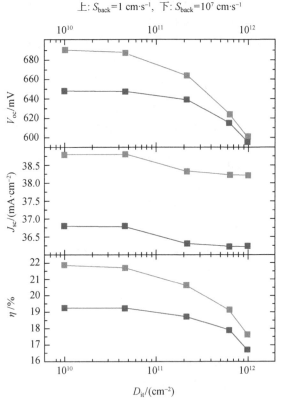

图 5-6　n-a-Si:H/p-c-Si 异质结太阳电池性能参数与前表面界面态密度 D_{it} 关系的模拟结果[48]

选取了两种背表面的复合速度 S_{back}

和转换效率与 D_{it} 的关系[48]。模拟采用的电池结构是 n-a-Si:H/p-c-Si(不带本征缓冲层)，在电池背面采用了两种不同的表面复合速度 S_{back}，而电池前表面的 D_{it} 是变化的。模拟结果表明，V_{oc} 主要受表面钝化的影响。当背面钝化非常差时 ($S_{back} = 10^7$ cm · s^{-1})，在背面的复合限制了 V_{oc} 在 650 mV 以下；而如果背表面钝化良好($S_{back} = 1$ cm · s^{-1})，同时前表面的缺陷密度较低时，V_{oc} 可以达到 700 mV 左右。根据模拟结果，要达到 20%以上的转换效率，在 n-a-Si:H/p-c-Si 界面的最大 D_{it} 只能在 10^{10} cm^{-2} 量级。

5.2.1.2　SRH 复合与钝化

Shockley-Read-Hall(SRH)复合[49,50]，即通过半导体禁带中的缺陷态进行的间接复合，常被用来描述非平衡载流子通过复合中心的复合。SRH 复合中电子-空穴的复合可分两步走：①导带电子落入复合中心的缺陷能级(E_t)；②这个电子再落入价带与空穴复合。同时复合中心恢复原来空着的状态，又可以去完成下一次的复合过程。根据 SRH 复合理论，载流子通过缺陷能级进行复合的复合率 U_s 可表示为

$$U_s = \frac{np - n_i^2}{\tau_p(n + n_1) + \tau_n(p + p_1)} = \frac{(np - n_i^2)\sigma_n \sigma_p v_{th}}{\sigma_n(n + n_1) + \sigma_p(p + p_1)} D_{it} \tag{5-13}$$

式中，τ_n 和 τ_p 分别为电子和空穴的寿命；σ_n 和 σ_p 分别为电子和空穴的俘获截面；v_{th} 为载流子热运动速度(300 K 时，约为 10^7 cm · s^{-1})。n_1 为 E_F 与 E_t 重合时导带的平衡电子浓度；p_1 为 E_F 与 E_t 重合时价带的平衡空穴浓度，分别用下式表示

$$n_1 = n_i \exp\left(\frac{E_t - E_i}{kT}\right) \tag{5-14a}$$

$$p_1 = n_i \exp\left(\frac{E_i - E_t}{kT}\right) \tag{5-14b}$$

式中，E_i 为本征费米能级。

从式(5-13)可知，要想降低界面复合率 U_s，可以从两方面进行：一是降低界面态密度 D_{it}；二是降低界面处自由电子或空穴的浓度。这两者正是化学钝化和场效应钝化在理论公式中的体现。通过在晶体硅表面沉积或生长一层适当的钝化层，使硅片表面的悬挂键得到饱和，实现化学钝化，可有效降低 D_{it}；或者将硅片浸泡在极性溶液中，也可以实现化学钝化，有效降低 D_{it}。而通过在晶体硅表面形成一个内建电场，则可以有效降低晶体硅表面的自由电子或空穴的浓度，可以通过在硅片表面形成掺杂浓度梯度或沉积一层带有电荷的钝化层来形成这种内建电场，实现场效应钝化。

非晶硅/晶体硅异质结太阳电池正是由于在硅衬底与掺杂非晶硅之间插入了一定厚度的本征非晶硅层，实现了良好的化学钝化效应，降低了界面态密度和表面复

合速度，才获得了较高的 V_{oc}。在下面，5.2.2 节将讨论 SHJ 电池中本征非晶硅的钝化，5.2.3 节讨论 SHJ 电池中掺杂非晶硅的钝化，在 5.2.4 节将介绍非晶硅/晶体硅硅异质结太阳电池中的其他钝化方案，包括氢化非晶氧化硅(a-SiO$_x$:H)的钝化和场效应钝化。

5.2.2　本征非晶硅的钝化

几十年前，人们就已经知道本征氢化非晶硅(i-a-Si:H)能对 c-Si 表面产生良好的钝化作用[51-53]。实验上，通常是用 PECVD 方法来沉积 i-a-Si:H，关于 a-Si:H 的沉积可以参看第 4.4 节的相关内容。这里主要讨论 i-a-Si:H 的钝化机制。

5.2.2.1　a-Si:H 中和 c-Si 表面的隙态(gap state)

在关注 a-Si:H/c-Si 界面钝化之前，先简单讨论两种材料中隙态的电子性能。研究表明表面态与费米能级的钉扎(pinning)密切相关。在硅-金属接触中，钉扎位置决定着肖特基势垒的高度[54]；而对异质结器件而言，低表面态对确保 a-Si:H/c-Si 异质结的整流(rectifyng)行为非常重要[55]。

在富含缺陷的 a-Si:H 体内，费米能级钉扎在禁带中央(midgap)附近的窄带能级内[56-58]。对 i-a-Si:H 体相，其隙态分布中可以分辨出两个峰，分别位于 E_F 上面和下面。根据能级的相似性，这些态推断为与体相 c-Si 中的双空位缺陷(divacancy defect)有关[59]。在 c-Si 和成对的 6 个悬挂键(pairs six DBs)中，双空位缺陷是最低水平的稳态缺陷。在非晶网络结构中，包含更少数目悬挂键的缺陷可能是主要的缺陷，如单空位缺陷(其特征是 4 个悬挂键)，甚至由于结构的随机性，单个悬挂键的缺陷也可能存在这些材料中。由于共价键断裂，这些缺陷是两性的(amphoteric)，分别为带正电的 T_3^+ 态，带负电的 T_3^- 态，它们的中性态常标记为 T_3^0 态[60]。

在 c-Si 体材料中，悬挂键只存在于位错线上，由于晶体的约束，孤立的悬挂键不能形成。然而，对 c-Si 表面，如没有重构的 Si(111)表面，悬挂键可能构成主要的缺陷，在这里费米能级的钉扎也是众所周知的现象[61]，从微观上讲，这与表面态的两性性质有关联[62]。在这种情况下，钉扎通常不太依赖于体材料的掺杂，因为在表面形成了一层空间电荷层，阻止了多数载流子从 c-Si 体内到这些表面态的无限制流动[63]。

c-Si 表面和 a-Si:H 体内可能存在很强的电子相似性，因此无论 c-Si 表面还是 a-Si:H 体内，起源于两性缺陷的隙态会导致 E_F 的钉扎。

5.2.2.2　化学界面钝化

对非晶硅薄膜而言，氢的引入钝化体内的悬挂键，去除了与悬挂键关联的隙态[64-66]。对 c-Si 表面的电子性能，氢被认为是有益的。用氢氟酸腐蚀硅片，原位测量其 S_{eff}

甚至低至 0.25 cm·s$^{-1[67]}$, 证明氢对 c-Si 表面有良好的钝化作用, 因为氢氟酸腐蚀形成 H-terminated 的 Si-H 表面[68]。因而, 对 a-Si:H/c-Si 界面的钝化, 氢也被期望能起到重要的作用。要想提高钝化性能, 就是要减少界面态密度 D_{it}, 从而使 S_{eff} 降低。a-Si:H 中含有氢, 能在 c-Si 表面形成 Si-H 键, 从而饱和悬挂键, 使 D_{it} 减小, 界面复合率 U_s 减小。这是 a-Si:H 能对界面产生化学钝化的原因, 其宏观表现是硅片有效少子寿命 τ_{eff} 的增大。

　　对 a-Si:H 薄膜, 沉积后低温退火处理对缺陷的减少是有益的, 为研究沉积在 c-Si 表面的 a-Si:H 薄膜的微观钝化机理, 退火处理是很好的手段方法。如果 i-a-Si:H/c-Si 界面从原子层面上是突变的(atomically sharp), 退火处理对改善电子界面钝化效果更好[69]。取决于沉积条件, 退火处理引起的钝化性能改变可以是很大的, 例如图 5-7 所示[70]。图 5-7 中所用的硅片是 n 型 FZ-Si(100), 用相对较厚(~50 nm) 的 i-a-Si:H 双面钝化, i-a-Si:H 的沉积温度较低(130 ℃), 然后于空气中 180 ℃下等温退火。测量硅片双面沉积 i-a-Si:H 后, 不同退火时间下硅片的有效少子寿命 τ_{eff}, 以评判其钝化效果。从图中可见, 硅片刚沉积非晶硅薄膜钝化层后, 其载流子寿命只有 30 μs(在注入水平为 $1.0×10^{15}$ cm^{-3} 时), 而长时间退火后载流子寿命可达 4 ms 以上。

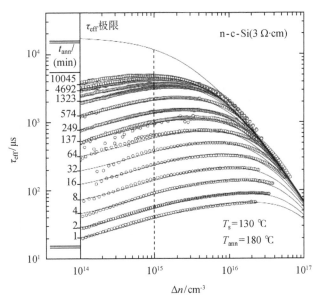

图 5-7　τ_{eff} 的测量值与载流子注入水平的关系[70]

a-Si:H 的沉积温度 T_s 为 130℃, 退火温度 T_{ann} 固定为 180℃, 不同的曲线代表不同的退火时间 t_{ann} 下的 τ_{eff}, 符号代表测量数据, 实线是根据复合模型的计算拟合, 最上部的实线是 a-Si:H 钝化后的 τ_{eff} 极限有意思的是，要想较好地拟合所有退火条件下得到的 τ_{eff} 数据，唯一需要改变的参数是界面态密度 D_{it}，而固定电荷密度 Q_f 可以取一个固定值(-2.2×10^{10} cm^{-2})。由于复合速度线性依赖于 D_{it}[71]，图 5-7 中的所有曲线在低注入水平时是相互平行的。从物理上讲，Q_f 不会随退火改变，意味着表面势也不会改变，所以因退火处理而获得的优异钝化不是由于场效应引起的，表面悬挂键的氢化学钝化最可能是钝化性能提高的原因。对超薄的 i-a-Si:H(几个纳米厚)，通常测得含有更高的悬挂键密度，这可能可以解释采用超薄 i-a-Si:H 薄膜时 i-a-Si:H/c-Si 界面的钝化质量要稍差一些[70](与这里用 ~ 50 nm 厚的 i-a-Si:H 比较)。

5.2.2.3 钝化动力学

进一步分析图 5-7 中退火后测得的 τ_{eff}(在选定的注入水平，如 $\Delta n = 1.0 \times 10^{15}$ cm^{-3})与退火时间的关系，发现这些数据可以用所谓的拉伸指数(stretched-exponential)形式进行拟合

$$\tau_{eff}\left(t_{ann}\right) = \tau_{eff}^{SS}\left\{1 - \exp\left[-\left(\frac{t_{ann}}{\tau}\right)^{\beta}\right]\right\} \tag{5-15}$$

式中，τ_{eff}^{SS} 是 τ_{eff} 的饱和值；$\beta (0 < \beta < 1)$ 是分散度参数(dispersion parameter)；τ 是有效时间常数。图 5-8 是这种拟合的一个示例，拟合参数也标示在图上。

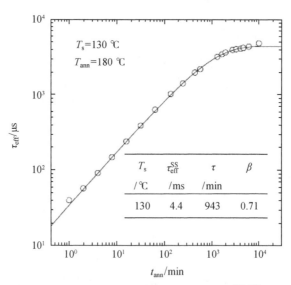

图 5-8　τ_{eff} 的测量值与退火时间的关系[55,70]

所用硅片为 ~ 3.0 Ω·cm 的 FZ-Si，在双面沉积 ~ 50 nm 的 a-Si:H，沉积温度 T_s 为 130 ℃，退火温度 T_{ann} 为 180 ℃，测量时固定 $\Delta n = 1.0 \times 10^{15}$ cm^{-3}。符号代表测量数据，实线是拉伸指数形式的拟合

拉伸指数衰减(stretched-exponential decay)是用来描述无序系统向平衡态弛豫(relaxation)的一种特征现象。对 a-Si:H，从陷阱位置(trap site)释放原子氢主导着弛豫。而陷阱和势垒高度的能量分布所导致的氢分散扩散(dispersive diffusion)，被认为是产生拉伸指数弛豫的原因[72]。Van de Walle[73]提出另外一种解释，假设氢能以三种构造存在，即处在相对高能位的陷阱态、处在低能位的贮备态(reservoir state)和处在陷阱态和贮备态过渡区的间隙态(interstitial state)，这个模型的示意图见图 5-9。考虑了间隙氢也有可能被再限制(re-trap)在同一个陷阱位或另外的陷阱位，这个模型得到了更像拉伸指数的函数形式。实际上，可以假设氢贮备态是以 Si-H 的形式存在，即氢化的悬挂键。Si-H 是可以探测的，例如，退火样品的电子自旋共振(electron spin resonance，ESR)信号相比沉积态(as-deposited)的样品会有所减小。相反，推测陷阱态的氢是以高阶 Si-H 形式存在。拉伸指数行为的这个解释，对于理解退火诱导 a-Si:H/c-Si 界面钝化性能的改变，也是很有价值的，具体的解释如下。

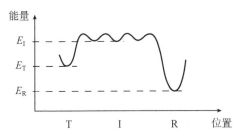

图 5-9　描述材料中氢能量与位置关系的示意图[73]

R 是指 reservior state；T 是指 trap state；I 是指 interstitial state

对靠近 c-Si 界面的沉积态 i-a-Si:H，即在 1～2 nm 厚度的 a-Si:H 中，高伸缩频率的氢化物是占主导的模式，低伸缩频率的氢化物则不是主导的，可以参看第 4 章图 4-19。低伸缩频率的氢化物归属为 Si-H[74]，高伸缩频率的氢化物在 a-Si:H 体内归属为 Si-H$_2$[75]，或有可能是微孔洞(microvoid)中的团簇的 Si-H[76]。根据图 5-9 描述的模型，这意味着在靠近 a-Si:H/c-Si 界面陷阱态氢的数量是足够的，以至于部分的氢可以很容易地通过退火而激发到一个活动的(mobile)状态，这些活动的氢可能随后被迁移到贮备态，在这种情况下即为 c-Si 表面的 Si-H。微分 FTIR 测量非常薄的 a-Si:H 薄膜表明，a-Si:H/c-Si 结构进行退火处理确实会产生氢转移到 c-Si 表面的 Si-H[77]，即 Si-H 终止了(terminated)c-Si 表面。这就将 i-a-Si:H/c-Si 界面的电子钝化与氢终止 c-Si 表面联系起来了，即 i-a-Si:H/c-Si 的界面钝化是化学钝化，是由 Si-H 终止悬挂键而达到的[55]。

5.2.3 掺杂非晶硅的钝化

5.2.3.1 掺杂非晶硅的钝化效果

对半导体而言，掺杂会引起缺陷形成，这是一种基本物理状态。非晶硅薄膜的掺杂是引入替代杂质，因此掺杂会在薄膜中诱导形成额外的局域态。通常认为 Si-H 键的断裂会在薄膜中形成缺陷，可以用下式描述[78]

$$Si\text{-}H \longleftrightarrow Si\text{-}H\text{-}Si + Si_{DB} \tag{5-16}$$

式中，Si_{DB} 代表硅悬挂键。Si-H 键的断裂是由费米能级 E_F 的位置决定的，而与掺杂剂的物理性质无关[79,80]。

对 a-Si:H/c-Si 界面，把掺杂导致缺陷形成与降低钝化性能关联，可由加热退火 a-Si:H/c-Si 时逸出 H_2 的实验[81]得到验证。比较厚度仅为数纳米的单层 i-a-Si:H、p-a-Si:H 和 n-a-Si:H 薄膜，对 a-Si:H/c-Si 界面的钝化性能，其结果见图 5-10。从图中可见，钝化性能下降的开始点似乎对应着光学带隙 E_g^{opt} 出现明显变化的位置，

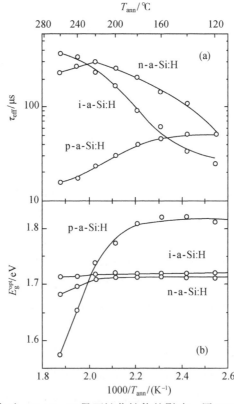

图 5-10　(a)阶梯退火对 a-Si:H/c-Si 界面钝化性能的影响，用 QSSPC 测得的 τ_{eff} 来衡量（$\Delta n = \Delta p = 1.0 \times 10^{15}\,cm^{-3}$），在掺杂薄膜下无本征层；(b)阶梯退火对相应薄膜的光学带隙 E_g^{opt} 的影响[82]

E_g^{opt} 变化可能意味着在非晶硅材料中缺陷的形成[82]，而缺陷的形成是由 Si-H 键的断裂导致的，这可以由 H$_2$ 逸出测量来确认[81,82]。另外，从图 5-10 还可见，p-a-Si:H 的钝化性能和光学带隙开始明显下降对应的退火温度，要比 n-a-Si:H 的钝化性能和光学带隙开始明显下降对应的退火温度要低。这种 p-a-Si:H 和 n-a-Si:H 对 c-Si 表面的钝化质量不同，即为钝化质量的非对称性[55]。其原因是两种掺杂导致的缺陷密度不同[55]：对 p-a-Si:H/c-Si 界面，E_F 偏离带隙中心，靠近价带顶(valence band maximum，VBM)，由于 Si-H 键断裂使得 a-Si:H 带隙中 T_3^+ 态的密度较高；而对 n-a-Si:H/c-Si，E_F 则靠近导带底(conduction band minium，CBM)，由于 Si-H 键断裂使得 a-Si:H 带隙中 T_3^- 态的密度相比前一种情况要低。

5.2.3.2　掺杂非晶硅对本征非晶硅钝化的影响

使用掺杂 a-Si:H 是为了在 a-Si:H/c-Si 异质结器件中形成内建电场，但是掺杂后 a-Si:H 对 c-Si 表面的钝化效果变差，为克服这个矛盾，HIT 电池就是在掺杂 a-Si:H 与 c-Si 之间再插入一层 i-a-Si:H 缓冲层，以在形成发射极和 BSF 的同时，获得良好的界面钝化性能[2,3]。由于是在本征层上再沉积掺杂层，因此也可能会造成在本征层中形成缺陷，从而影响整体钝化效果。

掺杂非晶硅/本征非晶硅叠层与纯非晶硅对 c-Si 的钝化效果比较见图 5-11，其

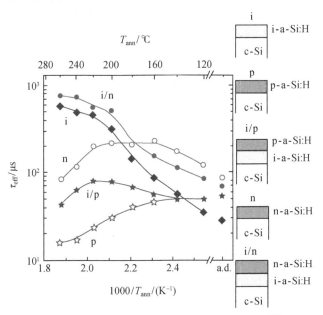

图 5-11　阶梯退火对掺杂非晶硅/本征非晶硅叠层钝化性能的影响[82]，纯本征非晶硅和纯掺杂非晶硅的钝化性能也列出，用 QSSPC 测得的 τ_{eff} 来衡量($\Delta n = \Delta p = 1.0\times10^{15}$ cm^{-3})
图中横坐标上的 a.d.代表沉积态(as-deposited)薄膜的钝化性能

中掺杂和本征非晶硅层的厚度都仅为数纳米。对 p-a-Si:H/i-a-Si:H/n-c-Si 结构,在相对较低的温度退火时,就能探测到 H_2 从本征层中逸出[81],其钝化性能相比 i-a-Si:H/n-c-Si 结构要差,而在同样条件下退火 i-a-Si:H/n-c-Si 结构则没有 H_2 逸出现象,表明掺杂会使其下面的本征层中形成缺陷,这可能是由于掺杂非晶硅层的存在,使得 i-a-Si:H 中 Si-H 键的断裂能变低造成的[81]。而对于 n-a-Si:H/i-a-Si:H/n-c-Si 结构,其钝化性能则下降不多。

5.2.4　其他钝化方案

虽然三洋将本征非晶硅用于 HIT 太阳电池获得了巨大的成功,但是由于本征非晶硅不可克服的寄生光吸收(参见 4.4.4 节),使得电池的短路电流受到限制,因此人们也一直在寻找其他的钝化材料来取代本征非晶硅。替代本征非晶硅用于硅异质结电池的钝化材料有多种(参见 4.4.2.5 节),这其中氢化非晶氧化硅(a-SiOx:H)是比较有希望的一种。同时,从式(5-13)知道,太阳电池的钝化方案,除了化学钝化外,还有场效应钝化。本小节将简单介绍 SHJ 电池中的 a-SiOx:H 钝化和场效应钝化方案。

5.2.4.1　氢化非晶氧化硅的钝化

热氧化 SiO_2 表现出非常优异的表面钝化性能,可有效降低态密度,但是热氧化生长意味着高温的应用(~ 1050 ℃),因此热氧化 SiO_2 并不适合于 a-Si:H/c-Si 异质结电池的钝化。然而 a-SiOx:H 可以用 PECVD 技术低温沉积,与 a-Si:H 相比具有几个特点[83]:①a-SiOx:H 的光学带隙可调(1.7 ~ 2.4 eV),由于带隙变宽,在蓝光区的吸收减小,使得可以采用更厚的 a-SiOx:H 作钝化层,工艺窗口变大,方便制备;②有利于抑制薄膜的外延生长。但是单纯用 a-SiOx:H 取代 a-Si:H 用于硅异质结电池,还仅限于实验研究,未见工业化应用的报道。

将 a-Si:H 和 a-SiOx:H 同时用于硅异质结电池,美国的 Silevo 公司(由华人创建,已被美国 SolarCity 公司收购)提出了所谓的"隧道异质结型"[84,85]太阳电池,其结构见图 5-12。与标准 SHJ 电池的不同是在本征层与 n-c-Si 基体之间加入了隧道氧化层——硅的氧化物(SiO_x),该 SiO_x 是用 VHF-PECVD 技术低温沉积得到的 a-SiOx:H。同时在该电池中采用铜电极来取代银电极,有利于降低成本。

在这里,a-SiOx:H 起到两方面的作用。一是 a-SiOx:H 的禁带宽度相比本征非晶硅更宽,增加了发射极和背电场与基体之间的势垒,这样电子向发射极流动时因势垒增加被弹回,同样空穴向背电场流动时也被弹回,从而大大减小了漏电流。a-SiOx:H 在特定的厚度时会表现出隧穿效应(见 5.4.2.3 节),使电子和空穴基本不受阻挡地分别流向背电场和发射极,从而增大了有效电流。二是 a-SiOx:H 表面缺陷密度比本征非晶硅更低，具有优异的界面钝化效果，使"隧道异质结型"电池具有很高的开路电压。

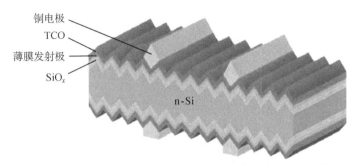

图 5-12　"隧道异质结型"太阳电池结构示意图[85]

在 SHJ 电池中增加 a-SiO$_x$:H，同时结合铜电极技术，Silevo 公司的"隧道异质结型"太阳电池在实验室已经达到 22.1%的转换效率(电池大小为 125 mm×125 mm)，其在中国的生产基地杭州赛昂电力公司批量生产的太阳电池平均转换效率达 21%左右[85]，并通过了国家能源局组织的验收。

5.2.4.2　硅异质结电池中的场效应钝化

场效应钝化是在晶体硅表面成掺杂浓度梯度或沉积一层带有电荷的钝化层，硅表面的能带弯曲形成一个内建电场，使得在界面处存在一个势垒来累积电荷，电子和空穴的浓度变得不平衡，复合率变小，这就是场效应钝化的机理。在晶体硅同质结电池中，n/n$^+$和 p/p$^+$同质结经常用作场效应钝化层来降低背面的复合速率[86]，甚至一些高效的同质结电池也用 n/n$^+$或 p/p$^+$结来钝化前表面[87]。带有固定正电荷的 SiN$_x$[38]和带有固定负电荷的 Al$_2$O$_3$[41,42]钝化层，都已经应用在晶体硅同质结太阳电池中。背接触硅异质结(IBC-SHJ)电池中也可以使用 SiN$_x$ 和 Al$_2$O$_3$ 来实现前表面的钝化。

虽然非晶硅/晶体硅异质结太阳电池由于异质结界面较大的势垒和本征非晶硅层良好的钝化效果，能够获得高效。但是实验研究表明，本征非晶硅薄层的引入会使得电池的串联电阻增加，填充因子下降[88]。因此，寻找替代本征非晶硅层而又保持良好钝化特性的方案，是人们关注的焦点。参考同质结电池中通过形成掺杂浓度梯度(n/n$^+$或 p/p$^+$结)来实现场效应钝化，在非晶硅/晶体硅异质结电池中通过在晶体硅表面先形成同质结，然后再形成异质结，得到所谓的同质–异质结(homo-hetero junctions)新结构电池[89,90]，可以将同质结场效应钝化层应用到硅异质结电池中。

我们[90]采用结构为 TCO/p$^+$-a-Si:H/p-c-Si/n-c-Si/n$^+$-a-Si:H/TCO 的同质–异质结太阳电池(图 5-13)，模拟研究了该电池中的缺陷态密度分布和 J-V 特性以及能带。

模拟结果表明，由于有同质结的存在，晶体硅中存在一个同质结电场，起场效应钝化的作用，使得异质结界面处的电子浓度更低，减小了界面处的复合。在同质–异质结电池中，虽然由于异质结内的价带带阶更大，导致空穴积累在异质界面处，然而由于来自同质结的场效应钝化使界面处电子浓度大为减小。由于场效应钝化，使得能到达异质结界面处的载流子浓度减小，因此对界面缺陷的容忍度更高。同质–异质结电池由于场效应钝化，提供了一种可以有效提高晶体硅电池效率的方法。更详尽的模拟结果参见 6.5.1 节。

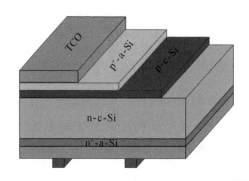

图 5-13   同质–异质结太阳电池结构示意图[90]

5.3   非晶硅/晶体硅异质结太阳电池的界面

非晶硅/晶体硅异质结太阳电池是界面器件，其界面性质直接决定器件的性能。以 HIT 型电池结构为例，其涉及的界面主要有硅片/本征非晶硅界面、本征非晶硅/掺杂非晶硅界面和掺杂非晶硅/TCO 薄膜界面。关于硅片/本征非晶硅界面，人们更多的是研究如何清洗获得洁净的表面、腐蚀得到合适的绒面，以及本征非晶硅对晶体硅的钝化作用，这方面的内容可以参看本书第 4.3、4.4 和 5.2 节。这里主要讨论本征非晶硅/掺杂非晶硅界面和掺杂非晶硅/TCO 薄膜界面。

5.3.1   本征非晶硅/掺杂非晶硅界面

在双面 SHJ 异质结电池中，正面掺杂非晶硅薄膜的作用是与晶体硅形成异质结，背面掺杂非晶硅薄膜可以形成 BSF，而在掺杂非晶硅层与硅片间插入本征层是为了实现优异的钝化性能。从 5.2.3 节的分析知道，掺杂非晶硅层会影响其下面的本征非晶硅层的钝化效果，这是由于掺杂非晶硅的存在使得 i-a-Si:H 中 Si-H 键的断裂能变低，Si-H 键断裂形成缺陷[81]。这是从理论上分析得到的结论。而在实践中，掺杂层中的 B(或者 P)元素在薄膜层中的分布情况如何，是否会扩散进入本征层，进而对本征非晶硅层的钝化作用是否有影响，这些问题还不是很清楚。

　　二次离子质谱(second ion mass spectrometry, SIMS)可以分析材料中微量元素的含量。图 5-14(a)、(b)分别是 HIT 型异质结太阳电池的 p-a-Si:H/i-a-Si:H 界面和 n-a-Si:H/i-a-Si:H 界面处 B、H、Si 元素和 P、Si、H 元素的二次离子质谱深度分析[91]。从图中可见，p-a-Si:H 内的掺杂元素 B，其浓度并没有在界面处立即下降，而是穿过 p-a-Si:H/i-a-Si:H 界面，深入到整个 i-a-Si:H 层，表明在沉积 p-a-Si:H 过程中，B 元素会扩散进入 i-a-Si:H 层。同样，n-a-Si:H 内的掺杂元素 P 也穿透 n-a-Si:H/i-a-Si:H 界面，进入到其下面的整个 i-a-Si:H 层。SIMS 深度分析表明，掺杂元素会进入到本征层，这也许是掺杂非晶硅层会影响本征非晶硅层钝化性能的直观原因之一。

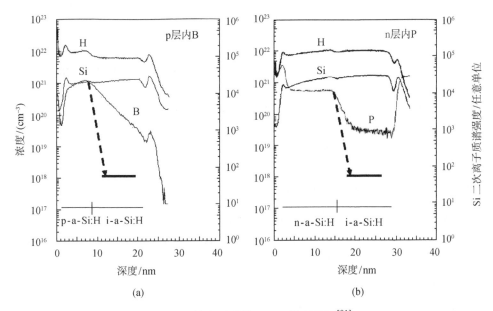

图 5-14　掺杂元素的 SIMS 深度分析[91]

(a)B 元素在 p-a-Si:H/i-a-Si:H 界面的浓度深度分析；(b)P 元素在 n-a-Si:H/i-a-Si:H 界面的浓度深度分析

　　用高倍电子显微镜能够直接观察太阳电池中两种材料在界面处的结合情况[91,92]。图 5-15(a)是 ITO/p-a-Si:H/i-a-Si:H/n-c-Si 结构的 HRTEM 断面照片，发现用 HRTEM 并没有观察到 p-a-Si:H/i-a-Si:H 的界面，这是由于掺杂非晶硅和本征非晶硅同属于非晶硅相，都为无序的网络结构，用 HRTEM 不能有效区分掺杂非晶硅/本征非晶硅，也就不能直接定义它们的界面。但是在图 5-15(a)中，ITO/a-Si:H 和 a-Si:H/c-Si 界面则清晰可见，这是因为界面两边是不同的材料，晶相结构不同。而如果改变硅薄膜的沉积条件，将掺杂层生长为微晶硅，本征层仍为非晶硅，由于两种材料的晶相不同，则在 HRTEM 中可以直观地观察到两种硅薄膜的结合情况[92]，并且能有效区分它们的厚度，如图 5-15(b)所示。如果沉积在 c-Si 衬底上的硅薄膜是微晶硅或纳米硅，HRTEM 还可以直接观察到晶粒，并区分晶粒的大小。如果硅薄膜是外延生长在 c-Si 衬底上(参见图 4-25)，使用 HRTEM 也是可以直接观察到的，这对于优化硅薄膜沉积工艺，避免不需要的外延生长很有必要。

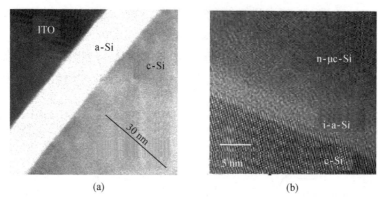

(a)　　　　　　　　　　　　　　　(b)

图 5-15　(a)ITO/p-a-Si:H/i-a-Si:H/c-Si 结构的断面 HRTEM 照片[91]，不能区分
p-a-Si:H/i-a-Si:H 的界面；(b)n-μc-Si:H/i-a-Si:H/c-Si 界面的 HRTEM 照片[92]，
i-a-Si:H 厚度为 5 nm，n-μc-Si:H 厚度为 15 nm

5.3.2　掺杂非晶硅/TCO 薄膜界面

制作非晶硅/晶体硅异质结太阳电池时，需要在掺杂非晶硅层上沉积一层厚度约为 80 nm 的 TCO 薄膜，以透光和收集电流，最常用的 TCO 材料为 ITO。沉积 ITO 薄膜会改变 SHJ 电池的界面性能，从而影响电池的效率[80]。关注的重点是 ITO 薄膜中的 In、Sn、O 元素在界面的分布，以及掺杂非晶硅中的 H 对 ITO 的影响。

5.3.2.1　In、Sn、O 元素在 ITO/a-Si:H/c-Si 中的情况

Ulyashin 等[93-96]研究了非晶硅/晶体硅异质结电池中 ITO/a-Si:H/c-Si 界面。图 5-16 是结构为 ITO/p-a-Si:H/n-c-Si 的 SIMS 深度分析图谱，所用的 p-a-Si:H 厚度为 5 nm，磁控溅射得到的 ITO 厚度为 70～80 nm，在该结构中为简化研究，并没有插入 i-a-Si:H。室温(RT)或是 230 ℃下沉积的 ITO 薄膜，其 SIMS 图谱是类似的，因此在图 5-16 中只标出了室温下沉积的 ITO 薄膜的 SIMS 图谱。从图中可见，在 c-Si 层内也出现了元素 In、H 和 O 的信号，表明 In/H/O 原子穿过掺杂非晶硅层，已经渗透进入了 c-Si 层。而如果将样品表面的 ITO 用 5%的 HF 溶液腐蚀 2 min，再对其进行 SIMS 深度分析后发现，在 ITO(RT)/p-a-Si:H/n-c-Si 样品中 In 的信号已经很弱，而在 ITO(230 ℃)/p-a-Si:H/n-c-Si 仍然可以探测到 In 的信号，表明在该样品中存在

一层富 In 层[93]，它不能被 HF 溶液腐蚀去除。

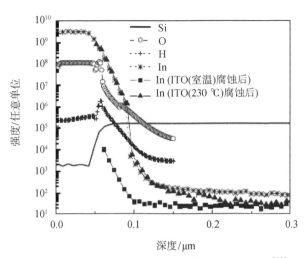

图 5-16　ITO/p-a-Si:H/n-c-Si 结构的 SIMS 图谱[93]

所用的 ITO 为在室温(RT)沉积。图中还标出将样品表面的 ITO 用 5% HF 腐蚀 2 min 后元素 In 的深度分布，
■：RT 下沉积的 ITO，▲：230 ℃下沉积的 ITO

　　进一步，用原子力显微镜(AFM)观察用 HF 溶液腐蚀后的这两个样品(见图 5-17)，发现腐蚀后在 ITO(230 ℃)表面层上出现了纳米结构特征，推测应该是在 ITO 沉积过程中形成的这些纳米结构[93]。而 ITO(RT)则完全被 HF 溶液所腐蚀，没有纳米结构呈现。

　　渗透进 c-Si 的元素 In 的化学状态，可以用 X 射线光电子能谱(X-ray photoelectron spectra，XPS)进行分析。图 5-18 是 ITO/a-Si:H/c-Si 样品中 In 3d 的 XPS 谱，为便于对照，样品 ITO/a-Si:H/玻璃的相应图谱也一并给出。从图 5-18 可见，对 ITO/a-Si:H/c-Si 样品，在结合能 ~ 448 eV 处出现了一个弱峰，表明 In 原子与 c-Si 中的 Si 原子发生了相互作用，因为对照样品 ITO/a-Si:H/玻璃的 XPS 谱图中没有发现相应的结合能峰。这与 SIMS 的结果一致，表明在 ITO 的沉积过程中 In 原子穿过了掺杂 a-Si:H 发射层进入到 c-Si 内。如果衬底为 p-c-Si，这种渗透能够在 a-Si:H/c-Si 界面附近区域对 p-c-Si 衬底提供额外的掺杂[95]，形成一个受主(acceptor)的梯度，从而成为异质结区域电子分离的势垒，势垒会导致结构为 ITO/n-a-Si:H/ p-c-Si 的电池收集效率下降。而如果衬底为 n-c-Si，情况则不一样，由于在 ITO 中 In 原子的浓度较高，In 原子成为补偿施主(donor)，在 a-Si:H/c-Si 界面附近区域，n-c-Si 被反掺杂(counerdoping)，导致形成一个非常浅的 p-n 结(相比 p-n 异质结之外的结)，增强异质结的载流子收集。以上的解释也许可以部分用于理解不同导电类型(p 型、n 型)硅衬底上制备的异质结太阳电池的差异性。

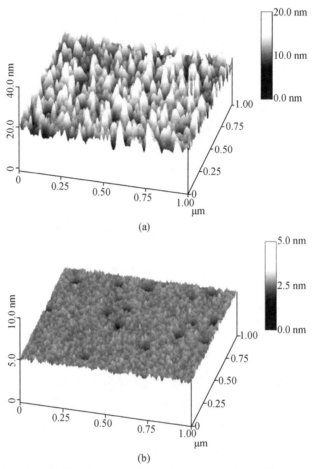

(a)

(b)

图 5-17　用 5% HF 溶液腐蚀 2 min 后，ITO/p-a-Si:H/n-c-Si 结构的 AFM 照片[93]

(a)230 ℃下沉积的 ITO；(b)RT 下沉积的 ITO

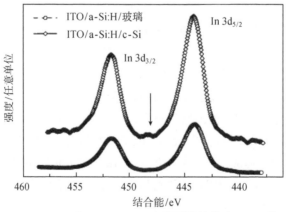

图 5-18　ITO/a-Si:H/c-Si 和 ITO/a-Si:H/玻璃两种结构中 In 3d 的 XPS 图谱[95]

同样，在 ITO/a-Si:H/c-Si 的 SIMS 图谱(未给出)中也可以看到在 c-Si 内出现了 Sn 元素的信号，表明 Sn 原子也能穿过 a-Si:H 而渗透进 c-Si[95]。

从 SIMS 图谱(图 5-16)知道，O 元素也渗入到 c-Si 内，而 O 的结合状态还不是很清楚。图 5-19 是 ITO/a-Si:H/c-Si 样品的 Si 2p XPS 图谱，a-Si:H/c-Si(在 a-Si:H 上存在自然氧化层)的 XPS 图谱也列出作为对照。从图中可见，在结合能约为 103 eV 附近出现的谱峰，可以归属为形成了 Si-O 键[95]。这是由于在 ITO 沉积的初始阶段，ITO/a-Si:H 界面被部分氧化，导致形成了很薄的 SiO_x 层[95]，SiO_x 层成为载流子收集的势垒或者起到薄绝缘层的作用[95]。

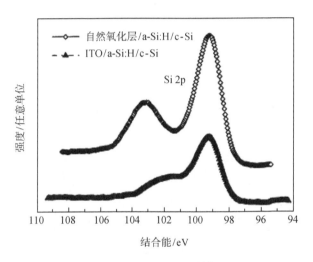

图 5-19　ITO/a-Si:H/c-Si 结构中 Si 2p 的 XPS 谱图[95]，自然氧化层/a-Si:H/c-Si 结构中 Si 2p 的 XPS 谱也列出以作比较

5.3.2.2　H 元素在 ITO/a-Si:H/c-Si 中的情况

在图 5-16 中还可见，元素 H 的信号也出现在 ITO 层和 c-Si 中。这种再分布的氢来源于 a-Si:H 中的氢[93]，因为在 ITO 的沉积过程中观测到了 a-Si:H 层中氢的释放[97]。释放出的氢，由于它对氧化物的还原能力，能够改变 ITO 的形貌[96]，上述 ITO(230 ℃)/p-a-Si:H/n-c-Si 样品的 AFM 图片(图 5-17)中出现的纳米结构就可能与氢有关。这些纳米结构，即纳米点/纳米阱/纳米通道(图 5-20)，形成在 ITO 表面的局部区域，具有高度的导电性，在 ITO/p-a-Si:H 界面，这些导电纳米通道成为电流通道，但是不会从根本上改变 ITO 薄膜的透明性[96]。

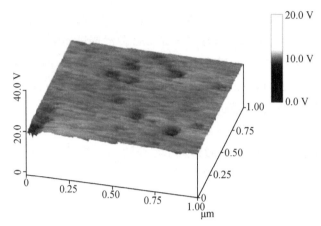

图 5-20   ITO/a-Si:H/c-Si 表面的扫描扩展电阻显微(scanning spreading resistance microscopy，SSRM)照片[96]

图中颜色较暗的点即为低电阻的纳米点/纳米通道；图中坐标为电压值，可转换成扩展电阻值

5.4   非晶硅/晶体硅异质结太阳电池中的电输运特性

对包含 p-n 结的半导体器件，荷电载流子输运的物理机制与器件结构、温度和偏压有关。对同质结而言，可以用经典的 Shockley 二极管模型来描述太阳电池，其认为中性区荷电载流子的扩散限制着输运。而对异质 p-n 结器件，能带带阶起到势垒的作用，不连续的体内性能、界面态和偶极子层都进一步使得异质结器件的输运变得复杂。Anderson[7]根据 Shockley 扩散理论最先研究了 Ge/GaAs 异质结的输运特性，后来其他研究者考虑能带带阶的影响，对该模型方法进行了修正，但仍然没有考虑异质结界面的缺陷态。组成异质结的一种或两种材料带隙中的体缺陷态会引起荷电载流子从能带中被陷获、在费米能级处的跳跃传导(hopping conduction)和隧穿过程。含有非晶材料的异质结更易于产生这些效应，因为带隙中存在很高的态密度(density of states，DOS)，包括以指数形式衰减的带尾态和处在带隙深处的悬挂键。

对 a-Si:H/c-Si 异质结太阳电池，从整体上讲可以认为是一个体器件，但是电荷的输运行为限定在非常薄的区域，即界面或非常薄的薄层内，因此界面的性质对异质结的电性能起着重要的作用。通过 a-Si:H/c-Si 异质结输运特性的实验和理论研究，提出了相应的输运机制和模型，较一致的认识是，在较高的偏压下，异质结电池中的载流子输运由扩散机制决定，而在较低的偏压范围内，其输运机制是隧穿电流。本节讲述非晶硅/晶体硅异质结电池中的载流子输运行为。

5.4.1　非晶硅/晶体硅异质结电池中的电荷输运基本过程

异质结太阳电池的载流子输运与同质 p-n 结电池不同, 以 p-a-Si:H/n-c-Si 异质结电池为例, 图 5-21 是其能带图, 在其上同时标示出了载流子输运和复合路径。从图中可见, 路径 2 和 3 是前表面接触的复合损失; 路径 6 和 7 是背面接触的复合损失; 路径 1 和 5 分别是发射极和基区的体复合; 路径 4 是势垒区的复合; 路径 8 则是界面复合路径, 这对异质结电池来说很典型。

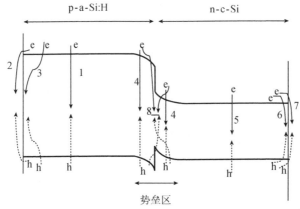

图 5-21　SHJ 电池中的能带图、电荷输运和复合路径[98]

在基区和发射极的界面处, 异质结和同质结的复合行为有显著的差异。由于各层材料之间电子亲和能不同, 对异质结而言, 在能带中没有平稳的过渡, 即在交界面处的导带和价带发生了弯曲或形成了尖峰。这种尖峰, 是由能带带阶引起的, 对异质结电池既有好处, 也有不利。当光照射到异质结电池, 首先被电池的发射区和基区所吸收(虽然基区吸收的光比发射区要多很多), 一旦电子和空穴在这些区域形成, 根据它们的产率和量子效率, 载流子沿着电场和浓度梯度的方向, 以漂移和扩散的方式移动。载流子在体内的输运, 特别是在基区, 基本上是由扩散所控制, 因为在基区实际上是没有电场的, 载流子在这里面临着复合损失, 这与同质结电池类似。在异质结中, 少数载流子也是朝 p-n 结运动的。在异质结电池的正面和背面接触处, 也会发生载流子复合损失。但是有其他两种复合损失是异质结特有的: 一是耗尽区内同一层材料内电子和空穴间的复合; 二是两种材料间电子和空穴的复合。对同质结电池而言, 这种复合是可以忽略的。然而, 对异质结而言, 能带带阶和界面缺陷区的存在使得其与同质结不同。高缺陷区的存在和电荷陷阱, 增加了复合几率, 这种复合取决于电压。

5.4.2 电流-电压特性

5.4.2.1 暗 I-V 特性的方程描述

在第 3 章 3.1.1 节已经介绍了太阳电池的等效电路。通常用图 3-2(b)所示的单二极管模型平衡电路图来建立太阳电池载流子输运方程，即电流–电压的关系，在该电路中包含一个理想二极管、一个并联电阻、一个串联电阻。单二极管模型太阳电池等效电路的 J-V 方程表述为

$$J = -J_{\text{ph}} + J_0 \left[\exp \frac{q(V - JR_{\text{s}})}{nkT} - 1 \right] + \frac{V - JR_{\text{s}}}{R_{\text{sh}}} \tag{5-17}$$

式中，J_{ph} 为光生电流密度；R_{s} 和 R_{sh} 分别为串联电阻和并联电阻；V 是电压；J_0 是二极管饱和电流；n 是二极管理想因子。在光照条件下，会产生一个与二极管电流方向相反的光生电流，而在暗态条件下则无光生电流。暗态条件下，二极管方程不会随着电池中的复合而发生改变，因此太阳电池在暗态下的行为用式(5-17)来解释。从式(5-17)可知，电流密度与电压呈指数关系，如果把电流密度的对数与电压作图则呈一条斜线，从这条斜线上可以提取出二极管理想因子和饱和电流。在低电压区由于并联电阻/复合的影响，在高电压区由于串联电阻的影响，从该斜线提取的参数会发生偏差。

如果在 p-n 结中有多种类型的载流子输运发生，其二极管特性不会只呈现出简单的直线特征。非晶硅/晶体硅异质结电池在界面处的载流子输运存在多种途径，因此需要用更复杂的平衡电路来正确解释其暗态下的二极管行为，可以用双二极管模型[99]的平衡电路(参见图 3-2(c))来描述，其电流–电压方程为

$$J = J_{\text{D1}} + J_{\text{D2}} + J_{\text{sh}} - J_{\text{ph}}$$

$$= J_{01} \left[\exp \frac{q(V - JR_{\text{s}})}{n_1 kT} - 1 \right] + J_{02} \left[\exp \frac{q(V - JR_{\text{s}})}{n_2 kT} \right] + \frac{V - JR_{\text{s}}}{R_{\text{sh}}} - J_{\text{ph}} \tag{5-18}$$

式中，J_{01} 和 J_{02} 分别为二极管 1 和 2 的饱和电流；n_1 和 n_2 分别是二极管 1 和 2 的理想因子。式(5-18)的前两项描述的是二极管的影响，不同的电输运机制通过二极管理想因子和饱和电流来体现。当 $n_1 = 1$ 时，二极管 1 描述的是太阳电池在室温下的扩散过程。引入二极管 2，是考虑了不同的复合机制，理论计算二极管因子 $n_2 = 2$。在实践中，n_1、n_2 会存在偏差。

5.4.2.2 SHJ 电池中的载流子输运机制

由暗 I-V 曲线的温度特性可以进一步认识异质结电池的输运机制。一般认为在 SHJ 电池中，载流子输运过程主要包括扩散、热发射、复合和隧穿四个过程。电流密度 J 和电压 V 之间的通用关系可以表示为

$$J = J_0 \left[\exp(A_{\text{trans}} V) - 1 \right] \tag{5-19}$$

$$J_0 \propto \exp\left(\frac{-E_a}{kT} \right) \tag{5-20}$$

式(5-20)中，E_a 为激活能。而式(5-19)中，温度系数 A_{trans} 的表达式与输运机制有关，对于扩散、热发射和复合过程有

$$A_{\text{trans}} = q / nkT \tag{5-21}$$

而对于隧穿过程，则系数 A_{trans} 与温度无关。

Taguchi 等[100]研究了 HIT 电池在不同温度下的暗 J-V 特性，见图 5-22。他们认为，在高偏压范围($V > 0.4$ V)，可以用式(5-18)的第一项来拟合曲线，分别计算 J_{01}、n_1 和 R_s。结果发现，在所有测量温度下 $n_1 = 1.2$ 基本不变，J_{01} 随着 $-1/T$ 以指数变化，通过 Arrhenius 作图法，得到激活能 $E_a = 1.13$ eV。因此，认为在此高电压范围内，扩散电流决定着 HIT 电池中的载流子输运[100]，与常规 p-n 同质结电池相同，暗电流的大小依赖于 p-n 结的钝化效果。

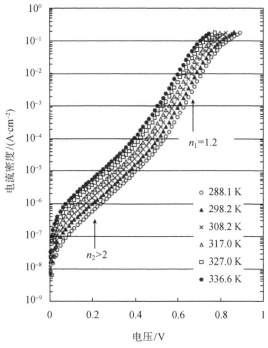

图 5-22　不同温度下 HIT 太阳电池的暗 J-V 曲线[100]

在图 5-22 中，对于低偏压范围(0.1 V $< V < 0.4$ V)，可以用式(5-18)中的第二项来拟合曲线。计算表明 $n_2 > 2$，但是各个温度下的数值基本相同，表明隧穿限制着

电流[100]。在低偏压时，饱和电流 J_{02} 与温度的关系，可以用多阶隧穿俘获发射模型(multitunneling capture emission，MTCE)[18]来描述，因为能够将 J_{02} 随$-1/T$ 以指数变化拟合；也可以用直接隧穿过异质界面处价带附近的尖峰(direct tunneling through a spike near valence band)来描述，因为也能够将 J_{02} 随 T 以指数变化[101]拟合。从 MTCE 模型得到的激活能为 0.41 eV，与 p-a-Si:H 的激活能(0.43 eV[100])接近。在低偏压下，n-c-Si 导带中的电子可以持续流动，在 i 层中从一个局域态隧穿到另一个局域态，直到与 p-a-Si:H 价带中的空穴或 p/i 界面附近的空穴复合。另一方面，从 TCO/p-a-Si:H 接触处注入的空穴也可以流动，隧穿过 a-Si/c-Si 异质结界面附近 i 层中的局域态。然而，与光生电流相比，隧穿电流很小，不会影响电池的性能[100]，模拟研究结果也支持这一点[102]。HIT 电池中高质量的 i-a-Si:H，可以减小 a-Si/c-Si 异质界面的复合，同时可以压制隧穿过 i-a-Si:H 中局域态的可能性[100]，使电池能够获得较高的 V_{oc} 和 FF。

总而言之，在低偏压时，不管插入本征 i 层与否，SHJ 电池的正向电流由隧穿决定。在高偏压时，正向电流取决于 c-Si 是否被良好钝化，即如果电池结构中含有本征层，则由漂移–扩散(drift-diffusion)限制，如果没有本征层，则由复合限制[103]。

5.4.2.3 关于 SHJ 电池中的隧穿

上面已经提到 SHJ 电池中载流子的隧穿机制，这里再描述一下如何判断是否存在隧穿以及隧穿的方式，并介绍"隧道异质结型"[84]太阳电池中的隧穿。

1) 判断是否存在隧穿及隧穿的方式

通常先测量电池在不同温度下的暗 J-V 曲线(例如图 5-22)，观察其在低偏压范围(例如 0.1 V < V < 0.4 V)的斜率变化，同时根据式(5-19)和(5-21)计算系数 A_{trans} 与温度的关系，如果发现系数 A_{trans} 基本不随温度变化，则表明 SHJ 电池中的载流子输运存在隧穿机制。图 5-23 是插入本征层和不插入本征层的 SHJ 电池中系数 A_{trans} 与温度的关系，从图中可见，A_{trans} 基本与温度无关，表明确实存在隧穿。

在低偏压范围，将暗态饱和电流 J_0 与温度的关系进行拟合，发现可以有两种表达式：①$J_0 \sim \exp(-E_a/kT)$；②$J_0 \sim \exp(T/T_0)$，分别见图 5-24(a)和(b)。第一种情况对应的是 MTCE[18]隧穿机理，第二种情况对应的是直接隧穿。J_0 可以用这两种表达式进行拟合，表明仅从 J_0 与温度的关系还不能直接判断具体的隧穿机制。关于 a-Si/c-Si 异质结中的隧穿机制，还存在争论，实验工作基本都支持 MTCE 机制[100,103,104]，而计算机模拟基本都认为符合直接隧穿机制[36,102]。甚至，Schulze 等[105]认为在低偏压范围，载流子输运与硅衬底的掺杂类型有关，对 n-c-Si 为衬底的电池，其电流由空间电荷区的复合决定，而对 p-c-Si 为衬底的电池，与温度无关的隧穿行为决定着低偏压时的正向电流。

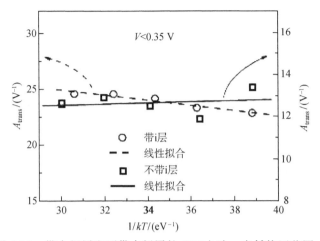

图 5-23　带本征层和不带本征层的 SHJ 电池，在低偏压范围，
系数 A_{trans} 与温度基本无关，表明存在隧穿[103]

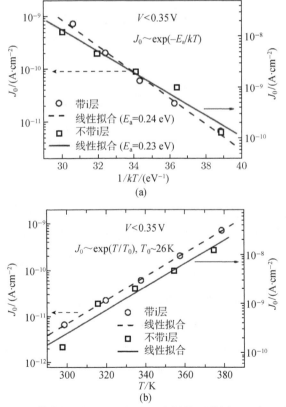

图 5-24　带本征层和不带本征层的 SHJ 电池，在低偏压范围，J_0 与温度的拟合关系[103]

(a) $J_0 \sim \exp(-E_a/kT)$；(b) $J_0 \sim \exp(T/T_0)$

2) "隧道异质结型"太阳电池中的隧穿

5.2.4.1 节已经介绍了 a-SiO$_x$:H 在"隧道异质结型"太阳电池中的钝化作用。实际上分析该电池的能带图[85](见图 5-25)可知，在本征层与基体之间加入 a-SiO$_x$:H，其禁带宽度相比本征非晶硅更宽，增加了发射极和背电场与基体之间的势垒，这样电子向发射极流动时因势垒增加被弹回，同样空穴向背电场流动时也被弹回，从而大大减小了漏电流。另外，由于 a-SiO$_x$:H 的势垒较高，载流子不可能通过扩散或热发射方式越过 a-SiO$_x$:H 层，必须通过隧穿的方式才能进行输运。由于隧穿效应，使电子和空穴基本不受阻挡地分别流向背电场和发射极，从而可以增大电池有效电流。在这里 a-SiO$_x$:H 层的厚度必须合适，空穴和电子才能隧穿过 a-SiO$_x$:H 层，估计 a-SiO$_x$:H 层的厚度在 ~ 1 nm 量级。使用 PECVD 技术沉积如此薄的 a-SiO$_x$:H 层是一种挑战和必须解决的关键技术。

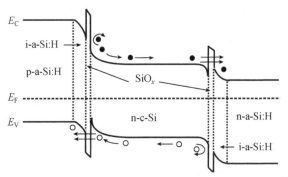

图 5-25   "隧道异质结型"太阳电池的能带示意图[85]

5.4.2.4   光照 I-V 特性[98]

异质结电池的电输运特性能够给出界面处势垒和光生载流子陷阱的信息，探测势垒特征的方法是通过改变测试条件，如温度和光照强度，来观察异质结电池光照 I-V 特性的改变。

1) 温度对光照 I-V 特性的影响

首先讨论温度的依赖关系。没有经过优化的电池，通常能在其光照 I-V 曲线上看到在正向电压时表现出 S 形特性，在 SHJ 电池和硅薄膜电池上都能看到这种现象，这种情况特别发生在界面上存在收集电流的势垒时。随着测量温度的降低，S 形特性变得更明显，甚至在室温时其 I-V 曲线表现出完美二极管行为，在低温下会表现出 S 形特性[106,107]，如图 5-26 所示。

为理解 S 形特性，需要知道基区/发射极界面的情况，以 p-a-Si:H/n-c-Si 界面为例，假设发射层的带隙 ~ 1.7 eV，吸收层的带隙 ~ 1.1 eV，通常发射极 p 层是重掺

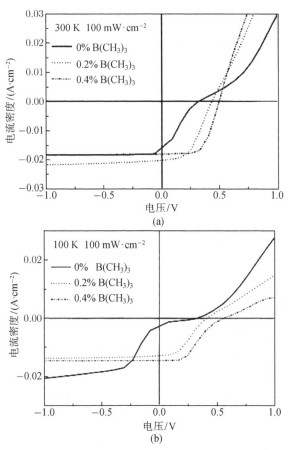

图 5-26　不同温度下 p-a-SiC:H/n-c-Si 异质结太阳电池在 100 mW·cm⁻² 照射下的 *J-V* 曲线[106]

(a)300 K、(b)100 K，通过改变 B(CH₃)₃ 的浓度来获得不同掺杂浓度的 p-a-SiC:H 层

($> 10^{18}$ cm⁻³)，而 n-c-Si 吸收层为常规掺杂($\sim 10^{16}$ cm⁻³)。这样会有两种情况出现：第一种是当 p 层充分掺杂时，由于两边掺杂的不同，耗尽区会占据界面靠近 n 区侧，而 p 区侧是一个相当平的能带区。这是异质结太阳电池的理想情况，因为载流子产生区域经历了一个强电场，使得空穴从 n 区侧漂移，并且在 p 区侧被收集。这里必须指出，对空穴而言，在界面处存在势垒，如果温度足够高，空穴可以毫无困难地漂移–扩散过这个能带带阶，这样与暗态条件下相比，光照条件下能带图和耗尽区不受影响，因为在界面没有电荷的堆积或俘获，可以获得正常的 *I-V* 曲线。而在低温时，情况发生改变，空穴扩散通过势垒有难度，在这个区域空穴浓度超过施主浓度，表现得像一个反转层，空穴的积累改变了结区的电场，耗尽区向发射区侧的界面移动，而界面的吸收层侧则变成一个弱电场区域。由于弱电场作用，吸收层的电子扩散到界面区，与界面处俘获的空穴复合或通过界面处的缺陷复合。加上正向偏

压后，这种复合变得严重，导致电流剧烈下降，从而表现为 S 形 *I-V* 曲线。在负偏压下，俘获的空穴能够漂移–扩散到发射区侧，电流能够全部被收集。温度越低，吸收层/发射层界面的空穴积累越严重，*I-V* 曲线的 S 形特性越明显。引起 S 形 *I-V* 特性的物理原因是能带带阶(对 p-a-Si:H/n-c-Si 异质结为 ΔE_V)和载流子漂移–扩散越过势垒的温度依赖性，即势垒高度由 $\exp(-\Delta E_V/kT)$ 而定。只要在界面吸收层侧累积的空穴浓度低于发射层侧受主离子浓度，与暗态时相比电场分布不会偏离太多，还是会表现出正常的 *I-V* 特性。在低温时，由于俘获的空穴浓度超过发射层侧的受主离子浓度，平衡被打破，因此 *I-V* 曲线呈现出 S 形特性。

上面讨论得出的结论是异质结界面光生载流子的收集依赖于界面处电场的分布，这是暗态时电场和穿过势垒的光生载流子数量联合作用的效果。如果吸收层和发射层材料固定，意味着导带和价带处的能带带阶保持不变，载流子漂移–扩散的能力将只依赖于界面处吸收层侧的电场。这使得载流子的扩散依赖于发射极的相对掺杂浓度(相对于吸收层)，实验上改变 B 掺杂的浓度获得不同掺杂水平的 p 层，已经证明了这点[106]，见图 5-26(a)。只要发射极的掺杂浓度相比于吸收层足够高，耗尽区完全处在界面处吸收层侧，光生载流子漂移–扩散过势垒不会存在问题。而如果 p 层是轻掺，耗尽区向发射层侧移动，甚至整个 p 层都有可能被耗尽，而 c-Si 内的耗尽区收缩。这样 c-Si 侧的低电场使得电子扩散到界面并且与界面处累积的空穴复合，在正向电压时这种效应变得更强；然而在负向电压时，c-Si 内耗尽区的电场恢复，复合损失减小，从而可以获得高的电流。这就是 S 形 *I-V* 特性的原因。减小发射极掺杂，甚至在室温下也观察到 *I-V* 特性从正常形状向 S 形转变，见图 5-26(a)。在低温时 S 形特性变得更明显，甚至在高浓度掺杂时也出现 S 形特性，见图 5-26(b)。这意味着降低温度，不引起 S 形特性的发射极掺杂浓度阈值向高浓度方向移动。

2) 光照强度对光照 *I-V* 特性的影响

表征异质结电池的另外一种实验是改变照射光的强度，对于复合限制光生电流的情况，这是很重要的一种技术手段。上面已经提到，在光照条件下电荷输运越过耗尽区的行为依赖于异质结 c-Si 侧累积的电荷数量跟发射层中受主浓度的比较情况。空穴的累积和复合依赖于光生载流子的数量，也即光照的强度。在 AM1.5 光照条件下呈现出 S 形 *I-V* 特性的太阳电池，当光照强度减小到某个阈值以下时，可以表现出正常的 *I-V* 特性。对一个异质结电池而言，在低温或低 B 掺杂浓度时表现出 S 形 *I-V* 特性，在低光照强度时可以恢复正常的 *I-V* 形状[107]。这种现象可以通过研究界面的耗尽行为来解释，在高光强条件下，由于能带带阶的存在，导致界面处 c-Si 吸收层内累积的空穴超过发射层中受主的浓度，因此耗尽区重新分配，发射层的大部分变成耗尽区，c-Si 中的电场变弱。由于这种效应，c-Si 中产生的电子扩散进耗尽区，与界面处累积的空穴发生复合，导致电流减小，从而出现 S 形 *I-V* 曲线。在低光照强度下，累积的空穴浓度仍然小于发射层中受主浓度，耗尽完全是在 c-Si 侧进行，这使得在界面处吸收层边的电场较强，空穴漂移–扩散过价带带阶没有问题。

　　I-V 曲线的 S 形特性与很多原因有关，一般来讲，这是势垒对荷电载流子流动的影响结果。即使对完美钝化和清洁的界面，有时还会由于吸收层中电场的损耗而呈现 S 形特性。然而，也存在其他阻碍载流子流动的原因，例如：①没有清洗干净的 c-Si 表面，如由于没有优化清洗过程导致 c-Si 表面自然氧化层的存在；②吸收层和发射层之间插入的本征层引起的势垒；③在电池前表面发射极/TCO 界面的势垒。在这些情况下，势垒表现得像一个反向串联的二极管，这种双二极管情况下的 *I-V* 曲线在低温下有表现出 S 形特性的趋向，即使在室温时其表现出正常的 *I-V* 特性。

5.5　结　　语

　　本章主要是从半导体器件物理的角度来分析非晶硅/晶体硅异质结太阳电池，阐述了如下几个基本问题。

　　(1) 描绘了非晶硅/晶体硅异质结太阳电池的能带图，从能带结构分析了硅异质结电池具有较高开路电压的物理原因是：由于使用掺杂非晶硅作为发射极形成异质结，而非晶硅的带隙更宽，在非晶硅/晶体硅交界面处存在能带带阶，使电池的内建电势差 V_D 更大，更大的 V_D 使内建电场更强，强内建电场使载流子分离，抑制了载流子在晶体硅一侧产生复合。

　　(2) 硅异质结电池是界面型器件，为保证能获得较高的开路电压，需要降低界面态密度，减少光生载流子在界面处的复合，为此必须对非晶硅/晶体硅界面进行有效的钝化。从 SRH 复合理论的角度，引出了化学钝化和场效应钝化。阐述了硅异质结电池中插入的本征非晶硅层的化学钝化机制是由于氢的引入形成 Si-H 键，饱和了 c-Si 表面的悬挂键，减少了界面态密度；讨论了掺杂非晶硅对本征非晶硅钝化性能的影响；并对氢化非晶氧化硅的钝化和场效应钝化方案进行了介绍。

　　(3) 对于非晶硅/晶体硅异质结电池中的界面问题，介绍了本征非晶硅/掺杂非晶硅界面和掺杂非晶硅/TCO 薄膜界面。主要分析了掺杂非晶硅中的掺杂元素向本征非晶硅层和 c-Si 扩散的情况，TCO 薄膜中的 In、Sn 等元素在非晶硅层和 c-Si 中的分布，以及非晶硅中的 H 元素对 TCO 的影响。

　　(4) 分析了硅异质结电池中的电荷输运过程，通过对暗 *I-V* 曲线的拟合分析，阐述了硅异质结电池中的载流子输运机制，并就载流子的隧穿机制进行了讨论，同

时从光照条件下的 *I-V* 特性分析了 S 形 *I-V* 曲线产生的原因。

参 考 文 献

[1] Yablonovitch E, Gmitter T, Swanson R M, et al. A 720 mV open circuit voltage SiO_x: c-Si:SiO_x double heterostructure solar cell[J]. Appl. Phys. Lett., 1985, 47: 1211-1213.

[2] Taguchi M, Sakata H, Yoshimine Y, et al. HIT^{TM} cells – high-efficiency crystalline Si cells with novel structure[J]. Prog. Photovolt.: Res. Appl., 2000, 8: 503-513.

[3] Taguchi M, Terakawa A, Maruyama E, et al. Obtaining a higher V_{oc} in HIT cells[J]. Prog. Photovolt.: Res. Appl., 2005, 13: 481-488.

[4] Wang T H, Page M R, Iwaniczko E, et al. Toward better understanding and improved performance of silicon heterojunction solar cells[C]. 14th Workshop on Crystalline Silicon Solar Cells and Modules, Winter Park, CO, USA, 2004: 74.

[5] Descoeudres A, Holman Z C, Barraud L, et al. >21% efficient silicon heterjunction solar cells on n- and p-type wafers compared[J]. IEEE J. Photovolt., 2013, 3: 83-88.

[6] Sebastiani M, Di Gaspare L, Capellini G, et al. Low-energy yield spectroscopy as a novel technique for determining band offsets: Application to the c-Si(100)/a-Si:H heterostructure[J]. Phys. Rev. Lett., 1995, 75: 3352-3355.

[7] Anderson R L. Experiments on Ge-GaAs heterojunctions[J]. Solid State Electron., 1962, 5: 341-351.

[8] Cuniot M, Lequeux N. Determination of the energy band diagram for a-$Si_{1-x}Y_x$:H/c-Si (Y = C or Ge) heterojunctions: Analysis of transport properties[J]. Philos. Mag. B, 1991, 64: 723-729.

[9] Kleider J P. Band lineup theories and the determination of band offsets from electrical measurements[M] // van Sark W G J H M, Korte L, Roca F. Physics and technology of amorphous-crystalline heterostructure silicon solar cells. Berlin Heidelberg: Springer-Verlag, 2012.

[10] Mimura H, Hatanaka Y. Energy band discontinuities in a heterojunction of amorphous hydrogenated Si and crystalline Si measure by internal photoemission[J]. Appl. Phys. Lett., 1987, 50: 326-328.

[11] Cuniot M, Marfaing Y. Study of the band discontinuities at the a-Si:H/c-Si interface by internal photoemission[J]. J. Non-Cryst. Solids, 1985, 77-78: 987-990.

[12] Cuniot M, Marfaing Y. Energy band diagram of the a-Si:H/c-Si interface as determined by internal photoemission[J]. Philos. Mag. B, 1988, 57: 291-300.

[13] Lequeux N, Cuniot M. Internal photoemission measurement on a-$Si_{1-x}Ge_x$:H/c-Si heterojunction[J]. J. Non-Cryst. Solids, 1989, 114: 555-557.

[14] Sakata I, Yamanaka M, Shimokawa R. Band lineup at the interface between boron-doped P-type hydrogenated amorphous silicon and crystalline silicon studied by internal photoemission[J]. Jpn. J. Appl. Phys., 2004, 43: L954-L956.

[15] Sakata I, Yamanaka M, Kawanami H. Characterization of heterojunctions in crystalline-silicon-based solar cells by internal photoemission[J]. Sol. Energy Mater. Sol. Cells, 2009,

93: 737-741.

[16] Eschrich H, Bruns J, Elstner L, et al. The dependence of a-Si:H/c-Si solar cell generator and spectral response characteristics on heterojunction band discontinuities[J]. J. Non-Cryst. Solids, 1993, 164-166: 717-720.

[17] Gall S, Hirschauer R, Kolter M, et al. Spectral characteristics of a-Si:H/c-Si heterostructures[J]. Sol. Energy Mater. Sol. Cells, 1997, 49: 157-162.

[18] Matsuura H, Okuno T, Okushi H, et al. Electrical properties of n-amorphous/p-crystalline silicon heterojunctions. J. Appl. Phys., 1984, 55: 1012-1019.

[19] Matsuura H. Hydrogenated amorphous silicon/crystalline-silicon heterojunctions: properties and application[J]. IEEE Trans. Electron Dev., 1989, 36: 2908-2914.

[20] Song Y J, Park M R, Guliants E, et al. Influence of defects and band offsets on carrier transport mechanisms in amorphous silicon/crystalline silicon heterojunction solar cells[J]. Sol. Energy Mater. Sol. Cells, 2000, 64: 225-240.

[21] Essick J M, Nobel Z, Li Y M, et al. Conduction- and valence-band offsets at the hydrogenated amorphous silicon-carbon/crystalline silicon interface via capacitance techniques[J]. Phys. Rev. B, 1996, 54: 4885-4890.

[22] Essick J M, Cohen J D. Band offsets and deep defect distribution in hydrogenated amorphous silicon-crystalline silicon heterostructures[J]. Appl. Phys. Lett., 1989, 55: 1232-1234.

[23] Rösch M, Brüggemann R, Bauer G H. Influence of interface defects on the current-voltage characteristics of amorphous silicon/crystalline silicon heterojunction solar cells[C]. Proceedings of 2nd World Conference on Photovoltaic Energy Conversion, Vienna, Austria, 1998: 964-967.

[24] Unold T, Rösch M, Bauer G H. Defects and transport in a-Si:H/c-Si heterojunctions[J]. J. Non-Cryst. Solids, 2000, 266-269: 1033-1037.

[25] Gall S, Hirschauer R, Braünig D. Admittance measurements at a-Si:H/c-Si heterojunction devices[C]. Proceedings of 13th European Photovoltaic Solar Energy Conference, Nice, France, 1995: 1264-1267.

[26] Fuhs W, Korte L, Schmidt M. Heterojunctions of hydrogenated amorphous silicon and monocrystalline silicon[J]. J. Opt. Adv. Mater., 2006, 8: 1989-1995.

[27] Schmidt M, Korte L, Laades A, et al. Physical aspects of a-Si:H/c-Si hetero-junction solar cells[J]. Thin Solid Films, 2007, 515: 7475-7480.

[28] Kleider J P, Gudovskikh A S, Roca i Cabarrocas P. Determination of the conduction band offset between hydrogenated amorphous silicon and crystalline silicon from surface inversion layer conductance measurements[J]. Appl. Phys. Lett., 2008, 92: 162101.

[29] Korte L. Electronic properties of ultrathin a-Si:H layers and the a-Si:H/c-Si interface[M] // van Sark W G J H M, Korte L, Roca F. Physics and technology of amorphous-crystalline heterostructure silicon solar cells. Berlin Heidelberg: Springer-Verlag, 2012.

[30] Kroemer H. Heterostructure devices: a device physicist looks at interface[J]. Surf. Sci., 1983, 132: 543-576.

[31] Van de Walle C G, Yang L H. Band discontinuities at heterojunctions between crystalline and amorphous silicon[J]. J. Vac. Sci. Technol. B, 1995, 13: 1635-1638.

[32] Korte L, Schmidt M. Doping type and thickness dependence of band offsets at the amorphous/crystalline silicon heterojunction[J]. J. Appl. Phys., 2011, 109: 063714.

[33] Stangl R, Froitzheim A, Elstner L, et al. Amorphous/crystalline silicon heterojunction solar cells, a simulation study[C]. Proceedings of 17th European Photovoltaic Solar Energy Conference, Munich, Germany, 2001: 1383-1386.

[34] Froitzheim A. Hetero-Solarzellen aus amorphem und kristallinem Silizium[D]. Marburg, Germany: Philipps-Universität Marburg, 2003.

[35] Datta A, Rahmouni M, Nath M, et al. Insight gained from computer modeling of heterojunction with intrinsic thin layer "HIT" solar cells[J]. Sol. Energy Mater. Sol. Cells, 2010, 94: 1457-1462.

[36] Kanevce A, Metzger W K. The role of amorphous silicon and tunneling in heterojunction with intrinsic thin layer (HIT) solar cells[J]. J. Appl. Phys., 2009, 105: 094507.

[37] Zhao J, Wang A, Green M A. 24.5% efficiency silicon PERT cells on MCZ substrates and 24.7% efficiency PERL cells on FZ substrates[J]. Prog. Photovolt.: Res. Appl., 1999, 7: 471-474.

[38] Kerr M J, Cuevas A. Recombination at the interface between silicon and stoichiometric plasma silicon nitride[J]. Semicond. Sci. Technol., 2002, 17: 166-172.

[39] Chen Z, Rohatgi A, Bell R O, et al. Defect passivation in multicrystalline-Si materials by plasma-enhanced chemical vapor deposition of SiO_2/SiN coatings[J]. Appl. Phys. Lett., 1994, 65: 2078-2080.

[40] Agostinelli G, Delabie A, Vitanov P, et al. Very low surface recombination velocities on p-type silicon wafers passivated with a dielectric with fixed negative charge[J]. Sol. Energy Mater. Sol. Cells, 2006, 90: 3438-3443.

[41] Hoex B, Heil S B S, Langereis E, et al. Ultralow surface recombination of c-Si substrates passivated by plasma-assisted atomic layer deposited Al_2O_3[J]. Appl. Phys. Lett., 2006, 89: 042112.

[42] Taguchi M, Yano A, Tohoda S, et al. 24.7% record efficiency HIT solar cell on thin silicon wafer[J]. IEEE J. Photovolt., 2014, 4: 96-99.

[43] Jensen N, Rau U, Hausner R M, et al. Recombination mechanisms in amorphous silicon/ crystalline silicon heterojunction solar cells[J]. J. Appl. Phys., 2000, 87: 2639-2645.

[44] Fahrenbruch A L, Bube R H. Fundamentals of solar cells: photovoltaic solar energy conversion[M]. New York: Academic Press, 1983.

[45] Cuevas A, Sinton R A. Prediction of the open-circuit voltage of solar cells from the steady-state photoconductance[J]. Prog. Photovolt.: Res. Appl., 1997, 5: 79-90.

[46] Sinton R A, Cuevas A. Contactless determination of current-voltage characteristics and minority carrier lifetimes in semiconductors from quasi-steady-state photoconductance data[J]. Appl. Phys. Lett., 1996, 69: 2510-2512.

[47] Sproul A B. Dimensionless solution of the equation describing the effect of surface recombination on carrier decay in semiconductors. J. Appl. Phys., 1994, 76: 2851-2854.

[48] Conrad E, Korte L, Maydell K v, et al. Development and optimization of a-Si:H/c-Si heterojunction solar cells completely processed at low temperatures[C]. Proceedings of 21st European Photovoltaic Solar Energy Conference, Dresden, Germany, 2006: 784-787.

[49] Shockley W, Read W T. Statistics of the recombination of holes and electrons[J]. Phys. Rev., 1952, 87: 835-842.

[50] Hall R N. Electron-hole recombination in germanium[J]. Phys. Rev., 1952, 87: 387.

[51] Pankove J I, Tarng M L. Amorphous silicon as a passivant for crystalline silicon[J]. Appl. Phys. Lett., 1979, 34: 156-157.

[52] Tarng M L, Pankove J I. Passivation of p-n junction in crystalline silicon by amorphous silicon[J]. IEEE Trans. Electron Dev., 1979, 26: 1728-1734.

[53] Weitzel I, Primig R, Kempter K. Preparation of glow discharge amorphous silicon for passivation layers[J]. Thin Solid Films, 1981, 75: 143-150.

[54] Himpsel F J, Hollinger G, Pollak R A. Determination of the Fermi-level pinning position at Si(111) surfaces[J]. Phys. Rev. B, 1983, 28: 7014-7018.

[55] De Wolf S. Intrinsic and doped a-Si:H/c-Si interface passivation[M] // van Sark W G J H M, Korte L, Roca F. Physics and technology of amorphous-crystalline heterostructure silicon solar cells. Berlin Heidelberg: Springer-Verlag, 2012.

[56] Davis E A, Mott N F. Conduction in non-crystalline system V. Conductivity, optical absorption and photoconductivity in amorphous semiconductors[J]. Philos. Mag., 1970, 22: 903-922.

[57] Marshall J M, Owen A E. Drift mobility studies in vitreous arsenic triselenide[J]. Philos. Mag., 1971, 24: 1281-1305.

[58] Mott N F. Introductory talk; Conduction in non-crystalline materials[J]. J. Non-Cryst. Solids, 1972, 8-10: 1-18.

[59] Spear W E, LeComber P G. Electronic properties of substituted doped amorphous Si and Ge[J]. Philos. Mag., 1976, 33: 935-949.

[60] Alder D. Density of states in the gap of tetrahedrally bonded amorphous semiconductors[J]. Phys. Rev. Lett., 1978, 41: 1755-1758.

[61] Tersoff J. Schottky barrier heights and the continuum of gap states[J]. Phys. Rev. Lett., 1984, 52: 465-468.

[62] Walukiewicz W. Mechanism of Schottky barrier formation: the role of amphoteric native defects[J]. J. Vac. Sci. Technol. B, 1987, 5: 1062-1067.

[63] Zangwill A. Physics at surfaces[M]. Cambridge: Cambridge University Press, 1988.

[64] Connell G A N, Pawlik J R. Use of hydrogenation in structural and electronic studies of gap states in amorphous germanium[J]. Phys. Rev. B, 1976, 13: 787-804.

[65] Pankove J I, Lampert M A, Tarng M L. Hydrogenation and dehydrogenation of amorphous and crystalline silicon[J]. Appl. Phys. Lett., 1978, 32: 439-441.

[66] Knights J C, Lucovsky G, Nemanich R J. Defects in plasma-deposited a-Si:H[J]. J. Non-Cryst. Solids, 1979, 32: 393-403.

[67] Yablonovitch E, Allara D L, Chang C C, et al. Unusually low surface-recombination velocity on silicon and germanium surfaces[J]. Phys. Rev. Lett., 1986, 57: 249-252.

[68] Burrows V A, Chabal Y J, Higashi G S, et al. Infrared spectroscopy of Si(111) surfaces after HF treatment: hydrogen termination and surface morphology[J]. Appl. Phys. Lett., 1988, 53: 998-1000.

[69] De Wolf S, Kondo M. Abruptness of a-Si:H/c-Si interface revealed by carrier lifetime

measurements[J]. Appl. Phys. Lett., 2007, 90: 042111.

[70] De Wolf S, Olibet S, Ballif C. Stretched-exponential a-Si:H/c-Si interface recombination decay[J]. Appl. Phys. Lett., 2008, 93: 032101.

[71] Olibet S, Vallat-Sauvain E, Ballif C. Model for a-Si:H/c-Si interface recombination based on the amphoteric nature of silicon dangling bonds[J]. Phys. Rev. B, 2007, 76: 035326.

[72] Kakalios J, Street R A, Jackson W B. Stretched-exponential relaxation arising from dispersive diffusion of hydrogen in amorphous silicon[J]. Phys. Rev. Lett., 1987, 59: 1037-1040.

[73] Van de Walle C G. Stretched-exponential relaxation modeled without invoking statistical distributions. Phys. Rev. B, 1996, 53: 11292-11295.

[74] Brodsky M H, Cardona M, Cuomo J J. Infrared and Raman spectra of the silicon-hydrogen bonds in amorphous silicon prepared by glow discharge and sputtering[J]. Phys. Rev. B, 1977, 16: 3556-3571.

[75] Lucovsky G, Nemanich R J, Knights J C. Structural interpretation of the vibrational spectra of a-Si:H alloys[J]. Phys. Rev. B, 1979, 19: 2064-2073.

[76] Langford A A, Fleet M L, Nelson B P, et al. Infrared absorption strength and hydrogen content of hydrogenated amorphous silicon[J]. Phys. Rev. B, 1992, 45: 13367-13377.

[77] Burrows M Z, Das U K, Opila R L, et al. Role of hydrogen bonding environment in a-Si:H films for c-Si surface passivation[J]. J. Vac. Sci. Technol. A, 2008, 26: 683-687.

[78] Van de Walle C G, Street R A. Silicon-hydrogen bonding and hydrogen diffusion in amorphous silicon[J]. Phys. Rev. B, 1995, 51: 10615-10618.

[79] Beyer W, Herion J, Wagner H. Fermi energy dependence of surface desorption and diffusion of hydrogen in a-Si:H[J]. J. Non-Cryst. Solids, 1989, 114: 217-219.

[80] Beyer W. Hydrogen-effusion – a probe for surface desorption and diffusion[J]. Physica B, 1991, 170: 105-114.

[81] De Wolf S, Kondo M. Boron-doped a-Si:H/c-Si interface passivation: degradation mechanism[J]. Appl. Phys. Lett., 2007, 91: 112109.

[82] De Wolf S, Kondo M. Nature of doped a-Si:H/c-Si interface recombination[J]. J. Appl. Phys., 2009, 105: 103707.

[83] Mueller T, Schwertheim S, Fahrner W R. Crystalline silicon surface passivation by high-frequency plasma-enhanced chemical-vapor-deposited nanocompoiste silicon suboxides for solar cell applications[J]. J. Appl. Phys., 2010, 107: 014504.

[84] Heng J B, Yu C, Xu Z, et al. Solar cell with oxide tunneling junctions: US 2011/0272012 A1[P]. 2011-11-10.

[85] 张开军. 低成本高效隧道异质结型电池的简介[C]. 第九届中国太阳级硅及光伏发电研讨会会议文集, 江苏常熟, 2013.

[86] Gu X, Yu X G, Yang D R. Efficiency improvement crystalline silicon solar cells with a back-surface field produced by boron and aluminium co-doping[J]. Scripta Mater., 2012, 66: 394-397.

[87] Granek F, Hermle M, Huljić D M, et al. Enhanced lateral current transport via the front N+ diffused layer of n-type high-efficiency back-junction back-contact silicon solar cells[J]. Prog. Photovolt.: Res. Appl., 2009, 17: 47-56.

[88] Garcia-Belmonte G, García-Cañadas J, Mora-Seró I, et al. Effect of buffer layer on minority carrier lifetime and series resistance of bifacial heterojunction silicon solar cells analyzed by impedance spectroscopy[J]. Thin Solid Films, 2006, 514: 254-257.

[89] Harder N P. Heterojunction solar cell with absorber having an integrated doping profile: US 2011/0174374 A1[P]. 2011-07-21.

[90] Zhong S H, Hua X, Shen W Z. Simulation of high efficiency crystalline silicon solar cells with homo-hetero junctions[J]. IEEE Trans. Electron Dev., 2013, 60: 2104-2110.

[91] Core Technology, Inc. Core Technology PV Work – Hetero Junction PV[R]. 2011.

[92] Lien S Y. Characterization and optimization of ITO thin films for application in heterojunction silicon solar cells[J]. Thin Solid Films, 2010, 518: S10-S13.

[93] Christensen J S, Ulyashin A G, Maknys K, et al. Analysis of thin layers and interfaces in ITO/a-Si:H/c-Si heterojunction solar cell structures by second ion mass spectrometry[J]. Thin Solid Films, 2006, 511-512: 93-97.

[94] Maknys K, Ulyashin A G, Stiebig H, et al. Analysis of ITO thin layers and interfaces in heterojunction solar cells structures by AFM, SCM and SSRM methods[J]. Thin Solid Films, 2006, 511-512: 98-102.

[95] Ulyashin A G, R Job, Scherff M, et al. The influence of the amorphous silicon deposition temperature on the efficiency of ITO/a-Si:H/c-Si heterojunction (HJ) solar cells and properties of interfaces[J]. Thin Solid Films, 2002, 403-404: 359-362.

[96] Ulyashin A, Sytchkova A. Hydrogen related phenomena at the ITO/a-Si:H/c-Si heterojunction solar cell interfaces[J]. Phys. Status Solidi A, 2013, 210: 711-716.

[97] Ulyashin A, Bilyalov R, Carnel L. Van Nieuwenhuysen K,et al. Porous silicon as an intermediate layer for heterojunction solar cells on p-type Si crystalline substrates[C]. Proceedings of 19th European Photovoltaic Solar Energy Conference, Paris, France, 2004: 588-591.

[98] Rath J K. Electrical characterization of HIT type solar cells [M] // van Sark W G J H M, Korte L, Roca F. Physics and technology of amorphous-crystalline heterostructure silicon solar cells. Berlin Heidelberg: Springer-Verlag, 2012.

[99] Hussein R, Borchert D, Grabosch G, et al. Dark I-V-T measurements and characteristics of (n) a-Si/(p) c-Si heterojunction solar cells[J]. Sol. Energy Mater. Sol. Cells, 2001, 69: 123-129.

[100] Taguchi M, Maruyama E, Tanaka M. Temperature dependence of amorphous/crystalline silicon heterojunction solar cells[J]. Jpn. J. Appl. Phys., 2008, 47: 814-818.

[101] Riben A R, Feucht D L. nGe-pGaAs heterojunctions[J]. Solid-State Electron., 1966, 9: 1055-1065.

[102] Rahmouni M, Datta A, Chatterjee P, et al. Carrier transport and sensistivity issues in heterojunction with intrinsic thin layer solar cells on N-type crystalline silicon: A computer simulation study[J]. J. Appl. Phys., 2010, 107: 054521.

[103] Dao V A, Lee Y, Kim S, et al. Interface characterization and electrical transport mechanisms in a-Si:H/c-Si heterojunction solar cells[J]. J. Electrochem. Soc., 2011, 158: H312-H317.

[104] Mimura H, Hatanaka Y. Carrier transport mechanism of p-type amorphous–n-type

crystalline silicon heterojunctions[J]. J. Appl. Phys., 1992, 71: 2315-2320.

[105] Schulze T F, Korte L, Conrad E, et al. Electrical transport mechanism in a-Si:H/c-Si heterojunction solar cells[J]. J. Appl. Phys., 2010, 107: 023711.

[106] van Cleef M W M, Rubinelli F A, Rath J K, et al. Photocarrier collection in a-SiC:H/c-Si heterojunction solar cells[J]. J. Non-Cryst. Solids, 1998, 227-230: 1291-1294.

[107] van Cleef M W M, Rubinelli F A, Rizzoli R, et al. Amorphous silicon carbide/crystalline silicon hteterojunction solar cell: A comprehensive study of the photocarrier collection[J]. Jpn. J. Appl. Phys., 1998, 37: 3926-3932.

第6章 硅基异质结太阳电池的模拟

除了可以从实验上研究如何提高太阳电池的转换效率，人们还可以建立理论模型，用计算机模拟仿真来研究太阳电池效率的影响因素，预测其转换效率，以便选择合适的光伏材料、构建合理结构、确定先进工艺技术，获得提高电池效率与稳定性的途径。从前面章节中的叙述我们知道，非晶硅/晶体硅异质结电池是一种已经被实践证明可以获得高转换效率的太阳电池，但是其输出性能对各项结构参数非常敏感。一方面，为了能制成高效率的非晶硅/晶体硅异质结电池，必须在生产过程中仔细选择每一个工序的工艺参数，来得到合适的结构参数。另一方面，人们也可以通过模拟异质结电池的输出特性来获得最优化的结构参数，指导实践中工艺参数的选择，并且通过模拟研究电池器件中涉及的物理问题，用来帮助理解其中的光电性质。实际上，在前面的章节中(如 5.1.2.3 节)，我们已经直接引用了一些关于非晶硅/晶体硅异质结太阳电池的模拟结果。另外，模拟计算还能应用于新结构异质结电池的研究，评估其可能性、优缺点和优化参数。

本章将首先介绍太阳电池模拟的基本原则，并简单介绍常用的模拟软件，然后重点叙述非晶硅/晶体硅异质结太阳电池的模拟研究情况。由于 IBC-SHJ 电池近年来引起了大家的广泛关注，在 6.4 节将介绍 IBC-SHJ 电池的模拟研究结果。另外，光伏技术不断发展，新结构太阳电池层出不穷，在 6.5 节将通过几个例子来介绍新结构硅基异质结太阳电池的模拟研究。

6.1 太阳电池模拟的基本原则

太阳电池器件的模拟研究一般分以下三个步骤[1]：①建模，即建立所研究的器件结构模型，输入所模拟器件的相关参数到根据基本器件物理方程编制的实用软件。②计算，即采取一定的数学方法，对所模拟器件的模型划分网格，按照基本方程和给定的边界条件，求解联立方程组。这里要注意计算结果是否收敛性，如果不能收敛，调整模型参数重新计算，直到获得合理的模拟结果。③验证，即将计算结果与实验结果进行比较，如果发生重大偏差要分析原因，重新计算。在太阳电池的模拟研究中，物理模型与数学工具，两者缺一不可。

目前市场上大部分的太阳电池，包括叠层电池和薄膜电池，都可以简化成一维来处理[2]，即可以看作是由一系列半导体层在一个方向上堆积而成。但是如果电池的金属电极采用了减少遮蔽阴影的点接触或者线接触技术，就必须采用二维模型来模拟载流子在二维方向上的流动。太阳电池的模拟总体上可以分为两个方面[2]：光学模拟和电学模拟，一般先进行光学模拟，再进行电学模拟。本节将分别予以介绍。

6.1.1 光学模拟

对太阳电池光电转换器件的设计，光照是必须考虑的因素。好的光学设计是太阳电池获得高效率的主要途径之一[3]，它包括降低电池表面反射和增强电池内部陷光。这一方面要采用高吸收系数的光伏材料，尽可能多地吸收光子；另一方面在光伏材料确定的情况下，最重要的是优良光学设计(如结构与尺寸的设计等)，使得射入有源层的光能被最有效地吸收。目前有多种陷光结构来实现这个目的，如晶体硅电池的金字塔绒面结构、薄膜电池的 TCO 绒面结构。

光学模拟的目的是计算出太阳电池中载流子产生率 $G(x)$，即在半导体层内的位置 x 处，单位体积、每秒因光照产生的过剩载流子(电子和空穴)数目。一般光学的基本问题可归结为材料界面处的反射、折射与吸收，在平板结构中，采用 Lambert-Beer 模型可以很好地反映电池结构中的吸收情况[2]。当只考虑电池的前表面反射，而不考虑电池后表面的反射时，太阳电池中电子或空穴的产生率 $G(x)$ 可用下式表示

$$G(x) = \int_{\lambda_1}^{\lambda_2} Q(\lambda)[1-R(\lambda)]\alpha(\lambda)\exp[-\alpha(\lambda)x]\mathrm{d}\lambda \tag{6-1}$$

式中，积分的下限 λ_1 是带隙所对应的波长吸收限；Q 为波长为 λ 的入射光子流谱密度，R 为反射率；α 为电池材料的光吸收系数。

实际的太阳电池一般都会采用绒面结构以达到减少反射和增加陷光的目的，绒面对光在界面处的反射、散射情况(可参看图 4-7)与平面情况是不同的。因此，为实现光学模拟，要根据实际情况来选择光学模型，如采用绒面结构来进行陷光，则在模型中必然会涉及由表面结构带来的光散射和相干叠加等问题[1,2]。

6.1.2 电学模拟

从光学模拟得到太阳电池中载流子产生率 $G(x)$ 后，下一步是进行电学模拟。在电学模拟时，需要在一定的边界条件下数值求解三个耦合的微分方程，即泊松方程和电子与空穴的连续性方程，来计算得到太阳电池半导体层内位置 x 处的电子浓度 $n(x)$、空穴浓度 $p(x)$ 和电势 $\varphi(x)$。其他的电池内部参数，比如能带图、复合率、电流密度等都可以从上述三个参数(n、p、φ)计算得到。

6.1.2.1 泊松方程和电子与空穴的连续性方程

半导体器件内部各处电场强度 E、电荷密度 ρ、电子与空穴浓度 n 和 p、电子与空穴电流密度 J_n 和 J_p，以及电子–空穴对的产生率 G 与净复合率 U 之间的关系都遵循一定的物理规律，体现为这些物理量之间的多个微分方程，其一维形式如下

$$\frac{\mathrm{d}}{\mathrm{d}x}\left(\varepsilon\frac{\mathrm{d}\varphi}{\mathrm{d}x}\right) = -\rho \tag{6-2}$$

$$\frac{1}{q}\frac{\mathrm{d}J_n}{\mathrm{d}x} = U_n - G \tag{6-3}$$

$$\frac{1}{q}\frac{\mathrm{d}J_p}{\mathrm{d}x} = G - U_p \tag{6-4}$$

式(6-2)为泊松方程，其中 ε 为介电常数；式(6-3)、式(6-4)分别为电子、空穴的连续性方程，其中的电子电流密度 J_n 和空穴电流密度 J_p 由下式给出

$$J_n = q\mu_n\left(nE + \frac{kT}{q}\frac{\mathrm{d}n}{\mathrm{d}x}\right) \tag{6-5}$$

$$J_p = q\mu_p\left(pE - \frac{kT}{q}\frac{\mathrm{d}p}{\mathrm{d}x}\right) \tag{6-6}$$

式(6-5)、式(6-6)中的 μ_n 和 μ_p 分别为电子和空穴的迁移率。

一维简化适合于各物理量在 y、z 方向上都均匀无变化的情况。前面已经讲到大部分太阳电池都可以简化成一维来处理，因此取电池片厚度方向为 x 方向，而将电池平面方向各处看作均匀一致，这在很多情况下是合理的简化与近似[4]。

在求解泊松方程(6-2)得到电势 φ 的分布时，需要知道半导体中电荷密度 ρ 的分布。随电池结构的不同，电荷密度 ρ 的表达式会有所不同，一般可以用下式表示

$$\rho = q(p - n + N_D - N_A) \tag{6-7}$$

式中，N_D 为施主杂质浓度；N_A 为受主杂质浓度。

在求解方程(6-3)和(6-4)时，需要知道太阳电池中电子或空穴的产生率 G，可由式(6-1)得到。除此之外，还需要建立净复合速率 U 与载流子浓度 n、p 和电势 φ 的关系，即 $U(x)=f(n, p, \varphi, x)$。为此，需要引入各种复合模型，如辐射复合、俄歇复合和 SRH 复合等。关于这些复合模型的描述可以参考文献[2,5]。

将 ρ、G、U 的表达式代入式(6-2) ～ 式(6-4)中，得到含有五个未知数(p, n, J_n, J_p, E)的五个微分方程的方程组。不同一维结构的太阳电池，其(p, n, J_n, J_p, E)都服从这组方程，可以用这组方程来求解，其不同之处体现在其边界条件、材料参数(如载流子寿命、载流子迁移率、吸收系数、介电常数等)和电池结构上。这些条件不同，会导致不同的计算结果。

6.1.2.2 边界条件

通过电荷分布，求解泊松方程，可以获得器件各处的电势分布，即它们与费米能级的相对位置，从而给出自由电荷浓度分布，以及随后的电流分布等。然而，偏微分方程组式(6-2) ~ (6-6)具体的解，是由边界条件决定的。边界条件包括前、后表面复合速度，前、后表面电接触情况等。边界条件依赖于器件接触的固有物理属性。一维模型的两个物理边界是器件前电极和后电极这两个接触层。一般的接触分为两类：欧姆接触和肖特基接触。下面分别予以简单介绍[1]。

1) 欧姆接触的边界条件

欧姆接触是一种理想情况，所指边界是指前电极 $x=0$ 和背电极 $x=L$ 的位置。要在 $x=0$、$x=L$ 的接触处满足电中性的要求，则接触处的电荷密度 ρ 为零，即 $\rho(0)=0$、$\rho(L)=0$。对金属–半导体接触，进入金属层的电子和空穴流由热发射流模拟。假定前电极处的电势 φ 为 0，若选电压控制的边界条件，在前电极处和背电极处的电势和电流密度可用如下方程组表示

$$\varphi(0)=0 \tag{6-8a}$$

$$\varphi(L)=W_f-W_b+V_{app} \tag{6-8b}$$

$$J_n(0)=+q \cdot S_n^f\left[n(0)-n_{eq}(0)\right] \tag{6-9a}$$

$$J_n(L)=-q \cdot S_n^b\left[n(L)-n_{eq}(L)\right] \tag{6-9b}$$

$$J_p(0)=-q \cdot S_p^f\left[p(0)-p_{eq}(0)\right] \tag{6-10a}$$

$$J_p(L)=+q \cdot S_p^b\left[p(L)-p_{eq}(0)\right] \tag{6-10b}$$

式中，电流密度 J 有正、负符号，是表示电流向前电极方向的流动为正，反之为负。此处上标 f、b 分别表示前、后电极，下标 eq 代表热平衡。其中 W_f、W_b 是前后电极的功函数；V_{app} 为外加偏置电压；n、p 为接触处的载流子浓度；n_{eq} 和 p_{eq} 表示在热平衡条件下电极界面处的电子和空穴浓度；S_n^f、S_p^f、S_n^b、S_p^b 分别表示前、后电极处电子、空穴的表面复合速度，它们决定了边界处的载流子浓度。表面复合速度的大小主要取决于表面钝化状况。

2) 肖特基接触的边界条件

在肖特基接触下，热平衡时接触处费米能级 E_F 的位置，取决于金属–半导体接触处的有效势垒高度 Φ_B，它由金属的功函数 W_m 与半导体的电子亲和能 χ_s 的差决定，即

$$\Phi_B=W_m-\chi_s=E_C-E_F \tag{6-11}$$

一旦与 Φ_B 相关的费米能级位置确定了，界面处的电子、空穴浓度 n_{eq}、p_{eq} 即可表示

为

$$n_{\text{eq}} = N_C \exp\left(-\frac{q\Phi_B}{kT}\right) \tag{6-12}$$

$$p_{\text{eq}} = n_i^2 / n_{\text{eq}} \tag{6-13}$$

式中，N_C 为导带有效态密度；n_i 为本征载流子浓度。越过肖特基势垒的电流输运是由多子的热发射机制决定的。依据热发射理论，其电流密度为

$$J = A^* T^2 \exp\left(-\frac{q\Phi_B}{kT}\right)\left[\exp\left(\frac{qV_{\text{app}}}{kT}-1\right)\right] \tag{6-14}$$

式中，A^* 为有效理查森(Richardson)常数。对比欧姆接触的边界电流，当将 S_n、S_p 分别以 $S_n = A^* T^2/qN_C$ 和 $S_p = A^* T^2/qN_V$ 来代替时(N_V 为价带有效态密度)，势垒边界的电子或空穴的热发射电流就和欧姆接触边界条件下电子(空穴)电流的方程式类似。

　　上述方程组(6-2)~(6-6)和特定太阳电池的边界条件与结构确定后，理论上太阳电池在稳定光照条件下的输出就可以求解模拟出来。为模拟真实的测量，所有光学模拟和电学模拟需要在不同的边界条件下重复进行计算，如改变电池的光照条件、给电池加上外部偏压和负载等。为保证数值模拟结果的可靠性，需要将模拟结果与太阳电池在不同条件下的表征和测量结果进行比较，只有当所有的结果都比较符合时，才能证明该计算模型的准确性和可靠性。

6.2　用于异质结太阳电池模拟的软件简介

　　用于太阳电池模拟的软件很多，由于本书的主要内容是硅基异质结太阳电池，文献报道中常用于异质结太阳电池一维模拟的是 AFORS-HET 和 AMPS 这两个软件，本节将分别予以介绍。

6.2.1　AFORS-HET 软件简介

　　AFORS-HET(automat for simulation of heterostructures)软件是由德国 HZB 的 Stangl 教授等[2,5,6]基于光生载流子输运机制开发的描述太阳电池的专用模拟软件。该软件具有界面人性化、操作简单、速度快等优点。只要输入太阳电池的光学和电学参数，使用该软件即可模拟计算异质结电池、非晶硅和微晶硅电池的 QE、I-V 曲线等特性参数。

　　AFORS-HET 是一维模拟软件，它能够有效处理光学层、电极接触、半导体层中的体缺陷、界面态缺陷和载流子界面输运模型等方面的模拟，因而可以实现可靠的太阳电池模拟。AFORS-HET 可用来处理同质结和异质结太阳电池，特别是被广

泛用来研究硅基异质结太阳电池中的各种影响因素。AFORS-HET 软件在处理太阳电池时作了如下几个方面的考虑[2]：①它引入界面缺陷来处理太阳电池中不同半导体层之间界面处的界面复合；②依据电子/空穴穿过异质结界面的不同物理模型，可以选用直接界面模型，如漂移–扩散和热发射界面模型，也可以选用隧穿界面模型(正在开发中)；③各半导体层内的缺陷分布可以是线性、指数函数、高斯函数及误差函数的形式；④太阳电池的前接触和背面接触的外部边界条件可以用欧姆接触边界、肖特基边界、绝缘边界或 MIS(metal/insulator/semiconductor)边界，因此可以模拟不同构造的太阳电池。AFORS-HET 软件允许参数的随机改变和多维的(multidimensional)参数拟合，来确保模拟结果与实际测量结果的匹配。

AFORS-HET 是在半导体态密度(density of states，DOS)模式下对器件进行直流模拟，可以参考文献[2,5]来了解 AFORS-HET 程序中物理模型和计算方程的描述。关于 AFORS-HET 软件的使用可以参考文献[6]。AFORS-HET 软件目前的版本是2.4，是一个公开的程序，在网址 http://www.helmholtz-berlin.de/上可以免费下载。

6.2.2　AMPS 软件简介

AMPS(analysis of microelectronic and photonic structures)软件是由美国宾夕法尼亚州立大学的 Fonash 教授等[7,8]开发的模拟固态器件中输运物理的一维计算机软件。它用连续性方程和泊松方程的基本原理方法来分析半导体电子和光电子器件结构中的输运行为，这些器件结构可以是由单晶、多晶、非晶或它们的联合体等组成。对这些器件中的主导输运机制不作任何事先假设，用差分方程和数值迭代方法计算求解泊松方程和电子与空穴的连续性方程。使用这一通用、精确的数值处理，AMPS可用于各种微电子、光电子和光伏器件结构的分析、设计和优化，当然包括同质结和异质结太阳电池。

AMPS 模拟可以提供太阳电池在暗态和光照下的 I-V 特性，以及 I-V 特性与温度的关系。此外，电场分布、载流子浓度、单个载流子电流密度和复合过程等重要信息都可以从 AMPS 模拟得到。

AMPS 可以在态密度(DOS)和少子寿命(lifetime)两种半导体电子学描述模式下对器件进行直流模拟。以 DOS 模式为例，半导体的能带电子态分为导带(价带)扩展态、导带(价带)带尾定域态和带隙定域态。带尾定域态主要由键角畸变引起，带隙定域态主要由悬挂键造成。带尾定域态用指数函数描述，而带隙定域态呈双高斯函数分布，分别对应类施主态(donor-like)和类受主态(acceptor-like)，二者呈正相关关系。对带隙定域态密度，AMPS 还提供了一种平均分布的背景模式。

AMPS 的基本计算过程包括以下几步：①列出所计算器件的泊松方程和电子与

空穴的连续性方程；②将所计算的器件分为若干小格，假设每个格中器件的物理量相同，将微分方程化为差分方程；③根据表面和界面特性得出器件的边界条件；④用牛顿迭代法求解带有边界条件的差分方程。

关于 AMPS 的方程描述、数值求解和使用方法可以参考文献[7]，而文献[8]则给出了 AMPS 应用于太阳电池模拟的一些实例。使用 AMPS 模拟太阳电池的性能，需要对器件结构和材料参数进行设置，包括器件结构层信息、前接触参数、后接触参数。然后对器件的工作条件进行设置，包括偏压、光照条件和工作温度等。

除了上述两种软件外，还有其他软件可以用于异质结太阳电池的模拟研究，如ASDMP[9,10](amorphous semiconductor device modeling program)、SCAPS[11]等，这里就不作介绍。

6.3　非晶硅/晶体硅异质结太阳电池的模拟研究

非晶硅薄膜可以描述为在带隙中包含带尾态和悬挂键缺陷分布的半导体层[12]，因此模拟非晶硅/晶体硅异质结电池中的非晶硅层时必须计算通过悬挂键缺陷的复合[6]。同时，非晶硅/晶体硅异质结电池的各半导体层间的界面是一个很重要的参数，它可能会严重影响到电池的性能，因此在模拟研究非晶硅/晶体硅异质结电池时，必须把界面包括进去。

实际模拟非晶硅/晶体硅异质结电池时需要做如下几件事情：①明确界面处缺陷分布情况；②选定载流子通过异质结的输运模型；③选定模拟时各种材料参数，包括非晶硅层和界面处的缺陷密度、俘获截面、界面处的能带带阶、非晶硅的迁移率、非晶硅的介电常数等。上面提到的这些参数都难于测量，并且有可能随着非晶硅的掺杂水平、沉积条件、厚度等变化而变化，因此选用的模拟模型必须结合不同的测量结果(如 I-V 曲线、EQE 等)进行仔细的校正[6]。

非晶硅/晶体硅异质结电池可以 n 型单晶硅作衬底，也可以 p 型单晶硅作衬底，本节将分别介绍 n 型和 p 型单晶硅为衬底的硅异质结电池模拟研究情况。通常模拟计算是要研究各种结构参数，如本征层厚度、界面态密度、发射极掺杂浓度、TCO功函数等对异质结电池性能的影响，并与实验结果进行比较，以获得最优化的结构参数和电池性能。尽管在模拟时使用的软件不同，输入的材料性能参数也有所差异，但是只要电池结构相同，最终输出结果的规律是基本一致的。

6.3.1　以 n 型单晶硅为衬底的硅异质结太阳电池模拟

HIT 电池是已经在量产中实现了高转换效率的异质结太阳电池，它是以 n 型单晶硅为衬底的。因此，人们采用与标准 HIT 电池相类似的电池结构，进行了大量模拟研究。一般模拟的电池结构为 TCO/p-a-Si:H/i-a-Si:H/n-c-Si/i-a-Si:H/n-a-Si:H/Al，其中 p-a-Si:H 为发射极，i-a-Si:H 为缓冲层，n-a-Si:H 为 BSF 层。与实际 HIT 电池不同，模拟电池的背面接触大多采用 Al 接触，而实际 HIT 电池的背面是 TCO。在模拟研究时，人们主要研究了本征层厚度、缺陷态密度、发射层参数、TCO 功函数等各种参数对异质结电池性能输出的影响，下面分别予以介绍。

6.3.1.1　本征非晶硅层厚度对 p-a-Si:H/n-c-Si 电池性能影响的模拟

在晶体硅和掺杂非晶硅之间插入一定厚度的 i-a-Si:H 层，是 HIT 电池能获得高效率的关键。本征层对 p-a-Si:H/n-c-Si 异质结电池性能的影响包括几个方面：①钝化 c-Si 表面的缺陷，这是它应用于此的首要原因；②如果 i 层太厚，会影响电池的 FF；③插入的 i 层，会引起光吸收损失，使得电池的 J_{sc} 减小。

虽然关于本征层对硅异质结电池的影响，已经在实验上被广泛研究，如三洋在早期就已经研究过本征层厚度对 HIT 电池输出的影响[13]，但是仍然有必要从模拟研究的角度来验证实验研究的结果，以期找到最合适的本征层厚度。另外，如果电池的结构发生变化时，从模拟得到的合适本征层厚度，也有利于对实验研究进行指导，减少实验工作量。

Rahmouni 等[9]追踪三洋 HIT 电池的报道结果，用 ASDMP 软件模拟详细研究了 n 型 HIT 电池中各种参数的变化对输出性能的影响。在这里，将他们模拟计算得到的电池输出性能参数与对应的本征层厚度进行作图，得到图 6-1。从图 6-1(a)可见，随着 i 层厚度的增加，电池的 J_{sc} 减小，这与实验研究结果是一致的[13,14]，主要是因为增加 i 层厚度，i 层的光吸收增加，导致基区的光吸收减少，光生载流子减少，从而使得电池的 J_{sc} 减小。从图 6-1(b)可见，随着 i 层厚度的增加，电池的 V_{oc} 增加，并且在 i 层厚度为 6 nm 时达到最大，而继续增大 i 层厚度时 V_{oc} 反而略有减小，表明并不是 i 层越厚电池的钝化效果越好。在实验研究中也发现，当 i 层超过一定厚度(如 4 nm)后，电池的 V_{oc} 趋于饱和[13,14]，并不随厚度的增加而增加。模拟与实验上关于 i 层厚度对 HIT 电池 V_{oc} 的影响，其结论是一致的。而从图 6-1(c)可见，如果 i 层厚度超过 3 nm，电池的填充因子 FF 会大幅减小，这是因为 i-a-Si:H 的载流子迁移率很低，因而具有相当高的电阻，从而随着 i 层厚度的增加，电池的串联电阻增大，而串联电阻增大是 FF 减小的重要因素，因此随 i 层厚度增加，FF 减小。而实验中一般观察到 FF 随 i 层厚度会先增加然后变小[13]或趋于饱和[14]。综合模拟所得 i 层厚度对电池的 V_{oc}、J_{sc} 和 FF 的影响，发现当 i 层厚度为 3 nm 时，电池的效率达到最高，如图 6-1(d)所示。这与实际中优化得到的最佳本征层厚度为 4

nm 的结论基本一致[13,14]。然而在实际的生产中，由于要考虑到大面积沉积非晶硅薄膜的均匀性以及操作的可行性，i 层厚度一般控制在 10 nm 以下[15-17]，实际的 i 层厚度可能约为 5 nm。从上面的论述可以看出，对 p-a-Si:H/n-c-Si 异质结电池，模拟得到的最优化 i 层厚度与实验研究结论基本吻合。

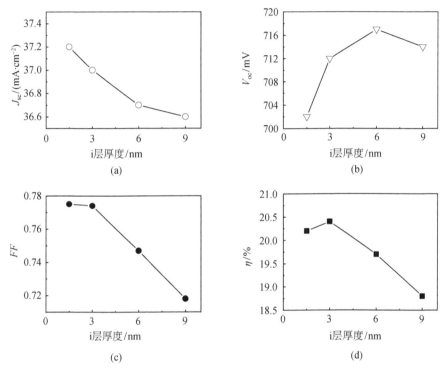

图 6-1　i 层厚度对 HIT 电池输出性能影响的模拟结果，从文献[9]中的数据作图而得

6.3.1.2　界面态密度对 p-a-Si:H/n-c-Si 电池性能影响的模拟

由于非晶硅/晶体硅异质结电池中 a-Si:H/c-Si 界面的缺陷对电池性能会产生直接影响。人们可以用模拟的方法分析界面态密度 D_{it} 对电池性能的影响，从而能够明确要想获得高转换效率的电池，必须使界面态密度降低到何种程度，为实验和实际生产提供指导。

Hernández-Como 等[18]用 AMPS 软件模拟了带本征层的 p-a-Si:H/n-c-Si 异质结电池的 a-Si:H/c-Si 界面处的界面态密度与性能的关系，其结果见图 6-2。从图中可见，当 D_{it} 达到 10^{12} cm^{-2} 量级时，电池的 V_{oc} 明显减小，这主要是由于 D_{it} 增加，载流子在界面复合几率增大，导致 p-n 结反向饱和电流增大所致。而 J_{sc} 的减小是由于光生载流子在界面层内的复合增加，但是因为界面层很薄，J_{sc} 的减小量较小。从图 6-2 还可见，如果 D_{it} 能减小到 10^{10} cm^{-2} 量级，则电池的转换效率能达到 24% 以上。

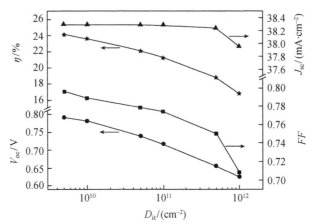

图 6-2   界面态密度 D_{it} 对 p-a-Si:H/n-c-Si 电池性能影响的模拟结果[18]

Froitzheim 等[19]在模拟研究异质结电池的界面复合时就得出结论，要使电池的 I-V 曲线不呈现 S 形，必须要保证 $D_{it} < 10^{12}$ cm^{-2}。同一课题组进一步用 AFORS-HET 模拟非晶硅/晶体硅异质结电池，结果表明要使电池达到 20%以上的转换效率，在 a-Si:H/c-Si 界面的最大 D_{it} 只能在 10^{10} cm^{-2} 量级[20]。而且当 $D_{it} < 10^{10}$ cm^{-2} 时，模拟结果表明异质结电池的 V_{oc} 基本不受能带带阶的影响(参见图 5-4)[12,21]。国内研究者[22,23]的模拟结果也与上述结论一致，即要求 $D_{it} < 10^{12}$ cm^{-2}，最好能达到 10^{10} cm^{-2} 量级或以下。因此，在实际制作电池时，为获得高效率的异质结电池，需要深入研究晶体硅表面的清洗和表面钝化方法，尽可能降低界面处的界面态密度。

6.3.1.3   发射层对 p-a-Si:H/n-c-Si 电池性能影响的模拟

发射层的性能在很大程度上决定着太阳电池的性能，对非晶硅/晶体硅异质结太阳电池，实验和模拟的结果都表明，要获得高效的电池，发射区必须重掺，并且尽可能的薄。但是重掺必然会带来发射层中缺陷密度的增大，从而影响电池的性能，因此发射区掺杂浓度和缺陷密度的平衡控制就显得极为重要。本小节将主要讨论 p-a-Si:H 发射层中缺陷态的影响以及其带来的陷阱效应。

我们用 AFORS-HET 软件模拟了结构为 TCO/p-a-Si:H/i-a-Si:H/n-c-Si/n-a-Si:H/Al 的电池中发射层内悬挂键密度(N_{tp})对性能的影响[24]，其结果见图 6-3。模拟中 p-a-Si:H 层的掺杂浓度 $N_A = 7.5×10^{19}$ cm^{-3}，i-a-Si:H 层内的悬挂键密度固定在较低的水平($2.5×10^{16}$ cm^{-3})，而 p-a-Si:H 内的悬挂键密度在 $1×10^{18} \sim 7×10^{19}$ cm^{-3} 变化，考察发射层内缺陷密度对电池输出参数的影响。从图 6-3(a)、(b)和(c)中可见，当 p 层内缺陷态密度达到 $1×10^{19}$ cm^{-3} 之前，电池的输出参数 V_{oc}、J_{sc} 和 η 基本保持不变，而当 N_{tp} 增加到 $5×10^{19}$ cm^{-3} 时，电池性能稍有下降，但是当缺陷态密度上升到临界

值($6\times10^{19}\,\mathrm{cm^{-3}}$)时，电池输出会有锐减。而从图 6-3(d)可见，当 $N_{\mathrm{tp}} < 5\times10^{19}\,\mathrm{cm^{-3}}$ 时，模拟电池的 *J-V* 曲线基本一样，表明其 *FF* 没受影响；但是当 N_{tp} 达到 $6\times10^{19}\,\mathrm{cm^{-3}}$ 时，*J-V* 曲线严重变形，表明 *FF* 下降很多，导致电池性能的严重下降，陷阱效应开始凸显。上述的模拟结果表明，要使电池的效率达到 20%以上，需要使发射层的悬挂键密度保持在 $6\times10^{19}\,\mathrm{cm^{-3}}$ 以下，以避免陷阱效应，而进一步使 N_{tp} 降低到 $1\times10^{19}\,\mathrm{cm^{-3}}$ 以下时对电池输出的增益效果不明显。

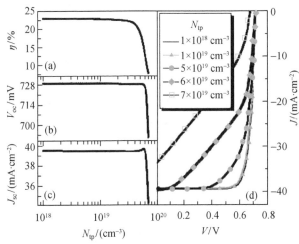

图 6-3　p-a-Si:H 中悬挂键密度(N_{tp})对电池性能的影响[24]
(a)效率；(b)开路电压；(c)短路电流；(d)光照下 *J-V* 曲线

发射层内悬挂键密度对电池输出性能的影响，是由于能带结构发生变化引起的。为此，计算了电池在 AM1.5 光照下的能带图，见图 6-4。从图 6-4(a)中可见，当 $N_{\mathrm{tp}} < 1\times10^{19}\,\mathrm{cm^{-3}}$ 时，能带图基本不发生变化，而当缺陷态密度增加时，异质结的空间电荷区从晶体硅侧向非晶硅侧移动，导带电势差下降，耗尽层减小；当达到 $6\times10^{19}\,\mathrm{cm^{-3}}$ 的高缺陷密度时，晶体硅一侧的耗尽层几乎消失，会引起空穴积累在 a-Si:H/c-Si 界面处。而图 6-4(b)中计算得到的自由空穴浓度也显示有大量空穴在界面处堆积，阻碍其到达界面被收集，增加复合几率，损害电池性能。这些模拟结果表明，发射层非晶硅内高的缺陷密度会导致空间电荷区从晶体硅侧向非晶硅侧移动，从而减小内建电场。

上述的模拟是在 p-a-Si:H 层的掺杂浓度 $N_{\mathrm{A}} = 7.5\times10^{19}\,\mathrm{cm^{-3}}$ 下进行的，得到发射层内缺陷密度的临界值是 $6\times10^{19}\,\mathrm{cm^{-3}}$，超过这个临界值时电池的性能会发生严重的恶化。为此，我们进一步计算了陷入缺陷态中的载流子数目，建立了被陷载流子浓度与影响电池性能大幅下降的缺陷态密度值之间的联系，并得到了这个临界值。

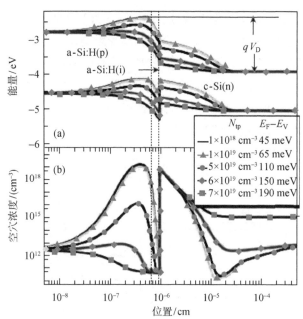

图 6-4　p-a-Si:H 中不同悬挂键密度(N_{tp})对电池的(a)能带图，(b)空穴浓度影响的计算结果[24]
图中位置坐标是以 TCO/p-a-Si:H 的界面作为零点，$E_F - E_V$ 是 p-a-Si:H 中费米能级与价带顶的能量之差

考虑发射层内缺陷的对称分布和非对称分布两种情况，改变 p-a-Si:H 层的掺杂浓度，我们计算了发射层内缺陷密度的临界值，其结果见表 6-1。从表中可见，在非对称缺陷态分布情况下，模拟得到的电池输出性能发生转折的 N_{tp} 临界值更低(与对称缺陷态分布相比)，也即考虑悬挂键自身不对称的情况时，电池性能更容易恶化。表明非对称缺陷态分布的引入，会加剧不利的陷阱效应，这在高掺杂浓度下更加严重。通常认为要获得高效非晶硅/晶体硅异质结电池，发射极的掺杂浓度必须要高，这会引起难以避免的陷阱效应。因此，一方面要控制 p-a-Si:H 发射层中的缺陷密度来减小陷阱效应，另一方面对 p-a-Si:H 的良好钝化也显得尤为重要。

表 6-1　对称悬挂键和非对称悬挂键情况下，不同发射极掺杂浓度(N_A)时电池性能衰退的缺陷态密度临界点计算结果[24]

N_A / (cm^{-3})	悬挂键对称分布时 N_{tp} 临界点/ (cm^{-3})	悬挂键非对称分布时 N_{tp} 临界点/ (cm^{-3})
3.0×10^{19}	1.5×10^{19}	1.4×10^{19}
7.5×10^{19}	6.0×10^{19}	5.5×10^{19}
1.0×10^{20}	7.0×10^{19}	6.4×10^{19}
2.0×10^{20}	8.2×10^{19}	7.5×10^{19}
3.0×10^{20}	9.5×10^{19}	8.5×10^{19}

6.3.1.4 TCO 功函数对 p-a-Si:H/n-c-Si 电池性能影响的模拟

在非晶硅/晶体硅异质结太阳电池中，其正面发射极上会沉积一层 TCO 薄膜以实现透光和电接触，在背面也有可能会沉积一层 TCO。由于 TCO 和非晶硅之间的功函数存在着较大的差距，导致在两者的界面间形成了肖特基势垒。异质结电池中的 a-Si:H 层非常薄，TCO/a-Si:H 界面非常靠近 a-Si:H/c-Si 界面，如果 TCO 的功函数 (W_{TCO}) 选择不合适，TCO/a-Si:H 界面处的空间电荷区和 a-Si:H/c-Si 界面处的空间电荷区可能会发生重叠[12]，使内建电压剧烈减小，从而使电池的 V_{oc} 和填充因子也大幅下降。因此，选择具有合适功函数的 TCO 对于获得高效率的 SHJ 电池非常重要。下面以 n 型硅衬底上的 SHJ 电池为例，讨论 W_{TCO} 对电池输出性能影响的计算机模拟结果。

在满足透过率和导电性的情况下，TCO 的功函数成为影响 SHJ 电池性能的因素之一。Chen 等[25]用 AMPS 模拟了 W_{TCO} 对结构为 TCO/p-a-Si:H/n-c-Si/Al 的电池性能影响，其结果见图 6-5。从图中可见，对于与 p-a-Si:H 发射极接触的 TCO，当

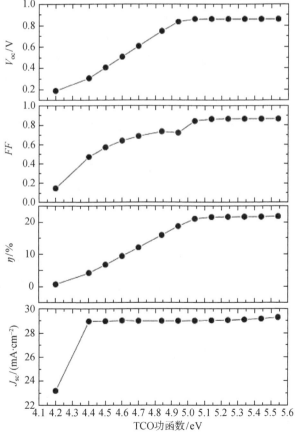

图 6-5 p-a-Si:H/n-c-Si 电池的性能输出与 TCO 功函数的模拟结果[25]

$W_{TCO} > 4.3$ eV 时，电池的 J_{sc} 基本不发生变化，而电池的 V_{oc} 和 FF 基本呈线性增大，从而导致效率随 W_{TCO} 的增大而线性增加，并且在 $W_{TCO} = 5.1$ eV 时达到饱和。其他研究者的模拟结果也认为对 TCO/p-a-Si:H 前接触，W_{TCO} 的值选择在 5.1～5.2 eV 是足够的[26]，当然 W_{TCO} 越高越好[27,28]。其原因是具有合适功函数的 TCO 带来的能带电势差能有效反射载流子，有利于载流子在 TCO 处的收集。

如果以 n 型硅片为衬底的 p-a-Si:H/n-c-Si 型异质结电池的背面接触也采用非晶硅 BSF 层和 TCO 接触，即在背面形成 TCO/n-a-Si:H 接触，这时的模拟结果认为 W_{TCO} 应该越小越好[27,29]。因此，需要选择具有不同功函数的 TCO 应用在异质结电池的正、背面接触。

6.3.2　以 p 型单晶硅为衬底的硅异质结太阳电池模拟

尽管三洋的 HIT 太阳电池采用的是 n 型单晶硅作为衬底片[13,15-17]，但是目前市场上的晶体硅太阳电池更多的是以 p 型硅衬底作为光吸收层。这是因为 p 型硅片更易得到，而且价格相对便宜，从市场出发，人们更希望能在 p 型晶体硅衬底上实现高效的非晶硅/晶体硅异质结电池，但是实验研究发现以 p 型衬底片制作的电池其效率并不太高[30,31]，鲜有突破 20% 的报道[32]，与以 n 型衬底片制作的电池效率有较大的差距，其原因可以从能带图上加以分析，参见第 5.1 节相关部分。

尽管在 p 型衬底上获得的非晶硅/晶体硅异质结电池的效率还不高，但是人们仍然一直从器件结构、材料选择、制作工艺改进等方面探索提高其效率的途径。如果先进行计算机模拟研究，将有助于指导实验研究的进行，减少实验研究的工作量。非晶硅/晶体硅异质结太阳电池的基本结构是发射区/单晶硅基区/背场区，太阳光从发射区前面入射，进入单晶硅基区后被吸收，光生载流子靠扩散输运到前面 p-n 结区和背面高低结区，在结区空间电场的作用下分别向发射区和背场区漂移。影响 SHJ 太阳电池性能的最主要因素还是单晶硅基区和前后两个结区的能带结构，这里讨论一下以 p 型硅片为衬底的 n-a-Si:H/p-c-Si 电池的一些模拟结果。

6.3.2.1　带不同本征缓冲层的 n-a-Si:H/p-c-Si 电池的模拟比较

在非晶硅/晶体硅异质结电池中插入本征缓冲层(i-buffer)，能够有效钝化界面处的缺陷，提高电池的 V_{oc}，这也是 HIT 电池的主要特征。但是选用何种本征缓冲层，可以通过实验和模拟来进行甄选，尤其是对区别于 HIT 的电池结构，模拟研究很有必要。Dao 等[33]用 AFORS-HET 软件模拟了结构为 Ag/TCO/n-a-Si:H/i-buffer/p-c-Si/BSF/Al 的异质结太阳电池的众多影响因素，包括本征缓冲层种类、BSF 层种类、界面态密度、p 型硅片电阻率和 TCO 功函数等。其模拟研究选用的本征缓冲层包括 a-Si:H、微晶硅(μc-Si:H)和外延硅薄膜(epi-Si)，并与无本征层的 p 型硅片上的电池进行对比，其输出性能见图 6-6。

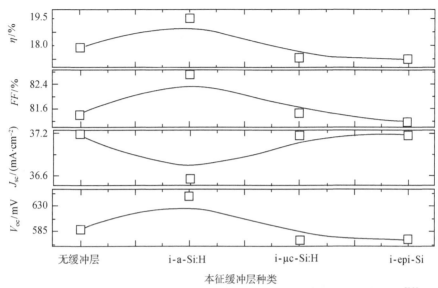

图 6-6 不同本征缓冲层的 n-a-Si:H/p-c-Si 电池的模拟性能输出比较[33]

从图 6-6 可见，模拟得到的 n-a-Si:H/p-c-Si 电池，以采用 a-Si:H 作缓冲层的电池 V_{oc} 和 FF 最大，虽然 J_{sc} 最小，但整体来讲其电池效率还是最高，这可以从其能带图得到解释[33]。因为以 a-Si:H 作为本征层，其导带带阶 ΔE_C 约为 0.15 eV，而采用μc-Si:H 和 epi-Si 作为本征层，其 ΔE_C 仅分别约为 0.05 eV 和 0 eV。较大的 ΔE_C 使得一方面在晶体硅吸收层中形成较高的内建电压，有利于获得较高的 V_{oc}；另一方面 ΔE_C 导致形成能陷获少数载流子(电子)的势阱，阻止光生载流子的传输，在 a-Si:H/c-Si 异质结界面的复合得到抑制[34]，也有利于获得较高的 V_{oc}。V_{oc} 较高，则相应的效率 η 越高。另外，μc-Si:H 和 epi-Si 由于比 a-Si:H 的缺陷更多，钝化效果要差一些，也使得以它们作本征层缓冲层的电池 V_{oc} 要低。

6.3.2.2 不同 BSF 层的 n-a-Si:H/p-c-Si 电池的模拟比较

Dao 等[33]进一步采用不同的背场(BSF)，包括 p+-a-Si:H、p+-μc-Si:H 和 Al 背场(Al-BSF)，模拟研究了结构为 TCO/n-a-Si:H/i-a-Si:H/p-c-Si/BSF/Al 的电池性能，其输出结果比较见图 6-7。从图中可见，有 BSF 的电池性能比没有 BSF 的要好，而在各类背场中，用 p+-a-Si:H 作背场的电池性能最好，p+-μc-Si:H 次之，Al-BSF 最差。这是由于 p+-a-Si:H 背场提供了优良的钝化性能和少子(电子)反射能力[33]，而使用 Al-BSF 性能较差是由于背表面钝化较差使得长波响应减小[33]。Page 等[35]从实验上也得出结论认为 p+-a-Si:H 背场比 p+-μc-Si:H 背场的效果要好，与这里的模拟结果一致。但是也有模拟研究[36]认为，最适合作 p 型硅衬底上异质结电池背场的材料是带隙为 1.6 eV、掺杂浓度达到 10^{18} cm^{-3} 量级以上、厚度为 5 nm 的 p$^+$-μc-Si:H，这可能与该模拟研究没有考虑本征非晶硅缓冲层有关。

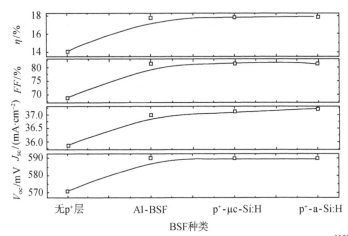

图 6-7　不同 BSF 层的 n-a-Si:H/p-c-Si 电池的模拟性能输出比较[33]

6.3.2.3　p 型硅片电阻率对 n-a-Si:H/p-c-Si 电池性能影响的模拟

晶体硅衬底的电阻率影响着电池的性能，图 6-8 是 p 型硅片电阻率对 n-a-Si:H/p-c-Si 异质结电池各输出参数和效率的模拟结果[33]。从图中可见，存在一个最佳电阻率值，这里模拟得到的 p 型硅片最佳电阻率为 0.1 Ω·cm。当硅片电阻率低于最佳电阻率时，电池的 J_{sc} 随硅片电阻率的增加而减小，而 V_{oc} 和 FF 则随硅片电阻率的增加而增大。硅片电阻率与其氧缺陷密度相关，氧缺陷密度越高，电阻率越大。因此，J_{sc} 随硅片电阻率的增加而减小，可以归结为硅片氧缺陷密度的增大，而氧缺陷密度的增大会导致电池的长波响应降低[37]。当硅片电阻率高于最佳电阻率时，电池的 V_{oc} 和 J_{sc} 趋于稳定，而 FF 则随硅片电阻率增大而减小，从而在这个电阻率范围，电池的效率随硅片电阻率增大而降低。Zhao 等[37]模拟得到的电池性能随 p 型硅片电阻率的变化趋势与这里的模拟结果相似，但是他们得到的最佳电阻率为 0.5 Ω·cm，这可能是输入的模拟参数，如氧缺陷密度、界面态密度等不同造成的[33]。

关于影响 n-a-Si:H/p-c-Si 异质结电池的其他参数，如界面态密度、TCO 功函数，与 p-a-Si:H/n-c-Si 异质结电池的模拟结论一致，也是要求 D_{it} 最好能降至 10^{10} cm^{-2} 量级或以下，TCO/n-a-Si:H 前接触的功函数越低越好，具体的论述可以参看文献 [27,33]，这里就不再详细讨论。

Zhao 等[27]用 AFORS-HET 软件详细模拟了结构为 TCO/n-a-Si:H/i-a-Si:H/p-c-Si /i-a-Si:H/p$^+$-a-Si:H/TCO 的双面异质结电池结构参数对输出性能的影响，他们得到了

表 6-2 所列的优化参数，可以在实际制作 n-a-Si:H/p-c-Si 电池时作为参考。

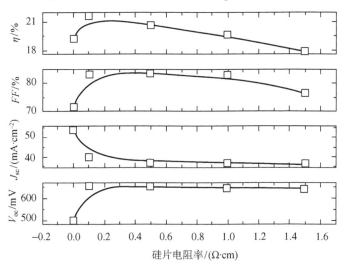

图 6-8 p 型硅片电阻率对 n-a-Si:H/p-c-Si 电池性能的影响模拟[33]

表 6-2 p 型硅片衬底上双面异质结电池的模拟优化参数计算结果[27]

半导体层	厚度/ nm	掺杂浓度/(cm^{-3})	功函数/ eV
前 TCO	80	—	<4.5
n-a-Si:H	~2	$\geqslant 2\times10^{20}$	—
i-a-Si:H	3	—	—
p-c-Si	300	1×10^{16}	—
i-a-Si:H	3	—	—
p$^+$-a-Si:H	~5	$\geqslant 1\times10^{20}$	—
后 TCO	80	—	>5.2

6.4 IBC-SHJ 太阳电池的二维模拟

尽管 SHJ 太阳电池已经获得了很高的效率(24.7%)[38]，但是这种双异质结结构的太阳电池仍然受限于前表面的光吸收和反射，电池短路电流密度的提升受到限制。而叉指形背接触(IBC)太阳电池的 p-n 结和金属接触都放在电池的背面，给优化电池的性能提供了很大的自由度，一方面在优化电学性能时只需考虑背面的 p-n 结和金属接触，另一方面在电池正面只需考虑钝化性能和光学性能的优化，这样 IBC 电池达到了 24.2%的高效率[39]。IBC 和 SHJ 两种已经在工业上实现量产的高效硅基太阳电池，近年来有结合的趋势，将 IBC 的设计理念应用到 SHJ 电池上，形成所谓的 IBC-SHJ 太阳电池。IBC 技术应用于 SHJ 电池，将减少遮光损失，有效提高

SHJ 电池的短路电流密度，改善 SHJ 电池的电流性能。

自 2007 年出现 IBC-SHJ 电池的报道以来[40]，诸多研究者从实验和理论上进行探讨，计算机模拟的结果表明 IBC-SHJ 电池效率有达到 25%[41]，甚至 26%[42]的潜力。从实验上，韩国 LG 公司在 2012 年报道获得了效率达 23.4%的 IBC-SHJ 小面积(4 cm²)电池[43]。2014 年 4 月日本松下公司宣布采用背接触技术的 HIT 电池(IBC-HIT)效率高达 25.6%[44]，一举打破了晶体硅电池转换效率的世界纪录，并且电池面积达到 143.7 cm² 的商用级别，主要的提升来自于电池短路电流密度的提高(从标准 HIT 电池的 39.5 mA·cm⁻² 提高到 IBC-HIT 电池的 41.8 mA·cm⁻²)。但是目前大部分其他单位实际制作的 IBC-SHJ 电池效率并不高，这其中可能的原因是由于背面接触结构设计的不尽合理、IBC 工艺的复杂性以及将 IBC 和 SHJ 结合后产生的新问题等。因此，采用计算机模拟研究 IBC-SHJ 电池，首先可以从器件结构的设计方面进行优化，同时能够更全面地考虑影响该新型电池的各种因素，为实际制作 IBC-SHJ 电池、提高转换效率提供指导。

虽然大部分的太阳电池可以简化成一维来处理，但是由于 IBC-SHJ 电池的金属接触是放在背面的叉指形电极，需要用到二维模拟，因此前面介绍的一维模拟软件 AMPS、AFORS-HET 等都不适用于 IBC-SHJ 电池。文献报道中用于 IBC-SHJ 电池二维模拟的软件主要有 Silvaco International 的 ATLAS[41,45]软件和 Synopsys Inc.的 Sentaurus Device 软件[42,46]。关于这两个软件的情况可以参考他们的用户手册[47,48]，这里不作介绍。

对 IBC-SHJ 电池的模拟研究主要是从背面几何结构优化、正面和背面的钝化、界面缺陷态密度等方面进行，本节介绍近年来在这方面的研究结果。

6.4.1 模拟用 IBC-SHJ 太阳电池的基本结构

在 4.8.2 节已经介绍过 IBC-SHJ 太阳电池的结构(参见图 4-51)。而在模拟 IBC-SHJ 电池时，一般会将电池结构进行简化。以 n 型硅片作衬底为例，图 6-9 是用于模拟的 IBC-SHJ 电池的典型结构，当然也可以用 p 型硅片作衬底，得到对应结构的电池。在厚度为 W_{c-Si} 的 n-c-Si 正面是减反射层(ARC)，有时会加入前表面场 (FSF)。在背面，呈叉指形分布的 p-a-Si:H 和 n-a-Si:H 分别作为发射极和 BSF，其宽度分别标示为 W_{emit} 和 W_{BSF}，在发射极和 BSF 上都覆盖有金属接触层，发射极和 BSF 间的间隙用介质层隔离，其宽度标示为 W_{gap}。有些结构的 IBC-SHJ 电池背面在沉积掺杂非晶硅层之前会先沉积本征非晶硅缓冲层或其他钝化层材料，以改善钝化性能。

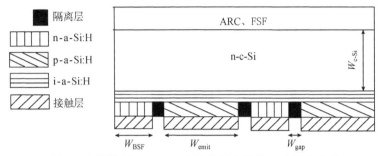

图 6-9 模拟用 IBC-SHJ 电池的基本结构，改编自文献[45]

6.4.2 IBC-SHJ 太阳电池的背面几何尺寸模拟优化

在标准 SHJ 电池中，c-Si 吸收层中的光生载流子只需垂直(硅片厚度方向)扩散到异质结和 BSF 来被收集，最大扩散距离是由硅片的厚度决定的(通常< 200 μm)。而在 IBC-SHJ 电池中，载流子需要垂直和横向扩散才能达到叉指形排列的发射极和基区而被收集，横向扩散距离可达发射极宽度的一半[49]，通常比硅片厚度要大，因此比标准 SHJ 电池中载流子的扩散距离要大。所以，在 IBC-SHJ 电池中，如果界面没有钝化良好，或者硅片的少子寿命较短，则载流子在界面处或 c-Si 体内复合的概率较大。另外，取决于 c-Si 衬底的电阻率，长距离横向电流输运可能会引起电阻损失[49]，影响到 J_{sc}。而且由于存在横向电流流动，串联电阻成为电池 FF 下降的首要原因。因此，与标准 SHJ 电池相比，需要考虑 IBC-SHJ 电池中的载流子在两个方向的运动，如果器件背面的几何尺寸不合适，可能会有更高的损失。因此，IBC-SHJ 电池背面的几何尺寸，包括发射极宽度 W_{emit}、BSF 宽度 W_{BSF} 以及它们之间的间隔距离 W_{gap}，会影响光生载流子的扩散距离，从而成为影响 IBC-SHJ 电池性能的重要因素，需要加以优化。

6.4.2.1 发射极尺寸对 IBC-SHJ 电池影响的模拟

改变 W_{emit}，而固定 W_{BSF} 和 W_{gap}，用 ATLAS 软件模拟 W_{emit} 对 IBC-SHJ 电池(结构如图 6-9 所示,但无 i-a-Si:H 层)输出性能的影响[45]，其结果见图 6-10。从图 6-10(a) 可见，IBC-SHJ 电池的 J_{sc} 随着 W_{emit} 的变宽而增加，这是因为 W_{emit} 的增加使得 c-Si 中的光生少数载流子可能位于发射极之上，在到达 p-n 异质结之前不需要通过额外的横向距离，复合概率减小。反之，多数载流子则需要经过额外的横向距离才能被收集在 BSF 接触处。而从图 6-10(b)可见，电池的 FF 则随着 W_{emit} 的增加而减小，这是由于额外的串联电阻存在，它依赖于 c-Si 的电阻率。由于 J_{sc} 和 FF 随着 W_{emit} 的变化趋势相反，因此存在一个优化的 W_{emit} 使得 IBC-SHJ 电池的效率最高。从图 6-10(c)的模拟结果可见，对 p 型硅为衬底的 IBC-SHJ 电池,其优化的 W_{emit} 为 400 μm,

而对 n 型硅为衬底的 IBC-SHJ 电池，获得最高效率的 W_{emit} 则要大得多，图 6-10(c)
显示为 1000 μm 以上。需要注意的是，图 6-10 中的模拟结果显示用 p 型硅片为衬
底的 IBC-SHJ 电池效率反而比以 n 型硅片为衬底的要高，这与实际情况不符，分析
其原因是由于该文献[45]在模拟时采用了相同的硅片少子寿命(1 ms)所造成的，实际
中 p 型硅片的少子寿命仅为数十微秒，而 n 型硅片的少子寿命可达毫秒级。下述图
6-12(a)也是这种情况。

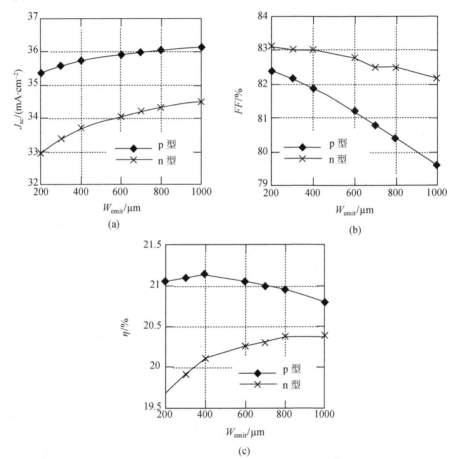

图 6-10　发射极宽度对 p 型和 n 型 IBC-SHJ 电池性能的影响模拟结果[45]

(a)J_{sc}；(b)FF；(c)η

　　Shu 等[49]模拟研究了 n 型硅为衬底的 IBC-SHJ 电池的发射极宽度对电池性能的
影响，他们的参考电池背面几何尺寸为：$W_{emit} = 1200$ μm，$W_{BSF} = 600$ μm，$W_{gap} = 25$ μm。
改变 IBC-SHJ 电池背面的横向几何尺寸，即只改变 W_{emit} 和 W_{BSF}，而保持 W_{gap}、电
池的节距(pitch)和电池总长度不变，这意味着通过改变 IBC-SHJ 电池背面发射极的

覆盖度来改变电子和空穴的平均扩散距离。模拟结果表明，电池 V_{oc} 受发射极覆盖度的影响不大，而 J_{sc} 和 FF 与发射极覆盖度的关系见图 6-11。从图中可见，如果电池前表面和发射极与 BSF 的间隙区域钝化完美，则当发射极覆盖度从 50%增大到 95%时，J_{sc} 约增加 3 mA·cm^{-2}，这是因为发射极覆盖度增加，空穴只需扩散相对短的距离就能被收集。从图中还可见，FF 与发射极覆盖度有较强的依赖关系，即 FF 先随发射极覆盖度增加到一定的值，然后出现减小的趋势。当发射极覆盖度小于一定值时 FF 的增加趋势，可以通过异质结界面的热发射输运来进行解释[49]，即一定范围内，如果发射极越窄，由于导带带阶 ΔE_V 的存在，空穴的输运被阻碍，使 FF 更低。而当发射极覆盖度增加，则对应的 W_{BSF} 减小，多数载流子(电子)需要经过更长的距离才能被收集，这会导致串联电阻增加，从而影响 FF。当发射极覆盖度非常大时(> 95%)，FF 剧烈减小。比较图 6-11 和图 6-10 发现，FF 与发射极宽度的变化趋势不一样，这是因为图 6-10 中模拟的 IBC-SHJ 电池结构(无 i-a-Si:H 层)中，发射极宽度越大，串联电阻越大，FF 随发射极宽度的增加而单调减小。假设 IBC-SHJ 电池的前表面和发射极与 BSF 的间隙区域都被完美钝化，图 6-11 还标出了这种情况下的模拟 J_{sc} 和 FF，发现在发射极覆盖度达到 75%时，J_{sc} 的增长趋于饱和，因此可以同时优化 J_{sc} 和 FF，在发射极覆盖度在 87%左右时，J_{sc} 和 FF 都达到最佳。

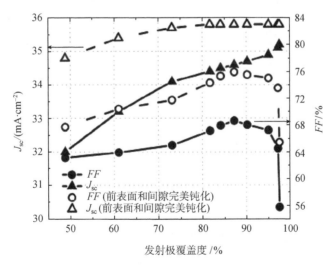

图 6-11　n 型 IBC-SHJ 电池的 J_{sc} 和 FF 与发射极覆盖度的关系模拟结果[49]

6.4.2.2　BSF 宽度对 IBC-SHJ 电池影响的模拟

保持 W_{emit} 和 W_{gap} 固定不变，改变 BSF 的宽度 W_{BSF}，研究了 W_{BSF} 对电池性能的影响[45]。增加 W_{BSF}，产生于 c-Si 中 BSF 之上的光生少数载流子需要垂直运动和横向运动才能到达 p-n 异质结，要经过的距离较长，增加了复合的机会，因此增加 W_{BSF} 会使电池的 J_{sc} 减小，如图 6-12(a)所示。从图中可见，要获得较高的 J_{sc}，BSF 的宽度应该越窄越好。

Lu 等[42,46]则固定 n 型 IBC-SHJ 电池的总宽度和 p 区(发射极)与 n 区(BSF)的个数不变，改变背面的横向几何尺寸，即增加 W_{BSF} 意味着更小的 W_{emit}，用 Sentaurus Device 软件模拟了电池的性能输出与 W_{BSF} 的关系。他们发现 IBC-SHJ 电池的 W_{BSF} 基本不影响 V_{oc} 和 FF，而 J_{sc} 则随 W_{BSF} 的增大而减小(见图 6-12(b))，模拟和实验结果都证明了这一点。这与图 6-12(a)的结论也是一致的。

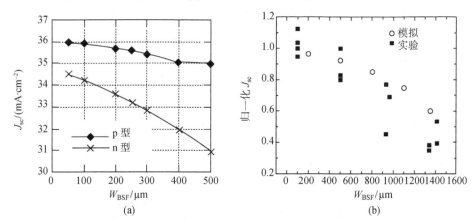

图 6-12　(a)改变 BSF 的宽度 W_{BSF}(保持 W_{emit} 和 W_{gap} 固定)对 p 型和 n 型 IBC-SHJ 电池性能的影响模拟结果[45]；(b)固定电池的总宽度和 p 区与 n 区的个数不变，增加 W_{BSF}(W_{emit} 则相应减小)对 n 型 IBC-SHJ 电池 J_{sc} 的影响模拟结果[42,46]

6.4.2.3　W_{gap} 对 IBC-SHJ 电池影响的模拟

IBC-SHJ 电池背面的发射极和 BSF 之间的间隔，即 W_{gap} 对电池性能也会产生影响。对 BSF 区域而言，增大 W_{gap} 使得 BSF 区之上 c-Si 中的光生少数载流子需要穿过额外的横向距离，意味着少数载流子在到达发射极之前的复合几率增大。另外，c-Si 衬底和间隔区域之间的界面也会发生复合。因此在考察 W_{gap} 对电池输出影响的同时考虑背间隔区域的表面钝化影响，以间隔区域的表面复合速度(S_{gap})来衡量。图 6-13 是不同的 W_{gap} 和 S_{gap} 对以 n 型硅片为衬底的 IBC-SHJ 电池的 V_{oc} 和 J_{sc} 影响的模拟结果[45]。

从图 6-13(a)可见，当表面钝化较差时(即高 S_{gap})，增加 W_{gap} 会使 V_{oc} 减小，而钝化良好时 W_{gap} 的增加对 V_{oc} 影响不大。而从图 6-13(b)可见，即使间隔区域有优异的钝化效果(即低 S_{gap})，增加 W_{gap} 仍会使 J_{sc} 减小。因此，在保证良好钝化的同时，应使 W_{gap} 尽可能小，以获得较高的电池输出，但是如果 W_{gap} 过小，则需要考虑工艺工上实现的可能性。而假设不存在这个 W_{gap}，则会导致电池内部短路。

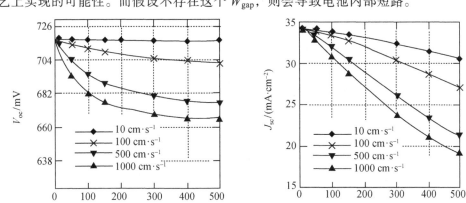

(a)　　　　　　　　　　　　　　　(b)

图 6-13　W_{gap} 对 n 型 IBC-SHJ 电池输出性能的影响模拟结果[45]

(a)V_{oc}；(b)J_{sc}

6.4.3　前表面钝化对 IBC-SHJ 太阳电池影响的模拟

在 IBC-SHJ 电池中，由于大多数的光生载流子是在前表面附近产生的，而 p-n 结位于背面，载流子输运到背结处需要经过整个硅片，因此前表面的钝化质量对 IBC-SHJ 电池的性能会产生重要的影响。前表面钝化质量可以用前表面复合速度 S_{front} 来衡量，图 6-14(a)是 Lu 等[42,46]用 Sentaurus Device 软件模拟计算的不同前表面复合速度 S_{front} 下，n 型硅片为衬底的 IBC-SHJ 电池的 J-V 特性曲线，计算时假设背表面是理想的、无界面态缺陷。从图中可见，随着前表面复合速度 S_{front} 的增加，电池的 V_{oc} 和 J_{sc} 都减小，从而导致效率降低。这是由于较高的 S_{front} 会使得载流子

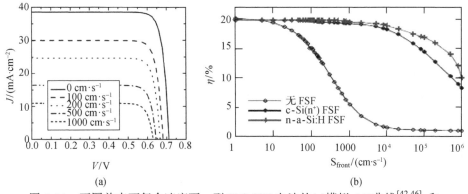

(a)　　　　　　　　　　　　　　　(b)

图 6-14　不同前表面复合速度下 n 型 IBC-SHJ 电池的(a)模拟 J-V 曲线[42,46] 和

(b)有或无 FSF 时的模拟效率[56]

在到达背面 p-n 结之前就被复合掉，因此需要 c-Si 前表面钝化良好，才能使这类电池获得优良的性能。

传统的 n 型 IBC 同质结电池的前表面一般包括一层具有良好钝化性能的减反射层，通常是热氧化的 SiO_2 或 SiN_x[50,51]。在这种电池结构的 c-Si 前表面插入轻掺的 n^+ 层[52]，形成前表面场 FSF，能够阻挡少数载流子的表面复合[53]，通过减小基区电阻率，FSF 也可以增强 IBC 电池中的横向电流输运[54]。对 IBC-SHJ 电池，通常只涉及低温过程，因此前表面一般为 a-Si:H/ARC 的叠层，a-Si:H 薄膜层钝化表面，而 SiN_x[55]或 TCO[40]层用作减反射层。低温沉积 FSF 一方面可以减少热损耗，另一方面可以方便地在电池工艺过程的任何阶段制作 FSF。无 FSF 和有 FSF 的 IBC-SHJ 电池的前表面复合速度对电池效率的影响模拟结果[56]，见图 6-14(b)。从图中可见，如果在 IBC-SHJ 电池中不加入 FSF，其钝化质量较差，表面复合速度大，使得载流子在到达背面之间就已经被复合，从而严重影响性能。而如果带 FSF，前表面的钝化得到改善，即使表面复合速度增加到 5000 cm/s，电池的性能也无明显的衰减，这对工业化非常重要，因为生产时很难在大面积电池上获得均匀良好的钝化。当然如果使用 a-Si:H FSF，在 a-Si:H/c-Si 界面会发生复合，高缺陷态密度可能会中和削弱 FSF 的钝化效果[56]。

6.4.4　背表面钝化和界面缺陷对 IBC-SHJ 太阳电池影响的模拟

除了前表面的钝化，背表面的钝化对 IBC-SHJ 电池也很关键。IBC-SHJ 电池的发射极和 BSF 都位于背面，为减少 c-Si/发射极、c-Si/BSF 和 c-Si/间隔区(发射极与 BSF 的间隔)的界面复合，在制作发射极和 BSF 前一般先在 c-Si 背面沉积一层本征非晶硅薄膜，以实现背面的钝化。本小节介绍背面本征非晶硅层的模拟优化情况，同时讨论背面的 c-Si/发射极、c-Si/BSF 和 c-Si/间隔区三个界面的缺陷态密度对 IBC-SHJ 电池性能输出影响的模拟结果。

6.4.4.1　背面缓冲层的模拟优化

1) IBC-SHJ 电池的 FF

与标准 SHJ 电池一样，IBC-SHJ 电池背面的掺杂非晶硅(p 型和 n 型)与 c-Si 之间也会插入一层 i-a-Si:H 缓冲层来改善表面钝化性能。图 6-15(a)是带 i-a-Si:H 层(厚 10 nm)和不带 i-a-Si:H 层的 n 型 IBC-SHJ 电池的实测光照 J-V 曲线[42,57]，从图中可见，不带 i 层的 IBC-SHJ 电池的 V_{oc} 和 J_{sc} 较小，但是 FF 还比较高(约 73%)；而带 i 层的 IBC-SHJ 电池 V_{oc} 和 J_{sc} 大幅增加，这是由于插入 i-a-Si:H 层后表面钝化性能提高、界面复合减少带来的结果[42,57,58]，但是 FF 却大幅减小(约 37%)，呈现出 S 形 J-V 曲线。为进一步了解 IBC-SHJ 电池的低 FF，比较了标准 SHJ 电池和 IBC-SHJ

电池的 *J-V* 曲线，见图 6-15(b)，从图中可见，标准 SHJ 电池的 *J-V* 曲线呈现正常形状，其 *FF* > 70%。图 6-15(a)和(b)的结果表明，低 *FF* 是带 i 层的 IBC-SHJ 电池要面临的问题，而且从图上看到 IBC-SHJ 电池的 *J-V* 曲线是平的(flat)进入反向偏压区，表明 *FF* 降低不是由于发射极和 BSF 间的漏电流所致[42,58]。分析 IBC-SHJ 电池低 *FF* 的原因，可能包括如下几个方面[42,58]：①由于 IBC-SHJ 电池的 i 层处在背面，并不是受光面，不能体现 i-a-Si:H 的光电导特性，因此电池的串联电阻可能会较高，而且 c-Si/发射极异质结界面的能带重排可能会不一样；②由于是叉指形背接触，意味着仅有一半的接触面积可利用，因此 IBC-SHJ 电池中界面处的电流密度高，这会引起额外的电阻损失，从而降低 *FF*；③IBC-SHJ 电池制作过程中，样品可能需要从真空腔中取出，进行额外的光刻和其他处理步骤，从而使硅片的清洁度降低，影响到 *FF*。虽然在 IBC-SHJ 电池背面引入本征非晶硅层能实现良好的钝化提高 V_{oc}，但是也存在 *FF* 降低的风险，因此必须优化背面本征非晶硅层的性能来实现电池性能的优化，这其中计算机模拟是很好的一种手段。

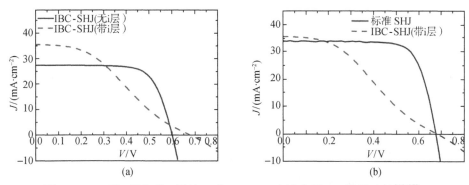

图 6-15　(a)无 i 层和带 i 层的 n 型 IBC-SHJ 电池实测 *J-V* 曲线比较[42,57]；
(b)IBC-SHJ 电池和标准 SHJ 电池的实测 *J-V* 曲线比较[42,58]

2) 模拟优化 IBC-SHJ 电池背面的本征缓冲层以提高 *FF*

在 IBC-SHJ 电池背面存在 c-Si/发射极、c-Si/BSF 和 c-Si/间隔区三个界面，必须实现良好钝化才有可能获得高效。插入本征缓冲层正是为了实现钝化，而 IBC-SHJ 电池背面的本征非晶硅缓冲层又可能会导致电池 *FF* 降低。因此需要优化缓冲层，使得既实现钝化界面，又不至于使 *FF* 降低。实验发现，只有当发射极区存在 i-a-Si:H 缓冲层时才会导致低 *FF*[42,59]。Lu 等[42,57,59]在模拟优化缓冲层的参数方面做了很多工作，采取了三种方案来优化缓冲层：①减小厚度；②增加掺杂量(导电性)；③减小带隙。其结果见图 6-16。

在图 6-16 每一种模拟情况下，除了要改变的参数，其他参数(如表面钝化质量)都保持相同，这样模拟得到的 V_{oc} 和 J_{sc} 基本相似。从图 6-16(a)可见，当缓冲层厚

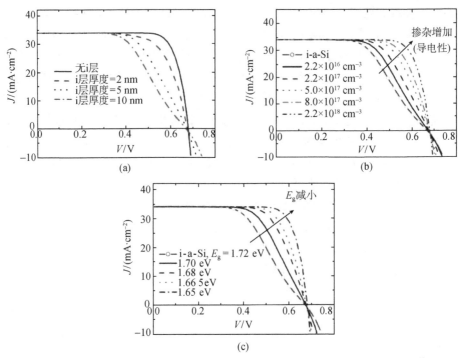

图 6-16　改变缓冲层参数，n 型 IBC-SHJ 电池的模拟 J-V 曲线[42,57,59]
(a)厚度；(b)B 掺杂浓度(导电性)；(c)带隙

度减小时，FF 增加，甚至当缓冲层厚度从 10 nm 减小到 0 nm 时，不再出现 S 形 J-V 曲线。表明在 IBC-SHJ 电池中，虽然缓冲层处在背面不吸收光，但是仍然需要使其厚度越小越好，只需能保证足够的均匀覆盖度和钝化质量。从图 6-16(b)可见，用 B 掺杂来实现增加缓冲层的导电性，当 B 掺杂浓度增加到 $2.2×10^{18}$ cm^{-3}，大约为 p 型发射极掺杂浓度($2.05×10^{19}$ cm^{-3})的 1/10 时，电池的 FF 达到 ~78%，不再出现 S 形 J-V 曲线。从图 6-16(c)可见，本征缓冲层的带隙 E_g 对 FF 有重要影响，当带隙从 1.72 eV 减小到 1.65 eV 时，FF 从 55% 增加到 ＞78%。上述三种改善 FF 的方法，都可以从改善能带排列和减小价带带阶的角度得到解释[42]。

6.4.4.2　背面的界面缺陷对 IBC-SHJ 太阳电池影响的模拟

在 IBC-SHJ 电池的背面包括三个界面：c-Si/发射极、c-Si/BSF 和 c-Si/间隔区。必须对这些界面进行钝化，减少界面态密度 D_{it}，抑制界面复合，才有可能获得高效的 IBC-SHJ 电池。图 6-17 是背面不同界面处的 D_{it} 对电池输出性能影响的模拟结果[49]。改变一个界面的 D_{it}，则假设另外两界面是完美无缺陷的，分别模拟三个界面的 D_{it} 对电池输出的影响。

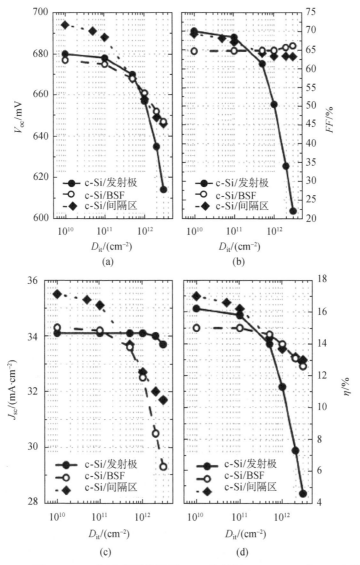

图 6-17　n 型 IBC-SHJ 电池背面的界面(c-Si/发射极、c-Si/BSF 和 c-Si/间隔区)
态密度对电池性能输出的影响模拟结果[49]

(a)V_{oc}；(b)FF；(c)J_{sc}；(d)η

从图 6-17 可见，电池的 V_{oc}、J_{sc} 和 FF 都随着间隔区 D_{it} 的增大而减小。而在
图 6-13 中显示复合速度 S_{gap} 越大，电池的 V_{oc} 和 J_{sc} 越小。图 6-17 和图 6-13 得到的
结论是一致的。实际上，在间隔区之上的 c-Si 中，存在着一个非常小的区域，无电
场来分离光生载流子[49]，如果间隔区钝化较差，复合损失可能会很严重，因此

IBC-SHJ 电池背面间隔区的钝化非常重要。从图 6-17 还可见，c-Si/发射极和 c-Si/BSF 的 D_{it} 对电池输出的影响，与标准 SHJ 电池中 D_{it} 对电池性能影响(参见图 6-2)是相似的，即任何一个界面的高 D_{it} 都会使 V_{oc} 降低；同时 FF 主要受 c-Si/发射极界面的 D_{it} 影响，而 c-Si/BSF 界面的 D_{it} 对 J_{sc} 影响较弱。因此 c-Si/发射极界面的钝化对 IBC-SHJ 电池整体性能影响最大，从图 6-17(d)的模拟结果发现，当 c-Si/发射极界面钝化非常差时($D_{it} = 3×10^{12} \text{ cm}^{-2}$)，会导致 S 形 J-V 曲线，其效率仅 4.7%。

对 IBC-SHJ 太阳电池的模拟研究，还可以从 c-Si 材料的本身性能着手，如 c-Si 的少子寿命、厚度(图 6-9 中的 $W_{c\text{-}Si}$)、掺杂浓度、电阻率等，分别模拟它们对 IBC-SHJ 电池输出性能的影响，可以参看文献[41,45]，这里不作论述。

6.5　新结构硅基异质结太阳电池的模拟研究

随着太阳电池技术的发展，人们不断设计出新结构的太阳电池。在进行试验和制作电池之前，如果能够建立理论模型并模拟计算，将有效认识和预测影响电池效率的因素，以便构建合理结构，确定先进工艺技术，获得提高新结构太阳电池转换效率的途径，使理论真正具有预见性和指导意义。本节将介绍以晶体硅为衬底的新结构异质结电池，主要是我们在同质–异质结晶体硅电池、纳米柱阵列硅异质结电池和硅基金属化合物半导体异质结太阳电池方面的模拟研究成果。

6.5.1　硅基同质–异质结太阳电池的模拟研究

日本三洋(现松下)公司发明的 HIT 太阳电池具有较高的开路电压和转换效率的优势[13,15-17]，引起了光伏人士的广泛关注。特别是 2013 年 2 月，他们把 HIT 电池的转换效率和开路电压分别提升至 24.7%和 750 mV[38]，在业界引起轰动。HIT 电池良好的电性能特性源于异质结较大的势垒和本征非晶硅层良好的钝化效果[13,15-17,38]。然而大量的实验研究表明，本征非晶硅薄层的引入会使得电池的串联电阻增加，填充因子下降[9,60,61]，而且 HIT 电池具有对界面缺陷态比较敏感的问题[10]。如果在晶体硅衬底和掺杂非晶硅之间引入一层物质代替本征非晶硅薄层，保持良好钝化特性的同时又不引起串联电阻的增加，是人们关注的焦点。在同质结电池中，n/n$^+$ 和 p/p$^+$ 同质结经常用作场效应钝化层来降低背面的复合速率[62,63]，甚至一些高效的同质结电池也用 n/n$^+$ 或 p/p$^+$ 结来钝化前表面[64]。为减少异质结电池在界面处的复合，Harder[65] 提出了一种同时包含有同质结和异质结(homo-hetero junctions)的新型太阳电池结构。为了更好地理解同质–异质结电池的益处和性能，揭示它能获得高效的物理原因，我们采用 AFORS-HET 对硅基同质–异质结电池进行了模拟[66]。本小节介绍我们对硅基同质–异质结电池的模拟研究情况。

6.5.1.1　同质–异质结太阳电池结构和缺陷态密度分布

在 5.2.4.2 节已经介绍过模拟用的同质–异质结电池结构(参见图 5-13)，它是以 n 型晶体硅为衬底，正面先进行一层 p 型重掺杂(p-c-Si)，构成同质 p-n 结，然后再覆盖一层 p$^+$型重掺杂非晶硅薄膜(p$^+$-a-Si:H)，构成 p/p$^+$异质浓度结。为了方便研究和更好地讨论这种电池结构的电学特性，背面直接覆盖一层 n$^+$型重掺杂非晶硅薄膜(n$^+$-a-Si:H)。因此同质–异质结电池结构从正面至背面依次为 TCO/p$^+$-a-Si:H/p-c-Si/n-c-Si/n$^+$-a-Si:H/TCO。作为参考的 HIT 电池结构是 TCO/p$^+$-a-Si:H/i-a-Si:H/n-c-Si/n$^+$-a-Si:H/TCO，与标准 HIT 电池相比背面无本征缓冲层。

为集中研究同质–异质结电池的性能，忽略 TCO 薄膜的反射和吸收，前面和背面接触都认为是平带(flatband)[27]。对 a-Si:H 层，考虑类受主态(acceptor-like)和类施主态(donor-like)都是由指数分布的带尾态和高斯分布的带隙态组成[24,66]，p、i 和 n 型 a-Si:H 薄膜的态密度(DOS)分布见图 6-18。模拟时假设正面的 a-Si:H/c-Si 界面处的 DOS 分布呈高斯分布，而为方便计算，忽略背面的 a-Si:H/c-Si 界面处的 DOS。

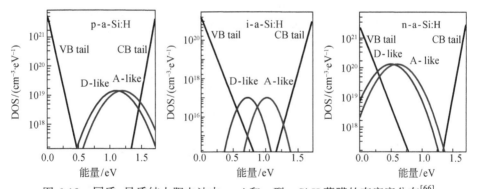

图 6-18　同质–异质结太阳电池中 p、i 和 n 型 a-Si:H 薄膜的态密度分布[66]
CB tail 和 VB tail 分别为导带带尾态和价带带尾态；D-like 和 A-like 分别代表类施主和类受主型悬挂键

6.5.1.2　同质–异质结太阳电池的 J-V 特性模拟

模拟同质–异质结电池的 J-V，并与对照 HIT 电池的 J-V 曲线进行比较，见图 6-19，它们的输出参数也列于图上。模拟时同质–异质结电池的 p-c-Si 层的掺杂浓度为 5×10^{18} cm^{-3}，厚度为 10 nm。从图 6-19 中可见，在具有较低界面缺陷态密度($D_{it} = 1 \times 10^{10}$cm^{-2})时，同质–异质结电池效率高达 25.37%，比 HIT 电池高出 1.43%的绝对效率。比较电池的输出参数，发现同质–异质结电池效率较高是来源于其明显的填充因子优势。在较低界面态密度时，同质–异质结电池的填充因子为 83.78%时，而 HIT 电池的填充因子只有 80.47%。从图中还可见，由于同质–异质结电池具有较高的填充因子，因此即使当其界面缺陷态密度达到 5×10^{12} cm^{-2} 时，即为较低 D_{it} 的 500 倍，同质–异质结电池的模拟效率(23.91%)仍然可以与 D_{it} 仅为 1×10^{10} cm^{-2} 时的 HIT 电池效率(23.94%)相比拟，表明同质–异质结电池对界面缺陷态密度没有 HIT 电池那么敏感，即对界面缺陷具有更大的容忍度，这在实践上非常有利于高效电池的制作。一般认为 HIT 电池之所以填充因子比较差，是因为其中间的本征非晶硅薄层电阻率较高，一定程度上具有电荷传输阻挡层的作用，因此会造成电池的串联电阻增加[60,61]。

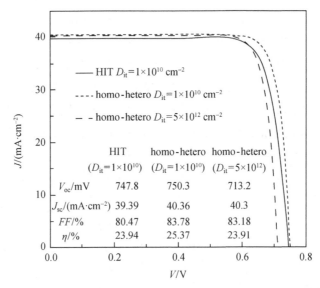

图 6-19　同质–异质结电池和 HIT 电池在 AM1.5 光谱下的模拟 J-V 曲线[66]

为了更好地理解和确认这个想法，对这两种电池在无光照条件下进行 J-V 曲线模拟，并且提取出 dV/d(ln$J$)与 J 的关系图，如图 6-20 所示。根据热发射理论，Cheung 等[67]建立了计算模型，得到如下关系式[67,68]

$$\frac{\mathrm{d}V}{\mathrm{d}(\ln J)} = R_{s}AJ + n\left(\frac{kT}{q}\right) \tag{6-15}$$

式中，R_s 和 A 分别代表串联电阻和电池面积；n 是二极管理想因子。显然，可以通过 dV/d(ln$J$)与 J 的线性拟合来获得串联电阻。在此模拟中，提取得到的同质–异质结电池的串联电阻是 0.150 Ω，而 HIT 电池的串联电阻是 0.515 Ω。因此，的确同质–异质结电池的串联电阻更低。

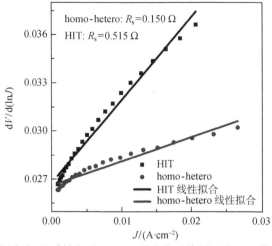

图 6-20　从同质–异质结电池和 HIT 电池在正偏压下暗 J-V 模拟曲线提取
dV/d(lnJ)与 J 的关系[66]

6.5.1.3　同质–异质结太阳电池的场效应钝化

为进一步理解同质–异质结电池,我们模拟了电池的能带、电场、电子浓度分布与位置的关系[66],如图 6-21 所示。从图中可见,在同质结内存在价带带阶,同时与 HIT 电池相比,同质–异质结电池的能带在 c-Si 衬底侧变化更快速、剧烈。而

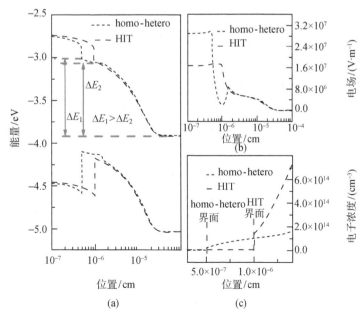

图 6-21　同质–异质结电池和 HIT 电池的(a)能带图,(b)电场和(c)自由电子浓度比较[66]

且，同质–异质结电池由于没有高电阻率的本征非晶硅薄层存在，使得其 c-Si 侧的导带势垒差(ΔE_1)比 HIT 电池的势垒差(ΔE_2)要大(图 6-21(a))，相应地，c-Si 侧和 a-Si:H 内的电场更强(图 6-21(b))。硅表面的能带弯曲形成一个电场，使得在界面处存在一个势垒来阻挡电荷传输，电子和空穴的浓度变得不平衡，复合速率变小，这就是场效应钝化的机理[69]。对于同质–异质结电池，由于有同质结的存在，晶体硅中存在一个同质结电场，起场效应钝化的效果，使得异质结界面处的电子浓度更低(图 6-21(c))，减小了界面处的复合。在同质–异质结电池中，虽然由于异质结内的价带带阶更大，导致空穴积累在异质界面处，但是由于来自同质结的场效应钝化使界面处电子浓度大为减小，提高了对界面缺陷的容忍度。因此，同质–异质结结构提供了一种可以有效提高晶体硅电池钝化效果和效率的方法。

6.5.2　纳米柱阵列硅异质结太阳电池的模拟

太阳电池作为一种光电转换器件，其转换效率的高低不仅跟电学特性有关，还与光学性能有关。6.5.1 节讲述的硅基同质–异质结复合结构的应用保证了电池的良好电学性能，然而高的转换效率还要求光学损失尽可能地小，即反射损失尽量小，使更多的光被硅结构所吸收，提高短路电流。我们注意到当今纳米科学技术的快速发展对光伏器件性能提高和材料成本下降的贡献，对有价格竞争力的可再生能源技术的发展起到了极大的推进作用。硅纳米结构阵列太阳电池在下一代高效低成本硅基太阳电池方面将扮演着非常重要的角色，因此成为当前光伏领域的研究热点之一[70]。在保持非晶硅/晶体硅异质结太阳电池基本结构不变的情况下，将硅纳米结构应用到太阳电池表面以改善光吸收，可以得到具有新型表面结构的硅异质结太阳电池。本小节介绍我们对纳米柱阵列硅异质结太阳电池的光学模拟研究。

硅基异质结电池发射极对入射光的寄生吸收是限制其短路电流的重要因素之一(参见 4.4.4 节)。这来自于掺杂 a-Si:H 材料较小的扩散长度，并表现为电池内量子效率 IQE 在短波区的下降。对于常规的表面结构(平面或绒面)，入射光在电池内的分布总是满足近似指数衰减，因此处于表面的 a-Si:H 层将成为最强的光吸收区域。这种特性对硅异质结电池的设计提出了额外的要求，使得实际应用中必须在电学、光学间寻找一个平衡，来尽量减小短路电流的损失。我们提出一种可能的新方式来解决这个矛盾，并通过三维光学–电学模拟来说明其实现条件和预期增益[71]。通过在 c-Si 表面引入一层二维周期性纳米柱阵列结构，来改变该处的光场分布，以期将光吸收前沿转移到 c-Si 中，从而减小 a-Si:H 窗口层的寄生吸收损失。图 6-22 是用于模拟计算的纳米柱阵列硅异质结电池前表面的示意图。为简单起见，我们采取了 TCO/p-a-Si:H/n-c-Si/TCO 的电池结构(图中 TCO 未标出)，TCO 厚度为 80 nm， p-a-Si:H 厚度为 10 nm，在 n-c-Si 表面引入了周期为 P、高度为 H、直径为 D 的纳米柱周期性阵列。

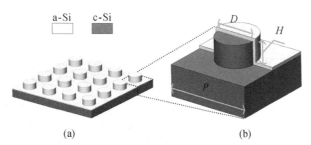

图 6-22　模拟用纳米柱阵列硅异质结电池的结构示意图[71]

(a)三维示意图(正面和背面接触未标出)；(b)电池结构单元。参数 D 和 H 为硅纳米柱的
直径和高度，P 为阵列的周期

在模拟计算时忽略界面复合的影响，各层材料的光学、电学特性都取自相应的实验值。光学的模拟采用时域有限差分(finite-difference time-domain，FDTD)计算方式，即将全空间划分为立方元胞，并在各节点上迭代求解麦克斯韦方程组的差分形式，从而得到光照下光场分布的精确解。电学的模拟则采用四边形网格，在各节点上求解 6.1.2 节介绍的载流子输运和连续性方程，从而得到器件的响应。在这里，我们只提取其短波内量子效率作为判断指标，并与平面(无制绒)的硅异质结太阳电池作比较。

通过分别单独改变 P、H 和 D 值，模拟得到最佳的纳米柱周期参数为 $P = 315$ nm、$H = 75$ nm 和 $D = 150$ nm。采用最佳纳米柱周期参数的硅异质结电池，计算了在 AM1.5 光照下电池在短波区的 IQE，其结果见图 6-23(a)。从图中可见，与平面硅异质结电池 IQE 相比较，纳米柱结构硅异质结电池对短波的响应明显改善，其短波 IQE 有明显的提升。具体来说，采用纳米柱结构的电池对 400 nm 波长的入射光响应提高到 80%以上，而平面硅异质结电池 IQE 只有 47%。而在中长波段，纳米柱结构硅异质结电池的光谱响应与平面结构硅异质结电池没有差别(见图 6-23(a)插图)。

图 6-23(b)是纳米柱阵列和平面异质结电池在不同波长光照下的光场分布模拟。通过比较两者的光场分布，我们发现纳米柱阵列硅异质结电池 IQE 的增益来源于纳米柱作为共振腔对表面光场的改变作用。当入射光波长满足纳米柱二维周期的导模模式和纳米柱腔体的共振模式时，即当共振和导模模式被激发时，腔内的光场强度达到最大，使得电池对该波长的吸收前沿有效地转移到柱中和柱下的 c-Si 之中，从而体现为 IQE 的大幅上升。光场分布有效地趋向 c-Si 区域，使产生的载流子能被高效地提取。最终的计算结果表明，该纳米柱阵列结构能使硅异质结电池在 330 ~

450 nm 的短波内多产生 38%以上的电流，增益效果还是很明显的。

通过模拟研究，我们发现纳米柱周期阵列结构能明显地对硅异质结电池的电流产生增益，虽然在实验上尚未实现，但是仍然为提高硅基以及其他异质结太阳电池的效率启发了新的方向。

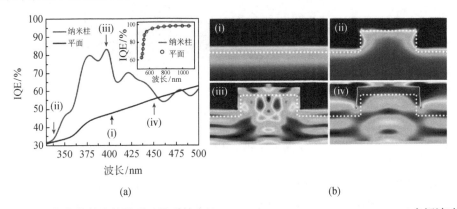

(a)　　　　　　　　　　　　　　　　　　　　　(b)

图 6-23　(a)优化的纳米柱阵列硅异质结电池(P = 315 nm, D = 150 nm, H = 75 nm)在短波响应区的 IQE，插图为纳米柱硅异质结电池与平面硅异质结电池在长波区(500 ~ 1100 nm)的 IQE 比较[71]；(b)平面和纳米柱硅异质结电池在不同波长光照下的光场分布[71]，(i)平面电池，λ = 400 nm；(ii)纳米柱电池，λ = 330 nm；(iii)纳米柱电池，λ = 400 nm；(iv)纳米柱电池，λ = 450 nm

6.5.3　硅基金属化合物半导体异质结太阳电池的模拟

虽然非晶硅/晶体硅异质结太阳电池能得到较高的转换效率，已经实现产业化，但是这类电池也有它的局限，具体表现为：①非晶硅材料有很多的界面态和缺陷，载流子迁移率比较低，会影响光生电流的收集；②非晶硅材料本身有光致衰减作用；③非晶硅材料和晶体硅材料的光吸收系数都不是很高，要提高长波响应，要求硅片的厚度不能太薄，限制了电池向薄型化发展的潜力。在当前的薄膜太阳电池领域，被广泛研究并已有成熟的产业化工艺和经验的化合物薄膜太阳电池是铜铟镓硒(CIGS)和碲化镉(CdTe)薄膜电池，CIGS 电池目前的最高转换效率已达 20.8%[72]，而 CdTe 电池目前的最高效率为 20.4%[73]。作为这两类化合物薄膜电池的主要材料 Cu(In,Ga)Se$_2$ 和 CdTe，它们能否与晶体硅形成类似的高效异质结电池，用何种结构能够实现，是我们需要关注的问题。在进行试验之前，先进行模拟研究，将有助于回答这些问题。本小节将介绍用 AMPS 软件模拟研究硅基金属化合物半导体(黄铜矿类和碲化镉)异质结太阳电池的结果。

6.5.3.1　硅基黄铜矿类半导体异质结太阳电池的模拟

黄铜矿(chalcopyrite)类半导体是 Ⅰ-Ⅲ-Ⅵ族元素按照 ABC$_2$ 的原子配比形成的

半导体化合物，其中 A 是 Cu、Ag、Au 中的一种或几种，B 是 Al、Ga、In 中的一种或几种，C 是 S、Se、Te 中的一种或几种，比如 $CuInS_2$、$Cu(In,Ga)Se_2$、$Ag(In,Ga)Se_2$ 等。这类半导体可以与晶体硅形成较稳定的异质结，因为它们具有如下特点：①可以形成高结晶质量的薄膜，且晶格常数与硅的晶格常数($a = 5.43$ Å)比较接近，晶格失配在$-0.7\% \sim +0.8\%$，因而可以与硅形成结构稳定的异质结。②是直接带隙半导体，其光吸收系数是目前所有半导体中最高的，在可见和紫外光区都在 10^5 cm^{-1} 量级，平均比晶体硅高 2 个数量级。③为自调整半导体，这个特点表现为两个方面。一是调整不同主族元素比例，可以直接由其化学组成的改变得到 p 或 n 型半导体，而不必借助外加杂质；二是在同一副族(如 A)内搭配不同比例元素，可以调整带隙，调整范围在 $1.02 \sim 3.5$ eV，利用这个特性可以实现带隙的梯度分布，分段吸收光谱，增大光生电流。④没有光致衰减效应，且有很好的抗高频辐射性能。

1) 硅基黄铜矿类半导体异质结太阳电池的结构模型

硅基黄铜矿异质结太阳电池的基本结构是：TCO/黄铜矿发射区/硅基区/背场区，太阳光从 TCO 层入射，进入黄铜矿发射区/硅基区后被吸收，光生载流子靠扩散输运到 p-n 结区，在结区空间电场的作用下分别向发射区和背场区漂移。

图 6-24 分别给出了 n 型黄铜矿半导体层与 p 型硅片形成的 npp^+ 结构和 p 型黄铜矿半导体层与 n 型硅片形成的 pnn^+ 结构示意图[74-76]。受光面硅片采用金字塔式绒面结构，减少光反射，TCO 兼具透光与收集光生电流的作用，正面及背面设计有金属电极。黄铜矿发射极主要吸收短波、中短波光谱，硅基区主要吸收中长波段光谱。这样形成的 p-n 结，可以充分吸收全太阳光谱，提高光生电流和开路电压。硅片背光面采用平面，一方面有利于背面钝化，另一方面可提高长波反射，进一步提升长波响应。背场区采用重掺杂以形成 BSF，一方面钝化背面，另一方面进一步提升开路电压。

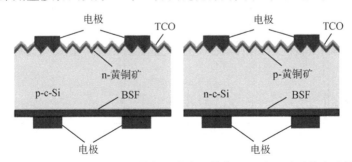

图 6-24　两种不同导电类型黄铜矿类半导体与硅形成的异质结电池结构[74-76]

由于 n 型黄铜矿类半导体研究不十分广泛，性能参数报道的不多，因此这里只讨论 p-黄铜矿/n-c-Si 形成的 pnn^+ 结构的异质结太阳电池。关于 p-黄铜矿/n-c-Si 异质结电池的模拟，主要从发射区(黄铜矿层的带隙、厚度等)、基区(硅片的厚度、掺

杂浓度等)、背场(背面掺杂浓度、深度等)以及它们之间的界面缺陷等各个方面进行
模拟,详细的模拟可以参看文献[74-78]。这里仅介绍黄铜矿发射层的带隙分布及厚
度对 p-黄铜矿/n-c-Si 异质结太阳电池光电特性影响的 AMPS 模拟结果。

2) p 型黄铜矿带隙宽度的影响模拟

黄铜矿发射区的主要作用是吸收中短波段光谱,同时与基区建立内建电场。对
单一带隙的黄铜矿发射区,带隙的变化不仅影响内建电场的大小,进而影响电池的
V_{oc};而且也会影响发射区对不同光谱波段的吸收,造成短路电流的差异。固定电池
前面接触势垒为 1.2 eV,黄铜矿发射区的电子亲和能为 4.2 eV,选取不同黄铜矿化
合物种类及配比,使其单带隙宽度从 1.15 eV 变化至 3.5 eV,模拟电池的性能参数
与黄铜矿带隙的关系[74],结果见图 6-25。从图 6-25 中可见,J_{sc} 随着黄铜矿层带隙
宽度的增大而不断减小,主要原因是随着 E_g 增大,在光吸收系数较高的 p 区能被
吸收且产生光生载流子的波段变窄,因而光生电流减小。就 V_{oc} 而言,当黄铜矿层
的 E_g 从 1.15 eV 增大至 1.35 eV 时,V_{oc} 从 0.68 V 提升至 0.72 V,E_g 进一步增加时,
V_{oc} 呈饱和趋势。FF 随 E_g 的变化分成三个阶段:1.15～1.35 eV 为上升阶段,1.35～
2.5 eV 为饱和阶段,2.5～3.5 eV 为下降阶段,其中在饱和阶段 FF 的最大值可达 82%
以上。单纯只从黄铜矿层带隙宽度变化的角度,在 E_g 为 1.35 eV 左右时,p-黄铜矿/
n-c-Si 异质结电池的效率达到最大。

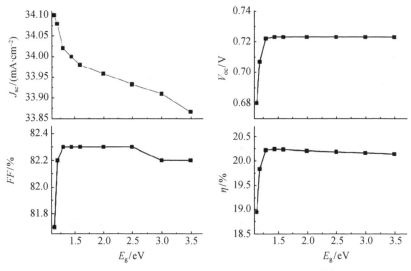

图 6-25　黄铜矿层带隙对电池性能影响的模拟[74]

3) p 型黄铜矿厚度影响的模拟

由于 p 型黄铜矿较高的光吸收系数,因此多数入射光在 p 型发射区内被吸收,
并产生光生载流子。从理论上讲,越厚的发射极通常能得到更大的光谱响应电流,

但是越厚的 p 型黄铜矿在实际运用中会带来更高的制造成本。在其他参数不变，p 型黄铜矿层的厚度在 2～7 μm、带隙在 1.2～3.5 eV 变化，对电池的性能进行模拟。图 6-26 给出了不同黄铜矿层厚度时，电池的 J_{sc} 和转换效率 η 随黄铜矿带隙的变化关系[74]。可以看到，在同样的厚度时，增大黄铜矿带隙使得 J_{sc} 单调下降，其主要原因还是随 E_g 增大，在光吸收系数较高的 p 区能被吸收且产生光生载流子的波段变窄，光生电流减小。而固定黄铜矿层的带隙时，增大厚度，J_{sc} 并没有如预期的那样递增，反而在厚度达到 3 μm 后，不升反降。采用不同厚度的黄铜矿层时，异质结电池的 η 随黄铜矿带隙变化趋势是一致的，即在带隙达到 1.35～1.45 eV 出现峰值 η 后，随 E_g 增大，η 逐步降低。而固定带隙，改变黄铜矿层厚度时，效率变化的规律是：当厚度从 2 μm 增大到 7 μm 时，η 先增大后降低，峰值在～3 μm 处。

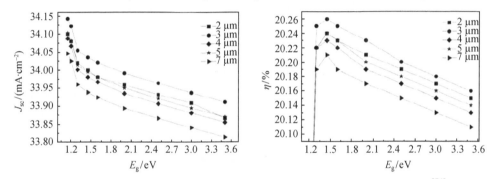

图 6-26　不同黄铜矿层厚度时，电池的 J_{sc} 和 η 随黄铜矿带隙的变化关系[74]

经过优化发射区、基区和背场层的参数，在不考虑 p 型黄铜矿层内的缺陷和 p-黄铜矿/n-c-Si 界面缺陷的理想情况下，最终模拟得到的异质结电池效率达 27.53%，其光照下的模拟 J-V 曲线和性能参数如图 6-27 所示[74]。

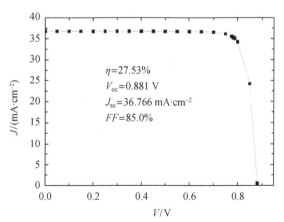

图 6-27　经过优化后的 p-黄铜矿/n-c-Si 异质结电池，在 AM1.5 条件下的模拟 J-V 曲线[74]

6.5.3.2　硅基碲化镉异质结太阳电池的模拟

前面介绍的硅基黄铜矿异质结太阳电池的模拟研究表明该类太阳电池的结构方案可行,具有形成较高转换效率电池的潜力。但在现阶段实际应用中,黄铜矿类半导体制造工艺复杂,由于是三元甚至四元化合物,膜内元素及分布均匀性往往较难控制,而且其中包含了稀有贵重金属银、铟、镓等,制造成本较高。这些因素都使 p-黄铜矿/n-c-Si 异质结太阳电池在实际中的应用受到限制。为突破这些可能存在的限制,考虑另一种已产业化的化合物薄膜太阳电池材料——CdTe,通过 AMPS 模拟研究来讨论 p-CdTe/n-c-Si 异质结太阳电池的可行性。

CdTe 半导体属于 II-VI 族化合物,其中 Cd 和 Te 原则按照 1:1 的原子配比形成。在 II-VI 族化合物中,CdTe 具有最低的熔点、最大的晶格常数和最大的离子性。CdTe 具有闪锌矿的晶体结构,晶格常数为 6.481 Å。它是直接带隙半导体,在可见及紫外光区的吸收系数都在 $10^4 \sim 10^5$ cm^{-1} 量级,平均比晶体硅高 2 个数量级。其带隙在 1.5 eV,处于单结太阳电池的理想带隙范围之内。通过不同的生长方式可实现 p 型(贫 Cd,形成 Cd 空位)或 n 型(富 Cd,形成间隙 Cd),因此为自调整半导体,目前光伏应用中大多数合成的 CdTe 都呈 p 型。CdTe 结构稳定,其多晶薄膜制备工艺简单,而且其元素成分简单,仅为二元化合物。

1) p-CdTe/n-c-Si 异质结太阳电池的结构模型

这里讨论的 p-CdTe/n-c-Si 异质结太阳电池采用的基本结构是:TCO/p 型碲化镉发射区/n 型硅基区/背场区,其结构如图 6-28 所示[74]。太阳光从 TCO 层入射,进入碲化镉发射区/硅基区后被吸收,光生载流子靠扩散输运到 p-n 异质结区,在结区空间电场的作用下分别向发射区和背场区漂移。p 型 CdTe 发射区主要吸收短波、中短波光谱,硅基区主要吸收中长波段光谱。TCO 起到透光和收集光生电流的作用,背场区采用重掺杂以形成 BSF,正面、背面设计有金属电极。

2) p-CdTe/n-c-Si 异质结太阳电池的模拟结果

与前面介绍的 p-黄铜矿/n-c-Si 异质结电池思路一样,从发射区、基区、背场区以及 p-CdTe/n-c-Si 异质结界面缺陷态等各方面用 AMPS 软件进行模拟,具体的模拟计算可以参看文献[74]。在不考虑 p 型 CdTe 体内的缺陷和 p-CdTe/n-c-Si 界面缺陷的理想条件下,经过各种优化,最终模拟得到的 p-CdTe/n-c-Si 异质结电池效率达 25.96%,其光照下的模拟 J-V 曲线和性能参数如图 6-29 所示[74]。模拟结果表明,p-CdTe/n-c-Si 异质结太阳电池表现出高 V_{oc}、低 J_{sc} 的特性。

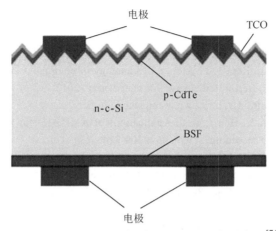

图 6-28　p-CdTe/n-c-Si 异质结太阳电池结构示意图[74]

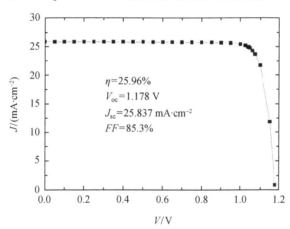

图 6-29　经过优化后的 p-CdTe/n-c-Si 异质结电池，在 AM1.5 条件下的模拟 J-V 曲线[74]

参 考 文 献

[1] 朱美芳, 熊绍珍. 光伏原理基础[M] // 熊绍珍, 朱美芳. 太阳能电池基础与应用. 北京: 科学出版社, 2009.

[2] Stangl R, Leendertz C. General principles of solar cell simulation and introduction to AFORS-HET[M] // van Sark W G J H M, Korte L, Roca F. Physics and technology of amorphous-crystalline heterostructure silicon solar cells. Berlin Heidelberg: Springer-Verlag, 2012.

[3] Wenham S R, Green M A. Silicon solar cells[J]. Prog. Photovolt.: Res. Appl., 1996, 4: 3-33.

[4] 周浪. 光伏发电原理与效率控制因素[M] // 沈文忠. 太阳能光伏技术与应用. 上海: 上海交通大学出版社, 2013.

[5] Stangl R, Leendertz C, Haschke J. Numerical simulation of solar cells and solar cell

characterization methods: the open-source on demand program AFORS-HET[M] // Rugescu R D. Solar Energy. Rijeka, Croatia: InTech, 2010: 319-352.

[6] Leendertz C,Stangl R. Modeling an a-Si:H/c-Si solar cell with AFORS-HET[M] // van Sark W G J H M, Korte L, Roca F. Physics and technology of amorphous-crystalline heterostructure silicon solar cells. Berlin Heidelberg: Springer-Verlag, 2012.

[7] A manual for AMPS-1D. http://www.ampsmodeling.org.

[8] Zhu H, Kalkan A K, Hou J, et al. Applications of AMPS-1D for solar cell simulation[C]. AIP Conference Proceedings, 1999, 462: 309-314.

[9] Rahmouni M, Datta A, Chatterjee P, et al. Carrier transport and sensitivity issues in heterojunction with intrinsic thin layer solar cells on N-type crystalline silicon: a computer simulation study[J]. J. Appl. Phys., 2010, 107: 054521.

[10] Datta A, Rahmouni M, Nath M Boubekri R, et al. Insights gained from computer modeling of heterojunction with intrinsic thin layer "HIT" solar cells[J]. Sol. Energy Mater. Sol. Cells, 2010, 94: 1457-1462.

[11] Niemegeers A, Gillis S, Brugelman M. A user program for realistic simulation of polycrystalline heterojunction solar cells: SCAPS-1D[C]. Proceedings of 2nd World Conference on Photovoltaic Energy Conversion, Vienna, Austria, 1998: 672-675.

[12] Korte L. Electronic properties of ultrathin a-Si:H layers and the a-Si:H/c-Si interface[M] // van Sark W G J H M, Korte L, Roca F. Physics and technology of amorphous-crystalline heterostructure silicon solar cells. Berlin Heidelberg: Springer-Verlag, 2012.

[13] Tanaka M, Taguchi M, Matsuyama T, et al. Development of new a-Si/c-Si heterojunction solar cells: ACJ-HIT (artificially constructed junction-heterojunction with intrinsic thin-layer)[J]. Jpn. J. Appl. Phys., 1992, 31: 3518-3522.

[14] Fujiwara H, Kondo M. Effect of a-Si:H layer thicknesses on the performance of a-Si:H/c-Si heterojunction solar cells[J]. J. Appl. Phys., 2007, 101: 054516.

[15] Mishima T, Taguchi M, Sakata H, et al. Development status of high-efficiency HIT solar cells[J]. Sol. Energy Mater. Sol. Cells, 2011, 95: 18-21.

[16] Maruyama E, Terakawa A, Taguchi M, et al. Sanyo's challenges to the development of high-efficiency HIT solar cells and the expansion of HIT businesses[C]. Proceedings of 4th World Conference on Photovoltaic Energy Conversion, Waikoloa, HI, USA, 2006: 1455-1460.

[17] Fujishima D, Inoue H, Tsunomura Y, et al. High performance HIT solar cells for thinner silicon wafers[C]. Proceedings of the 35th IEEE Photovoltaic Specialists Conference, Honolulu, HI, USA, 2010: 3137-3140.

[18] Hernández-Como N, Morales-Acevedo A. Simulation of hetero-junction silicon solar cells with AMPS-1D[J]. Sol. Energy Mater. Sol. Cells, 2010, 94: 62-67.

[19] Froitzheim A, Brendel K, Elstner L, et al. Interface recombination in heterojunctions of amorphous and crystalline silicon[J]. J. Non-Cryst. Solids, 2002, 299-302: 663-667.

[20] Conrad E, Korte L, Maydell K v, et al. Development and optimization of a-Si:H/c-Si heterojunction solar cells completely processed at low temperatures[C]. Proceedings of 21st European Photovoltaic Solar Energy Conference, Dresden, Germany, 2006: 784-787.

[21] Stangl R, Froitzheim A, Elstner L, et al. Amorphous/crystalline silicon heterojunction solar

cells, a simulation study[C]. Proceedings of 17th European Photovoltaic Solar Energy Conference, Munich, Germany, 2001: 1383-1386.

[22] 胡志华, 廖显伯, 刁宏伟, 等. 非晶硅/晶体硅异质结太阳电池计算机模拟[J]. 太阳能学报, 2003, 24(z1): 9-13.

[23] 任丙彦, 张燕, 郭贝, 等. N 型单晶硅衬底上非晶硅/单晶硅异质结太阳电池计算机模拟[J]. 太阳能学报, 2008, 29: 1112-1116.

[24] Hua X, Li Z P, Shen W Z, et al. Mechanism of trapping effect in heterojunction with intrinsic thin-layer solar cells: effect of density of defect states[J]. IEEE Trans. Electron Dev., 2012, 59: 1227-1235.

[25] Chen A Q, Zhu K G. Computer simulation of a-Si/c-Si heterojunction solar cell with high conversion efficiency[J]. Solar Energy, 2012, 86: 393-397.

[26] Zhao L, Zhou C L, Li H L, et al. Role of the work function of transparent conductive oxide on the performance of amorphous/crystalline silicon heterojunction solar cells studied by computer simulation[J]. Phys. Status Solidi A, 2008, 205: 1215-1221.

[27] Zhao L, Zhou C L, Li H L, et al. Design optimization of bifacial HIT solar cells on p-type silicon substrates by simulation[J]. Sol. Energy Mater. Sol. Cells, 2008, 92: 673-681.

[28] Centurioni E, Iencinella D. Role of front contact work function on amorphous silicon/ crystalline heterojunction solar cell performance[J]. IEEE Electron Dev. Lett., 2003, 24: 177-179.

[29] Sethi P, Agarwal S, Saha I. Theoretical study of transparent conducting oxide and amorphous silicon interface and its impact on the properties of amorphous silicon/ crystalline silicon heterojunction solar cell[J]. Energy Procedia, 2012, 25: 50-54.

[30] Wang Q, Page M R, Iwaniczko E, et al. Efficient heterojunction solar cells on p-type crystal silicon wafers[J]. Appl. Phys. Lett., 2010, 96: 013507.

[31] Schmidt M, Korte L, Laades A, et al. Physical aspects of a-Si:H/c-Si hetero-junction solar cells[J]. Thin Solid Films, 2007, 515: 7475-7480.

[32] Descoeudres A, Holman Z C, Barraud L, et al. >21% efficient silicon heterjunction solar cells on n- and p-type wafers compared[J]. IEEE J. Photovolt., 2013, 3: 83-88.

[33] Dao V A, Heo J, Choi H, et al. Simulation and study of the influence of the buffer intrinsic layer, back-surface field, densities of interface defects, resistivity of p-type silicon substrate and transparent conductive oxide on heterojunction with intrinsic thin-layer (HIT) solar cell[J]. Solar Energy, 2010, 84: 777-783.

[34] Wang T H, Page M R, Iwaniczko E, et al. Toward better understanding and improved performance of silicon heterojunction solar cells[C]. 14th Workshop on Crystalline Silicon Solar Cells and Modules, Winter Park, CO, USA, 2004: 74.

[35] Page M R, Iwaniczkom E, Xu Y, et al. Well passivated a-Si:H back contacts for double-heterojunction silicon solar cells[C]. Proceedings of 4th World Conference on Photovoltaic Energy Conversion, Waikoloa, HI, USA, 2006: 1485-1488.

[36] 赵雷, 周春兰, 李海玲, 等. a-Si(n)/c-Si(p)异质结太阳电池薄膜硅背场的模拟优化[J]. 物理学报, 2008, 57: 3212-3218.

[37] Zhao L, Li H L, Zhou C L, et al. Optimized resistivity of p-type Si substrate for HIT solar cell with Al back surface field by computer simulation[J]. Solar Energy, 2009, 83: 812-816.

[38] Taguchi M, Yano A, Tohoda S, et al. 24.7% record efficiency HIT solar cell on thin silicon wafer[J]. IEEE J. Photovolt., 2014, 4: 96-99.

[39] Cousins P J, Smith D D, Luan H C, et al. Generation 3: Improved performance at lower cost[C]. Proceedings of the 35th IEEE Photovoltaic Specialists Conference, Honolulu, HI, USA, 2010: 275-278.

[40] Lu M, Bowden S, Das U, et al. Interdigitated back contact silicon heterojunction solar cell and the effect of front surface passivation[J]. Appl. Phys. Lett., 2007, 91: 063507.

[41] Diouf D, Kleider J P, Desrues T, et al. 2D simulations of interdigitated back contact heterojunction solar cells based on n-type crystalline silicon[J]. Phys. Status Solidi C, 2010, 7: 1033-1036.

[42] Lu M, Das U, Bowden S, et al. Optimization of interdigitated back contact silicon heterojunction solar cells: tailoring hetero-interface band structures while maintaining surface passivation[J]. Prog. Photovolt.: Res. Appl., 2011, 19: 326-338.

[43] Ji K, Syn H, Choi J, et al. The emitter having microcrystalline surface in silicon heterojunction interdigitated back contact solar cells[J]. Jpn. J. Appl. Phys., 2012, 51: 10NA05.

[44] Masuko K, Shigematsu M, Hashiguchi T, et al. Achievement of more than 25% conversion efficiency with crystalline silicon heterojunction solar cell. IEEE J. Photovolt., 2014, 4: 1433-1435.

[45] Diouf D, Kleider J P, Longeaud C. Two-Dimension simulations of interdigitated back contact silicon heterojunctions solar cells[M] // van Sark W G J H M, Korte L, Roca F. Physics and technology of amorphous-crystalline heterostructure silicon solar cells. Berlin Heidelberg: Springer-Verlag, 2012.

[46] Lu M, Bowden S, Birkmire R. Two dimensional modeling of interdigitated back contact silicon heterojunction solar cells[C]. Proceedings of 7th International Conference on Numerical Simulation of Optoelectronic Devices (NUSOD), Newark, DE, USA, 2007: 55-56.

[47] User's manual for ATLAS from Silvaco International, version 5.12.1.

[48] Manual for Sentaurus Device from Synopsys Inc., Version Y-2006.06.

[49] Shu Z, Das U, Allen J, et al. Experimental and simulated analysis of front versus all-back-contact silicon heterojunction solar cells: effect of interface and doped a-Si:H layer defects[J]. Prog. Photovolt.: Res. Appl., 2013. DOI: 10.1002/pip.2400.

[50] Swanson R M, Beckwith S K, Crane R A, et al. Point contact silicon solar cells[J]. IEEE Trans. Electron Dev., 1984, 31: 661-664.

[51] Engelhart P, Harder N P, Merkle A, et al. RISE: 21.5% efficiency back junction silicon solar cell with laser technology as a key processing tool[C]. Proceedings of 4th World Conference on Photovoltaic Energy Conversion, Waikoloa, HI, USA, 2006: 900-904.

[52] Mulligan W P, Rose D H, Cudzinovic M J, et al. Manufacture of solar cells with 21% efficiency[C]. Proceedings of 19th European Photovoltaic Solar Energy Conference, Paris, France, 2004: 387-390.

[53] Gruenbaum P E, King R R, Swanson R M. Photoinjected hot-electron damage in silicon point-contact solar cells[J]. J. Appl. Phys., 1989, 66: 6110-6114.

[54] De Ceuster D M, Cousins P, Rose D, et al. Low cost, high volume production of >22%
    efficiency silicon solar cells[C]. Proceedings of 22nd European Photovoltaic Solar Energy
    Conference, Milan, Italy, 2007: 816-819.
[55] Tucci M, Serenelli L, Salza E, et al. Behind (Back enhanced heterostructure with
    interdigitated contact) solar cell[C]. Proceedings of 23rd European Photovoltaic Solar
    Energy Conference, Valencia, Spain, 2008: 1749-1752.
[56] Diouf D, Kleider J P, Desrues T, et al. Effects of the front surface field in n-type
    interdigitated back contact silicon heterojunctions solar cells[J]. Energy Procedia, 2010, 2:
    59-64.
[57] Lu M, Bowden S, Das U, et al. Rear surface passivation of interdigitated back contact
    silicon heterojunction solar cell and 2D simulation study[C]. Proceedings of the 33rd IEEE
    Photovoltaic Specialists Conference, San Diego, CA, USA, 2008: 1-5.
[58] Lu M, Bowden S, Das U, et al. a-Si/c-Si heterojunction for interdigitated back contact solar
    cell[C]. Proceedings of 22nd European Photovoltaic Solar Energy Conference, Milan, Italy,
    2007: 924-927.
[59] Lu M, Das U, Bowden S, et al. Optimization of interdigitated back contact silicon
    heterojunction solar cells by two-dimension numerical simulation[C]. Proceedings of the
    34th IEEE Photovoltaic Specialists Conference, Philadelphia, PA, USA, 2009: 1475-1480.
[60] Zeman M, Zhang D. Heterojunction silicon based solar cells[M] // van Sark W G J H M,
    Korte L, Roca F. Physics and technology of amorphous-crystalline heterostructure silicon
    solar cells. Berlin Heidelberg: Springer-Verlag, 2012.
[61] Garcia-Belmonte G, García-Cañadas J, Mora-Seró I, et al. Effect of buffer layer on minority
    carrier lifetime and series resistance of bifacial heterojunction silicon solar cells analyzed
    by impedance spectroscopy[J]. Thin Solid Films, 2006, 514: 254-257.
[62] Das A, Kim D S, Nakayashiki K, et al. Boron diffusion with boric acid for high efficiency
    silicon solar cell[J]. J. Electrochem. Soc., 2010, 157: H684-H687.
[63] Gu X, Yu X G, Yang D R. Efficiency improvement crystalline silicon solar cells with a
    back-surface field produced by boron and aluminium co-doping[J]. Scripta Mater., 2012, 66:
    394-397.
[64] Granek F, Hermle M, Huljić D M, et al. Enhanced lateral current transport via the front N+
    diffused layer of N-type high-efficiency back-junction back-contact silicon solar cells[J].
    Prog. Photovolt.: Res. Appl., 2009, 17: 47-56.
[65] Harder N P. Heterojunction solar cell with absorber having an integrated doping profile: US
    2011/0174374 A1[P]. 2011-07-21.
[66] Zhong S H, Hua X, Shen W Z. Simulation of high efficiency crystalline silicon solar cells
    with homo-hetero junctions[J]. IEEE Trans. Electron Dev., 2013, 60: 2104-2110.
[67] Cheung S K, Cheung N W. Extraction of Schottky diode parameters from forward
    current-voltage characteristics[J]. Appl. Phys. Lett., 1986, 49: 85-87.
[68] Sertap Kavasoglu A, Birgi O, Kavasoglu N, et al. Electrical characterization of a-Si:H(n)/
    c-Si(p) structure[J]. J. Alloys Compounds, 2011, 59: 9394-9398.
[69] De Nicolás S M. a-Si:H/c-Si heterojunction solar cells: back side assessment and
    improvement[D]. Paris: Univ. Paris-SUD, 2012.

[70] Bozzola A, Liscidini M, Andreani L C. Photonic light-trapping versus Lambertian limits in thin film silicon solar cells with 1D and 2D periodic patterns[J]. Opt. Express, 2012, 20: A224-A244.

[71] Zeng Y, Liu H, Ye Q H, et al. Enhanced carrier extraction of a-Si/c-Si solar cells by nanopillar-induced optical modulation[J]. Nanotechnology, 2014, 25: 135202.

[72] Jackson P, Hariskos D, Wuerz R, et al. Compositional investigation of potassium doped Cu(In,Ga)Se$_2$ solar cells with efficiencies up to 20.8%[J]. Phys. Status Solidi RRL, 2014, 8: 219-222.

[73] First Solar achieves 20.4% CdTe solar cell efficiency. http://www.solarnovus. com/first-solar-achieves-20-4-cdte-solar-cell-efficiency_N7504.html.

[74] 吴坚. 硅基金属化合物半导体(黄铜矿及碲化镉)异质结太阳能电池模型计算[D]. 上海: 上海交通大学博士后出站论文, 2012.

[75] 吴坚, 沈文忠, 王栩生, 等. 硅基黄铜矿类半导体异质结太阳能电池结构及 AMPS-1D 模拟[C]. 第十一届中国光伏大会暨展览会会议论文集, 南京, 2010: 720-725.

[76] Wu J, Wang X S, Zhang L J, et al. The impact of emitter and base carrier density on Si-chalcopyrite hetero-junction solar cells using AMPS-1D[C]. Proceedings of the 38th IEEE Photovoltaic Specialists Conference, Austin, TX, USA, 2012: 121-124.

[77] Wu J, Wang X S, Zhang L J, et al. Modeling and simulation of emitter defect behaviors of chalcopyrite-silicon hetero-junction solar cells[C]. Proceedings of 27th European Photovoltaic Solar Energy Conference and Exhibition, Frankfurt, Germany, 2012: 439-443.

[78] Wu J, Wang X S, Zhang L J, et al. Fabrication and AMPS-1D simulation of silicon-chalcopyrite hetero-junction solar cells[C]. Proceedings of 26th European Photovoltaic Solar Energy Conference and Exhibition, Hamburg, Germany, 2011: 306-310.

第7章 新型硅基异质结太阳电池

晶体硅作为常用的衬底材料，在其上面可以生长很多其他的单质或化合物薄膜，从广义上讲，只要能形成异质结、具有光伏效应，都可以算作硅基异质结太阳电池。但是在实际应用中，需要从制作工艺的方便性、材料的稳定性以及能带工程等多方面加以考虑。前面的章节主要介绍的是非晶硅/晶体硅异质结太阳电池，其基本类型是 HIT 电池。以 HIT 电池为基础进行的改进，仍然属于常规硅基异质结电池的范畴，在相关章节都作了介绍。本章主要讨论区别于 HIT 结构形式的硅基异质结电池的实验研究情况。

能与晶体硅形成异质结的物质可以是无机物，也可以是有机物，因此以晶体硅作衬底形成的新型硅基异质结太阳电池结构包括很多。有机化合物/晶体硅异质结太阳电池不属于本书的范围，这里不进行讨论。本章选取一些有代表性的以晶体硅作衬底的无机物异质结构，介绍新型硅基异质结太阳电池的研究现状，包括硅量子点/晶体硅、Ⅱ-Ⅴ族半导体/晶体硅、Ⅲ-Ⅴ半导体/晶体硅和碳/晶体硅异质结太阳电池的结构和性能。虽然这些异质结太阳电池的效率目前还不是很高，但是研究它们对于丰富硅基异质结太阳电池家族、促进光伏电池事业的发展仍然具有重要的参考意义。

7.1 硅量子点/晶体硅异质结太阳电池

量子点(quantum dot, QD)，是准零维(quasi-zero-dimensional)的纳米材料，由少量的原子构成。粗略地说，量子点三个维度的尺寸都在 100 nm 以下，外观恰似一极小的点状物，其内部电子在各方向上的运动都受到局限，所以量子限制效应(quantum confinement effect)特别显著。在太阳电池上若采用量子点材料，将会有以下作用：①光吸收范围和吸收系数增大。量子限制效应使得带隙随量子点粒径减小而增大，所以量子点材料可吸收宽光谱的太阳光；量子点尺度更小时将处于强限域区，易形成激子并产生激子吸收带，因此随着粒径的减小，吸收系数增加；激子的最低能量蓝移，也使其对光的吸收范围扩大。②带间跃迁，形成子带。其光谱是由带间跃迁的一系列谱线组成，带间跃迁可以使得入射光子能量小于主带隙的光子转化为载流子的动能，也可以有多个带隙起作用产生电子–空穴对。③量子隧穿效应利于载流子的输运。光伏现象的实质是材料的内光电转换特性，与电子的输运特性有密切关系，电子在纳米尺度的量子点空间中运动，当有序量子点阵列内的量子点尺寸与密度可控时，量子隧穿效应更易显现，利于载流子输运。

基于以上作用，近几年，人们已就量子点在太阳电池应用方面作了许多有益探索。理论研究指出，采用量子点作为有源区，设计和制作量子点太阳电池，可以使其能量转换效率获得超乎寻常的高，其极限值可以达到66%左右[1]。硅作为地球上第二大元素，硅半导体技术成熟，硅基太阳电池已得到大规模应用，因此在发展量子点太阳电池时人们首先考虑的也是硅量子点(Si-QD)太阳电池。将硅量子点应用到太阳电池，具有很多优点[2]，在未来太阳电池中有很大的应用潜力。例如，一方面可以通过调整硅量子点的大小拓宽太阳光谱能量的吸收范围。另一方面，还可以从光子和电子之间的相互作用以及声子对能量转换过程的参与入手，充分利用光生热载流子的输运性质提高太阳电池的转换效率。硅量子点太阳电池既可以使光生热载流子在变冷之前被收集，以提高太阳电池开路电压，又可以通过多重激子效应(mutiple exciton generation，MEG)产生两个或更多的电子–空穴对，提高太阳电池的短路电流。如果硅量子点的量子限制效应、多重激子效应和硅量子点材料性质与工艺技术研究能够取得突破性进展，硅量子点太阳电池应用前景将不可估量。

如何设计硅量子点太阳电池的结构，以便充分利用各波段太阳光谱和硅量子点的量子限制效应，是硅量子点太阳电池中最受关注的一个问题。澳大利亚新南威尔士大学的 Green 等在硅量子点太阳电池方面进行了大量的研究，并提出了基于“全硅”叠层电池(“all-silicon” tandem cell)[3,4]的第三代太阳电池[5]。这种叠层电池是建立在晶体硅和硅化合物(如氧化硅、氮化硅和碳化硅)限制的硅量子点的基础上，以双结叠层电池为例(见图 7-1)，底电池是不受限制的薄膜硅电池，上面的电池则是硅量子点电池，充分利用太阳光以获得最大光电转换效率。

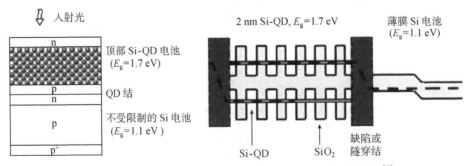

图 7-1   “全硅”双结叠层电池结构示意图和能带图[4]

虽然从理论上预测硅量子点叠层电池能够获得较高效率，但是由于存在诸多工艺困难，很多的研究也仅限于硅量子点的制备和性能[4,6-8]，实际的叠层电池及其性能参数未见报道。在研究硅量子点叠层电池的过程中，人们首先在实验室制备出的是硅量子点/晶体硅异质结太阳电池[9-13]。硅量子点一般镶嵌在 SiO_2、SiC 和 Si_3N_4 基体中，本节分别介绍这些基体中的硅量子点/晶体硅异质结太阳电池。

7.1.1　氧化硅基体中的硅量子点/晶体硅异质结电池

7.1.1.1　n-Si-QD/p-c-Si 异质结太阳电池的结构

研究"全硅"硅量子点叠层电池的第一步，Park 等[9-11]首先制作了 n-Si-QD/p-c-Si 异质结太阳电池器件，其结构如图 7-2 所示。它是以 p-c-Si 为衬底，P 掺杂的 n-Si-QD 作为活性层。其中，P 掺杂的 Si-QD 是镶嵌在氧化硅基体中的，实际上包含双层膜，一层是以室温磁控共溅射 P_2O_5 靶、Si 靶和石英靶形成富硅氧化物(silicon rich oxide, SRO)，通过控制三种组分的沉积速率，使 SRO 中的 P 含量控制在 0.2at.%左右；另一层是用射频磁控溅射石英靶形成化学计量的 SiO_2。整个 n 型区总共包含 15 层或 25 层交替分布的 SRO/SiO_2 层，其后在氮气气氛中 1100 ℃高温后退火处理，使得 P 掺杂的 Si-QD 从 SRO 中沉淀析出，控制 SRO 层的厚度为 3 nm、4 nm、5 nm 和 8 nm 来限定 Si-QD 的大小，以研究量子限制效应。通过掩膜蒸铝形成正面的金属栅线，背面蒸铝覆盖整个硅片表面，然后在氮气气氛中 400 ℃烧结 30 分钟以形成良好的欧姆接触。

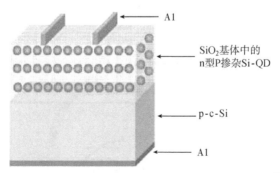

图 7-2　n-Si-QD/p-c-Si 异质结太阳电池结构示意图[9-11]

7.1.1.2　n-Si-QD/p-c-Si 异质结太阳电池的性能

首先对氧化硅基体中的 Si-QD 进行表征，图 7-3 是退火后典型 Si-QD 的低放大倍数 TEM 照片和高分辨电镜照片(HRTEM)。TEM 照片中的黑点是硅纳米晶(即 Si-QD)，它们分散在非晶 SRO 中。HRTEM 照片显示硅纳米晶的大小分别为 5 nm 和 8 nm。

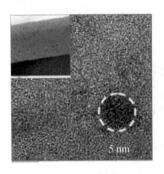

图 7-3　氧化硅基体中 Si-QD 的 TEM 和 HRTEM 照片[10]，显示 Si-QD 的
大小分别为 5 nm 和 8 nm

　　测量硅量子点大小不同的 n-Si-QD/p-c-Si 异质结太阳电池在光照下的性能，其在标准测试条件下的 J-V 曲线见图 7-4，对应的电池性能输出参数列于表 7-1。SRO 层的厚度限定了硅量子点的大小，从表 7-1 中的数据可见，Si-QD 的大小为 3 nm、SiO_2 膜厚度为 2 nm 时，n-Si-QD/p-c-Si 异质结电池的效率最高，为 10.58%，其对应的 V_{oc} 为 555.6 mV，J_{sc} 为 29.8 mA·cm^{-2}，FF 为 63.83%。必须注意，在这里制作异质结电池时 c-Si 表面是没有经过表面制绒的；正面金属接触没有经过优化，其遮光损失比传统丝网印刷电池要大；电池背面没有使用背表面场。但是即便这样，采用 3 nm SRO/2 nm SiO_2、15 层 SRO/SiO_2 双层膜制备的 n-Si-QD/p-c-Si 异质结电池，其电流密度(29.8 mA·cm^{-2})仍然可以与不制绒的传统 p-n 结晶体硅电池相比拟。而且，在表 7-1 所列的样品中，最高填充因子达到了 76.8%，表明具有进一步改善

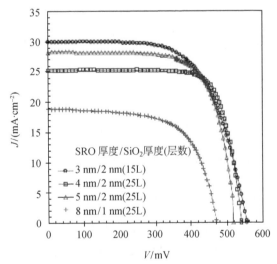

图 7-4　硅量子点大小不同的 n-Si-QD/p-c-Si 异质结太阳电池光照下的 J-V 曲线[9,11]

器件性能的潜力。随着 Si-QD 尺寸的减小，电池的 V_{oc} 增加。V_{oc} 的改善可能与 Si-QD 的带隙宽化效应有关[5]或者与异质结电场的改进使得 c-Si 衬底中的费米能级分裂更大有关[9,10]。但是目前制作的电池开路电压比较低，是否存在 Si-QD 诱导带隙宽化效应，还很难下定论[9]。

表 7-1　标准测试条件下 n-Si-QD/p-c-Si 异质结太阳电池的性能输出参数[9,11]

SRO 厚度/SiO$_2$ 厚度，SRO/SiO$_2$ 双层膜的层数	V_{oc} / mV	J_{sc} / (mA · cm^{-2})	FF / %	η / %
3 nm/2 nm，15L	555.6	29.8	63.83	10.58
4 nm/2 nm，25L	540.3	25.0	76.8	10.4
5 nm/2 nm，25L	517.9	27.9	72.3	10.5
8 nm/1 nm，25L	470.8	18.6	65.1	5.7

进一步分析电池的光谱响应可以得到不同波长(能量)的光子对短路电流的贡献。图 7-5 是 Si-QD 大小不同的 n-Si-QD/p-c-Si 异质结太阳电池的内量子效率(IQE)。从图中可见，在波长 500 nm 时，Si-QD 大小为 3 nm 的异质结器件的 IQE 约为 76%，而 Si-QD 大小为 8 nm 的器件在短波区的响应则很差。表明在可见光区，随着量子点的尺寸变大，Si-QD 层的吸收更强，限制了电池的短波响应，从而使 IQE 变小。

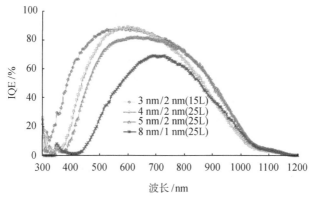

图 7-5　硅量子点大小不同的 n-Si-QD/p-c-Si 异质结太阳电池的 IQE 比较[11]

7.1.1.3　p-Si-QD/n-c-Si 异质结太阳电池的性能

如果使用 n-c-Si 作衬底，相应地制备 B 掺杂的 p 型 Si-QD 作活性层，得到 p-Si-QD/n-c-Si 异质结太阳电池器件。随着 p-Si-QD 的尺寸变小，电池的 V_{oc} 也呈增大趋势，并且在硅量子点大小相同的情况下，p-Si-QD/n-c-Si 电池的 V_{oc} 比对应的 n-Si-QD/p-c-Si 电池的 V_{oc} 大。当使用 3 nm 的 p-Si-QD、2 nm 厚的 SiO$_2$ 层时，获得的 p-Si-QD/n-c-Si 电池最好效率为 13.01%[10]，其 V_{oc} 为 612.6 mV，J_{sc} 为 31.2 mA · cm^{-2}，

FF 为 68.1%，比对应的 n-Si-QD/p-c-Si 电池(见表 7-1)都要高。Hong 等[13]制作的 p-Si-QD/n-c-Si 异质结电池的最好效率为 9.5%。

7.1.1.4   Si-QD/c-Si 异质结太阳电池的载流子输运机制

这里再来讨论一下氧化硅基体中的 Si-QD/c-Si 异质结电池中的载流子输运机制[9]。在当前的电池器件中，很难区分 Si-QD 层中产生的光生载流子，但是载流子主要是在 c-Si 衬底中产生，因为 Si-QD 层很薄(75～225 nm)。从光电导测量知道，P 掺杂的 Si-QD 的光电导与暗电导在一个数量级(P 掺杂浓度为 0.1at.%时为 10^{-1} Ω^{-1} · cm^{-1} 量级，P 掺杂浓度为 0.3at.%时为 10^{-4} Ω^{-1} · cm^{-1} 量级)，表明 P 掺杂没有显著增强电荷载流子的产生。然而在器件制作过程中，添加 P 到 Si-QD 中是非常重要的，因为本征 Si-QD 与金属不能形成良好的欧姆接触。通过被绝缘 SiO_2 包裹的 Si-QD，光生载流子发生输运，直到载流子到达电极。为了使器件能工作，只有使 SiO_2 层的厚度小于或等于 2 nm 时[3]，样品才能展现出光伏器件行为。Si-QD/c-Si 异质结器件中载流子的输运是经由 Si-QD 的隧穿或者是经由 SiO_2 基体中的缺陷发生陷阱辅助的隧穿[3]。通过量子力学隧道效应，载流子可以穿过 SiO_2 区而得到输运[9]。

7.1.2   碳化硅基体中的硅量子点/晶体硅异质结电池

7.1.2.1   p-Si-QD: SiC/n-c-Si 异质结太阳电池的结构

虽然在 SiO_2 基体中的 Si-QD 研究报道较多[4-7]，但是 SiC 基体中的硅量子点(Si-QD:SiC)也引起了人们的关注，这是因为相对于 SiO_2 或 Si_3N_4 而言，SiC 的势垒高度较低，对载流子的输运传导更有利[14]。Song 等[12]制备了 SiC 基体中的硅量子点，并制作了 p-Si-QD:SiC/n-c-Si 异质结电池器件。以 n-c-Si 为衬底，Si 和 SiC 为靶材，用磁控共溅射的方法，在硅片上交替沉积亚化学计量的 $Si_{1-x}C_x$(x = 0.1～0.15)和近化学计量的 SiC 组成的多层膜(即 $Si_{1-x}C_x$/SiC 多层膜)，单层 $Si_{1-x}C_x$ 层的厚度～6 nm，单层 SiC 层的厚度～2.5 nm，整个多层膜的总厚度～160 nm，其后在 N_2 气氛中 1100 ℃ 退火处理使 Si-QD 析出。使用 $Si_{1-x}C_x$/SiC 多层膜来取代单一的 $Si_{1-x}C_x$ 层是期望更好地控制 Si-QD 的大小，因为 Si-QD 的大小受富硅层厚度的约束。图 7-6 是 $Si_{1-x}C_x$/SiC 多层膜的断面 TEM 照片和 p-Si-QD:SiC 的 HRTEM 照片。其中，溅射时使用 B 掺杂的 SiC 靶材，为的是实现多层膜的 B 掺杂。在器件的正面通过掩膜蒸铝形成 Al 金属栅线(厚度～0.8 μm)，背面真空蒸发 Ti(～30 nm)和 Al(～1.0 μm)形成欧姆接触。所制作的 p-Si-QD:SiC/n-c-Si 异质结电池结构示意图见图 7-7。

7.1.2.2   p-Si-QD: SiC/n-c-Si 异质结太阳电池的性能

图 7-8 是 p-Si-QD:SiC/n-c-Si 异质结电池在光照条件下的 *J-V* 曲线。该电池的性

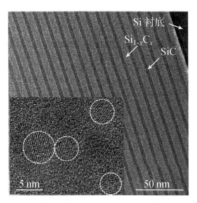

图 7-6　n-c-Si 衬底上 Si$_{1-x}$C$_x$/SiC 多层膜的断面 TEM 照片和 p-Si-QD 的 HRTEM 照片[12]

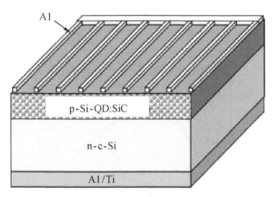

图 7-7　p-Si-QD:SiC/n-c-Si 异质结太阳电池示意图[12]

能输出参数：V_{oc} 为 463 mV，J_{sc} 为 19 mA·cm^{-2}，FF 为 53%，转换效率只有 4.66%。分析该电池效率低下的原因，主要包括以下几个方面：①高温退火工艺(1100 ℃)使 c-Si 衬底的杂质向碳化硅层扩散，造成异质结界面与杂质界面分离，使电学特性恶化；②由于在高温下，两种材料的热应力不同，使异质结界面处出现缺陷，形成复合中心，光生载流子的复合增加，造成量子效率降低，开路电压减小；③碳在硅中极易形成深能级的复合中心，降低光生载流子的寿命，影响电池的转换效率；④串联电阻较高，影响电池的 FF。

　　虽然 p-Si-QD:SiC/n-c-Si 异质结电池效率还比较低，但是由于硅量子点的应用能够展宽太阳电池的光谱吸收范围[12]，还是值得深入研究的。图 7-9 是 p-Si-QD:SiC/n-c-Si 异质结电池的反射率 R、EQE 和 IQE 图谱。从图中可见，在波长为 400 nm 的蓝光区，其 IQE ~ 35%，高于传统的晶体硅同质结太阳电池。这可能是由于宽带隙 SiC 窗口层的作用，或者是由于 SiC 基体中 p-Si-QD 的光吸收作用。但是电池的全波段响应较差，其 IQE 的峰值 ~ 89%，表明存在较大的光生载流子收集损失。另外，由于硅片表面没采取陷光措施，电池的反射率 R 偏高。

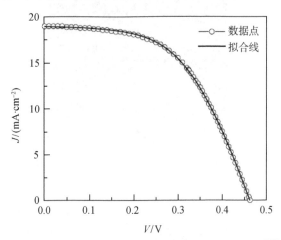

图 7-8　p-Si-QD:SiC/n-c-Si 异质结电池的 J-V 曲线[12]

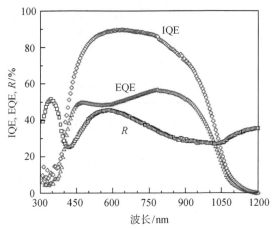

图 7-9　p-Si-QD:SiC/n-c-Si 异质结电池的反射率 R、IQE 和 EQE 曲线[12]

7.1.3　氮化硅基体中的硅量子点及异质结太阳电池

除了氧化硅和碳化硅基体，常用于制备 Si-QD 的基体还包括氮化硅。通过富硅氮化物/氮化硅($Si_{3+x}N_4/Si_3N_4$)多层结构来控制 Si-QD 的大小[15,16]，采用磁控溅射或 PECVD 来沉积多层膜，随后在 N_2 中 1100 ℃或更高温度下退火形成硅纳米晶。但是使用 PECVD 沉积时会引入额外的氢，需要先低温退火以驱除多余的氢，从而避免在随后的高温退火时形成气泡[15]。也可以在 PECVD 沉积时原位生长 Si-QD[17]，该方法的好处是不需高温退火，但是原位生长对 Si-QD 的尺寸和形状控制较差。另外，还有在 SiO$_2$/Si$_3$N$_4$ 复合基体中形成 Si-QD 的报道[7]。

虽然关于氮化硅基体中硅量子点(Si-QD:Si$_3$N$_4$)的制备和性能研究报道不少，但是关于 Si-QD:Si$_3$N$_4$ 用作电池的激活层，制作成电池的研究还不多见。文献[2]总结了 Si-QD 作为活性材料用于硅基太阳电池的最近研究成果，其中并没有给出 Si-QD:Si$_3$N$_4$ 用于太阳电池的具体效率数据。参照 HIT 电池的结构，将 Si-QD:SiN$_x$ 用作本征层，制作了结构为 Al/SiN$_x$ 减反射膜/n-a-Si:H/i-Si-QD:SiN$_x$/p-c-Si/Al 的异质结太阳电池[18]，其效率仅为 0.43%，表明该异质结电池具有一定的光伏效应。分析该异质结电池效率较低的原因，主要是串联电阻较高和载流子受异质结界面势垒限制作用[18]。

从本节介绍的氧化硅、碳化硅和氮化硅基体中的 Si-QD 用于硅基异质结太阳电池的研究报道来看，电池效率还比较低，但是相关的研究工作对于促进硅量子点太阳电池的发展仍然具有实际意义。

7.2　Ⅱ-Ⅵ族半导体/晶体硅异质结太阳电池

Ⅱ-Ⅵ族化合物半导体，是指元素周期表中Ⅱ族元素(Zn、Cd、Hg)和Ⅵ族元素(O、S、Se、Te)组成的化合物半导体。Ⅱ-Ⅵ族半导体的禁带宽度变化范围大，具有直接跃迁的能带结构。在众多的Ⅱ-Ⅵ族半导体中，除 CdTe 可以形成两种导电类型的材料外，其他均为单一导电类型，且多为 n 型半导体，因为很难用掺杂方法获得 p 型材料。由于它们特有的光学和电学性能，在过去几十年Ⅱ-Ⅵ族半导体一直受到人们的关注，具有应用于场效应晶体管、光探测器、发光二极管和光伏器件等领域的潜力。本节以 CdSe/Si 和 ZnO/Si 异质结太阳电池为例，介绍Ⅱ-Ⅵ族半导体与晶体硅材料形成的异质结光伏电池器件。

7.2.1　CdSe/Si 异质结太阳电池

CdSe 作为重要的Ⅱ-Ⅵ族直接带隙半导体材料，带隙为 1.74 eV，是一种有希望的光伏材料。由于 CdSe 半导体良好的光敏特性和 CdSe 纳米晶特殊的性能[19,20]，其也被应用在异质结制作中，这里主要关注 CdSe 与晶体硅构成的异质结太阳电池器件。CdSe 的带隙为 1.74 eV，在 CdSe/c-Si 器件中，太阳光穿过 CdSe 层，因此 CdSe 起到窗口层的作用。

Ashry 等[21]制作了 n-CdSe/p-c-Si 异质结电池，并研究了其抗辐射性能。该电池是以 p-c-Si 为衬底，通过真空蒸发 In 掺杂的 CdSe 形成 n-CdSe 薄膜，在正、背面蒸镀金属形成金属接触,然后在 250 ℃ 退火,即得到 n-CdSe/p-c-Si 异质结电池器件。首先,选取三种厚度(3 μm、7 μm 和 20 μm)的 CdSe 薄膜,考察 n-CdSe 薄膜的厚度对电池性能的影响,电池在光照下的性能测试结果见表 7-2。从表 7-2 可见,随着 n-CdSe 薄膜发射层厚度的增加,电池的输出参数 V_{oc}、J_{sc} 和 FF 都呈增加的趋势,相应地电池的效率也随 CdSe 层厚度的增加而增加,在 CdSe 层厚度 ~ 20 μm 时,n-CdSe/p-c-Si 异质结电池的效率最大达到 11.1%。测量电池的光谱响应发现,CdSe 层越薄,电池在长波区的光谱响应越弱,并且最大光谱响应对应的波长向短波区移动。其次,用 1900 MRad 剂量的 γ 射线辐照电池后,再测量电池的性能输出参数,考察 n-CdSe/p-c-Si 异质结电池的抗辐射性能。发现辐照后电池的 V_{oc}、J_{sc} 都有不同程度的下降,但是 FF 反而变大,总体上电池的效率在辐照后是下降的,尤其是以 ~ 20 μm 的 CdSe 薄膜制备的 n-CdSe/p-c-Si 电池,其效率下降更严重。

表 7-2　n-CdSe/p-c-Si 异质结电池在 γ 射线辐照前后的性能对比[21]

CdSe 厚度/μm	J_{sc} / (mA · cm^{-2})		V_{oc} / mV		FF / %		η / %	
	辐照前	辐照后	辐照前	辐照后	辐照前	辐照后	辐照前	辐照后
3	28	23	490	340	34.9	48.6	4.8	3.8
7	28	20	530	430	45.1	62.7	6.7	5.4
20	34	13	620	440	52.6	44.7	11.1	2.5

纳米 CdSe 是一种被广泛研究的 II-VI 族半导体纳米材料,利用其纳米特性构建功能半导体器件的研究颇多[19,22-25]。Du 等[19]制备了一种 n-CdSe 纳米带(nanoribbon/nanobelt, NR/NB),并制作了 n-CdSe NR/p-c-Si 异质结电池器件。以带 100 nm 厚 SiO$_2$ 层的 p-c-Si 为衬底,采用光刻和 HF 腐蚀的方法制作 SiO$_2$ 绝缘区域,同时在富 Cd 气氛中以 CVD 方法在硅片上沉积 n-CdSe NR[25],最后在器件上制作 In 电极,即形成了 n-CdSe NR/p-c-Si 异质结电池器件。电池的 SEM 断面照片见图 7-10(a),从中可见部分 n-CdSe NR 穿过 SiO$_2$ 层与 p-c-Si 接触形成异质结。该电池在光照下的 I-V 曲线见图 7-10(b),获得的电池 V_{oc} 为 0.67 V,效率仅为 1.41%。虽然其转换效率还比较低,但是提供了一种纳米材料在新概念太阳电池中的应用方案。同样的方法,获得的 n-CdS NR/p-c-Si 异质结太阳电池效率也仅为 1.24%[26]。

近年来,应用等离激元(plasmon excitation)效应来改善光伏器件的性能受到大家的重视[27,28]。Konda 等[29]将直径为 20 nm 的球形金纳米颗粒原位沉积在 n-CdSe/p-c-Si 异质结二极管上,由于表面等离激元效应,在较宽的光谱范围内观察到光吸收的增强,使得光生电流明显增大。表明基于 p-n 异质结的器件,如 n-CdSe/p-c-Si 异质结太阳电池等,也可能通过等离激元效应来实现功能化,提升效率。

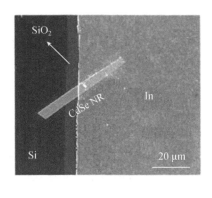
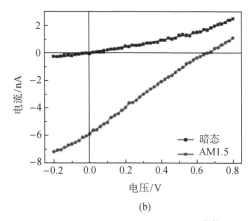

(a)　　　　　　　　　　　　　　　　　(b)

图 7-10　n-CdSe NR/p-c-Si 异质结太阳电池的(a)断面 SEM 照片，(b)I-V 曲线[19]

7.2.2　ZnO/Si 异质结太阳电池

硅材料成熟的加工工艺和较低的成本，使其可以较容易地与其他材料集成在一起应用。这其中宽带隙的 TCO 与单晶硅构成的异质结电池器件(TCO/Si)，具有结构简单、工艺步骤少、制作温度低、优异的蓝光响应等特点而受到人们的重视[30-32]。最常用的 TCO 材料是 ITO，通过喷雾热解沉积 ITO 薄膜在单晶硅上形成的 ITO/Si 异质结太阳电池转换效率已达到 15%[30]。然而，由于 In 资源的有限，人们一直在寻找廉价的、能替代 ITO 的 TCO 材料。ZnO 薄膜因其材料价格低、良好的导电性和透光性，成为有可能替代 ITO 的材料。因此，在 TCO/Si 异质结太阳电池的研究方面，最近的热点都集中在 ZnO/Si 太阳电池器件。

ZnO 具有纤锌矿晶体结构，属直接带隙半导体，其带隙为 3.37 eV，是一种多功能半导体材料，能应用在很多方面[33]，如减反射涂层、窗口层材料、透明导电薄膜和传感器等。很多方法可以用来制备 ZnO 薄膜，如喷雾热解法[31,34,35]、化学溶液法[32]、溶胶–凝胶法[36]和磁控溅射法[37,38]等。在合成时使用过量的 Zn 或掺杂 Al、Ga、In 等元素，能较容易地获得 n 型 ZnO，而 p 型 ZnO 材料的研究还不成熟。在太阳电池领域，关于 ZnO 的研究更多地集中在用作透明导带薄膜材料，实际上，ZnO 也可以用作异质结器件的一部分，早在 1984 年，Tansley 等[39]采用磁控溅射设备制备了 ZnO/Si 异质结，研究表明 ZnO/Si 异质结存在明显的整流特性。ZnO/Si 异质结太阳电池结构简单、具有优良的光伏性能，从而受到人们的重视。

7.2.2.1　ZnO/n-c-Si 异质结太阳电池

由于 ZnO 材料多为 n 型半导体，因此 ZnO/n-c-Si 异质结属于同型异质结。Kobayashi[31]等首先报道了 ZnO/n-c-Si 异质结太阳电池，他们采用喷雾热解的方法，以醋酸锌和氯化铟为前驱体，在 250 ~ 450 ℃的温度下，在硅片上沉积 ZnO 薄膜，之后在 300 ℃真空退火，使用 In-Ga 合金在硅片背面形成欧姆接触，这样制备了 ZnO/n-c-Si 异质结电池。需要指出的是，在喷雾之前，将硅片放置在电炉中加热 1 分钟，以在硅片表面形成一层很薄的热氧化硅层，因此实际形成的是 MIS(metal-insulator-semiconductor)结太阳电池。经过优化，在 340 ℃沉积 ZnO 薄膜并用于制备 ZnO/n-c-Si 异质结电池，获得的最高转换效率为 6.9%，其输出性能参数分别为 V_{oc} = 410 mV，J_{sc} = 30.1 mA · cm^{-2}，FF = 0.56。然而，如果将 ZnO/n-c-Si 电池存放在空气中，其转换效率逐渐衰减，这是由于喷雾热解形成的 ZnO 薄膜为疏松多孔结构，空气中的氧能够扩散穿过 ZnO 而与 Si 反应，使得 ZnO 薄膜和硅衬底间的氧化硅层厚度增加。他们同时也制备了 ITO/ZnO/n-c-Si 结构的异质结电池[31]，最高效率达 8.5%。由于沉积了 ITO 叠层在 ZnO 薄膜上，ITO/ZnO/n-c-Si 电池存放在空气中性能不会衰减。如果将 ZnO/n-c-Si 电池进行光照，其开路电压和效率随光照时间的增加而减小，这是因为光照使 O$_2^-$从 ZnO 薄膜的晶界脱附，引起 ZnO 薄膜的功函数减小[31]，从而使得光照后 ZnO/n-c-Si 电池性能衰减。

　　Baik 等[36]将含有铝掺杂的 ZnO 溶胶–凝胶前驱体溶液，用旋转喷涂的方法沉积在 n-c-Si 上，然后在真空或氢气中于 450 ℃退火，得到了 ZnO/n-c-Si 异质结。为形成欧姆接触，先在 n-c-Si 背面涂上磷硅玻璃(PSG)，于高温热处理，使 PSG 中的 P 原子进入 n-c-Si 衬底而进行表面掺杂，再在 n-c-Si 背面蒸镀铝，这样就使 n-c-Si/Al 之间的接触从未进行表面 P 掺杂时的肖特基接触转变成表面 P 掺杂后的欧姆接触。为提高 ZnO/n-c-Si 异质结电池的效率，n-c-Si 衬底的正面也进行表面 P 掺杂处理，表面掺杂可以增加电池的开路电压。另外，在 ZnO/n-c-Si 之间插入热氧化 SiO$_2$ 薄膜层以实现界面钝化，减少界面态复合中心，增加了电池的短路电流[36]。这样，实际得到的电池器件结构为 n$^+$-ZnO/SiO$_2$/n-c-Si/Al，为 MIS 型器件。经过优化，最终得到的 ZnO/n-c-Si 异质结电池的最高转换效率为 5.3%。需要指出的是，用溶胶–凝胶旋转喷涂方法制备的 ZnO 薄膜也为多孔结构，氧渗透过 ZnO 而与衬底 Si 反应，使 SiO$_2$ 层厚度增加，会引起电池效率的衰减。

　　Song 等[37]在 n-c-Si 衬底上，用射频磁控溅射方法沉积 ZnO:Al 薄膜，制备了 ZnO:Al/n-c-Si 异质结电池。硅片背面也是用 P 表面掺杂形成重掺，以形成良好的欧姆接触，背面电极是真空蒸发 Ti/Al 薄膜，正面电极是蒸镀铝金属栅线。获得的 ZnO:Al/n-c-Si 异质结电池的最高转换效率为 8.2%，其 J-V 特性和性能参数见图 7-11。需要强调指出，该电池在光照下和在空气中存放，都没有发现效率衰减的问题，这归功于射频磁控溅射制备的 ZnO 薄膜具有良好的晶态、结构致密，阻止了氧扩散进 ZnO/c-Si 界面。

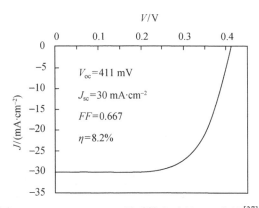

图 7-11　ZnO:Al/n-c-Si 异质结电池的 J-V 曲线[37]

7.2.2.2　ZnO/p-c-Si 异质结太阳电池

将 ZnO 材料沉积到 p-c-Si 衬底上,则可以得到反型异质结 ZnO/p-c-Si。Ibrahim 等[34]用喷雾热解的方法沉积 Al 掺杂的 ZnO 薄膜,制作了结构为 Al/ZnO:Al/p-c-Si/In 的异质结电池,其结构示意图见图 7-12。经过优化,该转换效率达到 6.6%,其 J-V 曲线和性能参数见图 7-13。分析该电池效率较低的原因是耗尽区载流子复合或是 ZnO 薄膜的多孔结构。而 Bedia 等[35]用喷雾热解的方法沉积了本征 ZnO 薄膜,并

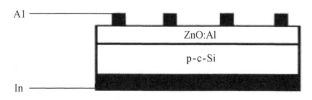

图 7-12　Al/ZnO:Al/p-c-Si/In 异质结太阳电池的结构示意图[34]

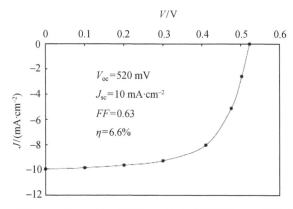

图 7-13　Al/ZnO:Al/p-c-Si/In 异质结电池在光照下的 J-V 曲线和性能参数[34]

研究了 ZnO/p-c-Si 异质结电池的特性，但是其开路电压和短路电流都非常低，并没有给出具体的效率数据。

纳米 ZnO 材料是近年来的研究热点，很自然地，可以将纳米 ZnO 薄膜应用到 ZnO/Si 异质结电池。Lupan 等[32]用化学溶液法沉积 Al 掺杂的 ZnO，随后用快速光热处理(rapid photothermal process，RPP)进行退火，得到纳米结构的 ZnO:Al 薄膜，并制作了一系列纳米 ZnO:Al/p-c-Si 异质结电池，其 J-V 曲线见图 7-14。从图 7-14 可见，本征 ZnO/p-c-Si 异质结电池的 J_{sc} 为 8 mA·cm^{-2}(曲线(a))，同时比较曲线(b) 和(c)，发现进行 RPP 退火 ZnO:Al，能够提高电池的 J_{sc}，这可能是由于退火处理减少了 ZnO/Si 之间的界面态。同样，为减少界面态，用 RPP 方法在 ZnO/Si 之间生成一层 10 nm 厚的热氧化 SiO$_2$，插入 SiO$_2$ 层还能够减少 ZnO 和 Si 之间的晶格失配，因此 ZnO:Al/SiO$_2$/Si 电池的短路电流提高了(曲线(d))。而如果采用重掺杂 Si(Si^{++}) 制作的 ZnO:Al/SiO$_2$/Si^{++}电池(曲线(e))，其 J_{sc} 和 V_{oc} 都有所提高，经过优化最终得到的电池效率为 6.8%(V_{oc} = 0.335 V，J_{sc} = 28 mA·cm^{-2}，FF = 0.721)。

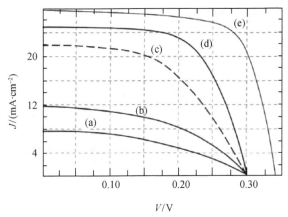

图 7-14　纳米 ZnO:Al/p-c-Si 异质结系列电池的 J-V 曲线[32]

(a)RPP 后的本征 ZnO/Si；(b)RPP 后的 ZnO:Al/Si；(c)无 RPP 的 ZnO:Al/SiO$_2$/Si；

(d)RPP 后的 ZnO:Al/SiO$_2$/Si；(e)RPP 后的 ZnO:Al/SiO$_2$/Si^{++}(重掺杂 Si)

其他制备方法，如直流反应溅射，也被用来制备 ZnO/p-c-Si 异质结电池。Zhang 等[38,40]研究了直流反应溅射沉积的本征 ZnO/p-c-Si 异质结电池的光伏效应，认为 ZnO 薄膜的沉积条件，如沉积温度、氧分压、ZnO 薄膜的厚度等对 ZnO/p-c-Si 异质结电池的性能有重要影响，但是他们没有给出具体的电池效率数据。

目前，尽管关于 ZnO/Si 异质结构的研究较为广泛，在光伏电池方面也有较多的报道，但是其光电转换效率还比较低，满足不了实际应用的需求。因此，还需对 ZnO/Si 异质结构进行深入分析，在材料制备与控制、器件结构设计优化、电荷输运分离基础理论等方面需进行仔细的研究。

7.3　Ⅲ-Ⅴ族半导体/晶体硅异质结太阳电池

元素周期表中Ⅲ族和Ⅴ族元素形成的化合物称为Ⅲ-Ⅴ族化合物。由于Ⅲ族元素和Ⅴ族元素有很多种组合可能，因此Ⅲ-Ⅴ族化合物太阳电池有许多种类，以材料分类主要有两大系列，一类为 GaAs 基系太阳电池，另一类为 InP 基系太阳电池[41,42]。在单结电池研究领域这两类电池是分别进行的，但近年来在高效多结叠层电池的研制中，人们普遍采用三元和四元的Ⅲ-Ⅴ族化合物作为叠层电池的子电池材料，如 GaInP、AlGaInP、InGaAs、GaInNAs 等，这样 GaAs 和 InP 两个基系的太阳电池研究便结合在一起了。

以 GaAs 为代表的Ⅲ-Ⅴ族化合物半导体材料，大多具有直接带隙的能带结构、光吸收系数大、具有良好的抗辐射性能和较小的温度系数，因此特别适合制作高效率的空间太阳电池。关于 GaAs 基系及其相关Ⅲ-Ⅴ族化合物太阳电池，涉及同质结太阳电池、异质结太阳电池、单结太阳电池和叠层太阳电池等多种情况，相关的研究进展情况可以参看文献[41-43]，这里不作介绍。

制备Ⅲ-Ⅴ族化合物的方法主要有液相外延(liquid phase epitaxy, LPE)、金属有机化学气相沉积(metal organic chemical vapor deposition, MOCVD)和分子束外延(molecular beam epitaxy, MBE)三种技术。用 LPE 技术和 MOCVD 技术在 GaAs 衬底上生长的 GaAs/GaAs 同质结太阳电池获得了大于 20%的高转换效率，但是 GaAs 材料存在密度大(5.32 g·cm^{-3})、机械强度差、价格昂贵等缺点，为此人们想寻找一种廉价材料来替代 GaAs 衬底，形成 GaAs 异质结太阳电池，以克服上述缺点。由于 Si 材料具有密度小(2.33 g·cm^{-3})、机械强度强、价格便宜等优点，人们自然首先想到用 Si 衬底来替代 GaAs 衬底，试图生长出 GaAs/Si 异质结太阳电池。用 LPE 技术不可能生长出 GaAs/Si 异质结[41]。而采用 MOCVD 技术和 MBE 技术可以在 Si 衬底上生长出 GaAs 外延层，但由于 GaAs 和 Si 两种材料的晶格常数、热膨胀系数相差较大，也很难生长出晶格完整性好的 GaAs 外延层；即便在 Si 衬底上生长出 GaAs 外延层，如果 GaAs 外延层厚度约大于 4 μm 时，便容易出现龟裂。由于上述困难不易克服，且制备出的 GaAs/Si 太阳电池效率也不高，因此 GaAs/Si 异质结电池的研究报道渐少，但近年来随着多结叠层电池研究的进展，对 Si 衬底上生长 GaAs 外延层的研究课题又表现出新的兴趣。

InP 基系太阳电池的抗辐照性能比 GaAs 基系太阳电池还要好，但是转换效率要低，而且 InP 材料的价格比 GaAs 材料更贵。因此长期以来，对单结 InP 太阳电池的研究和应用较少，InP/Si 太阳电池的转换效率一般在 ~ 12%[44-46]。但在叠层电池的研究开展以后，InP 基系材料得到广泛应用，用 InGaP 三元化合物制备的电池与 GaAs 电池结合，作为两结或三结叠层电池的顶电池具有特殊的优越性[47]。

　　分析前述的 GaAs/Si[48-50]和 InP/Si[44-46]太阳电池，发现在这些电池中，Si 材料只是起到衬底的作用。而在本章所讲的新型硅基异质结太阳电池，都是 Si 材料既作基底，又是异质结的组成部分，Si 材料与其上的材料形成异质结，从而构成硅基异质结太阳电池。从这个意义上讲，前述的 GaAs/Si 和 InP/Si 太阳电池都不属于本章所要讲述的电池范围。因此，本节讲的Ⅲ-Ⅴ半导体/晶体硅异质结电池，是以 Si 材料作为衬底和基区，Ⅲ-Ⅴ材料作为发射极所形成的异质结电池。这里以 GaN/Si 和 InAs/Si 异质结电池为例进行介绍。

7.3.1　GaN/Si 异质结太阳电池

　　氮化镓(GaN)是继第一代的 Si、Ge 和第二代的 GaAs、InP 等材料之后的第三代新型半导体材料，为直接带隙半导体，具有禁带宽度大、载流子漂移饱和速率高、介电常数小、导热性能好等特点，因而成为制作抗辐射、高功率、高频和高密度集成电子器件的重要材料[51,52]。

　　由于 GaN 材料的上述特点，高晶体质量的一维 GaN 纳米阵列吸引了人们的注意，被用来制作高性能纳米器件。Tang 等[53]在 n-c-Si 衬底上沉积 p 型 GaN 纳米棒(nanorods)，制作了 p-GaN 纳米棒/n-c-Si 异质结太阳电池。他们首先用金纳米颗粒作催化剂，通过化学气相沉积的方法在 n 型 Si(111)衬底上沉积了垂直排列的 Mg 掺杂 GaN 纳米棒阵列(图 7-15(a))，这些纳米棒直径约为 100 nm，长度 ~ 1.0 μm，为高度结晶的纤锌矿结构单晶 GaN 纳米棒，外观无明显缺陷或非晶外壳，Mg 的掺杂量为 1.1at.% ~ 2.4at.%。为制作电池，旋转涂敷聚甲基丙烯酸甲酯(polymethyl methacrylate, PMMA)绝缘光阻材料来填充 GaN 纳米棒之间的空隙，PMMA 沉积后，需要用丙酮溶解样品表面，直到 GaN 纳米棒的端部暴露出来；随后用电子束蒸发 Ni/Au 和 Ti/Al 制作正、背面电极，图 7-15(b)是 p-GaN 纳米棒/n-c-Si 异质结电池的结构示意图。

　　由于 Si 衬底和 GaN 纳米结构之间的带隙差较大，因此 GaN/Si 异质结中的 GaN 纳米棒起到宽带隙窗口层的作用，能抑制少数载流子的复合和增强短波响应。此外，GaN 纳米棒阵列能够起到减反射层的作用，可以减少可见光损失。图 7-16(a)是 p-GaN 纳米棒/n-c-Si 异质结太阳电池在暗态和光照条件下的 J-V 曲线。从暗态下的 J-V 曲线可见，电池表现出良好的整流特性，在 ±0.5 V 偏压时整流比大于 10^4，表明 p-GaN 纳米棒与 n-c-Si 衬底之间形成了良好的 p-n 结。分析 p-GaN 纳米棒/n-c-Si

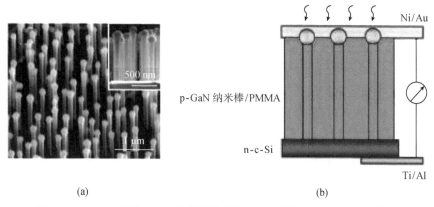

图 7-15　(a)Mg 掺杂 GaN 纳米棒阵列的 SEM 照片；(b)p-GaN 纳米棒/n-c-Si
异质结太阳电池结构示意图[53]

异质结的能带结构(见图 7-16(b))，由于 Si 和 GaN 的带隙分别为 1.1 eV 和 3.4 eV，在异质结界面处会形成非对称的能带势垒，较大的能带势垒使得 GaN 纳米棒中电子的扩散和与空穴的复合变得困难，自然地由于内建电场的存在注入 n-c-Si 侧的空穴浓度低，因此异质结顶部的 GaN 纳米阵列可以降低耗尽区的漏电流。经过优化，最终获得 p-GaN 纳米棒/n-c-Si 异质结太阳电池的转换效率为 2.73%[53]，其他性能输出参数为：$V_{oc} = 0.95$ V，$J_{sc} = 7.6$ mA·cm^{-2}，$FF = 0.38$。此项研究表明垂直排列的 GaN 纳米棒可以用于异质结光伏电池，而不需要复杂的工艺制造过程。

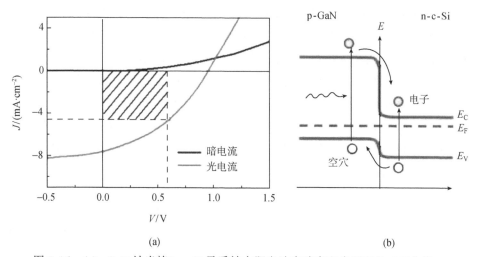

图 7-16　(a)p-GaN 纳米棒/n-c-Si 异质结太阳电池在暗态和光照下的 J-V 曲线；
(b)能带示意图[53]

但是在上述的 p-GaN 纳米棒/n-c-Si 异质结太阳电池中，GaN 纳米棒分布比较稀疏,棒与棒之间的空隙需要绝缘光阻材料来填充,因此可能导致 GaN 纳米棒/电极界面发生不可预期的污染。Li 等[54]用氢化物气相外延(hydride vapor phase epitaxy, HVPE)技术沉积得到紧密排列的 GaN 纳米棒,并且制作了结构为 GZO/GaN 纳米棒/n-c-Si/Al 的异质结电池,但是电池的效率仅约为 1%。Saron 等[55,56]在无催化剂和 NH₃ 的情况下,直接在 1150 ℃热蒸发 GaN 粉末来沉积 GaN 纳米结构薄膜到 n-c-Si 衬底上,由于高温沉积时 Ga 的内扩散,硅片表面变成了 p 型重掺,而 GaN 纳米薄膜则表现出 n 型半导体的性质,因此实际得到了结构为 Ag-Al/n-GaN/p-c-Si/n-c-Si/Al 的异质结电池,在这里 GaN 纳米薄膜起到了窗口层的作用,最终得到了转换效率达 5.78%的太阳电池[56]。

7.3.2 InAs/Si 异质结太阳电池

砷化铟(InAs)也是一种重要的半导体材料,高质量的 InAs 与 Si 结合,也被应用在光电子器件中。Wei 等[57]用 MOCVD 方法,不使用催化剂直接在 Si (111)衬底上制备了垂直排列的单晶 InAs 纳米线(nanowire, NW),并制作了 n-InAs NW/p-c-Si 异质结光伏电池原型器件。该异质结电池的结构为 Au/ITO/n-InAs NW/p-c-Si/Au,见图 7-17(a)。其中,InAs 纳米线镶嵌在 600 nm 厚的聚甲基戊二酰亚胺(polymethyl glutarimide, PMGI)绝缘层中。在室温暗态下,测量该器件的 I-V 特性,发现在 ±0.5 V 偏压时其整流比大于 10^4,并且漏电流很低(~ 10^{-8} A),表明 n-InAs 纳米线与 p-c-Si 衬底之间形成了高质量的 p-n 结。为进一步理解 n-InAs 纳米线/p-c-Si 异质结的性能,测量了该电池在不同温度下的 I-V 曲线(测试条件 AM1.5 光谱,辐照度 2.86 mW·cm^{-2}),见图 7-17(b)。从图 7-17(b)可见,随着温度的降低,电池的 V_{oc} 增大,而 I_{sc} 却减小。通过公式 $\eta = I_m V_m / P_{in}$ 和 $FF = I_m V_m / I_{sc} V_{oc}$ 来计算电池的转换效率和填充因子,发现该 n-InAs 纳米线/p-c-Si 异质结电池的转换效率随着温度的降低首先呈上升趋势,并且在 110 K 时达到最大值 2.5%,进一步降低温度其效率则反而下降。在标准测试条件下(AM1.5, 100 mW·cm^{-2}),该电池的效率为 ~ 0.76%。测量该异质结器件的外量子效率和光谱响应,结果表明该器件对可见光和红外光表现出良好的响应,证明这种结构的电池具有用作宽光谱光伏电池的潜力。

上述的 GaN/Si 和 InAs/Si 异质结太阳电池,都是以垂直排列的半导体纳米结构与 Si 衬底直接形成异质结。实际上 Ⅲ-Ⅴ族化合物半导体与 Si 材料的结合形成异质结,是一个重要的研究领域,Ⅲ-Ⅴ族半导体/Si 异质结可以应用于众多的电子和光学应用,新型的结合方法也层出不穷,可以参看文献[58-60]。

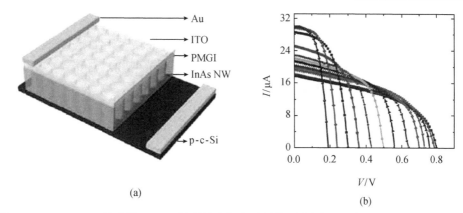

图 7-17　(a)n-InAs 纳米线/p-c-Si 异质结太阳电池结构示意图；(b)变温 *I-V* 曲线(测试条件 AM1.5，2.86 mW·cm^{-2})，从左到右温度依次为 280 K、260 K、240 K、220 K、200 K、180 K、160 K、140 K、120 K、110 K、100 K、90 K 和 83 K[57]

7.4　碳/晶体硅异质结太阳电池

　　碳是自然界分布最普遍的元素之一，也是构成地球上一切生命体最重要的元素。以碳元素为主要构成的有机高分子材料，包括塑料、橡胶和纤维等，已发展成为材料学三个主要学科方向之一。而以碳元素本身，通过不同的结构和组合，也形成了一个独特的无机非金属材料世界。碳原子间不仅能够以 sp^3 杂化轨道形成单键，还能以 sp^2 及 sp 杂化轨道形成稳定的双键和三键。因此，除了自然界存在多种同素异形体的碳材料外，科学家们通过实验还合成了许多结构和性质完全不同的碳材料，如人们熟悉的金刚石和石墨，以及近年来发现的 C$_{60}$ 为代表的富勒烯、碳纳米管(carbon nanotube，CNT)和石墨烯等。这些新型碳材料的特性几乎可涵盖地球上所有物质的性质，甚至相对立的两种性质，如最硬—极软、全吸光—全透光、绝缘体—半导体—高导体、绝热—良导热、高铁磁体、高临界温度的超导体等。

　　由于碳材料独特的结构和性能，在能量存储和转换领域有潜在的应用可能，因而吸引了人们广泛的关注。碳材料在光伏太阳电池中的应用[61]包括与硅材料结合形成的 C/Si 电池、有机太阳电池、染料敏化太阳电池、用作太阳电池的透明导电电极等。本节只介绍碳材料与硅材料形成的 C/Si 异质结电池，包括非晶碳薄膜/硅异质电池、碳纳米管薄膜/硅异质结电池。石墨烯材料最近成为大家研究的热点，本节还将简单介绍石墨烯/硅太阳电池的研究情况。

7.4.1　非晶碳/硅异质结太阳电池

　　类金刚石(diamond-like)碳薄膜可以非晶碳薄膜(a-C)或金刚石晶体薄膜的形式

存在，完全依赖于沉积条件的不同。未掺杂的 a-C 光电导率低，为弱 p 型半导体材料[62]。掺杂 a-C 的导电类型可以是 p 型或 n 型，控制掺杂剂的用量或者碳薄膜的结构(如 sp^3/sp^2 比、团簇尺寸)，其带隙宽度可以在很宽的范围(0.2 ~ 3.0 eV)变化[62]，因此 a-C 能够应用在光电子器件中。

最早成功应用在太阳电池上的碳基半导体是 a-C，关于 a-C/Si 电池的研究屡见报道[63-65]，其中的 a-C 薄膜可以通过化学气相沉积、离子注入、脉冲激光沉积、磁控溅射和真空电弧放电等方法来沉积，许多材料可以用作碳源，包括甲烷、乙炔、樟脑、二甲基对苯二胺(2,5-dimethyl-p-phenylenediamine)和石墨等。Yu 等[63]在 n 型 Si(111)衬底上，以二甲基对苯二胺为碳源，在 500 ℃用 CVD 沉积得到 a-C 薄膜，并制作了结构为 Au/p-a-C/n-c-Si/Pb-Sn 的电池(见图 7-18(a))。分析该电池能带图，结果表明 p-a-C/n-c-Si 结是异质结[66]，而不是肖特基结。p-a-C/n-c-Si 异质结的耗尽层厚度 ~ 1.1 μm，并且主要位于 Si 衬底中[66]。在暗态条件下，该电池显示出近乎完美的整流 *I-V* 特性[63,67,68]，见图 7-18(b)中的暗 *J-V* 曲线。最初该电池的效率(辐照度 15 mW·cm⁻²、400 ~ 800 nm 波长范围测定)仅为 3.80%[63]，后来将正面 Au 电极厚度减薄以减小光吸收，同样测试条件下将该异质结电池的效率提升到 6.45%[67,68]。优化后的电池在暗态和光照(15 mW·cm⁻²)条件下的 *J-V* 曲线见图 7-18(b)，各性能输出参数也列于图上。他们进一步指出[67]，由于 p-a-C/n-c-Si 异质结的耗尽层主要位于 Si 衬底中，因此可以减小 p-a-C 薄膜的厚度来减小光吸收；同时，可以用透明导电电极(如 ITO)来替代 Au 电极，以减小正面电极的光吸收。经过这些改进，该 p-a-C/n-c-Si 异质结电池的转换效率应该可以进一步提升。

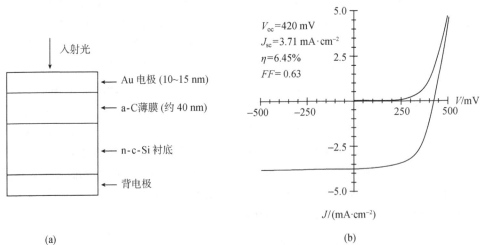

图 7-18　(a)p-a-C/n-c-Si 异质结太阳电池结构示意图[63,66-68]；
(b)暗态和光照(15 mW·cm⁻²)条件下的 *J-V* 曲线[67,68]

用电弧等离子体 CVD 技术，Ma 等[64]沉积了重硼掺杂的 a-C 薄膜(p-a-C:B)，并制作了结构为 Au/p-a-C:B/n-c-Si/Ag 的异质结电池，标准测试条件下该电池的效率为 7.9%，其他性能参数为：V_{oc} = 580 mV，J_{sc} = 32.5 mA · cm^{-2}，FF = 0.42。也可以用金属元素对 a-C 薄膜进行掺杂，Ma 等[65]用直流磁控溅射 Pd 掺杂的石墨，在 n-c-Si(100)上沉积得到 Pd 掺杂的 a-C 薄膜(p-a-C:Pd)，制作了 p-a-C:Pd/n-c-Si 和 p-a-C:Pd/SiO$_2$/n-c-Si 两种电池，其中 SiO$_2$ 层为硅片清洗后的自然氧化层(不用 HF 溶液处理)，厚度仅 1.2 nm。他们的研究结果表明，p-a-C:Pd/n-c-Si 的转换效率很低，而 p-a-C:Pd/SiO$_2$/n-c-Si 电池的效率达 4.7%[65]，分析这种差别的原因是由于 Pd 掺杂使得在光照下能产生更多的载流子，同时以 sp^2 形式键合的碳团簇增加和 SiO$_2$ 层的存在使 p-a-C:Pd/n-c-Si 界面的势垒高度增加，从而使电池的 V_{oc} 增大。

同样地，也可以实现 a-C 薄膜的 n 型掺杂，在 p 型 Si 衬底上形成 n-a-C/p-c-Si 异质结电池[69,70]，但效率普遍比 p-a-C/n-c-Si 电池要低。关于更多的 a-C/Si 电池的研究结果可以参看文献[61]中列出的相关文献。a-C/Si 太阳电池的这些研究成果，是将碳材料用于太阳电池领域的重要进展。

7.4.2　CNT/Si 异质结太阳电池

自 Iijima[71]发现碳纳米管(CNT)后，它便因其独特的结构和性能，引起广泛的关注。在结构上，CNT 可以看作是由二维石墨层片通过卷曲而成的无缝管状结构。随着卷曲的石墨层片数量的不同，CNT 具有不同的壁数，可以分为单壁碳纳米管(single walled nanotube，SWNT)、双壁碳纳米管(double walled nanotube，DWNT)和多壁碳纳米管(multi walled nanotube，MWNT)。在太阳电池领域，由于 CNT 优异的透光性和导电性，可以用作太阳电池的透明导电薄膜材料[72]；CNT 具有很高的载流子迁移率，可达 10^5 cm^2/(V · s)[73]，因此 CNT 作为添加相加入到聚合物太阳电池中，可以促进载流子的迁移，减少光生载流子的复合几率，提高聚合物太阳电池的效率[74]。CNT 也可以与晶体硅材料结合，部分取代 p-n 结太阳电池中的硅材料，形成所谓的 CNT/Si 异质结太阳电池，是最近 CNT 应用在太阳电池领域的研究热点[61,75]。

7.4.2.1　CNT/Si 太阳电池的结构和电输运模型

碳纳米管是以空穴传导为主，所以一般与 n 型晶体硅构成 CNT/Si 太阳电池，其结构类似于单结晶体硅太阳电池，只是用 CNT 薄膜代替晶体硅发射层。其制作方法是在图形化的 n-c-Si 衬底上，通过直接转移、溶液转移或喷涂等方法将 CNT 薄膜沉积在 Si 衬底上，再分别制作上、下电极，CNT/Si 太阳电池的结构示意图如图 7-19 所示。从图中可见，CNT 薄膜与 n-c-Si 相互接触形成异质结，在 CNT 薄膜上制作上电极，而在 n-c-Si 衬底下侧制作下电极，从而构成太阳电池。在入射光照射下，硅产生电子–空穴对，其中电子通过 n-c-Si 传导至外电路，空穴通过 CNT 薄膜传导至外电路。CNT 薄膜在其中有两个作用：一是作为结的一部分，与硅形成异质结产生内建电场，分离光生电子–空穴对；二是作为透明上电极，将内建电场分离的空穴进行收集并传导至外电路。

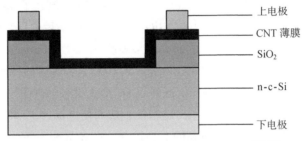

图 7-19　CNT/Si 太阳电池结构示意图[76-78]

　　碳纳米管的导电类型可以从金属性到半导体性变化，对 SWNT 而言，约有 1/3 的 SWNT 为金属性，2/3 的 SWNT 为半导体性[79]，而一般认为 MWNT 为金属性[80]。由于 CNT 是由金属性和半导体性纳米碳管构成的，导致 CNT/Si 结的电子结构复杂，因此关于 CNT/Si 太阳电池的电荷载流子输运机制还存在争议。主要有两种机制来解释 CNT/Si 电池：一种认为 CNT/Si 电池是 p-n 异质结太阳电池[81-83]；另一种认为 CNT/Si 电池是肖特基结太阳电池[84]或与之密切相关的 MIS 太阳电池[85]。在 p-n 异质结模型中，CNT 薄膜起到 p 型发射极材料的作用，并与 n-c-Si 形成 p-CNT/n-c-Si 异质结，由于费米能级的平衡产生内建电场。光子主要被 n-c-Si 基区所吸收，产生电子–空穴对并扩散到空间电荷区，在内建电场作用下电子–空穴对分离成自由荷电载流子。光子也有可能被 p-CNT 所吸收，但是由于 CNT 薄膜的透光率通常 > 85%，因此 p-CNT 吸收光子不是主要的电荷产生过程。CNT/Si 电池的 p-n 异质结器件示意图和能带图见图 7-20(a)和(c)。在肖特基结太阳电池模型或与之密切相关的 MIS 电池模型中，CNT 起到金属的作用，在硅片表面的一薄层 SiO_x 起到绝缘体的作用(对 MIS 电池而言)，而 n-c-Si 为半导体基区。在 Si/SiO_x 或 Si/CNT 结附近会形成一薄层 Si 反型层(inversion layer)[75]，CNT 与 Si 或 SiO_x(其费米能级钉扎在相邻的 CNT 费米能级上)与 Si 间形成内建电场。n-c-Si 基区吸收光子产生电子–空穴对，扩散到 Si 反型层，在内建电场作用下电荷发生分离，一旦电荷分离，少数载流子隧穿通过绝缘氧化层(SiO_x)。CNT/Si 电池的 MIS 型器件示意图和能带图见图 7-20(b)和(d)。

　　实际上，目前大多数的 CNT/Si 太阳电池使用的是金属性和半导体性碳纳米管的混合物，因此可能需要 p-n 异质结模型和肖特基结(或 MIS)模型的结合来理解 CNT/Si 电池的输运机制[75]。假设只用半导体性碳纳米管来构成 CNT/Si 电池，其行为可用 p-n 异质结来解释；而如果只用金属性碳纳米管来构成 CNT/Si 电池，其行为可用肖特基结(或 MIS)电池模型来解释。

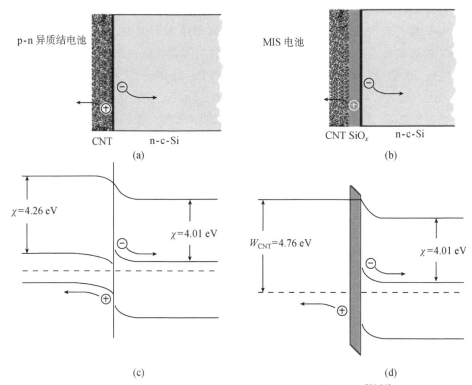

图 7-20 CNT/Si 太阳电池的器件结构和能带示意图[75,85]

(a),(c)p-n 异质结电池模型；(b),(d)MIS 电池模型。图中半导体性 CNT 的电子亲和能、功函数和带隙分别为 4.26 eV、4.76 eV 和 0.7 eV；金属性 CNT 的功函数为 4.76 eV；Si 材料的电子亲和能和带隙分别为 4.01 eV 和 1.12 eV

7.4.2.2 CNT/Si 太阳电池的性能

SWNT、DWNT 和 MWNT 都可以与 Si 材料构成 CNT/Si 太阳电池。但是 MWNT 可看作由多个不同直径的 SWNT 同轴套构而成，各层管壁的手性可能不相同，各层之间还受到相互间范德瓦耳斯力的影响，因此其电子结构比 SWNT 复杂，物理性能也难于预测。关于 MWNT/Si 太阳电池的研究报道不多，以重掺的 p-c-Si 为衬底的 MWNT/p-c-Si 异质结表现出整流 I-V 特性[86]，而以轻掺的 p-c-Si 为衬底的 MWNT/p-c-Si 结为欧姆接触[87]。Mohammed 等[88]也研究了 MWNT/Si 异质结，其中 MWNT/n-c-Si 异质结现出整流行为，在光照下观察到其光伏效应，但是没有给出器件的转换效率；而 MWNT/p-c-Si 结则为欧姆接触。Jia 等[89]提到其制作的

MWNT/n-c-Si 异质结电池效率仅为 0.06%，远低于 DWNT/n-c-Si 电池。因此，下面着重论述 DWNT/Si 和 SWNT/Si 太阳电池的性能。

1) DWNT/Si 太阳电池的性能

Wei 等[76]首先报道了 p-DWNT/n-c-Si 异质结太阳电池，他们用去离子水使 DWNT 铺展成悬浮在水面上的薄膜，然后将含水薄膜转移到图形化的 n-c-Si 上，再制作电极,形成了结构为 Ag/p-DWNT/n-c-Si/Ti-Pd-Ag 的电池,其转换效率为 1.31%，其他输出参数为：$V_{oc} = 0.50$ V，$J_{sc} = 13.8$ mA·cm^{-2}，$FF = 0.19$。可以看到，该电池效率还比较低，主要是由于 FF 比较低造成的。后来，他们经过改进，用 SiO$_x$ 代替云母来隔离边缘部位的 DWNT 与衬底 Si，降低电池的串联电阻，使 J_{sc} 和 FF 大幅提高，最终 p-DWNT/n-c-Si 电池的效率达到 7.4%[89]，其他输出参数为：$V_{oc} = 0.54$ V，$J_{sc} = 26$ mA·cm^{-2}，$FF = 0.53$，其暗态和光照(AM1.5G，100 mW·cm^{-2})条件下的 J-V 曲线见图 7-21。同一研究小组还报道过效率为 4.1% 的自组装(self-assembled) p-DWNT/n-c-Si 太阳电池[90]。DWNT 也可以与硅纳米线形成异质结电池[91]，但是目前效率还比较低。

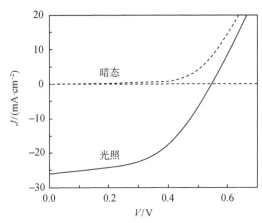

图 7-21　p-DWNT/n-c-Si 异质结太阳电池在暗态和光照下的 J-V 曲线[89]

2) SWNT/Si 太阳电池的性能

SWNT 由于其带隙可调，能更好地与太阳光谱相匹配，从红外到紫外较强的光吸收，并且载流子输运性能更好[92]，因此 SWNT 比 DWNT 和 MWNT 更适合与 Si 材料结合制作太阳电池。近年来有诸多关于 SWNT/Si 太阳电池的报道，表 7-3 列出了在 SWNT/Si 电池研究领域的一些重要结果。

从表 7-3 可见,SWNT/n-c-Si 太阳电池的转换效率从最初的 <1%，发展到 ~15% 的水平。总结 SWNT/n-c-Si 太阳电池效率的提高，主要分成两种方案。一种方案是对 SWNT/n-c-Si 电池进行优化和后处理，这里的电池是不含有溶液的"干态"电池。

表 7-3 近年来 SWNT/n-c-Si 太阳电池的主要研究情况

作者/年份	面积 / cm^2	V_{oc} / V	J_{sc} /(mA·cm^{-2})	FF	η / %	备注
Zhou/2008[93]	0.06	0.4	2.74	0.2	0.22	异质结
Li/2009[81]	0.25	0.49	26.5	0.35	4.5	异质结
Ong/2010[82]	0.25	0.37	14.6	0.3	1.7	异质结
Wadhwa/2010[84]	0.08	0.55	25	0.79	10.9	肖特基结
Wadhwa/2011[94]	0.08	0.55	29.8	0.73	12.0	电解质诱导反型层肖特基结
Jia/2011[85]	0.09	0.56	29	0.68	10.9	MIS 结
Jia/2011[95]	0.09	0.53	36.3	0.72	13.8	含 HNO_3 溶液
Shi/2012[96]	0.15	0.61	32	0.77	15.1	TiO_2 减反射层
Li/2013[97]	0.09	0.533	29.31	0.738	11.5	HF、HNO_3、$AuCl_3$ 处理
Cui/2013[98]	0.09	0.55	25.01	0.73	10.02	垂直排列的 SWNT

如 Li 等[81,99]用 $SOCl_2$ 溶液处理电池中的 SWNT 薄膜并晾干,发现 $SOCl_2$ 处理后 SWNT 的费米能级发生调整进入价带,增强了载流子浓度和迁移率,从而使电池的短路电流明显增加,使电池的效率达到 4.5%[81]。Jia 等[85]用稀硝酸处理 SWNT 薄膜,在 SWNT/Si 界面形成界面氧化层,使得电池从 SWNT/Si 异质结结构转变成 SWNT/SiO_x/Si 结构的 MIS 电池,载流子的主要传输方式从热发射转变为隧穿效应,同时 SiO_x 层的存在抑制了光生电子–空穴的复合,采用聚二甲基硅氧烷对稀硝酸处理后的电池进行封装,最终使电池的效率达到 10.9%,并具有良好的稳定性。Jung 等[78]和 Li 等[97]用氢氟酸、硝酸溶液处理 SWNT/Si 电池,并用有机溶剂中的 $AuCl_3$ 处理 SWNT/Si 电池以对 SWNT 进一步进行 p 型掺杂,最终使"干态"SWNT/Si 电池的效率达到 11%以上。

另一种方案是含有溶液的"湿态"SWNT/n-c-Si 电池。如 Wadhwa 等[84,94]通过离子液体电解质诱导在 Si 中形成耗尽层,从而调控结性能,经过优化使电池效率达到 ~12%的水平。虽然在该电池中存在电解质溶液,但是他们认为该电池并不属于光电化学电池,而是属于肖特基结太阳电池。Jia 等[95]将稀硝酸溶液加入到 SWNT/Si 电池上,使酸溶液渗透填充到 SWNT 与硅片所构成的空隙内,改善 SWNT/Si 的界面接触,电池的短路电流和填充因子提高,最终电池效率达到 13.8%。进一步,在 SWNT/Si 太阳电池上增加 TiO_2 减反射层,并用浓硝酸蒸气和 H_2O_2 蒸气处理 SWNT/Si 太阳电池以实现对 SWNT 的化学掺杂,最终电池效率优化到 ~15%[96]。他们认为[95]是由于硝酸起到电解质的作用,形成了很多微小的 SWNT-硝酸-Si 光电化学电池,增强了载流子的分离与输运。然而,Li 等[97]认为"湿态"SWNT/n-c-Si 电池短路电流的提高是由于硝酸溶液的聚光效果所致。这种"湿态"SWNT/n-c-Si 电池由于液体介质的挥发性,其稳定性将受到考验,因此"湿态"时的效率并不代表电池的本征效率。

当然，也可以从 SWNT 薄膜本身的优化来提高 SWNT/Si 太阳电池的效率，如 Kozawa 等[100]优化 SWNT 薄膜的厚度提高了电池的效率，并且认为在界面处实现高密度的 SWNT 网络结构对于电池效率提升很重要。Cui 等[98]用自组装的方法制备了垂直排列的 SWNT，并制作了垂直排列的 SWNT/Si 太阳电池，用稀硝酸处理并干燥后，其电池的效率也达到 ~10%。SWNT 还可以与其他硅基材料，如 a-Si:H[93]、硅纳米晶[101]，构成异质结太阳电池，但是转换效率都特别低。

虽然 CNT/Si 太阳电池的效率在这些年取得了长足的进展，但是与晶体硅太阳电池相比，其效率仍然很低，电池的面积也很小。作为一个全新的研究领域，由于制备 CNT/Si 电池的工艺相对简单，因此还是值得进一步深入研究。

7.4.3   石墨烯/硅太阳电池

石墨烯(graphene)是由碳六元环组成的二维周期蜂窝状点阵结构，它可以翘曲成零维的富勒烯，卷成一维的碳纳米管或者堆垛成三维的石墨，因此石墨烯是构成其他石墨材料的基本单元。石墨烯的基本结构单元为有机材料中最稳定的苯六元环，是目前最理想的二维纳米材料。基于 7.4.2 节介绍的 CNT/Si 太阳电池，人们很自然地将研究领域拓展到石墨烯/硅太阳电池。

Li 等[102]首先将 CVD 方法制备的石墨烯薄片转移到 n-c-Si 上，制作了石墨烯/n-c-Si 太阳电池，在未经优化的情况下，电池的效率 ~1.5%。与 SWNT/Si 电池类似，采用化学掺杂处理石墨烯/硅电池，如用 $SOCl_2$ 掺杂处理[103]，可使电池的效率得到不同程度的提高。Miao 等[104]制备的单层石墨烯/硅太阳电池的初始效率为 1.9%，用 $(CF_3SO_2)_2NH$ 掺杂处理石墨烯/硅电池，使效率提升到 8.6%。分析掺杂处理使电池效率提高的原因是[104]：由于掺杂诱导石墨烯的化学势发生变化，增加了石墨烯中的载流子浓度(减小电池串联电阻)，同时使电池的内建电势增加(开路电压增加)，这两者都使得电池的 FF 增加。

石墨烯也可以与其他结构的硅衬底形成石墨烯/硅电池，如与硅纳米线结合，进一步增强光捕获，制备的石墨烯/硅纳米线电池的效率达到了 2.86%[105]。将石墨烯与硅微米柱阵列形成电池，并用硝酸蒸气来改性石墨烯，获得了效率为 7.7%[106]的石墨烯/硅电池，模拟计算最高效率可达 9.2%[106]。

减反射涂层也在石墨烯/硅电池中得到应用。先形成单层石墨烯/硅太阳电池，然后用浓硝酸蒸气进行掺杂处理，最后在上面旋涂 TiO_2 减反射层并进一步用硝酸掺杂，最终使电池的效率达到了 14.1%[107]，该电池的其他输出参数为：$V_{oc} = 0.60$ V，$J_{sc} = 32.5$ mA·cm^{-2}，$FF = 0.73$。这里 HNO_3 掺杂起到提高电池的 V_{oc} 和 FF 的作用，

而 TiO_2 减反射涂层则提高电池的 J_{sc}。TiO_2 减反射层、HNO_3 掺杂对石墨烯/硅太阳电池性能的改善可以从图 7-22 所示的制备过程中各阶段电池的 J-V 曲线得到确认。

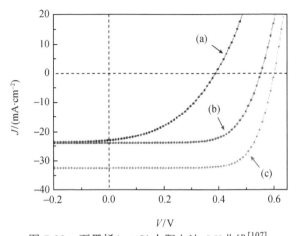

图 7-22　石墨烯/n-c-Si 太阳电池 J-V 曲线[107]

(a)初始态的石墨烯/Si 电池；(b)HNO_3 蒸气掺杂后；(c)TiO_2 减反射涂层后(含 HNO_3 掺杂)

　　然而这些经过处理的石墨烯/硅太阳电池都面临着稳定性的问题，随着存放时间的延长，化学掺杂处理的效果会减弱，电池的效率会发生衰减。如未封装的 TiO_2/石墨烯/硅太阳电池存放在空气中 20 天后，其效率从 14.1%衰减到 6.5%[107]，这是因为 HNO_3 掺杂的作用减弱了，如果再次用 HNO_3 掺杂处理，其效率又可得到恢复。

　　由于石墨烯表现出半金属性质，其功函数可调，且一般比硅材料的功函数要大，因此，一般认为石墨烯/硅太阳电池属于肖特基结太阳电池[102,104]。

7.5　新型硅基异质结太阳电池的展望

　　本章介绍了以晶体硅作为衬底的各种无机物/硅异质结太阳电池，包括硅量子点/硅、Ⅱ-Ⅵ族半导体/硅、Ⅲ-Ⅴ半导体/硅和碳/硅异质结太阳电池。目前，所制作的这类新型硅基异质结太阳电池尺寸还很小(大部分仅为 ~ 1 cm^2 级别)，转换效率也不高(~ 15%)，与非晶硅/晶体硅异质结电池近期的目标效率 25.5%[108]是无法比拟的(目前非晶硅/晶体硅异质结电池最高效率 24.7%[108]，面积 101.8 cm^2)。而且新型硅基异质结太阳电池目前都还停留在实验研究的阶段，要想进入实用化还有很长的路要走。但是这类异质结电池的制作工艺相对简单，成本相对低廉，转换效率也有很大的提升空间，不排除将来有些新型硅基异质结电池能够进入实用化的行列。

　　分析这些新概念硅基异质结电池，总结出两个趋势：一是 n-c-Si 材料作为衬底得到普遍使用，如 p-Si-QD:SiC/n-c-Si、ZnO/n-c-Si、p-GaN/n-c-Si、p-a-C/n-c-Si 和
p-CNT/n-c-Si 电池等，契合了当前光伏界普遍关注 n 型硅电池的趋势；二是纳米材
料大量应用到这些新型硅基异质结电池中，如硅量子点、纳米 ZnO、CdSe 纳米带、
GaN 纳米棒、InAs 纳米线和 CNT 等，这与当前纳米材料与器件研究的热点相吻合。
上述两个发展趋势，表明新型硅基异质结太阳电池是与时俱进的，是高度创新的领域。

　　相比于晶体硅太阳电池六十多年的历史、HIT 电池二十多年的历史，新型硅基
异质结电池的研究只是近十年来的事情，都还处在原型电池概念的提出和初步实现
阶段，针对它们的研究还是偏少。未来借鉴晶体硅和 HIT 电池的一些成熟技术，如
陷光、钝化、减反射等，以及采用各种新工艺来制作优化这类新型硅基异质结电池，
效率将会得到逐步的提升。对这些电池的深入研究，将为新概念电池的未来应用作
贮备，推动半导体光伏科学与技术的发展。

参 考 文 献

[1] Nozik A J. Quantum dot solar cells[J]. Physica E, 2002, 14: 115-120.

[2] Pucker G, Serra E, Jestin Y. Silicon quantum dots for photovoltaics: a review[M] // Al-Ahmadi A. Quantum dots—a variety of new application. Rijeka, Croatia: InTech, 2012: 59-92.

[3] Green M A, Cho E C, Cho Y, et al. All-silicon cells based on "artificial" semiconductor synthesized using silicon quantum dots in a dielectric matrix[C]. Proceedings of 20th European Photovoltaic Solar Energy Conference, Barcelona, Spain, 2005: 3-7.

[4] Conibeer G, Green M, Cho E C, et al. Silicon quantum dot nanostructure for tandem photovoltaic cells[J]. Thin Solid Films, 2008, 516: 6748-6756.

[5] Conibeer G, Green M, Corkish R, et al. Silicon nanostructures for third generation photovoltaic solar cells[J]. Thin Solid Films, 2006, 511-512: 654-662.

[6] Hao X J, Cho E C, Scardera G, et al. Phosphorus-doped silicon quantum dots for all-silicon quantum dot tandem solar cells[J]. Sol. Energy Mater. Sol. Cells, 2009, 93: 1524-1530.

[7] Di D, Perez-Wurfl I, Conibeer G, et al. Formation and photoluminescence of Si quantum dots in SiO_2/Si_3N_4 hybrid matrix for all-silicon tandem solar cells[J]. Sol. Energy Mater. Sol. Cells, 2009, 94: 2238-2243.

[8] Nychyporuk T, Lemiti M. Silicon-based third generation photovoltaics[M] // Kosyachenko L A. Solar cells—silicon wafer-based technologies. Rijeka, Croatia: InTech, 2011: 139-178.

[9] Cho E C, Park S, Hao X, et al. Silicon quantum dot/crystalline silicon solar cells[J]. Nanotechnology, 2008, 19: 245201.

[10] Park S, Cho E, Hao X, et al. Study of silicon quantum dot p-n or p-i-n junction devices on c-Si substrates[C]. Conference on Optoelectronic and Microelectronic Materials and Devices, Sydney, SA, Australia, 2008: 316-319.

[11] Park S, Cho E, Song D, et al. n-type silicon quantum dots and p-type crystalline silicon heteroface solar cells[J]. Sol. Energy Mater. Sol. Cells, 2009, 93: 684-690.

[12] Song D, Cho E C, Conibeer G, et al. Structural, electrical and photovoltaic characterization of Si nanocrystals embedded SiC matrix and Si nanocrystals/c-Si heterojunction devices[J]. Sol. Energy Mater. Sol. Cells, 2008, 92: 474-481.

[13] Hong S H, Park J H, Shin D H, et al. Doping- and size-dependent photovoltaic properties of p-type Si-quantum-dot heterojunction solar cells: correlation with photoluminescence[J]. Appl. Phys. Lett., 2010, 97: 072108.

[14] Jiang C W, Green M A. Silicon quantum dot superlattics: modeling of energy bands, densities of states, and mobilities for silicon tandem solar cell applications[J]. J. Appl. Phys., 2006, 99: 114902.

[15] Cho Y H, Green M A, Cho E C, et al. Silicon quantum dot in SiN_x matrix for third generation photovoltaics[C]. Proceedings of 20th European Photovoltaic Solar Energy Conference, Barcelona, Spain, 2005: 47-50.

[16] Scardera G, Puzzer T, McGrouther D, et al. Investigating large area fabrication of silicon quantum dots in a nitride matrix for photovoltaic applications[C]. Proceedings of 4th World Conference on Photovoltaic Energy Conversion, Waikoloa, HI, USA, 2006: 122-125.

[17] Lelièvre J F, De la Torre J, Kaminski A, et al. Correlation of optical and photoluminescence properties in amorphous SiN_x:H thin films deposited by PECVD or UVCVD[J]. Thin Solid Films, 2006, 511-512: 103-107.

[18] 姜礼华. 含硅量子点 SiN_x 薄膜特性及其在太阳电池中的应用[D]. 武汉: 华中科技大学, 2012.

[19] Du L, Lei Y. Synthesis and photovoltaic characteristic of n-type CdSe nanobelts[J]. Matter. Lett., 2012, 73: 95-98.

[20] Xie R, Kolb U, Li J, et al. Synthesis and characterization of highly luminescent CdSe-core $CdS/Zn_{0.5}Cd_{0.5}S/ZnS$ multishell nanocrystals[J]. J. Am. Chem. Soc., 2005, 127: 7480-7488.

[21] Ashry M, Fares S. Electrical characteristic measurement of the fabricated CdSe/p-Si heterojunction solar cell under radiation effect[J]. Microelectronics and Solid State Electronics, 2012, 1: 41-46.

[22] Jiang Y, Zhang W J, Jie J S, et al. Photoresponse properties of CdSe single-nanoribbon photodetectors[J]. Adv. Funct. Mater., 2007, 17: 1795-1800.

[23] Liu C, Dai L, Ye Y, et al. High-efficiency color tunable n-CdS_xSe_{1-x}/p$^+$-Si parallel-nanobelts heterojunction light-emitting diodes[J]. J. Mater. Chem., 2010, 20: 5011-5015.

[24] Schreuder M A, Xiao K, Ivanov I N, et al. White light-emitting diodes based on ultrasmall CdSe nanocrystal electroluminescence. Nano Lett., 2010, 10: 573-576.

[25] Liu C, Wu P, Sun T, et al. Synthesis of high quality n-type CdSe nanobelts and their applications in nanodevices[J]. J. Phys. Chem. C, 2009, 113: 14478-14481.

[26] Wu D, Jiang Y, Li S Y, et al. Construction of high-quality CdS:Ga nanoribbon/silicon heterojunctions and their nano-optoelectronic applications[J]. Nanotechnology, 2011, 22: 405201.

[27] Pillai S, Green M A. Plasmonics for photovoltaic applications[J]. Sol. Energy Mater. Sol.

Cells, 2010, 94: 1481-1486.

[28] Atwater H A, Polman A. Plasmonics for improved photovoltaic devices[J]. Nature Mater., 2010, 9: 205-213.

[29] Konda R B, Mundle R, Mustafa H, et al. Surface plasmon excitation via Au nanoparticles in n-CdSe/p-Si heterojunction diodes[J]. Appl. Phys. Lett., 2007, 91: 191111.

[30] Kobayashi H, Kogetsu Y, Isida T, et al. Increase in photovoltage of "indium tin oxide/silicon oxide/mat-textured n-silicon" junction solar cells by silicon preoxidation and annealing[J]. J. Appl. Phys., 1993, 74: 4756-4761.

[31] Kobayashi H, Mori H, Isida T, et al. Zinc oxide/n-Si junction solar cells produced by spray-pyrolysis method[J]. J. Appl. Phys., 1995, 77: 1301-1306.

[32] Lupan O, Shishiyanu S, Ursaki V, et al. Synthesis of nanostructured Al-doped zinc oxide films on Si for solar cells applications[J]. Sol. Energy Mater. Sol. Cells, 2009, 93: 1417-1422.

[33] Özgür Ü, Alivov Ya I, Liu C, et al. A comprehensive review of ZnO materials and devices[J]. J. Appl. Phys., 2005, 98: 041301.

[34] Ibrahim A A, Ashour A. ZnO/Si solar cell fabricated by spray pyrolysis technique[J]. J. Mater. Sci.: Mater. Electron., 2006, 17: 835-839.

[35] Bedia F Z, Bedia A, kherbouche D, et al. Electrical properties of ZnO/p-Si heterojunction for solar cell application[J]. International J. Mater. Engineering, 2013, 3: 59-65.

[36] Baik D G, Cho S M. Application of sol-gel derived films for ZnO/n-Si junction solar cells[J]. Thin Solid Films, 1999, 354: 227-231.

[37] Song D, Aberle A G, Xia J. Optimisation of ZnO:Al films by change of sputter gas pressure for solar cell application[J]. Appl. Surf. Sci., 2002, 195: 291-296.

[38] Zhang W Y, Meng Q L, Lin B X, et al. Influence of growth conditions on photovoltaic effect of ZnO/Si heterojunction[J]. Sol. Energy Mater. Sol. Cells, 2008, 92: 949-952.

[39] Tansley T L, Owen S J T. Conductivity of Si-ZnO p-n and n-n heterojunctions[J]. J. Appl. Phys., 1984, 55: 454-459.

[40] Zhang W Y, Zhong S, Sun L J, et al. Dependence of photovoltaic property of ZnO/Si heterojunction solar cell on thickness of ZnO films[J]. Chin. Phys. Lett., 2008, 25: 1829-1831.

[41] 向贤碧, 廖显伯. 高效Ⅲ-Ⅴ族化合物太阳电池[M] // 熊绍珍, 朱美芳. 太阳能电池基础与应用. 北京: 科学出版社, 2009.

[42] 陆建峰, 姜德硼, 王训春. 空间光伏电池及空间发电系统[M] // 沈文忠. 太阳能光伏技术与应用. 上海: 上海交通大学出版社, 2013.

[43] Torchynska T V, Polupan G P. Ⅲ-Ⅴ material solar cells for space application[J]. Semiconductor Physics, Quantum Electronics & Optoelectronics, 2002, 5: 63-70.

[44] Wojtczuk S J, Karam N H, Gouker P, et al. Development of InP solar cells on inexpensive Si wafers[C]. Proceedings of the 24th IEEE Photovoltaic Specialists Conference, Waikoloa, HI, USA, 1994: 1705-1708.

[45] Wojtczuk S, Colter P, Karam N H, et al. Radiation-hard, lightweight 12% AM0 BOL InP/Si solar cells[C]. Proceedings of the 25th IEEE Photovoltaic Specialists Conference, Washington, DC, USA, 1996: 151-155.

[46] Messenger S R, Jackson E M, Burke E A, et al. Structural changes in InP/Si solar cells following irradiation with protons to very high fluences[J]. J. Appl. Phys., 1999, 86: 1230-1235.

[47] Takamoto T, Ikeda E, Kurita H, et al. Over 30% efficient InGaP/GaAs tandem solar cells[J]. Appl. Phys. Lett., 1997, 70: 381-383.

[48] Schöne J, Dimroth F, Bett A W, et al. Ⅲ-Ⅴ solar cell growth on wafer-bonded GaAs/Si-substrates[C]. Proceedings of 4th World Conference on Photovoltaic Energy Conversion, Waikoloa, HI, USA, 2006: 776-779.

[49] Geisz J F, Olson J M, Romero M J, et al. Lattice-mismatched GaAsP solar cells grown on silicon by OMVPE[C]. Proceedings of 4th World Conference on Photovoltaic Energy Conversion, Waikoloa, HI, USA, 2006: 772-775.

[50] Soga T, Kato T, Yang M, et al. High efficiency AlGaAs/Si monolithic tandem solar cell grown by metalorganic chemical vapor deposition[J]. J. Appl. Phys., 1995, 78: 4196-4199.

[51] Nakamura S. The role of structural imperfections in InGaN-based blue light-emitting diodes and laser diodes[J]. Science, 1998, 281: 956-961.

[52] 梁春广, 张冀. GaN—第三代半导体的曙光[J]. 半导体学报, 1999, 20: 89-99.

[53] Tang Y B, Chen Z H, Song H S, et al. Vertically aligned p-type single-crystalline GaN nanorod arrays on n-type Si for heterojunction photovoltaic cells[J]. Nano Lett., 2008, 8: 4191-4195.

[54] Li F, Lee S H, You J H, et al. UV photovoltaic cells fabricated utilizing GaN nanorod/Si heterostructures[J]. J. Cryst. Growth, 2010, 312: 2320-2323.

[55] Saron K M A, Hashim M R. Broad visible emission from GaN nanowires grown on n-Si (111) substrate by PVD for solar cell application[J]. Superlattices and Microstructures, 2013, 56: 55-63.

[56] Saron K M A, Hashim M R, Allam N K. Heteroepitaxial growth of GaN/Si (111) junctions in ammonia-free atmosphere: charge transport, optoelectronic, and photovoltaic properties[J]. J. Appl. Phys., 2013, 113: 124304.

[57] Wei W, Bao X Y, Soci C, et al. Direct heteroepitaxy of vertical InAs nanowires on Si substrates for broad band photovoltaics and photodetection[J]. Nano Lett., 2009, 9, 2926-2934.

[58] Tanabe K, Watanabe K, Arakawa Y. Ⅲ-Ⅴ/Si hybrid photonic devices by direct fusion bonding[J]. Scientific Reports, 2012, 2: 349.

[59] Moutanabbir O, Gösele U. Heterogeneous integration of compound semiconductors[J]. Ann. Rev. Mater. Res., 2010, 40: 469-500.

[60] Tomioka K, Tanaka T, Hara S, et al. Ⅲ-Ⅴ nanowires on Si substrate: selective-area growth and device applications[J]. IEEE J. Selected Topics in Quantum Electronics, 2011, 17: 1112-1129.

[61] Zhu H, Wei J, Wang K, et al. Applications of carbon materials in photovoltaic solar cells[J]. Sol. Energy Mater. Sol. Cells, 2009, 93: 1461-1470.

[62] Veerasamy V S, Amaratunga G A J, Davis C A, et al. n-type doping of highly tetrahedral diamond-like amorphous carbon[J]. J. Phys.: Condens. Matter, 1993, 5: L169-L174.

[63] Yu H A, Kaneko Y, Yoshimura S, et al. Photovoltaic cell of carbonaceous film/n-type

silicon[J]. Appl. Phys. Lett., 1996, 68: 547-549.

[64] Ma Z Q, Liu B X. Boron-doped diamond-like amorphous carbon as photovoltaic films in solar cell[J]. Sol. Energy Mater. Sol. Cells, 2001, 69: 339-344.

[65] Ma M, Xue Q, Chen H, et al. Photovoltaic characteristics of Pd doped amorphous carbon film/SiO_2/Si[J]. Appl. Phys. Lett., 2010, 97: 061902.

[66] Yu H A, Kaneko Y, Yoshimura S, et al. The junction characteristics of carbonaceous film/n-type silicon (C/Si) layer photovoltaic cell[J]. Appl. Phys. Lett., 1996, 69: 3042-3044.

[67] Yu H A, Kaneko Y, Yoshimura S, et al. The spectro-photovoltaic characteristics of a carbonaceous film/n-type silicon (C/n-Si) photovoltaic cell[J]. Appl. Phys. Lett., 1996, 69: 4078-4080.

[68] Yu H A, Kaneko Y, Otani S, et al. A carbonaceous thin film made by CVD and its application for a carbon/n-type silicon (C/n-Si) photovoltaic cell[J]. Carbon, 1998, 36: 137-143.

[69] Tian X M, Soga T, Jimbo T, et al. The a-C:H/p-Si solar cell deposited by pulsed laser deposition[J]. J. Non-Cryst. Solids, 2004, 336: 32-36.

[70] Rusop M, Mominuzzaman S M, Soga T, et al. Photovoltaic properties of n-C:P/p-Si solar cells deposited by XeCl eximer laser using graphite target[J]. Sol. Energy Mater. Sol. Cells, 2006, 90: 3205-3213.

[71] Iijima S. Helical microtubules of graphitic carbon[J]. Nature, 1991, 354: 56-58.

[72] van de Lagemaat J, Barnes T M, Rumbles G, et al. Organic solar cells with carbon nanotubes replacing In_2O_3:Sn as the transparent electrode[J]. Appl. Phys. Lett., 2006, 88: 233503.

[73] Dürkop T, Getty S A, Cobas E, et al. Extraordinary mobility in semiconducting carbon nanotubes[J]. Nano Lett., 2004, 4: 35-39.

[74] Wu M C, Lin Y Y, Chen S, et al. Enhancing light absorption and carrier transport of P3HT by doping multi-wall carbon nanotubes[J]. Chem. Phys. Lett., 2009, 468: 64-68.

[75] Tune D D, Flavel B S, Krupke R, et al. Carbon nanotube-silicon solar cells[J]. Adv. Energy Mater., 2012, 2: 1043-1055.

[76] Wei J, Jia Y, Shu Q, et al. Double-walled carbon nanotube solar cells[J]. Nano Lett., 2007, 7: 2317-2321.

[77] 贾怡. 碳纳米管薄膜−硅异质结太阳电池[D]. 北京: 清华大学, 2011.

[78] Jung Y, Li X, Rajan N K, et al. Record high efficiency single-walled carbon nanotubes/silicon p-n junction solar cells[J]. Nano Lett., 2013, 13: 95-99.

[79] Satio R, Fujita M, Dresselhaus G, et al. Electronic structure and growth mechanism of carbon tubules[J]. Mater. Sci. Eng.: B, 1993, 19: 185-191.

[80] Martel R, Schmidt T, Shea H R, et al. Single- and multi-wall carbon nanotube field-effect transistors[J]. Appl. Phys. Lett., 1998, 73: 2447-2449.

[81] Li Z, Kunets V P, Saini V, et al. Light-harvesting using high density p-type single wall carbon nanotube/n-type silicon heterojunctions[J]. ACS Nano, 2009, 3: 1407-1414.

[82] Ong P L, Euler W B, Levitsky I A. Hybrid solar cells based on single-walled carbon nanotubes/Si heterojunctions[J]. Nanotechnology, 2010, 21: 105203.

[83] Li Y, Kodama S, Kaneko T, et al. Harvesting infrared solar energy by semiconducting single-walled carbon nanotubes[J]. Appl. Phys. Express, 2011, 4: 065101.

[84] Wadhwa P, Liu B, McCarthy M A, et al. Electronic junction control in a nanotube-semiconductor Schottky junction solar cell[J]. Nano Lett., 2010, 10: 5001-5005.

[85] Jia Y, Li P, Gui X, et al. Encapsulated carbon nanotube-oxide-silicon solar cells with stable 10% efficiency[J]. Appl. Phys. Lett., 2011, 98: 133115.

[86] Hu J, Ouyang M, Yang P, et al. Control growth and electrical properties of heterojunctions of carbon nanotubes and silicon nanowires[J]. Nature, 1999, 399: 48-51.

[87] Kawano T, Christensen D, Chen S P, et al. Formation and characterization of silicon/carbon nanotube/silicon heterojunctions by local synthesis and assembly[J]. Appl. Phys. Lett., 2006, 89: 163510.

[88] Mohammed M, Li Z, Cui J, et al. Electric and optical transport of MWNT/silicon junctions[C]. Proceedings of the 38th IEEE Photovoltaic Specialists Conference, Austin, TX, USA, 2012: 2315-2320.

[89] Jia Y, Wei J, Wang K, et al. Nanotube-silicon heterojunction solar cells[J]. Adv. Mater., 2008, 20: 4594-4598.

[90] Jia Y, Li P, Wei J, et al. Carbon nanotube films by filtration for nanotube-silicon heterojunction solar cells[J]. Mater. Res., Bull., 2010, 45: 1401-1405.

[91] Shu Q, Wei J, Wang K, et al. Hybrid heterojunction and photoelectrochemistry solar cell based on silicon nanowires and double-walled carbon nanotubes[J]. Nano Lett., 2009, 9: 4338-4342.

[92] Léonard F. The physics of carbon nanotube devices[M]. New York: William Andrew, 2009.

[93] Zhou H, Unalan H E, Hiralal P, et al. Heterojunction photovoltaic devices utilizing single wall carbon nanotube thin films and silicon substrates[C]. Proceeding of the 33rd IEEE Photovoltaic Specialists Conference, San Deego, CA, USA, 2008: 1-5.

[94] Wadhwa P, Seol G, Petterson M K, et al. Electrolyte-induced inversion layer Schottky junction solar cells [J]. Nano Lett., 2011, 11: 2419-2423.

[95] Jia Y, Cao A, Bai X, et al. Achieving high efficiency silicon-carbon nanotube heterojunction solar cell by acid doping[J]. Nano Lett., 2011, 11: 1901-1905.

[96] Shi E, Zhang L, Li Z, et al. TiO$_2$-coated carbon nanotube-silicon solar cells with efficiency of 15%[J]. Scientific Reports, 2012, 2: 884.

[97] Li X, Jung Y, Sakimoto K, et al. Improved efficiency of smooth and aligned single walled carbon nanotube/silicon hybrid solar cells[J]. Energy Environ. Sci., 2013, 6: 879-887.

[98] Cui K, Chiba T, Omiya S, et al. Self-assembled microhoneycomb network of single-walled carbon nanotubes for solar cells[J]. J. Phys. Chem. Lett., 2013, 4: 2571-2576.

[99] Li Z, Kunets V P, Saini V, et al. SOCl$_2$ enhanced photovoltaic conversion of single wall carbon nanotube/n-silicon heterojunctions[J]. Appl. Phys. Lett., 2008, 93: 243117.

[100] Kozawa D, Hiraoka K, Miyauchi Y, et al. Analysis of the photovoltaic properties of single-walled carbon nanotube/silicon heterojunction solar cells[J]. Appl. Phys. Express, 2012, 5: 042304.

[101] Švrček V, Cook S, Kazaoui S, et al. Silicon nanocrystals and semiconducting sing-walled carbon nanotubes applied to photovoltaic cells[J]. J. Phys. Chem. Lett., 2011, 2: 1646-

1650.

[102] Li X, Zhu H, Wang K, et al. Graphene-on-silicon Schottky junction solar cells[J]. Adv. Mater., 2010, 22: 2743-2748.

[103] Li X, Zhu H, Wang K, et al. Chemical doping and enhanced solar energy conversion of graphene-silicon junction[C]. Proceedings of the Conference on China Technological Development of Renewable Energy Source, 2010: 387-390.

[104] Miao X, Tongay S, Petterson M K, et al. High efficiency grapheme solar cells by chemical doping[J]. Nano Lett., 2012, 12: 2745-2750.

[105] Fan G, Zhu H, Wang K, et al. Graphene/silicon nanowires Schottky junction for enhanced light harvesting[J]. ACS Appl. Mater. Interfaces, 2011, 3: 721-725.

[106] Li Y, Li X, Xie D, et al. Graphene/semiconductor heterojunction solar cells with modulated antireflection and graphene work function[J]. Energy Environ. Sci., 2013, 6: 108-115.

[107] Shi E, Li H, Yang L, et al. Colloidal antireflection coating improves graphene-silicon solar cells[J]. Nano Lett., 2013, 13: 1776-1781.

[108] Taguchi M, Yano A, Tohoda S, et al. 24.7% record efficiency HIT solar cell on thin silicon wafer[J]. IEEE J. Photovolt., 2014, 4: 96-99.

索　引